Jens Reese (Hrsg.)

Der Ingenieur und seine Designer

Entwurf technischer Produkte im Spannungsfeld
zwischen Konstruktion und Design

 Springer

JENS REESE (Hrsg.)
München

Redaktion:
PROF. DR.-ING. UDO LINDEMANN,
Lehrstuhl für Produktentwicklung
an der TU München
JENS REESE, Industrial Designer
PROF. DIPL.-ING. HARTMUT SEEGER,
Institut für Maschinenkonstruktion und
Getriebebau an der Universität Stuttgart
PROF. DIPL.-ING. AXEL THALLEMER,
Studiengang Industrial Design an
der Unsiversität für industrielle und
künstlerische Gestaltung in Linz
HANS HERMANN WETCKE,
Vorstandsmitglied des Design Zentrum
München

Förderer:
Bayerisches Staatsministerium für
Wirtschaft, Infrastruktur, Verkehr und
Technologie
bfs – batterie füllungs systeme gmbh
ing. klaus oschmann
Festo AG & Co. KG, Esslingen
Siemens AG, Bereich Automation &
Drives, Nürnberg
Siemens Electrogeräte GmbH, München
Sirona Dental Systems GmbH

ISBN 3-540-21173-X Springer Berlin Heidelberg New York

Bibliografische Information der Deutschen Bibliothek
Die Deutsche Bibliothek verzeichnet diese Publikation in der Deutschen Nationalbibliografie; detaillierte
bibliografische Daten sind im Internet über <http://dnb.ddb.de> abrufbar.

Springer ist ein Unternehmen von Springer Science+Business Media
springer.de

© Springer-Verlag Berlin Heidelberg 2005
Printed in Germany

Lektorat: Sigrid Cuneus, Berlin
Einbandentwurf: Struve & Partner, Heidelberg
Satz: medionet AG, Berlin
Layout/Illustrationsbearbeitung: medionet AG, Berlin
Gedruckt auf säurefreiem Papier   68/3020/M - 543210

Geleitwort des VDI

Technik und Formgebung sind zwei Seiten derselben Medaille. Glänzt nur die eine, so ist das gute Stück wertlos. Würde man jedoch dieses Problem nur auf den Gegensatz der Wissenspotenziale von Ingenieuren und Designern reduzieren, so wäre es durch eine interdisziplinäre Teamarbeit sicher lösbar. Darauf weist bereits die historische Entwicklung hin, in deren Verlauf Stilmerkmale und Kunstrichtungen von der Technik und ihrer Gestaltung geprägt worden sind. In der Antike spielt beispielsweise die Reduzierung der Proportionen von Bauwerken auf ein menschliches Maß eine wesentliche Rolle. Der römische Architekt und Ingenieur Vitruvius berichtet in seinem 10-bändigen Werk, das kurz vor der Zeitenwende geschrieben wurde, eingehend darüber. Allerdings sind hier Künstler, Architekt und Ingenieur häufig ein und dieselbe Person. Im Kunsthandwerk des Mittelalters finden wir viele Beispiele für die enge Verknüpfung von künstlerischer Gestaltung und technischem Gebrauchswert. Ganz ausgeprägt zeigt sich eine Verknüpfung des Ästhetischen mit dem Technischen bei den Künstler-Ingenieuren wie Leonardo da Vinci, Michelangelo oder Albrecht Dürer, um nur einige Beispiele zu nennen. In dieser Zeit entstand auch die Zentralperspektive, die eine Darstellung der technischen Gestaltung auf dem Papier gestattete und ein wichtiger Vorläufer der späteren Konstruktionen am Zeichenbrett und des CAD ist.

Dieses Zusammenspiel wird mit dem Tempo des technischen Fortschritts und der Globalisierung der Märkte jedoch immer schwieriger. Naturwissenschaft und Technik eröffnen ständig neue Möglichkeiten der Erleichterung des Lebens in den Industriestaaten. Damit werden die Produkte in ihrem Aufbau und in ihrer Funktion zunehmend komplexer. Längst sind es nicht mehr die Ingenieure und Designer allein, die sich mit den Gestaltungsfragen auseinander zu setzen haben, sondern sie stehen synonym für eine Gruppe von Experten, wie beispielsweise Chemiker, Physiker, Informatiker, Biologen, Mediziner und Künstler, die ebenfalls ihre Kenntnisse und Ideen einzubringen haben. Dabei stoßen ganz unterschiedliche Erfahrungspotenziale aufeinander. Die Methoden des bisherigen Teamworks reichen nicht aus, um diese komplexen Probleme erfolgreich zu bewältigen. Bald werden weitere Experten mit neuen Zielvorstellungen hinzukommen, wie beispielweise Marketingmanager oder Verkehrsmanager. Es treten also nicht nur Fragen zwischen Ingenieuren und Designern auf, sondern eine Art Fremdbestimmung greift ein, sowohl für Techniker und Naturwissenschaftler als auch für Designer.

Doch weitere Einflüsse sind in unserer modernen technisierten Welt zu erwarten. Bald wird auch das Kapital zu den knappen Ressourcen gehören und die Wirtschaftlichkeit zu einem alles entscheidenden Faktor machen, um für ein Produkt einen möglichst großen Marktanteil zu gewinnen. So stoßen zu den Ingenieuren, den Naturwissenschaftlern, Designern und Marketingmanagern weiterhin Betriebswirte. Der schnelle technische Fortschritt und der globale Markt lässt diesem Team, selbst wenn es gut zusammenarbeiten sollte, nur wenig Zeit, eine optimale Lösung zu präsentieren. Darüber hinaus werden sich die Teammitglieder nicht nur mit ästhetischen oder Kostenfragen auseinander zu setzen haben, sondern auch mit Sicherheits- und Qualitätsfragen, die meist nur allein von den Ingenieuren gelöst werden können. Auch sie können durchaus von großer Relevanz für den Markt sein.

Gegenwärtig und erst recht in der Zukunft müssen auch ökologische Bedingungen berücksichtigt werden, deshalb tritt ein weiterer Experte in unser Team ein, nämlich der, der die Umweltprobleme kennt. Unsere Ressourcen, besonders hinsichtlich der Energie, sind beschränkt und Recyclingfragen werden zunehmend eine wichtige Rolle spielen, die auch das Design beeinflussen können.

Alle genannten Einflüsse und Bedingungen zeigen, dass weder der Designer noch der Ingenieur allein oder selbst gemeinsam die Kraft haben werden, diese Probleme hinsichtlich Markt und Gesellschaft erfolgreich zu lösen. Wir scheinen Mühe zu haben, mit dem enormen Tempo, das der technische Fortschritt nun einmal eingeschlagen hat, mitzukommen. Um die Menschen in Zukunft auf diese Situation besser vorzubereiten, müssen wir dieses Thema in den Schulen und Hochschulen eingehend behandeln. Nicht allein der Technikunterricht in den Schulen kommt zu kurz, sondern auch gesellschaftspolitische Kenntnisse besonders an den Hochschulen sollten vermehrt vermittelt werden, damit das Teamwork, das wir hier angesprochen haben, auch wirklich realisiert werden kann. Eine erfolgreiche interdisziplinäre Zusammenarbeit von Ingenieur und Designer könnte in diesem Sinne eine Vorbildfunktion für die weit schwierigeren Aufgaben sein, die wir hier kurz angesprochen haben und die noch auf uns zu kommen werden.

München, im Oktober 2004   *Prof. Dr.-Ing. Erich Kohnhäuser*
                                            Landesvertreter VDI Bayern

Geleitwort Rat für Formgebung

Den Kulturkampf beenden

Die Beziehung zwischen Ingenieuren und Designern in der Produktentwicklung – jenem Prozess, bei dem beide Berufsgruppen zwangsläufig aufeinander angewiesen sind – ist im Wesentlichen von zwei divergierenden Phänomenen geprägt. Zum einem treffen zwei Berufsbilder aufeinander, zum anderen zwei Realitäten oder gar Welten, die von einem Kulturverständnis geprägt sind, das unterschiedlicher nicht sein kann. Das abstrakte, akademisch geprägte Berufsbild definiert Art und Weise des Zusammentreffens beider Disziplinen als einen logischen, unvermeidlichen und sich damit natürlich ergänzenden Prozess in der Zusammenarbeit: Designer und Ingenieure entwerfen und konstruieren Produkte, die industriell serienmäßig hergestellt werden und Zweckmäßigkeit und Schönheit miteinander verbinden. Diese lehrbuchartige Definition schreibt dem Ingenieur im Begriff der Zweckmäßigkeit die Ratio, dem künstlerisch gebildeten Designer im Begriff der Schönheit die Emotion zu. Das Berufsbild stellt darüber hinaus als eine Selbstverständlichkeit fest, dass Grundkenntnisse der Arbeit der jeweils anderen Disziplin in der Zusammenarbeit von unschätzbarem Vorteil sind; ermöglichen sie doch erst den Respekt gegenüber der Leistung des anderen und beeinflussen damit die Qualität des Ergebnisses der Zusammenarbeit positiv.

Soweit das Berufsbild, soweit so gut. Die Realität sieht und sah natürlich stets anders aus. Sie hat im gesamten vergangen Jahrhundert, das nicht selten als das Jahrhundert des Designs bezeichnet wurde, zumindest ungleich häufiger als Jahrhundert der Ingenieure, rasch die Dimension eines Kulturkampfes erreicht, der von beiden Disziplinen zuweilen ideologisch, zuweilen pragmatisch geführt wurde. So hat sich die Kennzeichnung Made in Germany in diesem zurückliegenden Jahrhundert von einer Warnung gegenüber den britischen Verbrauchern vor billigen Kopien britischer Konsumgüter aus Deutschland (!) zu einem Gütesiegel hoher Produktqualität entwickelt, auf das die deutsche Industrie auch in jüngster Zeit nicht verzichten will. Der Ursprung für den überaus bemerkenswerten und im generellen Verständnis der Konsumenten gänzlich unbekannten Imagewandel

allerdings liegt nicht in erster Linie in der Ingenieursleistung, sondern in
der Leistung der Gestaltergenerationen seit Peter Behrens und der Gründung des deutschen Werkbundes, industrielle Produkte so zu formen, dass
sie die Lebensqualität ihrer Nutzer erhöhen. Dennoch kommuniziert der
Begriff Made in Germany vor allem die deutsche Ingenieurleistung, die
– international betrachtet – den zentralen Wert der deutschen Industrie
an sich darstellt. Noch ist der Glaube weltweit verbreitet, deutsche Produkte funktionierten einwandfrei, hielten länger, seien hochwertiger. Und
dies sei unseren Ingenieuren zu verdanken, egal ob sie mittlerweile das
Zusammensetzen von Produktionsteilen im schwäbischen Sindelfingen, im
slowakischen Bratislava oder im mexikanischen Puebla beaufsichtigen.

Ein weiteres Phänomen des Kulturkampfes zwischen Ingenieuren und
Designern ist der Umgang mit der für das Designverständnis der vergangenen Jahrhunderts so relevanten These des amerikanischen Architekten
Louis Henri Sullivan, dass die Form der Funktion folge – form follows
function. Sullivan formulierte seine These im Angesicht einer Hochhaus-
Fassadengestaltung, mit der er beauftragt war – also einer im Jahre 1896
als zunächst einmal dekorativ und nicht technisch-konstruktiv zu beschrei-
benden Aufgabe. Über das gesamte 20. Jahrhundert hinweg steht die Aussage Sullivans für die Unterordnung der Form gegenüber der Funktion. Diese
ist in der Deutung der These immer eine technisch motivierte gewesen.
„Was kann das Produkt technisch leisten?“, stellte sich als Frage immer
zuerst, bevor es um die formale Ausgestaltung als hierarchisch nachgeord-
nete Fragestellung ging. Die Moderne hat Sullivans These als Befreiung
von der Oberflächen-Ästhetik des 19. Jahrhunderts und als Rechtfertigung
ihrer Arbeit verstanden. Erst mit der Wiederentdeckung der Oberfläche
als zentralem Element der industriellen Gestaltung für die postmoderne
Gesellschaft – sie ermöglicht individualisierte Gestaltung für individualisierte Zielgruppen auf der Basis gleicher technologischer Plattformen
(Ingenieurleistungen) – offenbart sich der ganze Sullivan. Sullivan machte
sich nämlich die Mühe, seinen Funktionsbegriff zu definieren. Und neben
dem technisch Notwendigen beschreibt er die Bedürfnisse des Menschen
nach Schönheit, nach Individualität, nach Emotionen als technisch eben-
bürtigen Funktionen, denen es eine Form zu geben gilt. Warum also ist
die Äußerung Sullivans in ihrer gesamten Dimension in den vergangenen
Jahrzehnten nicht kommuniziert worden?

Beide Beispiele stehen stellvertretend für die Realität der Beziehung
zwischen Ingenieuren und Designern. Heute, in der marketinggetriebenen
Unternehmensrealität mag der Designer der Star sein, der für die nötige
Emotionalisierung von Produktangeboten sorgt. Das Design hat sich in
den vergangenen Jahren zu einem entscheidenden Differenzierungsmerk-
mal von Produkten und einem effektiven Positionierungsinstrument von
Unternehmen im globalen Wettbewerb entwickelt.

In einigen Branchen, wie z.B. der Automobilindustrie, ist infolge der technischen Angleichung von Produktleistungen und schwindenden Möglichkeiten, über die Preisgestaltung Wettbewerbsvorteile zu erzielen, das Design einer der wichtigsten Wirtschaftsfaktoren geworden. Technische Innovationen sind nur mit einer attraktiven Vermittlung in marktfähige Produkte zu übersetzen. Dabei setzt sich immer öfter die Erkenntnis durch, dass das Design eines Produktes die eigentliche Innovation darstellt, indem es die Gebrauchs- oder Erlebnisgewohnheiten der Kunden revolutionieren kann und damit neue Bedürfnisse und Märkte schafft. Dennoch darf es in diesem Jahrhundert nicht darum gehen, den Kulturkampf zwischen Designern und Ingenieuren fortzusetzen. Im Sinne einer dem Menschen dienenden Produktentwicklung, d.h. den Ansprüchen nach Personalisierung – nicht Individualisierung – von Produktangeboten im Kontext eines echten Bemühens um die globale Verbesserung der Lebensqualität auf unserem Planeten gerecht zu werden, gilt es, zu echten Formen der Zusammenarbeit zu gelangen und die doch noch recht hohl klingende Hülse der Interdisziplinariät mit Leben zu füllen.

Frankfurt am Main, im August 2004 *Andrej Kupetz*
Rat für Formgebung
German Design Council

Grußwort des Bayerischen Staatsministeriums

Europäisierung und Globalisierung der Wirtschaft sowie der Wandel zur wissensbasierten Industrie- und Dienstleistungsgesellschaft stellen uns vor tiefgreifende Herausforderungen. Die Folge ist zunehmender Konkurrenzdruck zwischen Unternehmen auf den nationalen und internationalen Güter- und Dienstleistungsmärkten.

Für Bayern als hochproduktiven Standort mit hohen Löhnen gibt es dabei nur eine Perspektive: In der Offensive bleiben und permanent Vorsprungsgewinne durch technische, wirtschaftliche und soziale Innovationen erwirtschaften. Unsere Zukunft liegt deshalb in know-how-intensiven, anspruchsvollen Produkten und Dienstleistungen. Kurz gesagt: Um das, was wir teurer sind, müssen wir besser sein. Allerdings garantieren technologische Neuerungen und Innovationen den wirtschaftlichen Erfolg auf dem internationalen Markt nicht mehr zwingend, insbesondere wenn es an der notwendigen Unterscheidbarkeit fehlt.

Design wird aufgrund zunehmender Vergleichbarkeit technischer und funktionaler Merkmale von Produkten zur wichtigen Kernkompetenz, ohne die langfristiger Erfolg am Markt nicht möglich ist. Dabei ist Design nicht künstlerische Formgebung oder nachträgliche Produktkosmetik. Im Idealfall ist Design integraler Bestandteil der gesamten Prozesskette, von der ersten Idee bis zur Vermarktung

Die konstruktive Zusammenarbeit zwischen Ingenieur und Designer wird damit zum entscheidenden Erfolgsfaktor. Der wirtschaftliche Nutzen von Design zeigt sich vor allem durch eine nutzerorientierte Produktgestaltung. Dazu gehören z.B. bei Elektronikgeräten eine verständliche Programmführung und eine einfache Benutzeroberfläche. Der Erklärungsbedarf des Produktes wird dadurch minimiert, durch die Optimierung des Materialeinsatzes werden Kosten gesenkt. Der Nutzer ist zufrieden, wenn sich das Produkt selbst erklärt. Dies steigert die Absatzchancen. Einfache, logische und transparente Gestaltung entscheidet so letztendlich über die Akzeptanz von Technik.

Unsere heimischen Firmen werden mehr denn je auf grenzübergreifende Innovationsoffensiven angewiesen sein. Dies bedeutet einen weiteren Wandel, wenn nicht sogar einen Umbruch in den Denkprozessen aller am

Entwurfsprozess beteiligten Personen. Notwendig sind Fähigkeiten des Erkennens wesentlicher ästhetischer Prozesse und Strategien im kulturellen und historischen Hintergrund zum gegenseitigen Verständnis. Bestehenden Institutionen fallen neue Aufgaben zu, damit die interdisziplinäre Zusammenarbeit der verschiedenen Berufsgruppen gefördert wird.

Dass in der bayerischen Wirtschaft Handlungsbedarf in punkto Gestaltung besteht, belegen Ergebnisse einer von Bayern Design GmbH in Auftrag gegebenen Studie. Viele Unternehmen erkennen, dass Design heute immer stärker den wirtschaftlichen Erfolg beeinflusst, tun aber in dieser Richtung zu wenig. Zwei Drittel der Entscheidungsträger beurteilen die derzeitige Designqualität in ihren Unternehmen zwar als gut, halten sie aber noch für verbesserungswürdig. Letztlich sind nur etwa 5 % der Produkte optimal gestaltet. Die Studie hat ferner ergeben, dass von den Unternehmen mit 500 und mehr Beschäftigten lediglich 16 % mit der Zusammenarbeit mit ihrem Design-Büro „sehr zufrieden", 54 % „zufrieden" und 26 % teilweise zufrieden sind. Umgekehrt können Design-Büros angesichts des zunehmend engeren Budgets ihrer Auftraggeber und des steigenden Kostendrucks oft nicht mehr ausreichend auf Kundenwünsche reagieren.

Designförderung bleibt uns in Bayern daher ein wichtiges wirtschaftspolitisches Anliegen. Auch in Zeiten knapper öffentlicher Kassen nimmt der Freistaat Bayern seine Verantwortung wahr und stellt erhebliche Haushaltsmittel zur Umsetzung der bayerischen Design-Initiative bereit. Neben zahlreichen Informationsangeboten wollen wir regionale Kontaktstellen für bayerische Unternehmen aufbauen sowie junge Gestalter insbesondere mit dem Bayerischen Staatspreis für Nachwuchsdesigner fördern. Mit der Workshopreihe „Erfolg durch Design" wollen wir vor allem ostbayerische Unternehmen zu Produktinnovationen ermutigen und die Zusammenarbeit mit Designern erleichtern.

Auch das vorliegende Buch „Der Ingenieur und seine Designer" will eine Brücke für das gegenseitige Verständnis und die erforderliche Wertschätzung der beiden Berufsgruppen schlagen und die erfolgsentscheidende Zusammenarbeit fördern. Das bedeutet auch eine verstärkte Kooperation der Studiengänge Ingenieurwissenschaften und Industrial Design. Davon profitieren alle: Auftraggeber, Designbüros und der Standort Bayern.

Ich danke allen sehr herzlich, die sich mit großem Eifer an der Herausgabe dieses Buches beteiligt haben.

München, im August 2004   *Dr. Otto Wiesheu*
                              Bayerischer Staatsminister für Wirtschaft
                               Infrastruktur, Verkehr und Technologie

Vorwort

Hier stellt sich die Frage nach dem „Warum" als natürliche Reaktion auf einen Buchtitel wie „Der Ingenieur und seine Designer", und es stellt sich auch die Frage nach dem Sinn und Zweck der folgenden Ausführungen. Ihren Ursprung haben sie in den Begegnungen mit Professoren und Studenten an verschiedenen Hochschulen, zum Beispiel als Mitglied der Expertenkommission zum Evaluationsverfahren an den niedersächsischen Hochschulen in den Fachbereichen Industrial Design 1998/99 und den danach durchgeführten Kreativ-Workshops an der Universität Paderborn im Fach Konstruktion und Gestaltung. Die aus diesem Umfeld heraus geführten Interviews mit Studierenden und Professoren, mit Ingenieuren und Designern, ließen Konturen eines widersprüchlichen Bildes zweier Berufsgruppen entstehen, die eigentlich seit Mitte der 90er Jahre als überwunden galten. Aus verschiedenen Blickwinkeln einer langjährigen eigenen Erfahrung als Industrial Designer heraus, wurde versucht, für dieses „Warum" eine Erklärung zu finden und zu formulieren. In loser Form reiht sich eine facettenreiche Betrachtung über ein emotionales Thema aneinander. Es sind zwei inhaltliche Stränge entstanden:

1. der Versuch, über einen geschichtlichen Rückblick mit Fallbeispielen und Gegenüberstellungen von Intentionen der Ingenieure und Designer, auf die Bedeutung der jeweiligen Prozesse der Funktions- und Formfindung von technischen Erfindungen als einen eigenen kulturellen Beitrag einzugehen und
2. mit den begleitenden Beiträgen aus den verschiedenen Branchen eine breite Basis zu dem heutigen Stellenwert Ingenieur/Designer zu kommen, um eine einseitige Betrachtungsweise auszuschließen.

Ängste und Bedenken begleiteten einige Beiträge, wenn es darum ging, aus geschlossenen Systemen heraus über die Begegnungen zwischen Ingenieuren und Designern zu berichten. Marketing und PR steuern die öffentliche Meinung. Auch wenn von einer Jahrhundertanstrengung gesprochen wird, beginnt für viele Firmen die eigentliche Zusammenarbeit, für die es keine festgeschriebenen Leitlinien gibt, erst verstärkt in den 70er Jahren. Das

Wirken mancher Designer stand somit noch im Spannungsfeld zwischen Firmengründer, Designer und Entwicklungsteam (Beispiel Dornier).

Die vielen Recherchen und Beiträge lassen einen vielschichtigen und schwierigen Prozess erahnen, der, wenn man so will, mit einer innovativen Erkenntnis endet: Es zeichnet sich eine Erklärung für das spannungsreiche Verhältnis zwischen Ingenieuren und Designern ab, die zu einer Problemlösung führt, die für den interessierten Leser nachvollziehbar sein könnte.

Ich hoffe, mit dieser Publikation Anregungen und Anstöße für eine Diskussion zu erreichen, die zu einem Verständnis der immer noch anzutreffenden kontroversen Situation zwischen Ingenieuren und Designern führt.

Die Fokussierung auf München ergab sich aus dem Industriestandort mit seiner Designgeschichte. Dafür stehen die Firmen Agfa, ARRI, BMW, EADS, MAN, Krauss-Maffei, Rodenstock, Siemens und weitere Unternehmen und Institutionen. Mit Interesse griffen die angesprochenen Ingenieure und Designer aus den verschiedenen Industriebereichen das Thema „Der Ingenieur und seine Designer" auf und vermitteln mit ihren Beiträgen in unterschiedlicher Intention Erfahrungen und Eindrücke über die ersten Begegnungen mit Ingenieuren bzw. Designern und die daraus entstandene Zusammenarbeit in einer alten, jungen Disziplin.

Für das Vertrauen, das mir die Mitautoren in der Begleitung, in der Bereitstellung ihrer Beiträge und der finanziellen Unterstützung zukommen ließen, möchte ich einen ganz besonderen Dank aussprechen. Die Unterstützung des Lehrstuhls für Produktentwicklung und des Lehrstuhls für Psychologie an der TU München sowie des Forschungs- und Lehrgebiets Technisches Design an der Universität Stuttgart bestärkten mich in der Durchführung des Projektes. Für die Verwirklichung des Buches möchte ich allen Beteiligten danken.

München, im Oktober 2004   *Jens Reese*

Inhalt

Anhang

Einführung

JENS REESE

Design ist in der Regel „unternehmensgebunden" und damit unverzicht-barer Bestandteil unternehmerischer Strategien, die einem permanenten Wettbewerb unterliegen. Corporate Design beinhaltet bestimmte Formen, Farben, Oberflächen und Dimensionen aus der Zeit heraus. Die daraus ent-wickelten Profile werden als Konstanten zu einem Wiedererkennungswert eines Unternehmens und sind somit Teil eines Corporate Images, einer Corporate Identity und damit Unternehmenskultur. Diese Kultur bildet sich auf der Grundlage von Haltungen und Einstellungen. Gestaltkultur braucht für die erwünschte Qualität die notwendige Durchsetzungsbereit-schaft aller im Unternehmen.

Der unterschiedliche Status der Beteiligten als Designer und Ingenieur, freie Designer und Ingenieure, beauftragte Design-Büros, Ingenieur-Büros, Agenturen, Institute, Studios, Universitäten, Akademien und Fachhoch-schulen mit den verschiedenen hierarchischen Einbindungen und Man-datsverteilungen im Unternehmen erschweren die Zusammenarbeit und oft den richtigen Zugriff auf das Reservoir an Innovationen und Kreativität. Geglückte Konstellationen von Unternehmer-, Ingenieur- und Designer-Persönlichkeiten, wie wir sie von Firmen, Ausbildungsstätten und Grup-pen kennen, sind Konstellationen auf Zeit. Ausgewogene Machtverhältnisse und Interessen formen das Geschehen. Es genügen zwei richtige Personen – ein Unternehmer (Ingenieur) und ein Designer – zur richtigen Zeit am richtigen Ort. Dagegen erschweren grundverschiedene Erfahrungshorizon-te den Dialog und machen selbst einen Grundkonsens schon kompliziert. Vorurteile, vorgefasste Meinungen, falsche Eindrücke und nicht richtiges Wissen führen zu Missverständnissen und letztlich auch zu einer Akzep-tanzverweigerung. Es bilden sich zwei Versionen des Designs heraus, zwei Realitäten. Die Innen- und Außenseite, die interne und die öffentliche Ansicht und „Schönreden" wider besseres Wissen. Design als Politik mit verzerrter Wahrnehmung? Wer stellt sich schon schlecht dar?

Sehen ist wie Lesen – man erkennt das Problem und muss über Lösun-gen nachdenken. Dazu braucht man Kreativität und Intuition, die sich in Entscheidungsprozessen widerspiegeln. Entscheidungsprozesse sind auch Absicherungsprozesse und in ihrer Tragweite existenziell, besonders dann, wenn Design als Boulevardstück die täglichen optischen Begehrlichkeiten einzulösen hat. Die große Ratlosigkeit bei der Fülle aller Möglichkeiten und Beliebigkeiten beunruhigt. Der tägliche In- und Output für Macher und Entscheider stellt manchen Designprozess auf den Kopf, wenn alle Produkte intelligenter werden müssen und sich ständig neue Produktgruppen in kürzester Zeit auszubreiten haben. Da werden neue Technologien und Materialien in ihren Ausprägungen zu aktuellen Vorbildern und auch zu Rettungsankern in der Krise, um das Verfallsdatum einer Ware hinauszuschieben. Anpassungsmaßnahmen stellen Gestaltung auf Zeit mit permanenter Zielausrichtung auf die Zukunft dar. Auch Tradition ist in ihrer Kontinuität keine Konstante, sondern Teil einer Veränderung, die sich auch bei nicht publikumsrelevanten und nicht vom öffentlichen Interesse geleiteten Produktwelten – zum Beispiel Investitionsgüter, auch Langzeitprodukte – zu erkennen gibt.

An der Kunst als kultureller Beitrag wollen – aus welchen Gründen auch immer – alle partizipieren. Und Kunst und Wissenschaft, Kunst und neue Medien schließen Design mit ein. Auf den „D"-Zug Design springen zurzeit alle auf. Dies ist kein Zurück zu den gemeinsamen Wurzeln der freien und angewandten Kunst als Auftragskunst des späten 18. Jahrhunderts, sondern die Grenzüberschreitung zu einer „angewandten Freiheit". Aber Technik als Kunst? Design als Kunst? In beiden Fällen geht es um Wahrnehmung und damit auch um Eindrücke der Ästhetik, ob gut oder schlecht. Nur hat Kunst nicht unbedingt etwas mit Ästhetik zu tun. Wie erklärt man aber einem Nichtmathematiker zum Beispiel die Ästhetik der Zahlen, wie einem technischen Laien die eigene Begeisterung über einen technischen Vorgang, wie einem Ingenieur die Anmut einer Form und ihre innewohnende Kraft, vielleicht noch Aura? Resultiert hieraus nicht ein Stück der Jahrhundertanstrengung und die Auseinandersetzung Ingenieur versus Designer, weil beide Disziplinen etwas für sich reklamieren, was davor die Domäne nur einer Disziplin war: nämlich „Die kulturelle Leistung durch Technik", die Darstellung, Umsetzung und Realisierung einer technischen Idee und ihre Durchsetzung auf dem Markt?

Mit weiteren Arbeitsteilungen mussten sich beide Disziplinen auseinandersetzen. Die Mitte der 60er Jahre einsetzende Bevormundung durch das Marketing machte die sog. „Gute Form" in vielen Firmen obsolet. Der Schritt von der Mechanik zur Elektronik veränderte das Berufsbild des Ingenieurs und des Designers über das technische Equipment hinaus. Die Ausrichtung der Produktentwicklung und Gestaltung an Zukunftsszenarien der Trendforscher gibt Entwicklungsrichtungen für beide Disziplinen vor. Design wird so zu einer Mitteilung/Botschaft nicht ohne Manipulation und Tendenz. Marketing betreibt Bildwissenschaft, Designer und Ingenieure sind die Bilderzeuger. Aber sind die Käufer immer die richtigen Bildleser, wenn nicht nur im Visuellen, sondern auch im Haptischen, Akustischen,

Olfactorischen und Gustatorischen alles auf Sinnestäuschungen angelegt ist und immer mehr Bereiche des Lebens – nichts wird dem Zufall überlassen – so ökonomisiert werden?

Erfolg lässt sich schwerlich teilen, denn was ist schon ein halber Erfolg oder ein kleiner Teil vom Ganzen, wenn jeder vom anderen abhängig ist? Es sind Kausalitäten, die sich mit den 90er Jahren mehr und mehr auflösten. Eine beständigere und damit eine erfolgreichere Co-Evolution zwischen Ingenieuren und Gestaltern bahnt sich an. Eine Übereinkunft ohne Mediation als Ziel? Gebrauchen die Ingenieure und Designer einen moralisch-ethischen Kodex für sich oder handelt es sich nur noch um stereotypische Ansichten, die den komplexen Zusammenhang gegenseitiger Wahrnehmungsprozesse nur vereinfacht wiedergibt? Der Dissens macht nur noch bedingt Sinn und kokettieren sollte man damit schon gar nicht. Ein Streit muss auch einmal beendet sein.

Wie gingen Ingenieure und Designer gestern und wie gehen sie heute miteinander um? Wie waren die Kräfteverteilungen, woher kamen die Gestalter, wer hat sie wann in die Unternehmen eingeführt? Waren es die Zwänge vom Markt oder war es die unternehmerische Weitsicht? In welche Organisationsform wurden die Gestalter eingebunden und welches Mandat gestand man ihnen zu? Aus der Vergangenheit heraus werden die Veränderungen des Prozesses beispielhaft aufgezeigt. Für die Design- und Technikgeschichte werden traditionell einseitig bestimmte Darlegungen in Teilbereichen auf eine vielleicht realere Grundlage gestellt.

Von der Anstrengung, der Technik ein Gesicht zu geben

Jens Reese

Engineering Design
Design Elements
Design Principles
Inspirational Design
Basic Design
Design Process
Interior Design
Industrial Design
Product Design
Consumer Design
Furniture Design

Car Design
Revolutionary Design
Urban Design
Ergonomics and Design
Design and Marketing
Environmental Design
Design and Manufacture
Benchmarking Design
Public Design
Bionic Design
Design for Design?

Der Begriff „Design" – Anwendung und Umsetzung

Design?

Der Begriff „Design" ist alltäglich geworden. In den Medien vergeht kaum ein Tag, an dem man nicht das Wort „Design" liest. Der Begriff „Design" – nach allen Seiten hin verwendet – ergibt eine Interpretations- und Assoziationsbreite, die keine eindeutigen Inhalte und Werte mehr vermittelt. Geht es nur noch um Design um des Designs willen? Dem Designer Dieter Rams (*1932) wurden in einer New Yorker Bäckerei einmal „the best designed cookies downtown" angeboten. So reiht sich der Begriff in die heutigen Phänomene der Beliebigkeit ein. Anything goes? Die undifferenzierte Anwendung von Begriffen aus der Gestaltung, in der Forschung und Entwicklung – siehe Forschungsdesign, Moleküldesign oder Verhaltensdesign, erschwert den Dialog zwischen Ingenieuren und Designern: Verstanden bedeutet nicht mehr gleich verstanden.

Benutzte man bis in die 60er Jahren noch die Begriffe Gestaltung, Formgebung, Produktgestaltung und in der Autoindustrie die Worte Stilistik/Styling[1], wurde ab den 80er Jahren das Wort „Design" auch zum Inbegriff für eine bestimmte Geisteshaltung, ein Elitedenken in Corporate Identity und Corporate Design als Unternehmenskultur und Business. Es schließt Karriere, Outfit und Lifestyle in Wohnkultur – mehr gehobene Öffentlichkeit als Privatheit – mit ein. Design beinhaltet nicht mehr nur die Idee von einfachen, aber anspruchsvollen Entwürfen für breite Bevölkerungsschichten zu erschwinglichen Preisen, wo jedes Produkt seine Funktion praktisch erfüllt, und haltbar, billig und „schön" ist. Heute sind Designernamen zu Bestandteilen unserer Alltagsbegriffe geworden. Designer sorgen mit ihren Schöpfungen für die gewünschte Zelebrität. Design hat einen Kultstatus, dem man sich regelmäßig bei den vielen Präsentationen und Events unterwirft. Es herrsche das Design oder Triumph des Designs? Ist das die Definition des Begriffs „Design" heute?

Was ist „Design" für ein Wort, woher kommt es, wer hat es mit Inhalten belegt? Die Einführung des Begriffs Design in den deutschen Sprachraum geht auf die Bauhaus-Emigranten der 30er Jahre zurück. Es wird dem Architekten Ludwig Mies van der Rohe (1886–1969) zugeschrieben, als es

---

[1] Ford Köln sprach von Industrie-Formgestaltern für die Gestaltung industrieller Erzeugnisse und nannte die Abteilung Styling, der Gestalter war der Stylist. Im Gegensatz zum Styling, also der idealtypischen Überhöhung von Oberflächen, kam Design meistens als Reduktion daher. Otl Aicher konstatierte: „Wer sich um ein Auto kümmert, ist ein Designer, wer sich um seine Assoziationen kümmert, ist ein Stylist." Daimler-Benz sprach von Stilistik. Nach dem Einzug der Sportwagen und Limousinen in die Ausstellungswelten des Designs in den 80er Jahren spricht niemand mehr von Styling.

darum ging, für das deutsche Wort „Gestalt" eine englische Übersetzung zu finden. Man fand sie im etwas anrüchigen englischen Wort „design". Ein etymologischer Vergleich erklärt das Anrüchige: Der Begriff „design", zu lat. designare (bezeichnen), ist abstrakt und konkret zugleich: lat.-frz. „dessein" = Plan, Beschluss, große Pläne, geheime Pläne, finstere Absichten, in der Absicht; engl. „design" = Plan, Entwurf, Muster, Form, Konstruktion, in der Absicht und „designing" u.a. intrigant, hinterhältig.

Das deutsche Wort „Gestalt" erlangte mit der Aspen Conferenc „Gestalt: Visions of German Design IDCA 1996" – einer Präsentation des Deutschen Designs vor internationalem Fachpublikum – kurzfristig wieder einen Stellenwert. Im amerikanischen Wintersportort Aspen fanden bereits seit 46 Jahren jährliche Konferenzen statt und nur sechs Mal stand dabei ein einzelnes Land im Vordergrund. Eine kleine Sensation war es deshalb, dass das Design Zentrum München es schaffte, dort das Deutsche Design unter dem Leitthema „Gestalt" zu etablieren.

Der Anthropologe Julius Lengert definierte den Begriff „Design" Anfang der 70er Jahre wie folgt: „Design ist das bewusste Erzeugen einer Wirkung durch die Produktgestalt. Gestalt ist die Summe aller sinnlich wahrnehmbaren Eigenschaften eines Produktes". Design ist somit die bewusst erzeugte Wirkung auf den Betrachter. Heute steht Design nicht mehr nur für das Produkt (= Produktdesign), sondern für jeden gestalterischen Eingriff.

Institutionen tun sich mit einer klaren Zuordnung des Begriffs „Design" zurzeit schwer, anders als etwa für den Begriff Konstruktion: Architektur und Design, Kunst und Design, künstlerische und industrielle Gestaltung, Konstruktion und Gestaltung, Kunst/Gestalten – welche Inhalte sind gemeint? Das Wort Design hat durch den universellen Gebrauch seine ursprüngliche Bedeutung verloren.

Appelle der Stardesigner Neville Brody oder Giorgetto Giugiaro (der Name steht für den ersten VW „Golf") an die moralische Verantwortung der Gestalter beziehen sich auf die Beliebigkeit der Dinge: „Design hat seine Seele verloren und ist zum inhaltslosen Selbstzweck verkommen. Wird sich das Design der Zukunft im Dekor verzetteln oder schafft es sich selber ab? Designer sollten ihre besonderen Fähigkeiten der Vermittlung verstärkt in den Dienst humanitärer Ziele und Aufgaben stellen".

Letzteres fand eine ideelle bzw. experimentelle Umsetzung am Bauhaus 1919–1933[2] und an der Hochschule für Gestaltung Ulm (HfG) 1953–1968. In beiden Fällen wurde, wie es Peter von Kornatzki, Professor für Kommunikationsdesign, so schön sagt, über eine erfolgreiche Zusammenarbeit mit der Industrie gesprochen: „Immer war es der intensive Dialog, das ver-

---

[2]   Als New Bauhaus 1937 in Chicago fortgeführt, ab 1944 Institute of Design und heute eine Abteilung des Illinois Institute of Technology.

trauensvolle Gespräch mit dem Auftraggeber, in denen zuvor das Problem griffig formuliert und klare Zielsetzungen definiert wurden. Und immer ging es dabei nicht bloß um den schnellen Erfolg, sondern um die Voraussetzungen einer Sache und ihre Folgen, um die Struktur eines Projektes und seine Einordnung in größere Zusammenhänge. Aber auch das, dass nämlich eine so verstandene analytische, methodische und ganzheitliche Gestaltung nicht mehr von Einzelkämpfern, sondern nur im Team bewältigt werden kann. In einem Team aus Spezialisten, das erst einmal gefunden, motiviert, geführt und – bei aller Verschiedenheit der Individuen – auf einen Geist und ein gemeinsames Ziel eingeschworen werden muss".

Das klingt nach vorweggenommenem Design Management und lässt die Frage nach der eigentlichen Realität in der Industrie offen. Dies gilt besonders, wenn es heißt, „der neue Typus des Gestalters sah sich gleichermaßen als Anwalt des Verbrauchers, wie als Anwalt von Konstrukteur und Produktionstechniker. Er verstand sich als eine Art *Transmissionsriemen*, der die Bedürfnisse des Nutzers mit den Möglichkeiten der Fertigung und den Interessen des Auftraggebers zur Deckung zu bringen hatte".

Dagegen verstanden sich die Bauhaus-Werkstätten eher als Laboratorien, in denen Prototypen und vervielfältigungsreife Modelle entwickelt und ständig verbessert wurden. Die Zusammenarbeit mit der Industrie bezog sich in Dessau schwerpunktmäßig auf die Junkerswerke. Junkers und Gropius sahen ihre Aufgabe mehr in der Forschung, und die Tatsache, dass sich beide als Innovatoren verstanden, führte auch zu Konkurrenzsituationen. Ein Beispiel war der Leichtbau in der Flugzeugentwicklung und im Möbelbau. Letztlich setzte sich bei Stühlen das verchromte Stahlrohr aus dem Bauhaus gegenüber dem Aluminiumrohr von Junkers durch.

Die freien Künste waren, sofern sie sich nicht konkret und konstruktiv gaben, das heißt, sich die Einheit von Kunst und Design nur in der konkreten Kunst vollzieht, an der HfG Ulm tabu, sie wurden bewusst ins Abseits gestellt. „Bei der Auswahl der Studenten wurde sorgfältig darauf geachtet, alle Bewerber mit künstlerischem Anspruch und Habitus auszusondern" und dies bewusst im eklatanten Unterschied zum Bauhaus, wo die Einheit von Kunst und Technik angestrebt wurde. Aus dem Wissen eines nicht lösbaren Streitpotenzials zwischen freier Kunst und angewandter Gestaltung wurde Design an der HfG Ulm kompromisslos von der bildenden Kunst getrennt – Kunst, die sich keinem Kanon beugt, wenn es um ihre Freiheit geht. Stattdessen wurden „wache, hochmotivierte und handwerklich vorgebildete Studenten bevorzugt, die sich entschieden aus ihrem erlernten Metier nach vorn bewegen wollten". Der kulturelle Analphabetismus Design beflügelte in den 50er Jahren: „Es komme nicht darauf an, Design zu machen, sondern Designer auszubilden". Das Sendungsbewusstsein wurde umgesetzt: eine durchaus erfolgreiche Story der relativ kleinen Schar von Absolventen, die mit ihren ideologischen Grundsätzen bis in die internationale Designszene hinein Elite – gleich dem Bauhaus – verkörperten und zum Vorbild wurden.[3] Umfangreiche Wissenschaftstheorien und -erkenntnisse wurden zur Grundlage für Curricula und diverse Beurteilungskriterien, die die Designszene besonders in der Bundesrepublik prägten und bis heute ihre Gültigkeit nicht verloren haben. Diese Vorbildfunktion als gezielte Meinungs- und Beurteilungsgrundlage führte allerdings zu einem Interpretationsmonopol der HfG Ulm, das in der Eindimensionalität den wechselnden zeitgemäßen Lebensgefühlen nicht gerecht wurde und für die Mehrheit der Verbraucher keine direkte Relevanz besaß – der konstruktive Funktionalismus mit dem Ziel, eine neue Kultur mit funktionaler Schönheit zu schaffen. Gestaltung, wie sie die Hochschule verstand, hatte nichts zu tun mit dem modischen Einfall oder der unablässigen Suche nach Effekten. Es ging ihr auch nicht darum, an einem neuen Stil mitzuarbeiten; heute eckig zu machen, was gestern rund war. Sondern ihr ging es bei der Entwicklung eines Gegenstandes um eine intensive Forschung und methodisches Arbeiten. Für Andersdenkende bewirkte das eher das Entstehen eines Formenstaus. Aus heutiger Sicht scheint allerdings auch das normale, selbstverständliche Maß über ein Zuwenig und über ein Zuviel der Gestaltung damit abhanden gekommen zu sein.

Der Verein Deutscher Ingenieure zum Thema Design

Mehrfach nahm sich der Verein Deutscher Ingenieure des Themas Design an. In eigenen Veröffentlichungen oder in der Zusammenarbeit mit Firmen und Hochschulen entstanden Richtlinien der Gestaltung für die Ingenieure, z.B. Wechselbeziehungen zwischen Mensch und Produkt (VDI Berichte Nr. 406/1981), sowie Grundlagen, Begriffe, Wirkungsweisen des Industrial Design von 1986. Mit dem Statusbericht „Design und Innovation" von 1997 aus dem VDI-Technologiezentrum Physikalische Technologien entstand der Versuch einer realen Bestandsaufnahme der Situation zwischen Ingenieuren und Designern. Im anschließenden Fachgespräch im Bundesministerium ging es um die Bedeutung von Design als Innovationspotenzial für Forschung, Technologie und Entwicklung. Aus der Bestandsaufnahme des VDI-Technologiezentrums geht unter anderem die These hervor, dass Design noch zu selten von Beginn an in die Entwicklungsprozesse einge-

---

[3] Die HfG wurde zur Legende, obwohl sie während ihres 15jährigen Bestehens lediglich 640 Studenten hatte. Nur 215 von ihnen verließen die Schule mit einem Diplom. Der Anteil der ausländischen Studenten aus 49 Ländern lag bei fast 50 Prozent. Die aufmüpfige, unbequeme Institution verweigerte – u.a. wegen eines Defizits von 200.000 Mark – das Zusammengehen mit der Ingenieurschule Ulm. Der Lehrkörper mit seinen Studenten löste sich 1968 selbst auf.

bunden wird. Weiter heißt es, man habe erkannt, dass sich mit und über Design viele neue Möglichkeiten für Forschung und Innovation eröffnen. Die Relevanz von Design müsse verstärkt werden. Ein Credo, das sich in den Wirtschaftsministerien der Länder mit dem Slogan „Innovationsfaktor Design" fortsetzt und seine Resonanz in den jeweiligen Designzentren hat. Allerdings hat diese Resonanz in den Fächern der Ingenieurwissenschaften an den Hochschulen zum Teil nur ein schwaches Echo gefunden, obwohl die vielen Ausbildungsstätten in den Fächern „Design" für den notwendigen kreativen Input sorgen, was sich eindrucksvoll auf den Industriemessen zeigt.

Ein nicht ausgeschöpftes Kommunikationsangebot?[4]

Hilfestellung für eine Reflektion, einen wirklich echten Dialog, könnte die Deutsche Designkonferenz bieten. Sie ist eine Design-Initiative der Deutschen Wirtschaft von 1994 (design initiative sanssouci), die im zweijährigen Turnus tagt und getragen wird von Vertretern des Bundesverbandes der Deutschen Industrie e.V. (BDI)[5], des Deutschen Industrie- und Handelskammertages (DIHK), des Markenverbandes e.V.[6], des Zentralverbandes des Deutschen Handwerks (ZDH), des Bundesministeriums für Wirtschaft und Technologie sowie berufsständischer, regionaler und überregionaler Design-Institutionen wie dem Verband Deutscher Industrie-Designer e.V. (VDID)[7].

Das Ziel der Initiative besteht darin, das Designbewusstsein der Unternehmen, insbesondere im mittelständischen Bereich, zu erhöhen und ihre Wettbewerbsfähigkeit auf nationalen und internationalen Märkten zu verbessern, die Öffentlichkeit über die Bedeutung des Designs als Wirt-

---

[4] Einige Beispiele: 1960 Formgebung Technischer Erzeugnisse (VDI-R. 2224). 1969 Technisch-Wirtschaftliches Konstruieren (VDI-R. 2225). 1973 Konzipieren technischer Produkte (VDI-R. 2222). VDI-Berichte Nr. 406. 1981, 1982 Industrial Design für Produkte der Feinwerktechnik (VDI-R. 2424). 1983 Ergonomisches Konstruieren technischer Systeme und Produkte (VDI-R. 2242). 1986 Methodik zum Entwickeln und Konstruieren technischer Systeme und Produkte (VDI-R 2221).

[5] Der BDI in seiner heutigen Form wurde 1949 gegründet. Die ersten Interessensverbände der deutschen Industrie gehen auf das 19. Jahrhundert zurück (erste Weltausstellung in London 1851).

[6] Der Verband feierte im Juni 2003 sein hundertjähriges Bestehen (s. dazu Hans Domizlaff: Über die Marke und das öffentliche Vertrauen).

[7] Der VDID ist eine Gründung der Designer Hans Theo Baumann, Karl Dittert, Herbert Hirche, Günter Kupetz, Peter Raacke, Rainer Schütze, Hans Erich Slany und Arno Votteler im Jahre 1959 in Stuttgart. In München gründete sich 1971 eine VDID-Regionalgruppe mit Designern aus dem Hause Siemens, der Bundesbahn und freien Designern.

schaftsfaktor zu informieren und die politischen Entscheidungsträger für die Rolle des Designs als Standortfaktor zu sensibilisieren. Einen Meilenstein stellte die Seminarreihe IHK-Colleg Designmanagement von Juni bis Oktober 2004 in München dar.

Der Verein Deutscher Ingenieure – er steht für 126.000 Mitglieder, davon 20 % Studenten unter 33 Jahren – ist bei der Designinitiative (noch) nicht dabei. Sitzen bereits Ingenieure und Designer in anderen Foren an einem Tisch oder beharrt man weiterhin auf getrennten Plattformen? Dies würde bedeuten, dass es keine wirkliche gemeinsame institutionelle/öffentliche Plattform gibt, obwohl eine Reihe von Designern Mitglied im VDI ist und dort mit anderen Designern als Referenten auf VDI-Veranstaltungen auftritt und die „VDI nachrichten" eine regelmäßige Kolumne zu Designthemen bringen. Hier sei auch auf den Sonderteil INDUSTRIE-DESIGN vom 21. Juni 1996 hingewiesen: „Die Funktion bestimmt die Form; Gutes Design verkauft sich besser; Neues Outfit für Industrieprodukte; Gutes Design erleichtert den Verkauf von Investitionsgütern; Der Designer ist so gut wie seine Partner; Design hilft, Kosten zu sparen". Reichen diese wohlgemeinten stereotypen Headlines und die dazugehörigen Beiträge aus, um gegenseitiges Verständnis hervorzurufen? Dazu gehört auch der Artikel in den „VDI nachrichten" vom 16. April 2004 über Christopher Dresser von Terence Conran: „… es war vor allem Dressers Bekenntnis zur industriellen Produktion", die ihn beeindruckte. Dressers „The Art of Decorative Design" erschien 1862. Das war 11 Jahre nach der ersten Weltausstellung. Der Begriff „design" steht explizit für „a decorative pattern" – also Muster wie „dessin". Dresser gilt danach international als Vater des Industrial Design. Bei allem Wissen über „Design" zeigt die Gegenwart dennoch Schwächen der Zusammenarbeit. 150 Jahre VDI stehen 50 Jahre Rat für Formgebung gegenüber.

Begegnungen zwischen Ingenieuren und Designern

Der Eindruck aus dem Statusbericht „Technologie Monitoring" von 1997 bestätigt sich. Aus vielen Interviews mit Ingenieuren und Designern geht hervor, dass der Anspruch an ästhetische Parameter nicht so stark ausgeprägt ist und dass viele Ingenieure die Anmutungsqualität ihrer eigenen Produkte nicht wahrnehmen und sich gegenüber dem Wort „Ästhetik" eher sprachlos geben. Diese Sprachlosigkeit[8] erlebt man an den Ausbildungsstätten und findet sie wieder in den Konstruktionssälen und Büros der Industrie. Besonders in der mittelständischen Industrie ergeben sich daraus schwierige Grenzsituationen in der Verständigung auf formalästhetische Qualitäten. Der persönliche Geschmack einiger weniger Mitarbeiter in Führungspositionen gilt oft als Richtschnur; und dies ohne eine Reflexion über die Qualität der Gestaltung. Gutgemeinte Einflussnahme von außen ist nicht erwünscht, wenn durch mangelndes Einfühlungsvermögen des Designs z.B. die Klientel eines Kleinbetriebes Schaden nimmt. Ein hoher ästhetischer Anspruch an Wohnqualität oder gediegene Arbeitsplatzatmosphäre lässt nicht unbedingt auf gut gestaltete Produkte schließen. Dies gilt auch im umgekehrten Sinne. Diese Tatsache stellt sich immer wieder als ein überraschendes Phänomen dar.

Dort, wo konstruiert wird, wird auch gestaltet. Das heißt, Konstruieren ist Gestalten, allerdings gegenüber dem Design unter einer Prämisse, die das Erkennen einer unbewusst/bewusst erzeugten Gestaltqualität erschwert oder sogar unmöglich macht. Die ästhetische Bewertung einer konstruktiven Arbeit bleibt aus, wird nicht erkannt, wird nicht wahrgenommen. Liegt es daran, dass der Ingenieur im Studium nur gelernt hat, Maschinenpläne zu zeichnen, Diagramme zu erstellen und in Formeln zu denken? Er verlernt dabei zu sprechen, zu schreiben und überhaupt zu kommunizieren, wie Albring meint. So steht dem konstruktiven Vorsatz eines logischen Schlusses sowohl das Corporate Design (als Modus vivendi) als auch die ständige Veränderung des zeitgemäßen Lebensgefühls gegenüber – eine Verständigung auf Zeit als eine schwer vermittelbare Gegebenheit.

Einer der erfolgreichsten CI-Manager der Bundesrepublik – Axel Thallemer – äußerte in der „Informationsschrift Anlage 1" des Rates für Formgebung unter anderem: „Es hat riesige Schwierigkeiten gegeben, die neue Corporate Design-Richtlinie in der Ingenieurwelt durchzusetzen. ... Ich denke, dass wir auch bis heute noch die meist missachtete Abteilung im Unternehmen sind. Die Missachtung hat sich nicht nur nicht gelegt, sondern mit zunehmendem globalen Erfolg des Corporate Design noch zugenommen."

Unterschiedliche Interessenlagen zwischen den Ingenieuren und Designern bewirken, dass sie sich als zwei unversöhnliche Disziplinen zu verstehen scheinen. Ist der Designer für den Ingenieur ein Konkurrent geworden, der ihm die Show stiehlt? Man kann es so sehen, wenn der Ingenieur den Designer nicht nur dulden, sondern in der Verantwortung um das Produkt auch beauftragen und bezahlen muss. Der Stellenwert des Designs gegenüber den Ingenieuren hat sich damit verändert und den verantwortlichen Ingenieur zum Teil gesellschaftlich an den Rand gedrängt.

---

[8] Anmerkung zur Sprachlosigkeit der Ingenieure: In der FAZ vom 18.07.04 wird unter der Rubrik *Wissenschaft* in einer Rezension über „Die Sprachlosigkeit der Ingenieure" (Heinz Duddeck und Jürgen Mittelstraß (Hrsg.), Leske+Budrich, Opladen 1999 und Werner Albring: „Gorodomlia. Deutsche Raketenforscher in Russland", Luchterhand Verlag, Hamburg 1991) darauf eingegangen. Den Nichtingenieuren empfiehlt Albring mehr technische und naturwissenschaftliche Bildung, um die Kluft zwischen Ingenieur und Gesellschaft zu schließen. Den Ingenieuren rät er zur Auseinandersetzung mit der Geschichte.

Eine „Randständigkeit" der Ingenieure beschreibt der Soziologe Nils Beckenbach, Universität Kassel, und spielt auf deren Technikgläubigkeit, aber auch auf die zunehmende Skepsis der Bevölkerung gegenüber der Technik und die damit geringe Beachtung der Ingenieure in der heutigen Produktwelt an. Ob Auto, Schienenfahrzeug, Stuhl oder Lampe: im Mittelpunkt steht der Designer als „Star", obwohl es die Produkte ohne das technische Know-how der Ingenieure so nicht geben würde.

Beide Disziplinen haben ihren Anteil an der Realisierung. In diesem Sinne hat allerdings „der Ingenieur seine Rolle als gestaltender Erfinder frei von selbstgestellten Zwängen noch nicht wiedergefunden". Dies erklärt vielleicht, dass bei besonders „konsumigen" Produkten der Ingenieur an der Produktdefinition nur bedingt beteiligt ist, obwohl dem Designer eine Phalanx von Ingenieuren gegenübersteht. Dies bedeutet, dass auch der Ingenieur für sich selbst „Design" zur Chefsache machen sollte, um die Auseinandersetzung nicht dem freien Spiel der Kräfte zu überlassen. Diese eher zerstörerischen Kräfte lösen keine positiven Stimmungen bei der Produktentwicklung aus, sondern erhöhen Zeit und Aufwand für die Gestaltung, was zu Unmut führt, wenn sich die Gestaltungsposten in der Bilanz negativ darstellen. Zu eng werden die Budgets für Design im Entwicklungsetat angesetzt, Gestaltung darf nichts kosten, sie soll kostengünstig und möglichst umsonst sein. In Zeiten der Rezession wird deshalb schnell auf die Mitarbeit des Designers verzichtet. Ungünstig wirkt sich so eine Haltung im Investitionsgüterbereich aus. Es ist zum Teil der Bereich, der sich angeblich einer Publikumswirksamkeit entzieht und somit keiner Gestaltung bedarf.

Hier mag ein Zitat von Kurt Weidemann, Professor für Informationsdesign und erfolgreicher CI-Berater, als Appell dienen: „Ein Kollege, der mit dem Design – dem schön- und attraktivmachen – von Unterwasserpumpen für Schwimmbäder beauftragt war, die dort angebracht niemand mehr sieht, hat auf meine Frage nach der Vergeblichkeit seines Tuns überzeugt geantwortet: ‚Natürlich sieht sie unter Wasser niemand mehr. Aber sie werden über Wasser verkauft.'" Und weiter heißt es: „Der Designer ist nicht der Polierer und Herausputzer am Schluss, sondern der weiterführende Prozessbegleiter von der Idee an". Dies ist für manchen Ingenieur schwer einzusehen, insbesondere dann, wenn die Mitarbeit des Designers als Bevormundung angesehen wird. Ein Ingenieur dazu: „Ich habe das Design falsch eingeschätzt und mich zu sehr auf meine Kollegen bezogen". Ein enges hierarchisches Korsett in der Entwicklung lässt eine Belohnung oder Teilhabe am Erfolg kaum zu. Teamarbeit als Konzept wird erst wahrgenommen, wenn der Konkurrenzdruck vom Markt her zu stark wird. Daran wird auch der Auftrag zur Durchführung einer Designrichtlinie nichts ändern. Gegenseitige Professionalität zu akzeptieren fällt beiden Seiten schwer.

In den 90er Jahren haben sich die Designlandschaft und das Geschäft mit und um Design grundlegend verändert. Nicht nur das Artikulieren und

Durchsetzen unternehmerischen Wollens der Ingenieure stehen zur Zeit auf dem Prüfstand, sondern auch die Aktivitäten von Seiten des Marketings und Designs, wenn produktbestimmende Kräfte sich mehr und mehr nach außen verlagern, wenn internationale Trendforschungsinstitute die Richtung angeben oder der Kunde selbst mit Hilfe von Computersimulationen zum Produktdesigner wird, indem er direkt Einfluss auf die Produktentwicklungsprozesse der Firmen nehmen kann. Vorschläge der Konsumenten als Wettbewerbsvorteil, um sich vom Rivalen abzusetzen, beschleunigen die Entwicklungen und mindern das Risiko. Da wird der Designer ebenfalls zum Erfüllungsgehilfen und in seiner Art „randständig", wenn das sog. Vorlagewesen ihn bestimmt. So verschärft sich das unternehmerische Risiko bei designbestimmenden Produkten, und schnell steht Design für viele Unternehmen am Scheideweg. Das heißt, die zu raschen Designzyklen hinterlassen Spuren – mit welcher Gestaltungsrichtung geht es weiter? Da ist wenig Platz zum beruflichen Ehrgeiz, zur Selbstverwirklichung; weder bei den als Berater eingestellten oder zur Begutachtung gerufenen Designern als auch bei den Ingenieuren. Der Konfliktstoff Design, der jede Gestaltungsinitiative zu einer Kampfansage werden lässt, macht bei der Suche nach Autoritäten zur Orientierungssuche keinen Sinn mehr. Wer nimmt wen an die Hand, um gemeinsam eine strategische Linie für die Zukunft der Produkte im Unternehmen zu entwickeln?

Vielleicht zu spät werden jetzt Stimmen laut, die sagen, dass versäumt wurde, den leider häufig anzutreffenden fachunkundigen Entscheidern Standards des nötigen ästhetischen Fachwissens zu vermitteln. Der in aller Munde geführte Begriff „Innovationsfaktor Design" ist ohne Einfühlungsvermögen der Ingenieure in ästhetische Belange und das nötige Verständnis für das Corporate Design nur eine Worthülse. Der Erfolgsfaktor ist die Mitarbeit, ist der „Mitarbeiter" und das sind Ingenieure und Designer. Für den Ingenieur muss es schnellstens heißen, die Rolle des Mitentscheiders wieder glaubhaft werden zu lassen, sie wieder zu erobern, denn innovative Technik und ihre erfolgreiche Umsetzung am Markt sind ohne strategisch ausgerichtetes Design nicht mehr denkbar. Design- und Produktinnovationen sind zwei Seiten derselben Medaille mit der erlaubten Feststellung, dass die Wahrnehmungen der ausführenden Ingenieure und Designer – einschließlich Marketing – nicht zwangsläufig identisch sein müssen. Das gemeinsame Ziel sollte es sein.

Produktentwicklung an Technischen Universitäten

Der erste Lehrstuhl für „Industrielle Formgebung" an der TH Hannover unter Professor Matthias Janssen wurde 1966 eingerichtet. Im April 1966 lädt die Carl-Friedrich-von-Siemens-Stiftung zu einem Vortrag über

„Industrielle Formgebung – Entwicklung und Lehre" ein: „Unsere industrielle Gesellschaft hat ein Maß an Dichte und Intensität erreicht, das die
Formgebung aller uns umgebenden Gegenstände zu einer bewusst anzupa-
ckenden Aufgabe gemacht hat. Wir haben darum Herrn Professor Matthias
Janssen von der Technischen Hochschule Hannover in seiner Eigenschaft
als erster Lehrstuhlinhaber dieses Faches an einer deutschen Hochschule
gebeten, über die Erfahrungen seines Instituts zu sprechen". Als Moderator
wurde Johann Klöcker[9], Redakteur der Seiten "zeitgemäße form" in der
Süddeutschen Zeitung, gewonnen.

Ebenfalls seit 1966 gibt es an der Universität Stuttgart ein Forschungs-
und Lehrgebiet Technisches Design: „Das Design technischer Produkte
entsteht zu einem Großteil durch die Entscheidung von Ingenieuren in der
Projektierung, Vorentwicklung und Konzeption. Insbesondere die verantwortlichen und leitenden Ingenieure in stark designorientierten Industrien, wie der Fahrzeug- oder der Konsumgüter-Industrie, benötigen deshalb eine fundierte Designausbildung". Das Forschungs- und Lehrgebiet
Technisches Design wurde am Institut für Maschinenelemente (IMA) mit
einer Unterstützung des Verbandes Deutscher Maschinen- und Anlagenbau
(VDMA) und des Bundesverbandes der Deutschen Industrie (BDI), später
durch die Deutsche Forschungsgemeinschaft (DFG Schwerpunktprogramm
Konstruktion) eingerichtet. Es wurde 1977 dem Institut für Maschinenkonstruktion und Getriebebau (IMK) zugeordnet und durch das Land Baden-
Württemberg gefördert. Die Leitung hatte seit 1980 Professor H. Seeger und
ab 2003 Professor T. Maier.

Die Aufgabe des Lehrstuhls für Produktentwicklung an der TU München beschreibt Professor Udo Lindemann wie folgt: „Erfolgreiche Produkte sind die Grundlage für jeden Unternehmenserfolg. Die Entwicklung
wettbewerbsfähiger und innovativer Produkte und die Optimierung der
notwendigen Produktentwicklungsprozesse sind daher die zentralen Themen unseres Lehrstuhls. Unser Ziel ist die Unterstützung der produktent-
wickelnden Industrie durch die kompetente und praxisnahe Ausbildung
unserer Studenten, die Entwicklung effektiver Methoden und Werkzeuge für die Produktentwicklung und den gezielten Wissenstransfer in die
Unternehmen."

Zu einem interdisziplinären Kurs luden der Rektor der Friedrich-Ale-
xander-Universität (FAU) Erlangen-Nürnberg und der Präsident der TU
München 2001 zu dem Thema: „Selbstverständnis und Verantwortung
beim Gestalten von Technik" in die Ferienakademie ein. *Man ging der
Frage nach, „was wir klugerweise mit unseren technischen Fähigkeiten tun
sollten, damit unser Leben gelingt.* Steht in einem technisch-naturwissen-

---

[9] Johann Klöcker betreute die Seiten von 1963 bis 1981.

schaftlichen Studium der Erwerb von Handlungsweisen an erster Stelle, so geht es hier um Orientierungswissen für das Gestalten einer technisierten Welt und das Leben in ihr. Es geht um Wege, das technisch Mögliche am gesellschaftlich Wünschbaren zu messen, um es idealerweise miteinander in Einklang zu bringen. ‚Ethik der Technik' bezeichnet also nicht einfach nur einen Verbotskatalog, wie oft verkürzt vermutet wird, sondern ist die Theorie des menschlichen Gelingens der Technik. Eines Gelingens in dem Sinne, dass es Menschen ein selbstbestimmtes Leben ermöglicht, das sie und ihre Umgebung als gut erfahren.… *Was ein gelingendes selbstbestimmtes Leben sei, das als ‚gut' empfunden werden kann – und welche Rolle die Technik darin spielt, bieten Philosophie, Theologie und Geschichte die wissenschaftlichen Methoden".* Wenn auch die Technik im Mittelpunkt der Betrachtungen stand, ging es darum, Kriterien für ein Gelingen in der Gesellschaft jenseits des bloßen *Funktionierens* zu finden.

In einer Ringvorlesung der Ruhr-Universität-Bochum stand ergänzend die Richtung des Wissenszuwachses in den Bereichen „Wissen", „Technik" und „Umwelt" im Mittelpunkt: das Verhältnis zwischen „Sciences" und „Humanities" wird sich ändern müssen. Das heißt, dass die Erkenntnisse immer spezieller, die Technik immer mehr verwissenschaftlicht und der Nutzer dabei ins Hintertreffen geraten könnte, wenn er nicht gerade das idealtypische Nutzerprofil aufweist. Technische und soziale Lösungen gilt es intelligent zu kombinieren. Anwender/Nutzer und Ingenieure sollten über „den Tellerrand" ihres Fachgebietes schauen und gesellschaftswissenschaftliche Erkenntnisse bei der Entwicklung neuer Produkte in ihre Arbeit einbeziehen.

Das 4. Internationale Heinz Nixdorf Symposium im Dezember 2000 stand unter dem Thema „Auf dem Weg zu den Produkten für die Märkte von morgen". Im Vordergrund der Bemühungen, die Zukunft zu gestalten, müssen Produktinnovationen und damit einhergehende Dienstleistungsinnovationen stehen. Ein hoher Lebensstandard erfordert adäquate Spitzenleistungen an Kreativität und industrieller Wertschöpfung. Die sich bildenden neuen Erfolgspotenziale müssen frühzeitig identifiziert und rechtzeitig erschlossen werden. Die nachhaltige Entwicklung ist ein Gebot der Vernunft und eine Chance. Nicht nur die Software gilt als herausragender Erfolgsfaktor für Produkte von morgen, sondern auch die geforderten Kooperationen und Allianzen, gekoppelt mit den Fähigkeiten, mit anderen Menschen zielorientiert und effizient zusammenzuarbeiten.

Diese Zusammenarbeit, die sich als eine Jahrhundertanstrengung zwischen Ingenieuren und Designern darstellt, gibt zu denken, wenn es heißt: „Das Jahrhundert des Designs ist das Jahrhundert des Designers, auch wenn er eine lange Zeit als anonym zu gelten hatte, auch wenn er von ökonomischen oder politischen Zwängen gelenkt wurde" und noch wird. Der Designer ist zu einer Schlüsselfigur des Jahrhunderts geworden, dies besonders mit dem Übergang von der Mechanik zur Elektronik. Die Technik erklärt sich nicht mehr selbst, bestimmt nicht mehr die Form. „Hier die technische Hardware, dort das gestaltete Gehäuse – vom Designer gestaltet, versteht sich". Steht somit die Technik beim aktuellen Design noch im Mittelpunkt? „Dass auch noch bescheidenste Objekt – ob Kochlöffel oder Toilettenbürste – avanciert zum Accessoire, mit dem man seine Individualität kundtun kann". Jeder erlebt zurzeit den Wandel des Handys zum Accessoire, allerdings mit hohem technischem Zusatznutzen. Microsoft begründet seinen Einstieg in den Handy-Markt damit, die Konkurrenten aufwecken zu müssen, denn „wir haben das Gefühl, dass sie mit Innovationen nicht schnell genug sind". Offen bleibt dabei, ob in erster Linie technologische oder formale Innovationen – eben nur formale Neuheiten – oder neue „Features" gemeint sind oder sogar der Durchbruch zu neuen Standards, um mit den Rechten Märkte zu sichern. Die mechanische und elektronische Grundausstattung der Produkte bleibt die gleiche, nur das Design variiert. Normen bestimmen die Märkte, Normenorganisationen sind die „Speerspitze". Sie haben eine wichtige Funktion, wenn es um die rechtzeitige Besetzung von Marktpositionen geht: Jeder muss aufpassen, dass nicht andere Länder und Regionen Maßstäbe mit internationalen Standards und Normen setzen und so die Märkte für sich reservieren.

Zweckmäßigkeit allein ist in diesen opulenten Zeiten nicht genug. Die Vielfalt an Technik in Formen und Farben, die es zu bestaunen gibt, ist das Ergebnis eines Marktes, in denen Firmen ihre Produkte nur durch eine eigenwillige Gestalt von den gleichwertigen Waren der Konkurrenz abheben können. Es ist das Resultat bisher ungeahnter formaler Möglichkeiten, die durch neue Software eröffnet wurden – Hightech-Software und Lowtech-Hardware –, aber auch durch die Schöpfung ganz neuer Materialien und Oberflächen in ihrer Komposition. „Viele Produkte haben dank üppiger Kurven und betörender Farben sowohl eine erotische als auch eine verspielte Anmutung, die sie nahezu unwiderstehlich machen". Die Fachjournalistin Claudia Steinberg spricht von der Verführungskraft der einzelnen Gegenstände und Modelle und verweist auf Susan Yelavich, stellvertretende Direktorin des Cooper Hewitt National Design Museums, NY: „Funktion berührt heute auch Psychologie."

Wie stellt sich ein Hochschulinstitut diesen neuen Herausforderungen? Das Institut „Konstruktion und Gestaltung" an der Universität Paderborn bemüht sich um den Aufbau eines interdisziplinären Lehr- und Lernschwerpunkts „Industrial Design in der Produktgestaltung". Zurzeit konzentriert sich das Lehrangebot im Maschinenbau auf die traditionell funktionale und technologisch ausgerichtete Produktentwicklung und Produktgestaltung. Beispiele hierfür sind die in einschlägigen Fachbüchern beschriebenen diversen „Gerechtheiten", die klassischerweise die beanspruchungs- und herstellungsgerechte Gestaltung in den Vordergrund stellen. Diese Ausrichtung ist aus technischer Sicht für die Funktionsfähigkeit der Produkte und

Prozesse unbedingt notwendig und wird durch Grundlagen und weiterführende Lehrveranstaltungen zu Bereichen wie Mechanik, Werkstoffwissenschaften, Fertigungstechnik, Konstruktionslehre, Regeltechnik, Informationstechnik und vielfältige Vertiefungsfächer abgedeckt. Die Erweiterung der „Gerechtheiten" mit Variablen, wie Semantik, Anthropotechnik und Gestaltung als formalästhetische Größe eines zeitgemäßen Lebensgefühls, offenbaren den Konflikt zwischen einem klassischen, ingenieurmäßigen Denken und dem Anspruch, eine emotionale Wirkung bei Investitionsgütern zu erzeugen und dies unter den Prämissen wie Preis-Gerechtheit, Qualitäts-Gerechtheit und Kunden-Gerechtheit.

„Schönheit" als Gegenstand einer subjektiven Wahrnehmung – also Geschmack, der sich ständig verändert – braucht zur allgemeinen Verständigung verbindliche Kriterien, z.B. über Qualität, d.h., Erkennen der jeweiligen zugrunde liegenden gestalterischen Prinzipien, um zu einer vergleichenden Produktkritik zu kommen. Die Vermittlung von Basiswissen zum Thema Design geht somit über den bloßen Eindruck von Funktionalität und Formgerechtigkeit hinaus. Es geht um die Entwicklung eines angemessenen Gefühls für Gestaltung, um gutes von schlechtem Design zu unterscheiden. Dies kann z.B. auch anhand von Kriterien, wie sie Wettbewerbe[10] aufstellen, geschehen: praktischer Nutzen, ausreichende Sicherheit, hohe Gestaltungsqualität und sinnlich-geistige Stimulanz, also neben dem Gebrauchswert technische und emotionale Qualitäten, die Durchdringung eines konzeptuellen Denkens, einer konzeptuellen Intelligenz als Ausdruck einer Produkt-, Design- und Marketingstrategie des jeweiligen Unternehmens. Sich mit gut gestalteten Produkten zu profilieren, heißt auch, sich an den Grenzen von funktionalen, formalen und ästhetischen Parametern des Designs – also nicht messbarer Größen, aber dafür weicher Kriterien, eben „Schönheit" – zu bewegen. Das erfordert die Einbindung „Emotionaler Intelligenz", die über „Gerechtheiten" nicht mehr zu vermitteln ist (s. das heutige Show und Furore Design).

Der Initiator des Instituts „Konstruktion und Gestaltung" an der Universität Paderborn, Professor Rainer Koch (heute Fakultät für Maschinenbau, Institut für Mechatronik und Konstruktionstechnik), äußert sich dazu wie folgt: „Das Design ist ein wichtiges und notwendiges Attribut hochwerti-

---

[10] Mitte der 50er Jahre formulierten die wichtigsten Designinstitutionen der Bundesrepublik „Allgemeine Richtlinien über die Beurteilung der Form von Industrieerzeugnissen". An erster Stelle standen Zweck- und Materialgerechtigkeit. Anfang der 80er Jahre verfasste Professor Herbert Lindinger, Leiter des Instituts für Industrial Design der Universität Hannover, neue Gestaltungskriterien. Sie waren eigens für iF und ihre Ziele ausgelegt und blieben von 1983 bis heute nahezu unverändert gültig. Als Reaktion auf Umweltzerstörung und gesamtgesellschaftliche Abkehr vom dogmatischen Funktionalismus kamen lediglich die Kriterien „Umweltfreundlichkeit" sowie „Sinnlich-geistige Stimulanz" hinzu.

ger Produkte, um erstes Interesse und Aufmerksamkeit für das Produkt und seine tiefer gehenden Details zu wecken. Die Studierenden interessieren sich merkbar für das Thema Design und versuchen, Produkte gegenständlich und softwaretechnisch zu gestalten. Dabei fehlen jedoch meist die Kenntnisse hinsichtlich der Grundprinzipien und Qualitätskriterien. Auch fehlen Kenntnisse der Geschichte des Designs, um aktuelle Trends bewerten und einordnen zu können. Im Ergebnis ist das Vorgehen mehr intuitiv und in Teilen imitatorisch in Relation zu existierenden Objekten. Eine Vermittlung der Design-Grundkenntnisse ist daher erstrebenswert. Ziel der Design-Ausbildung im Ingenieurbereich kann aber nicht sein, Design-Fachleute zu ersetzen, sondern die wechselseitige Kommunikation und das gegenseitige Verständnis zu fördern."

Axel Thallemer, Professor für „Technisch orientiertes Design" an der Hochschule für Bildende Künste Hamburg, nimmt dazu unter dem Thema **„Ausbildung im Design" – Ein Selbstverständnis für den Ingenieur?"** wie folgt Stellung: „Nachdem der Berufsstand des Designers mittlerweile so arriviert ist, stellt sich ernsthaft die Frage, ob dieser entsprechend dem bundesdeutschen Ausbildungssystem föderaler Prägung durch die fast ausschließliche Ansiedlung an Fachhochschulen richtig positioniert ist. Im Sinne von Forschung und wissenschaftlicher Arbeit wäre im Gegensatz zur schwerpunktmäßigen Anwendungslehre die Schaffung von rein universitären Designstudiengängen für eine Exportnation mittlerweile längst überfällig. Insbesondere die wirtschaftlich erfolgreicheren Bundesländer sollten sich dies im Zuge eines weiteren Wettbewerbsvorteils ernsthaft überlegen. Dabei gilt es, darauf zu achten, nicht in alte Denkschemata zu verfallen und etwa den universitären Designstudiengang dem Fachbereich Architektur oder Maschinenbau unter- oder zuzuordnen. Dieser Berufsstand, der sich in den letzten Jahrzehnten durch Spezialisierung neu generierte, hat nämlich mittlerweile nur noch wenig mit der einen oder anderen Richtung gemein. Vielmehr handelt es sich hier um komplett verschiedene Denksysteme, die, wenn überhaupt, nur eine marginale Überlappung aufweisen. Meiner Erfahrung nach schließt das alleinige Denken in dem einen System den nachhaltigen Erfolg im jeweils anderen aus.

Umgekehrt plädiere ich dafür, angehende Ingenieure während des Studiums durch Pflichtwahlkurse dahingehend zu sensibilisieren und zu qualifizieren, dass

1. nur, weil man sich den Umgang mit einem Textverarbeitungsprogramm selbst beigebracht hat, man eben noch kein Typograph ist, auch wenn man „Spationierung" buchstabieren kann,
2. dass das autodidaktische Erlernen von zweidimensionaler Gestaltungssoftware noch keinen Grafiker macht, und
3. Produktdesign mehr ist, als die bloße Beherrschung von 3D-Computerprogrammen, wie auch Industriedesign sich nicht auf die Determinie-

rung von Verrundungsradien an simplen geometrischen Grundkörpern, wenn auch mit Hilfe eines parametrischen Solid Modellers, beschränkt.

All dies könnte in einem einzigen Kurs durch verschiedene ausgewiesene Fachleute im jeweiligen Gebiet während eines Semesters so hinreichend vermittelt werden, dass der Ingenieur im Beruf dann später nicht glaubt, das eben mal schnell ‚professionell' selbst machen zu können; analog dazu dass, wenn das Sprechen erlernt wurde, man nicht automatisch reden und jeder, der in der Schule das Schreiben beigebracht bekommen hat, nicht notwendigerweise schreiben kann. Nur bei den verschiedenen Facetten des Designs fühlt sich nahezu jeder berufen, mitzureden, mitzuschreiben, mitzugestalten und mitzuentscheiden. Diese Ergebnisse prägen mehrheitlich das Sehbild unserer Welt.

Ich halte es nicht für sinnvoll, dass ein Designer in die Lage versetzt wird, beispielsweise ein Lager richtig dimensionieren zu können, aber ich halte es für unabdingbar, dass der Designer ein technisch sehr fundiertes Wissen vorweisen kann. Ich sehe den Berufsstand des Designers weniger in der Fähigkeit „Rendering with Markers", als vielmehr in der Problemsuche und Findung von Alternativen begründet.

Im globalen Wettbewerb immer austauschbarerer Produkte kann Design einen wertvollen Beitrag zu Alleinstellungsmerkmalen leisten, und sei es auch nur die Markengestalt. Obgleich wahres Design immer mit Problemsuche, Analyse und Lösungsvarianten, neuen Materialien und Herstellverfahren zu tun hat, gilt es, ein innovatives Gestalten von stylistischer Oberflächendekoration zu differenzieren. Wenn auch Design bis heute als ‚weicher' Faktor im Neuheitenentstehungsprozess keine betriebswirtschaftliche Quantifizierung in Bezug auf Umsatz oder Ertrag erfahren konnte, so kann es helfen, sich vorzustellen, wie es denn wäre, wenn man Design einfach wegließe. Insofern stellt für mich Design keine Dienstleistung dar, sondern eine – allerdings kulturelle – Bereitstellung, vergleichbar mit Rettungsdiensten oder Feuerwehr, wenn auch ohne deren physische Signifikanz!

Wenn wir im Design wirklich wissenschaftlich arbeiten und forschen wollen, kommen wir um zeitgemäße Grundlagen und Werkzeuge nicht mehr herum. Lassen Sie uns doch gemeinsam die Studenten in diesem Aspekt qualifizieren, um so ein weiteres Alleinstellungsmerkmal in der Lehre universitärer Designausbildung zu belegen.

Für mich sind Computeranwendungen im Design weder Dogma, noch ein Götzenbild, das anzubeten wäre, sondern lediglich ein Werkzeug, wie vor Jahrhunderten der Silberstift oder heute der Bleistift. Da die Berufsbezeichnung Designer nach wie vor kein geschützter Terminus ist, sollte man sich wenigstens handwerklich von den selbsternannten Adepten abheben können. Wenn Design die Gestaltung des Sichtbaren, des Haptischen und des Dreidimensionalen bedeutet, dann ist es umso mehr die Pflicht, in der

Ausbildung die Grundlagen der (virtuellen) Oberflächengenerierung zu
vermitteln.

Vom theoretischen Ansatz wünsche ich mir, dass Studenten nicht nur im
Kandinsky'schen Sinne vom Punkt über die Linie zur Fläche kommen, sondern auch wissen, wie man mit möglichst wenig Punkten eine gewünschte Kurve hinreichend definiert, wie diese mit Hilfe von Tangentenlängen
und Tangentenwinkeln optimiert werden kann, welche Strategien für den
Flächenaufbau herangezogen werden können, und wie kompliziertere
Gesamtmodelle geglättet oder gestrakt werden. Das Ganze ist Stand der
Technik seit nun mehr als 10 Jahren, doch wo wird dies formalisiert Design-
studenten gelehrt?

Ganz in dem Sinne, wie man ein Orchester nur dann gut zu dirigieren
vermag, wenn man selbst mindestens ein Instrument gut zu spielen in der
Lage ist, halte ich es für den Berufstand Design als absolut wichtig, zumindest bei den Oberflächen, den Ingenieuren (,der Geht-nicht-Club') diesbezüglich den Weg weisen zu können. Nochmals, es handelt sich hier lediglich um ein Handwerkszeug! Es ist an der Zeit, den Umstand zu ändern,
dass der Designer (,mit Kaffeetasse in der einen Hand und eventuell auch
noch mit einer Zigarette in der anderen') neben einem Modelleur steht
und ,Stop' ruft, wenn seiner Meinung nach die Form vorbeigekommen ist.
Design ist kein Hörspiel. Diese Art von Produktentwicklung könnte man
auch mit dem Begriff ,Voice Controlled Design' umschreiben.

Bei der Produktentwicklung, insbesondere aber im Prozess der Formgestaltung und des Designs sehe ich keinen vernünftigen Einsatz für 3D-Scan-
ner. Vielmehr glaube ich, dass die Integration von 3D-Scannern im Gestal-
tungsprozess kontraproduktiv ist, da 3D-Scanner lediglich dazu dienen,
ein Computerabbild eines vorhandenen physischen Objektes darzustellen,
nicht jedoch den eigentlichen kreativen Prozess der Formfindung unterstützen. Es macht wenig Sinn, wenn ein Student quasi durch fotografisches
Abbilden eine Punktwolke generiert, wenn er eigentlich die Komposition
Punkt-Linie-Fläche und dies im Produktneuheiten-Entwicklungsprozess
erlernen soll. Ich sehe darin lediglich ein Fördern des reverse engineering,
nicht aber der kooperativen Produktentwicklung."

Ingenieure und Designer

Der Zielkonflikt Ingenieur/Designer

Der Ingenieur hat wie keine andere Sozialfigur das Erscheinungsbild der
modernen Gesellschaft geprägt und gestaltet. Dennoch gibt es immer noch
eine Diskrepanz zwischen den Erscheinungsformen der technisierten Welt
und der ästhetischen Kultur und dies, obwohl der Begriff und die Tätigkeit

des Ingenieurs älter sind als die der industriellen Produktionsweise. Dies bezieht sich auch auf sein Tun: auf logisches, scharfsinniges Denken, auf Fähigkeiten zur Mobilisierung von Kreativität, die auf die Orientierung an praktikablen Problemlösungen verweist. Das heißt, früher repräsentierten die Ingenieure einen eigenen Typus des experimentellen Wissens und eine neue Form der freien und durch Vertrag geregelten Berufsausübung – ein Privileg, das auch der Designer für sich heute in Anspruch nimmt, nämlich das des individualisierten Berufsprinzips und des forschenden und experimentierenden Handelns.

War der Ingenieur, der seine Karriere als Kriegsbaumeister im 17. Jahrhundert begann, unter anderem ein Aufsteigerberuf im 18. und 19. Jahrhundert und fast bis heute, ist es seit der Hochschulreform der 70er Jahre verstärkt auch der Designer, sind es Designerinnen, die einen gesellschaftlichen Aufstieg anstreben. In jedem Bundesland gibt es zurzeit ein bis drei und mehr Möglichkeiten, ein designrelevantes Hochschulstudium aufzunehmen. Dagegen muss zurzeit um das Interesse an naturwissenschaftlichen Disziplinen mit außergewöhnlichen Methoden an Schulen geworben werden. Es gibt seit einigen Jahren zu wenig Ingenieure. In den Fächern der Ingenieurwissenschaften fehlen angeblich die Studenten. Ingenieure werden dringend gesucht, meint der VDE: jährlich fehlen 13.000 Experten und dieser Mangel bremst das Wachstum, es fehlt an Innovationen.[11] Der Nachwuchs sollte konsequenter gefördert werden (s. hierzu die Girls Days „Was interessiert an der Technik?"). Schüler gehen zur Information in die Industrie und Studentinnen lernen mit der Ausbildung zur Netzwerktechnikerin sich in der Männerwelt der Ingenieure zu behaupten. Zieht der Ingenieur als Prototyp des technischen Spezialisten mit seiner Ingenieurleistung nur noch bedingt Aufmerksamkeit auf sich?

Mit großen Anzeigenkampagnen wird um Beachtung geworben: In der Werbung begrüßte RENAULT am 28. Juni 2002 mit den Worten „Willkommen im Club" die Ingenieure von Mercedes-Benz, die wieder bewiesen haben, dass sie erstklassige Autos bauen können. ThyssenKrupp lässt in einer Serie zur gleichen Zeit die Ingenieurleistung durch die Kinder der Ingenieure propagieren: „Mein Papa hilft, dass man aus Wind Strom machen kann",„Unser Papa hat die längste Fahrtreppe von Europa gebaut", „Wir entwickeln die Zukunft für Sie!" Und Siemens: „Mama, hört Strom nie auf?" oder RWE mit dem Fernsehspot „imagine". In diese Reihe gehört

---

[11] In beiden Lagern ist es mit der gegenseitigen Wertschätzung so eine Sache: 80 Prozent der Designer gehe es schlechter als vor einem Jahr, und schon damals ging es mit dem Berufsstand ohne Kammerfähigkeit bergab. Fehlt dem Designer die wirtschaftliche Kompetenz, der Sprung vom Dienstleister zum Unternehmer? Ist das Autoren-Design die Lösung? Der Designer als Verleger und Anbieter seiner Ideen auf Lizenzbasis?

auch der Spot von BMW, die mit ihrer Formel-1-Boliden-Technik Hinweise auf ihre Modellreihen geben und in einer Anzeigenserie im Mai 2004 ihre Ingenieure mit technischen Aggregaten ganzseitig abbilden. AUDI positioniert sich ähnlich mit dem Slogan „Vorsprung durch Technik" und Daimler Chrysler wirbt mit der „Vision vom unfallfreien Fahren".

In der Wochenzeitschrift DIE ZEIT vom 03. April 2003 wird unter der Rubrik **Chancen** *Spezial für Techniker & Ingenieure*, Jörg Schlaich – „Ein Star, den keiner kennt" – vorgestellt. Er zählt zu den bedeutendsten Bauingenieuren der Gegenwart. Er hat das Dach des Münchener Olympiastadions konstruiert und das Glasgewölbe des Lehrter Bahnhofs in Berlin entworfen. „Der Beruf des Bauingenieurs hat etwas Künstlerisch-Kreatives. Das ist seltsamerweise nicht rüberzubringen". Hat es damit zu tun, dass in den Feuilletons immer wieder Randbemerkungen zu lesen sind wie: „Der Grund, sich mit den Naturwissenschaften zu beschäftigen, liegt nicht in irgendeinem Versprechen, Spaß zu machen, sondern nur darin, dass sie nützlich sind"? Anders gesagt: die Oberfläche steht im Mittelpunkt, nicht das Interesse an der Technik dahinter. In dem Magazin „Innovate!" für Forschung und Technologie, Ausgabe Juni 2004, zeigen die Firmen EADS, GE, Roche und ThyssenKrupp gezielt die Faszination der Technik „Dahinter".

Bahnt sich so ein Paradigmenwechsel gegen die Feststellungen an: nicht die Technik wird gewürdigt, sondern das Design, nicht der Ingenieur steht im Mittelpunkt, sondern der Designer? Es macht schon stutzig, dass in diesem Diskurs der Ingenieur „eigentümlich randständig" bleibt, wenn der Designprozess das „ingenieurmäßig differenzierende Planen" und das „ästhetisch-kreative Integrieren" braucht. Gesucht wird jetzt der Designer/ Ingenieur für die kreative Produktgestaltung!

Der Ingenieur als Auftraggeber

In den meisten technisch orientierten Industriebetrieben sind Ingenieure in Führungspositionen tätig. War der Ingenieur Auftraggeber und Entscheider, gab es für den Designer lange nur ein halbherziges oder gar kein Mandat. Und wenn es ein Mandat gab, dann galt es, die dienende Rolle des Designs gegenüber den Ingenieuren einzunehmen. Das bedeutete ein devotes Auftreten der Designer gegenüber den Ingenieuren, was zu einer Anbiederung führte. Die Designer der ersten Stunde übernahmen einerseits die Rolle des Erfindens, Konstruierens, technischen Zeichnens, Modellbauens und nicht zuletzt die bildliche Darstellung des Produktes auch für die Werber. Andererseits war eigenes analytisches Denken und konzeptionelles Handeln weniger geschätzt. Die Entwürfe galten in der Regel als nicht realisierbar. Gezielt wurden die Leistungen der Designer diskreditiert. Design besaß keine ernsthafte Lobby. Wie ist dies zu verstehen?

Die viel beschworene Eintracht zwischen Ingenieuren und Designern war bis weit in die 90er Jahre hinein nicht unbedingt an der Tagesordnung. Zu selten gingen gute Gestalter und gute Ingenieure eine Symbiose ein. Zu ungleich waren die Interessen, als dass eine wirklich echte Partnerschaft zustande kommen konnte. Das soll nicht heißen, dass die viel beschworene Kooperation nicht zu positiven Konstellationen führte. Das Gestalten von Produkten als Wettbewerbsvorteil hat bei Radio- und Haushaltsgeräten sowie Telefonapparaten und heutigen Handys immerhin eine über 70jährige Tradition. Man tolerierte den Formgestalter, die vielen Design-Preise belegen es: Preise, die nur in Ausnahmefällen auch Ingenieuren galten.

Besondere Anerkennung war dann gegeben, wenn sich der Designer als Ingenieur verstand – ansonsten blieb er in den Augen der Ingenieure der Künstlerexote, dem man die Behandlung von Marke, Farbe und Schrift zubilligte – mehr durfte es eine Zeitlang auch nicht sein. Die Designer beugten sich diesem Diktat und waren sich dafür auch gut genug. Notgedrungen? So bezog sich die Leistung der Designer vielfach nur auf die Beschaffung von Druckunterlagen, Angaben von Farben und einer immerhin formbestimmenden Radienangabe. Die Konstruktionszeichnung blieb für viele Designer das einzige Entwurfsgerüst, die einzige Stütze, die keinen größeren gestalterischen Impuls zuließ und manchem Designer damit auch über die Hürden half. Ging es um die Platzierung der Firmenmarke auf den Produkten, musste ein Konsens über Ausführungsqualität, Größe und Platzierung auf dem jeweiligen Produkt hergestellt werden: das gestaltete sich für beide Seiten als ein immer wiederkehrender, schwieriger Prozess. Dass gerade der Umgang mit Form, Farbe, Schrift und später die Anthropotechnik, mit „human interface", „Interaktionen" und die multimediale Kommunikation einmal in den Mittelpunkt rücken würde, war nicht abzusehen.

Der Designer als Akquisiteur

Wenn Design nicht als integrierter Bestandteil der Produktentwicklung verstanden wird, sondern als externe eigenständige Einheit, erfordert es variable Strategien zur Durchsetzung einer bestimmten Designqualität. Um diese durchzusetzen, bedarf es einer gezielten Akquisition durch jeden einzelnen Designer. Damit sind in vielen Unternehmen angestellte Designer Reisende in Sachen Design und unterscheiden sich kaum von einem freien Designer. In beiden Fällen ist das Designgeschehen durch eine permanente Auftragsbeschaffung geprägt.

Im besonderen Fokus der Akquisitionsbemühungen um Design stand der Entwickler, der Ingenieur und Konstrukteur – der Ingenieur/Entwickler wurde zum Angelpunkt. Aus der Sicht der Ingenieure führten die Akquisitionsbemühungen der Designer in den Begegnungen zu unterschiedlichen

Reaktionen. Grundsätzlich waren beide Seiten auf die ersten Begegnungen nicht vorbereitet. Haben Vorgesetzte ihre Designer aus Unwissenheit in den Konflikt laufen lassen? Erste Berührungen mit den Gestaltern fanden im Beruf statt. „Plötzlich tauchten Personen auf und machten uns Ingenieuren Gestaltungsvorschläge". Designer drangen per Order mit viel Theorie und mangelhaftem technischen Verständnis in die ureigene Domäne der Ingenieure ein. Distanz zum Designer baute sich auf. Erst viel später nahm man ihn ernst. Ergonomie und Corporate Design als Produkteigenschaft führte zu einer gewissen Akzeptanz, denn die Ingenieure waren in ihrem Denken fast nur auf Funktionalität und Wirtschaftlichkeit ausgerichtet, eine Haltung, die sich nur schwer mit den Design-Idealen oder den CD-Richtlinien vereinbaren ließ. In Zeiten wiederkehrender Rezessionen war der Designer mehr der Konkurrent des Ingenieurs. „Erst nehmen Sie uns ein Stück Arbeit weg, dann bestimmen Sie, wie wir unsere weitere Arbeit zu verrichten haben, und danach fordern Sie von uns auch noch die Bezahlung!"

Dies wird verständlich, wenn man weiß, dass in der Gruppe der Ingenieure sich immer wieder eine musische Begabung fand, die sich bei der sog. Abschattierung von Zeichnungen und der Glückwunschkartenerstellung hervortat. Hobbymaler und Fotografen sahen sich als Gestalter. Sie wurden mit der Unterstützung der Kollegen zur Konkurrenz des Designers und dies auch mit Erfolg. Das „Wir-Gefühl", also Teamgeist bzw. Teamverständnis durch Bindung – Bindung durch gemeinsames Handeln –, schien bei den Ingenieuren stärker ausgeprägt zu sein als bei den Designern, die sich als Egoisten oft selbst im Wege standen. Und es wundert nicht, dass so mancher Designer sich eher mit den Ingenieuren solidarisierte, als sich für die Durchführung eines bestimmten Erscheinungsbildes stark zu machen.

Für beide Seiten galt aber auch, das vorhandene häufig unvollständige Wissen um die Parameter der Gestaltung und ihre Anwendung anzunehmen. Da wurden schnell individuelle Erfahrungen zu Behauptungen, die nicht nachprüfbar waren und ihren Wert allein aus einem Mandat ohne Widerspruchsmöglichkeit bezogen. Die ständigen Rechtfertigungsprozesse vor der Geschäftsleitung, denen Ingenieure und Designer im Kampf um die richtige Gestaltung ausgesetzt waren, entsprachen nicht der notwendigen Wertschätzung. Dies spiegelte sich auch in der Tatsache wider, dass die Ingenieure nach Belieben Designer auswechselten oder außenstehende Designer einbezogen. Dem Star-Designer von außen zollte man mehr Respekt als einem Inhouse-Designer. Bezogen sich diese Ressentiments gegenüber dem Design aus der Gleichstellung Ingenieur/Designer in den Unternehmen oder ging es schlicht um Name-Dropping als Erfolgsgarantie aus Angst vor einem Flop? Diese Verunsicherung führt heute zu Beratungshilfen quer durch alle Branchen, man kann sich keinen Flop leisten.

Das erinnert an persönliche Labors als Spielwiesen der Ingenieure, die wie gelähmt zuschauten, wie ihre Traditionsprodukte in den 80er Jahren

zu Chips mutierten. Nicht nur die Unterhaltungselektronik und Fotoindu-
strie, auch die Bürokommunikation brach ein. Die verantwortlichen Ingenieure hatten die Entwicklung nicht erkannt und das Fachwissen mancher
Jungingenieure ignoriert. Japanische Produkte erwiesen sich eben nicht
als Kinderspielzeug. Das Hinterherlaufen um das richtige Preis-Leistungs-
Verhältnis konnte – als verspätete Einsicht – auch mit bestem Design nicht
aufgehalten werden. OEM-Produkte (Original Equipment Manufacturer)
und Joint Ventures hatten ihre eigene Sprache. Die Bedeutung von Design
und Engineering wurde unterschätzt.

So blieb der Designer mit seinen Akquisitionsbemühungen oft der
einsame Rufer in der Wüste, verlor sich in einer täglichen Hinstimmung
oder man unterstellte ihm mangelndes Durchsetzungsvermögen. Letzteres beruhte vielleicht darauf, dass der Ingenieur in der Regel während des
Studiums keinen Kontakt zu Design-Praktiken und Design-Theorien hatte
sowie der Designer keinen Kontakt zu Ingenieur-Praktiken und Ingenieur-
Theorien, obwohl an renommierten Hochschulen Design und Engineering
nicht mehr zu trennen sind und in erfolgreichen, internationalen Designbüros eine Einheit darstellen.

Der Ingenieur als Partner

In Prozessen der Formulierungen um die Visualisierung von Produkten
war der Ingenieur kein selbstverständlicher Partner. Es wurden permanente Diskurse über Gestaltung geführt, aber eine geistige Auseinandersetzung zwischen den sich begegnenden Interessen Ingenieur/Designer
fand nicht im gleichen Maße statt. Eine intellektuelle Auseinandersetzung
wurde vermieden. So versuchte der einzelne Designer immer wieder, und
dies auch frühzeitig, zu intervenieren, wenn Entscheidungen anstanden,
die nur im Team Ingenieur/Designer erfolgreich sein konnten. Dies stand
im Gegensatz zu der Meinung, dass der Konstrukteur erst weiterhelfen
kann, wenn der Designer den ersten Schritt getan hat. Erklärt sich hieraus die Nichtverankerung des Designs in den Entwicklungsprozess? Selbst
in späteren Prozessorganisationen für die Entwicklungsabteilungen, den
Produktvereinbarungsrichtlinien und der integrierten Prozessorganisation für die Produktentwicklung, den Meilensteinen, war das Wort Design
nicht vorhanden bzw. wurde in die Projektstrukturpläne erst später einge-
tragen. Daran änderten auch zielgerichtet Broschüren und Ausstellungen
über Industrial Design für die Entwickler wenig, wenn die beabsichtigte
Wirkung auf die Ingenieure sich aus der Sicht der Ingenieure in eine Selbstdarstellung des Designers umkehrte.

Viele Produkte, besonders aus dem Investitionsgüterbereich, galten lange
als nicht designrelevant. Weder ein verkaufsfördernder noch ein gewinn-

bringender Nutzen wurde gesehen und deshalb Gestaltung ausgeschlossen. Es galt die Meinung, dass Design nur dann sinnvoll ist, wenn ein in Geld umzusetzender Nutzen daraus zu ziehen ist. Dem Gedanken, den Produkten eine neue Qualität zu geben, auch wenn sich der Grundnutzen dadurch nicht steigern lässt, wurde auf lange Sicht nicht stattgegeben. Der freiwillige Antrieb von Seiten der Ingenieure einerseits und der persönliche Antrieb von Seiten des Designers andererseits waren und sind die Grundlagen für ein erfolgreiches Design. Erst ein über mehrere Jahre hinweg gewachsenes Vertrauensverhältnis ließ die Möglichkeit zu, dass eine engere Koordinierung der Designaktivitäten auch von Seiten der Entwickler für sinnvoll erachtet wurde, wenn ein Designer diese Aktivitäten moderiert: „Der verantwortliche Entwickler unterstützt prinzipiell den Gedanken einer aktiven Gestaltung des Produktdesigns und fordert daher auf, sich frühzeitig mit den Entwicklungsverantwortlichen für die neu entstehenden Produktgenerationen in Verbindung zu setzen, damit eine eventuelle Involvierung von Design in der Frühphase der Produktentwicklung möglich wird. Die Entscheidung über Produktdesign wird in den jeweiligen Geschäftsgebieten getroffen". Man ging davon aus, dass die Umsetzung von Gestaltungsmerkmalen mit Kompromissbereitschaft und Augenmaß durchgeführt wird und die Entwicklungsprozesse von der Zeit und den Produktkosten her nicht belastet werden.

Manche Designer fühlen sich den Ingenieurwissenschaften durch ein Doppelstudium verbunden. Sie sind der Meinung, dass das Design der Zukunft im Wesentlichen vom kundigen Umgang mit technischen Details geprägt sein wird. Damit gestaltet sich der tägliche Kontakt mit den Ingenieuren weniger komplex. Man kann mit den Ingenieuren fair kämpfen, gewinnen und verlieren und die Technik auch als **Regulativ** überzogener Forderungen sehen, wenn es um innovatives Design – visionär/hypothetisch – als Traum von einer neuen Realität geht. Mit der zunehmenden gegenseitigen Anerkennung bekommt die Handschrift des Ingenieurs ihren Stellenwert und darf für den Designer sichtbar werden. Damit erscheint die Technik gegenüber dem Design weniger absolut.

Konstruktion und Design in der Alltagsgestaltung

Konstruktion und Design in der Alltagsgestaltung bewegen sich in Wechselbädern messbarer und nicht messbarer Größen. Hier sei auf die Situation in Konstruktionsbüros und Designstudios hingewiesen, auf Menschen, die in einem von außen gesteuerten und/oder in einem selbst gestalteten Umfeld einer schöpferischen Tätigkeit nachgehen, die – eingebunden in hierarchische Systeme – einer eigenen Logik der Alltagsbewältigung folgt.

Wie sieht die sinnstiftende Funktion des Alltags nun für beide Disziplinen aus, die sich täglich mit Konstruieren und Gestalten beschäftigen?

Offensichtlich ist der Alltag mehr, als wir in der Regel in ihm sehen. Wir wissen zumeist nicht was wir von ihm haben, was er aus uns und mit uns macht, denn der Alltag wird in der Regel von von außen gesetzten Forderungen bestimmt, denen man nicht unbedingt entkommen kann, wenn man die eigene Existenz nicht gefährden will. So wird die Fremdbestimmung zu einer Widerfahrnis, die gegen eine Erfüllung, eben die Selbstverwirklichung, gerichtet sein kann und gegen das Erleben vom Selbst-Sein. Daran ändert auch die besondere kreative Tätigkeit nichts.

Es widerfährt beiden Disziplinen im Alltag Widersprüchliches, und dies mit dem Wissen über Ängste vor Bestandsverlust, also nicht Wahrung von Besitzständen, und dass sich kein Zustand dauernd halten kann. Auf der einen Seite die erwünschte Beständigkeit in der Alltagsgestaltung – der Alltag verwandelt Einmaligkeit und Vergänglichkeit in Beständigkeit – ich bin, der ich gestern war und morgen sein werde, wenn alles so bleibt wie es ist, und das tut es (scheinbar) durch Wiederholung. Unterdrückt wird andererseits, dass bei Wiederholungsmangel – bei Abnahme der Beständigkeit und Zunahme von Einmaligkeit – das Erleben von Selbst-Sein erschwert wird.

Um der Gefahr zu entgehen, sich in diesem sichernden „Einerlei" zu verlieren – und dieses Verlieren spüren wir –, müssen Stücke von „Erstmaligkeit" bestehen bleiben und Veränderungen, ja Störungen, sogar provoziert werden. Alltagsgestaltung heißt unter diesen Umständen: das Gleichgewicht halten zwischen Phasen hoher Kongruenz durch überschaubare Wiederholungen und solche größerer Offenheit. Das bedeutet nichts anderes als Selbstgestaltung oder die Suche nach Gestaltern. Das Bestreben, das Unbekannte immer wieder bekannt werden zu lassen und aus Unsicherheit Sicherheit zu machen, bleibt als existenzielle Notwendigkeit bestehen.

Anders gesagt: Es ist das Ähnliche und Verschiedene in ihrer Wiederholung und damit eingebunden die Routine, die unerlässlich ist, denn das Gelernte, wenn es verinnerlicht ist, schafft Freiräume. Erarbeitete Routine von Standards erlaubt Freiräume zur Identitätssicherung und mildert die von außen auferlegte, erzwungene und keineswegs selbstgestaltete Situation ab. Oder man steigt aus, weil Einschränkung und Mobbing unerträglich werden und man keine Scheu vor der Annahme einer schwierigen, „neuen" oder „niederen" Arbeit hat. Die so erzwungene oder frei erlebte/gelebte unendliche Leichtigkeit des Seins stärkt das Selbstwertgefühl wieder aufs Neue, nämlich die Schaffung eines Sinnhorizontes – auch für die anderen. Selbstverwirklichung findet täglich in vielen nicht kontrollierten und tolerierten Nischen statt. Der Individuumsdruck zur Selbstinszenierung zwischen Reduktion und Luxurierung will umgesetzt sein. Die Frage ist, ob eine Gesellschaft wachsender Ungleichheit „Respekt" noch zulässt – die Achtung vor dem anderen, vor allem vor den Gescheiterten!?

Kein Zustand kann und darf sich dauernd halten, alles unterliegt einem Veränderungszwang, auch die viel beschworene Tradition und Kontinuität.

Verkrustete Strukturen müssen immer wieder aufgebrochen werden. Wir wissen: werden gleiche Tätigkeiten mehrfach ausgeführt, steigt nicht nur die Hemmung zur Wiederholung derselben, sondern auch die erzwungene Veränderung von außen. Handlungen müssen unterlassen werden, um einer anderen Platz zu machen. Und das gilt für die Ausführung interessanter, erfolgreicher Tätigkeiten ebenso wie für das Genießen höchst angenehmer Zustände: beides darf auf Dauer nicht sein, denn es muss erstickend erscheinen, sich über viele Jahre mit demselben Sujet herumzuschlagen, wobei am Ende ungewiss bleibt, ob man damit womöglich mehr Verachtung als Bewunderung auslöst.

Diese gelebte Alltagsgestaltung, besonders die der Ingenieure, erfährt mit dem Phänomen der „ästhetischen Erfahrung" eine weitere Dimension, wenn es um das gegenseitige Verständnis der unterschiedlichen Disziplinen geht.

Die „Ästhetische Erfahrung" als Widerfahrnis

Die Begegnung mit dem Phänomen der „Ästhetischen Erfahrung" (ein Begriff von John Dewey von 1934) deckt sowohl „Schwächen" als auch „Stärken" zwischen Ingenieuren und Designern auf. Die Frage nach den Konsequenzen aus diesen „Schwächen" und „Stärken" über die Erfahrung für die Gestaltung von Produkten berührt Tabufelder des gegenseitigen Selbstverständnisses. Der „Ästhetischen Erfahrung" liegt ein Widerfahrnismoment zugrunde: „Etwas widerfährt mir in der Begegnung mit Gestaltung". Was für den Designer die Erfüllung der eigenen Spontaneität ist, heißt, dass die Gestaltung aus der „Ästhetischen Erfahrung" heraus im Schaffensakt begründet ist. „Gestalterleben" im Planen und Steuern wird zu einer eigenen Form der Spiritualität mit hohem Erfüllungswert und ohne Selbstzweifel. Wenn Design als kreativer Prozess und deren Wahrnehmung und Wertschätzung sich gegenseitig stützen, entsteht eine dynamische Beziehung zwischen Tun und Erleben. Diese Beziehung ist bei einem starken gestalterisch-ästhetischen Erleben so eng, dass sie Tun und Erleben gleichzeitig bestimmt. Dies führt bei einigen Ingenieuren dann zur Provokation, wenn der mit dem ästhetischen Erfahren verbundene kritische Akt als Teil der eigenen Lebenserfahrung verstanden wird und damit ein Teil der Bildung ist – einer Bildung, die mit der wachsenden „Ästhetischen Erfahrung" sowohl für Designer als auch für Ingenieure der Schlüssel zum Erfolg, zur Annäherung und Kooperation sein sollte.

Ästhetische Entscheidungen haben somit nichts Beruhigendes an sich, sondern haben eher den „grimmigen Anspruch", dass alle Vernünftigen zustimmen müssten. Nur hat Gestaltung nicht unbedingt etwas mit Vernunft zu tun. Damit wird verständlich, dass jeder Versuch einer Veränderung zur Kampfansage werden kann, denn mit jeder Veränderung soll etwas bewirkt werden. So ist jede in den Raum gestellte Mitteilung/Botschaft nicht frei von Manipulation und Tendenz, denn sonst würde sie keinen Sinn ergeben. Wunsch und Wirklichkeit klaffen bei gegenseitigen Positionen auseinander. Botschaften kommen nicht an, werden nicht verstanden oder ignoriert. Jeder nimmt zunächst nur das wahr, was seiner Interessenlage und Präferenz entspricht. Ein Recht auf „Verstandenwerden" gibt es nicht, es kann nicht erzwungen und nicht eingeklagt werden. Es wird zu selten daran gedacht, Vorurteile durch geistige Überzeugungskraft erst gar nicht aufkommen zu lassen.

Der notwendige Konsens zwischen den Disziplinen kann besonders für die Ingenieure einen Autonomieverzicht bedeuten, der verteidigt und auf der anderen Seite erkämpft sein will. Es ist der einseitige Dialog, den der Designer mit dem Ingenieur führt: Der Designer fragt den Ingenieur, aber hat der Ingenieur Fragen an den Designer? In der Regel nicht! Ohne Frage, der Designer brach in die für ihn fremde, abgeschlossene Welt der Ingenieure ein, eine Welt, die ihm nicht gehörte, der er nicht unbedingt angehören wollte. Zwei Welten sind es, in der die Beteiligten leben und nur ausnahmsweise gegenseitig heimisch werden können. Die Konstruktion verlangt nach funktionaler Logik, die Gestaltung nach Entgrenzung. Gestalterische Kompetenz wird so zur Glaubensfrage und das Restriktive einer Richtlinie zum Ärgernis.

Die unterschiedliche Wahrnehmung

Der ästhetische Anspruch der Protagonisten erweist sich als ein weites Feld. Der Designer ist süchtig nach Design, aber angeblich ohne Einsichtsvermögen. Dagegen ist für manchen Ingenieur „Ästhetik" gleichbedeutend mit „Luxus". Vorurteile und Missverständnisse begleiten den Umgang mit Ästhetik und lösen auf beiden Seiten Aggressionen aus. Dies ist natürlich die denkbar ungünstigste Voraussetzung zur Konsensbildung zwischen Ingenieuren und Designern, denn jedes Mal stehen handfeste Interessen besonders dann auf dem Spiel, wenn es um die Umsetzung der innovativen, technischen und ästhetischen Erkenntnisse geht, wenn Kreativität und Durchsetzungsvermögen verlangt werden. Das ist zum Beispiel dann der Fall, wenn die ästhetische Attraktion als ökonomische Größe oder der Zusatznutzen „Ästhetik" als Mittel zur Überwindung gesättigter Märkte benötigt wird.

Es stehen sich unterschiedliche Milieus, Tradition, Ausbildung, fachspezifische Sprache und Ausdrucksweise, Ansprüche an die Selbstdarstellung und das jeweilige Arbeitsumfeld als ästhetische Wahrnehmungsgrößen gegenüber und werden zu einer ungeahnten, gegenseitigen Hemmschwel-

le. Kann man dies den Ingenieuren und Designern vorwerfen, wenn man
weiß, dass es um die „Zusammenhänge eines technisch-ästhetischen Wissens und Handelns in der Gesellschaft" nie gut bestellt war? Und haben
nicht alle einmal gelernt, die Technik auch in ihrer subtilen Hässlichkeit
so zu akzeptieren, wie sie ist – den reinen technischen Nutzen als „Alleinstellungsmerkmal" zu akzeptieren? Sehweisen und damit verbundene
Denkstrukturen von Ingenieuren und Designern sind nun einmal unterschiedlich geprägt und lassen sich im Laufe des Berufslebens schwerlich
verändern: man traut und glaubt eher den Gleichgesinnten. Die Angst, dass
die jeweils „anderen" einem etwas wegnehmen, das Umfeld negativ verändern könnten, zielt auf die Aufdeckung der subjektiven Selbsttäuschung
und vielleicht auch auf Lebenslügen in beiden Lagern hin.

„Nur wer sagen kann, was er sieht, lernt richtig zu sehen". Wenn diese
Erkenntnis wahrgenommen wird, werden Ingenieure und Designer feststellen, dass sie sich gegenüber eher sprachlos geben. Die Befindlichkeit des
richtigen Sehens, Hörens, Verstehens und ihre Reflektion daraus, bedeutet,
dass das Sehen auch ein Stück Wahrnehmung ist. Wahrnehmung schließt,
wenn man offen ist, auch Mitwahrnehmung ein, was folgerichtig auch Mit-
verantwortung bedeutet, die sich, wenn man nicht schweigt, in verbaler
und fixierter Sprache äußert und damit kommunizierbar ist. Der Wunsch,
einvernehmliche Lösungen zu suchen und das jeweilige Ausloten tragbarer
Kompromisse in den Vordergrund zu stellen, sollte mehr und mehr zur
Selbstverständlichkeit werden.

„Nicht bloß wahrnehmen, wie etwas ist, sondern mitwahrnehmen, wie
es wohl sein sollte", stellt sich so als Übung für beide Seiten dar. Die eigene
Logik einer Wahrnehmungsverweigerung hat da keinen Platz mehr, aber
auch nicht die Wahrnehmung aus dem Bauch heraus. Wahrnehmung ist die
Basis für das gegenseitige Verständnis, auch wenn der Verdacht besteht, dass
die Mehrheit mehr denjenigen mit „eingeschränkter Wahrnehmung" folgt,
obwohl es heißt: „Ohne Wahrnehmung keine Welt". Das zentrale Prinzip der
Wahrnehmung ist: Dinge werden vom Gehirn *sofort* interpretiert. Sehen ist
gleich Interpretieren. Beim Sehen werden bereits gesehene Bilder verglichen
bzw. zu neuen Kompositionen verbunden. Dies bedingt ein Repertoire an
Bildern. Ein unterschiedliches oder ein geringes Repertoire bzw. ein falsch
eingesetztes Repertoire führt über Verknüpfungen zu ungenauen oder falschen Schlüssen. Das heißt: Ein allgemeines ästhetisches Grundverständnis
erleichtert die Verständigung, wenn es um gestalterische Entscheidungen
geht. Richtige Einschätzungen und Interpretationen von Wahrnehmungen
unterstützen den Prozess. „Ich sehe was, was du nicht siehst", wird so zum
Wahrnehmungstest – z.B. zum Test über die wahrgenommene ästhetische
Qualität eines Designobjekts. Wenn man so will, kann man im Design die
Vergegenwärtigung der „Ästhetischen Erfahrung" sehen. Der Designschaf-
fende sowie der Betrachter können Erfahrungen machen, die es ihnen

ermöglichen, zu sich selbst und zu ihrer Umgebung auf Distanz zu gehen, um sich in die Lage zu versetzen, das eigene Handeln und das Handeln des jeweils anderen – des Ingenieurs bzw. Designers – zu reflektieren.

Widerfahrnis des Designers

Es gibt Künstler und es gibt Designer. Professor Holger van den Boom, Hochschule für Bildende Künste Braunschweig, führt dazu aus: „Wir haben uns daran gewöhnt, sie getrennt aufzuzählen. Noch vor wenigen Jahrzehnten konnten Designer, die ein Unternehmen betraten, mit den Worten begrüßt werden: Aha, da kommen ja die Künstler! Es lässt sich unschwer vermuten, wie dies gemeint war. Künstler und Designer haben im wirklichen Leben wenig Gelegenheit, einander auf beruflichem Parkett zu begegnen. Konkurrenten sind sie um Ressourcen, und da sind sogar die Designer unter sich und die Künstler unter sich Konkurrenten. Es ist ja schon vorgekommen, dass Designer mit dem Gestus der Kunstbemühung ihre Branche verblüfft haben. Und es ist ja schon vorgekommen, dass Künstler sich cool-clever zum Markenartikel hochgestylt haben".

Auf dem beruflichen Parkett begegnen sich auch Designer und Ingenieure, und da sind sie beide wiederum gegenseitig und unter sich Konkurrenten. So entsteht nicht nur Design für den Kunden, für die Firma, sondern auch für den Ingenieur und nicht zuletzt für den Designer selbst, gilt es doch, dem Kollegen zu beweisen, wie gut man ist, um im Spiel „Sieger/Verlierer" immer auf der richtigen Seite zu stehen.

Da geht es um Fähigkeiten, erbrachte Leistung und schlicht um den Unterschied zwischen Talent und Kreativität bzw. Begabung und Intelligenz, zwischen Handwerk und Medium, zwischen Nachahmung und Erfindung. „Das Talent zum Beispiel ist ein Potenzial, das einerseits nicht immer mit der Psychologie der Fähigkeiten einhergeht, andererseits aber unteilbar mit seinem Wirkungsfeld verbunden ist, das in letzter Instanz immer ein technisches ist. Man hat Talent für die Musik, für die Tischlerei oder für die Kochkunst, aber nicht Talent im Allgemeinen. Dagegen ist die Kreativität ein absolutes, ungestaltetes Potenzial, das wie eine energetische Reserve aufgefasst wird, die vor jeder Arbeitsteilung zur Wirkung kommt", meint der Kunsttheoretiker Thierry de Duve.

Aber wer kann schon seine mögliche Kreativität und Innovation mit dem Talent in eine Bereitstellung auf Abruf, in der Akquisition als Dienstleister oder mit einer Zielvereinbarung auf Zeit koppeln? Da braucht man gute, ehrliche Freunde, Loyalität und Solidarität, wenn es zu beweisen gilt, Qualität und Anmutung eines Produktes zu vermitteln, die vom Partner nicht wahrgenommen werden. Wie oft trifft man auf ein kategorisches „Nein" oder „Ich bin anderer Ansicht", „Ich sehe es anders" oder auch nur

„Mir gefällt es trotzdem nicht". Letzteres macht besonders betroffen, wenn man sich engagiert um Verständnis bemüht hat. „Man kann eben niemanden durch Sprechen dazu bringen, zu erkennen", dass ein Produkt mit bestimmten Qualitäten ausgestattet ist, wie soll man jemanden dazu bringen können, zu sehen, dass es anmutig ist? Dieses Misslingen trifft nicht nur gegenüber dem Ingenieur zu, sondern auch gegenüber dem Designer, dem Berufskollegen. Wer verfügt nun über die richtigen Sensoren, wenn jeder durch sein genetisches Erbe mit einer Reihe emotionaler Sollwerte ausgestattet ist, die sein Temperament und damit wohl auch einen Teil seiner Wahrnehmung bestimmen, und wie klug geht man mit seinen Gefühlen um, wie beherrscht man das „emotionale Alphabet"?

Hier beginnt die Geheimnistuerei: sie bestimmt die sich ständig verändernden Strukturen, das Delegieren von Verantwortlichkeit und die damit verbundene Arbeits-Teilung und -Leistung. Dies führt zu Selbstorganisationen, zu Selbstinszenierungen und einem Selbstmarketing bzw. Selbstmanagement. Rituale der eigenen Sinnstiftung als Motor des Handelns äußern sich in der ständig versuchten Anpassung der Realität an die Phantasie. Wenn Phantasie realisiert wird, schreibt man dem Betreffenden Charisma und letztendlich Legitimation zu. Die Anpassung der Realität an die Phantasie zeichnet Führungspersonen aus.

Der Triumph über die Realität ist die gelungene Suggestion der Partner durch Einbildungskraft. Dahinter verbirgt sich auch ein zielgerichtetes Potenzial an Kreativität und Innovation zur Durchsetzung von Interessen, die nicht immer gleichbedeutend mit den Interessen eines Unternehmens sind, wenn es sich um Prozesse ästhetischer Art – nämlich Design – handelt. Der Soziologe Ulrich Beck nennt es „organisierte Unverantwortlichkeit", wenn kein Verantwortlicher das Ganze richtig im Blick hat. Im Ernstfall muss niemand dafür gerade stehen, denn schließlich ist ja nicht alles falsch, wenn auch bei weitem nicht alles richtig ist. Utopien, Visionen und eigene Realitäten wollen erschaffen sein. Da ist auch der „Mut zur Wahrheit der Lüge" legitim, denn muss man im Design nicht auch ein bisschen lügen, um der Wirklichkeit – wenn auch nur in den Köpfen – näher zu kommen? „Weg von der Lüge!" wird zum Hilferuf, wenn die Lüge – wie Thomas Mann sinngemäß formulierte – zur politischen Wahrheit und Macht umgeformt und somit missbraucht wird. Einbildungskraft schafft Bedeutungen, die schwerlich korrigiert werden können, und an Dementis ist man auch nicht interessiert. Das „Design" lebt von zwei Realitäten!

Die „Sixties"

Der Designer Günter Beltzig beschreibt seine „Sixties" im Ausstellungskatalog des Kunstmuseums Düsseldorf im Frühjahr 98 zum Thema „68er

Design-Altagskultur zwischen Konsum und Konflikt" wie folgt: „Die Firma Siemens in München gab mir die Möglichkeit, in ihrer Designabteilung[12] anzufangen. Es war ‚die' Chance überhaupt. Siemens, die Firma mit der damals größten Designabteilung in Deutschland, mit Designern aus allen Bereichen und jeden Alters, unter ihnen die ‚alten' Autodidakten der Vor- und Nachkriegszeit ebenso wie Bildhauer, Grafiker, Ingenieure, Architekten und die hervorragend ausgebildeten Designer der Ulmer Hochschule für Gestaltung. So viel Fachkraft war an kaum einem anderen Ort konzentriert. Mit der täglichen Arbeit kam die Ernüchterung, sie hieß Produktdifferenzierung[13]. So waren zum Beispiel alle Waschmaschinen baugleich, sie wurden in derselben Fabrik, auf demselben Produktionsband hergestellt und mussten schließlich doch unterschiedlich aussehen, wenn sie bei Neckermann, Quelle oder Kaufhof bzw. als jeweilige Hausmarke oder unter dem Markennamen ‚Siemens' im Fachgeschäft verkauft wurden. Unsere Arbeit bestand nun darin, verschiedene ‚Marken-Waschmaschinen' durch das Aufkleben schmaler Chromstreifenfolien, das Verwenden unterschiedlich großer oder farbiger Einstellknöpfe und die Gestaltung von Armaturen-Blendstreifen ‚unverwechselbar' aussehen zu lassen. Bei Kühlschränken, Staubsaugern, Kaffeemaschinen, Bügeleisen, Heizlüftern, Radios, Fernsehern war es genauso. Andere Materialien und Zusatzfunktionen durften aus Kostengründen nicht entwickelt werden. Für die angestrebten großen Herstellungszahlen waren die verschiedenen Vertriebswege mit ihren ‚Produktdifferenzierungen' notwendig. Wenn ich einmal versuchte, etwas ‚anderes' zu machen, wurde ich direkt abgekanzelt, so etwas sei nur bei Olivetti[14] möglich, meine Entwürfe würden am ‚Deutschen Markt' vorbeilaufen. Durch die Diskussion mit meinen Kollegen wurden mir schließlich die unterschiedlichen Gestaltungsphilosophien, die unterschiedlichen Arbeitsweisen bei der Gestaltung bewusst. Der Gestalter suchte sich seine subjektive Aufgabe und entwarf dazu eine subjektive Lösung. Ob es gefiel

---

[12] Für einen Designanfänger war die Abteilung ein Eldorado des Designs mit der Metapher von 100.000 Produkten.

[13] Das gilt heute für manch elektronisches Gerät, wenn es – mit der einen oder anderen Blende ausgestattet – beim Lebensmittel-Discounter verkauft wird.

[14] Das Schielen auf die Produkte der Konkurrenz, zum Beispiel der Firma Olivetti oder besonders der Firma Braun, war wenig sinnvoll, wenn man von Seiten des Vertriebs zur Kenntnis nehmen musste, dass der Marktanteil z.B. von Braun bei 2% lag, man selbst dagegen einen Marktanteil von über 30% anstrebte. Dies erforderte vom Gestalter besondere Anpassungsfähigkeit an die angenommenen Bedürfnisse der Käufer, die man nicht mit einem puristischen Design erfreuen konnte. Und es konnten auch nicht die Utopien der 60er Jahre sein. Es ging schlicht um den kommerziellen Erfolg mit ausgewogenem Design, um eine wohlkalkulierte Mittelmäßigkeit als ehrliches Bekenntnis zum Mittelmaß, das jurierte Produkt war nicht gefragt.

oder ob es gebraucht wurde, interessierte dabei wenig. Mit dieser Philosophie war ich natürlich bei Siemens nicht ausgefüllt und gründete nebenher
eine eigene Firma".

Der gesellschaftliche Aufbruch der 60er Jahre mit seinen Utopien von
Design setzte eine Kreativität frei, die in ihrer Fülle von den Unternehmen nur begrenzt umgesetzt werden konnte. In der Folge gliederten einige
Firmen ihre Designabteilungen aus oder gründeten zusätzliche Institute,
um so den Designern die Chance zu geben, ihre Kreativität, soweit sie
nicht gegen das eigene Unternehmen gerichtet war, anderen Interessenten
zukommen zu lassen.

In einer Kreationale Ende 1969 zur Gründung eines eigenen Designins-
titutes[15] heißt es unter anderem: „Die Zukunft ist ein Produkt des Risikos,
aufgebaut auf Informationen, und die Frucht starken kreativen Wollens.
Aus der Sicht, dass wir heute ‚können, was wir wollen' erwächst Ungeduld,
die wir nur durch mutigere Zielvorstellungen überwinden können. Die Welt
von morgen lebt aus der Kraft des Zieles, das wir uns setzen und nicht mehr
aus überholten Vorstellungen ‚wir dürfen nur das wollen, was wir können'.
Das Leistungspotenzial von kreativer Mannschaft und Projekten in Forschung und Entwicklung ist oft nicht einmal zur Hälfte ausgenutzt. Es gilt
den Blick in die Zukunft immer wieder anzuregen und zu intensivieren
und Kreativität nicht der Gnade des Zufalls zu überlassen, sondern sie in
eine andere Plattform für Macher des Heute und vor allem für Macher der
Zukunft einzubringen".

Dazu gehörte auch das Ringen um gesellschaftliche Anerkennung. Dies
äußerte sich in persönlichen, nebenberuflichen Initiativen und Einladun-
gen an Persönlichkeiten[16] des öffentlichen Lebens im Rahmen des 1968
eigens dafür gegründeten DesClubs.

Die Firmengründung Beltzigs erfolgte im Sinne der Leitung und im
Glauben, dass man eben nur mit einem exklusiven Stuhl oder einer exklusiven Lampe Aufmerksamkeit erzielen kann. Freiräume, die ausgefüllt sein
wollten, mündeten in eine private Entwurfstätigkeit oder in eine Weiterbil-
dungspolitik. Die Intensivierung der Aus- und Weiterbildung führte folgerichtig zur Beschäftigung mit dem Berufsstand des Industrial-Designers.
Erst 1975 wurde ein Berufsbild für Siemens Industrial-Designer konzipiert und schriftlich niedergelegt. Als Grundlage diente die Definition des
BEDA (Bureau of European Designers' Associations)[17]: „Das Tätigkeitsfeld

---

[15] Der Wunsch nach einer wirklichen Unabhängigkeit bestand für das Siemens Design
    latent 30 Jahre lang. Erst 1997 konnte die Abteilung als GmbH die Geschicke in die eigene
    Hand nehmen. 2000 erfolgte die Trennung vom Namen Siemens.
[16] Unter anderem an Graf Bernadotte, Max Bense, Hugo Kükelhaus, Hubert Tellenbach, den
    Futurologen Ernest Dichter und den Philosophen Hans-Georg Gadamer.

des Industrie-Designers erfordert vom Designer spezielle Begabung und Engagement. Auf der Grundlage ästhetischer, technischer, wirtschaftlicher und ergonomischer Analysen plant und entwirft der Designer adäquate Gestaltungskonzeptionen, Strukturen, Formen und Farben für industriell zu fertigende Erzeugnisse und Systeme, die der Bedürfnisbefriedigung und einer menschengerechten Umwelt dienen". Für alle gestalterischen Tätigkeiten wurde erstmals ab Oktober 1971 der moderne und international gebräuchliche Begriff „Design" offiziell verwendet. Aus dem Industrieformgeber/Gestalter wurde der Industrial Designer.

Gestaltung – Ein Grundbedürfnis

Wenn Design mit Kunst verglichen wird

Wie können Ingenieure und Gestalter mit ihren mannigfachen Interessenverflechtungen auf bestimmte menschliche Vorstellungen von Schönheit eingehen? Eine nicht enden wollende Auseinandersetzung in den Disziplinen Kunst und Design durchzieht das Fachgespräch. Namhafte Künstler und Designer haben dazu vielfach geänderte Statements abgegeben und der Fachjournalismus treibt das Thema voran. Dennoch, ein Konsens über die Bedeutung der Worte „Gestaltung", „Design", „Kunst", „Schönheit" und eben „Ästhetik" in Verbindung mit technischen Produkten und ihrer „Funktion", wurde damit nicht überzeugend erreicht. Persönliche Vorstellungen und sprachliche Barrieren gilt es auf beiden Seiten nach wie vor zu überwinden, besonders dann, wenn Ingenieure und Designer sich mit der Kunst vergleichen, sich als Künstler sehen. Fehlt den Disziplinen etwas, was nur die Kunst hat, nämlich die scheinbar unbegrenzte Freiheit? Muss Design deshalb unter das „Kunstmäntelchen" flüchten, um sich aufzuwerten?

Eine allgemeine Umfrage nach der Benennung eines deutschen Architekten[18] ergab den Namen Friedensreich Hundertwasser, der allerdings weder Architekt noch Deutscher war. Die Frage nach einem deutschen Designer ergab die Antwort Luigi Colani (*1928) – dem Lazarus des Designs: „An missratenen Dingen entzündet sich mein Geist". Ausgliederungen aus der

---

[17] Weitere Definitionen: Die Definition des VDID sowie die Definition von Thomas Maldonado, verwendet vom ICSID, sowie Texte zur gesellschaftlichen Rolle des Designs: Die soziale Funktion des Designs, die kulturelle Rolle des Designs, die wirtschaftliche Rolle des Designs von Michael Andritzky, Francois Burkhardt und Herbert Lindinger, veröffentlicht vom Rat für Formgebung 1979/80.

[18] Deutschland hat im Vergleich mit anderen Ländern eine Architektendichte von einem Architekten auf durchschnittlich 723 Einwohner. Und wie ist das Verhältnis bei Ingenieuren und Designern?

angeblichen Normalität, aber auch durch Selbstdarstellung, prägen sich ein. Sind das die wahren Künstler – die sich keinen Regeln und keinem Stil unterwerfen –, die Aufmerksamkeit auf sich ziehen und zum Markenzeichen werden?

„Der Endzweck der Künste ist das Vergnügen", meinte Lessing vor mehr als 200 Jahren. Dies wird der heutigen Fun-und-Hallo-Gesellschaft mit der derzeitigen Produktwelt geboten. Der Begriff „Kunst" löst sich auf. Die Aussage: „Es gibt keine Kunst mehr, sondern nur noch Künstler", erinnert an ein Postulat von Joseph Beuys: „Jeder ist ein Künstler". Da jeder Gegenstand ebenfalls Teil der Kunst sein kann, wird ungewollt der Betrachter und Beobachter – aber auch der Benutzer und sein Objekt – ein Teil des Ganzen. Beuys entwickelte in diesem Sinne Strategien zur Reaktivierung der Sinne: „Mein Begriff von Plastik bezog sich immer auf das Leben. . . . Dann ist man selbstverständlich raus aus der Ideologie von ‚visual arts', die sich nur auf den Sehsinn bezieht, sondern man bezieht sich auf alle Sinne, die ja aktiv sind in der Tätigkeit der Menschen, in ihrer Arbeit."

Nur: eingespielte Sehweisen, die Wiedererkennbarkeit von Motiven, garantieren kein Verstehen mehr. Vielmehr kommt es auf neue Kontexte an. Ungewohnte Objektzusammenhänge stellen sich wie ein Code dar, der geknackt sein will. Dies erfordert ein anderes Denkverhalten, d.h. neue Verknüpfungen unseres Wissenspotenzials, bevor es zum Aha-Erlebnis kommt. Manches ist dabei Spiel und manches nicht. Was insbesondere im Bereich der neuen Medien täglich erprobt wird, kennen wir seit Neville Brody und vor allem seit David Carsons. Text- und Bildüberlagerungen machen dabei nicht vor dreidimensionalen Objekten halt und enden in Formüberlagerungen. Ein Beispiel dafür ist Philippe Starck[19], der für die Produktauswahl des Internationalen Design-Jahrbuchs von 1997/98 verantwortlich zeichnete. Die Auswahl diente vielen als Orientierung und regte zur Nachahmung an wie seinerzeit das Studio Alchimia 1976/79, gegründet vom Architekten und Aktionskünstler Alessandro Guerriero, oder wie die Gruppe Memphis von 1981 und die Protagonisten Alessandro Mendi-

---

[19] Philippe Starck (*1949), mit den Qualitäten eines Popstars – wenn schon ein Designer, dann der Designer als „Shooting Star" – und ein Erfolgsgarant für zahlreiche Auftraggeber, arbeitet, wie er sagt, an 250 Produkten zur gleichen Zeit und geht heute gegenüber dem „überästhetischen" Design auf Distanz. Die Produkte sollen für viele wieder erschwinglicher sein – er forciert ein „demokratisches Design" und steht damit zurzeit nicht allein.

Man muss an die Utopie glauben, damit sie Realität wird. Hier reiht sich auch Alberto Alessi als erfolgreichster Designunternehmer der Welt mit seinen Visionen für den Alltag ein. Er hat eine neue Idee: Er will ein Auto auf den Markt bringen und Winzer werden. „Gutes Design ist für die Ewigkeit bestimmt", lautet das Erfolgsmotto. An einem „Alessi-Bike" schraubt der Stardesigner Richard Sapper (*1932) schon seit einiger Zeit.

ni, Andrea Branzi, Ettore Sottsass und Michele De Lucchi. Auch die Bilder der Postmoderne gehörten dazu. Schließlich gebührt Ettore Sottsass – „Die gute Form betört mich nicht" – das Verdienst, die reformerischen Wohn-Utopien der internationalen Bauhaus-Elite über Bord geworfen und sie mit der Design-Gruppe „Memphis" durch postmoderne – nein, nicht Beliebigkeit, sondern Ironie ersetzt zu haben, wie Holger Liebs es sagt. Es ist Ironie der Geschichte, wenn jetzt wieder Stimmen auf Designausstellungen über einen wünschenswerten, vergleichbaren Aufbruch laut werden. Mit der Designauswahl wollte Stark beweisen, dass das Design heute noch einmal neu erfunden und definiert werden muss. Mit der Macht der Phantasie und natürlich auch einer gewissen Narrenfreiheit wird Design besonders an Stühlen und Beleuchtungskörpern erprobt. Vielschichtig, transparent, bunt und schrill, aber auch armselig, trist und karg.

Es ist nicht neu, dass Designer sich der Kunst bemächtigen und umgekehrt Künstler sich dem Design zuwenden. Dabei hat sich allerdings am Auftrag des Künstlers nichts geändert. Er erforscht nach wie vor sein Selbst aus einem Bewusstsein und Denken von Gegenwart. Nur ist Gegenwart heute so schwierig zu erfassen, „weil das Präzise diffus und das Diffuse präzis gedacht werden muss". Und der Designer? Tabus gibt es nicht. Von der unbegrenzten Fülle wird Gebrauch gemacht. In diesem Verwirrspiel des Alles oder Nichts stellt sich natürlich die Frage nach der verantwortlichen ästhetischen Elite, nach der Autorität. Was soll eigentlich für die Formgebung von alltäglichen Gegenständen bis hin zu teuren langlebigen Gütern gelten? Ist es die gesellschaftliche Verantwortung jenseits von Angebot und Nachfrage? Hermann Pfütze äußerte sich vor einiger Zeit im Kunstforum wie folgt dazu: „Demokratie ist schön und macht schön, weil sie Totalitarismus unterbricht, Ökologie ist und macht schön, weil sie Zerstörung bremst, und Technik und Elektronik sind und machen schön, weil sie Wissen-Wollen, Mitreden und Neugier fördern. Das könnte ungefähr, im Telegrammstil, das Programm heutiger, global aktiver, ethisch verantwortlicher ästhetischer Eliten sein: ästhetische Freiheit = moralische Verpflichtung = gesellschaftliche Verantwortung".

„Schön"

Und wie geht die Allgemeinheit mit dem Wort „Schön"[20] um? Was schön ist, muss richtig sein! Ist, was schön ist, auch richtig? Schön ist, was funk-

---

[20] „Schön" als ästhetischer Begriff für das Vermögen, Schönes und Hässliches zu unterscheiden und zu beurteilen.

tioniert! Schön, dass es funktioniert! Zweckmäßig und trotzdem schön! Schön, aber nicht zweckmäßig! Schön ist, was man schön findet!

„Schön", das ist ein Teil des ästhetischen Beifallsverhaltens: das Aha-Erlebnis als ästhetisches Grundempfinden. Für Ingenieure und Designer geht es dabei um die Art und Weise, wie sie das Wort „Schön" oder Sätze wie „Das ist gut" oder „Das ist anmutig" gebrauchen. Werden dafür Regeln angewandt, sind überhaupt Regeln bewusst, können die Aussagen begründet werden oder erfolgt die Zuschreibung einer ästhetischen Qualität mit Rücksicht auf individuelle oder spezifische Merkmale? Für die Tatsache, dass man die Zuschreibung einer ästhetischen Qualität rechtfertigen, wenngleich nicht „beweisen" kann, gibt es die Erkenntnis, dass es für die Anwendung ästhetischer Begriffe zwar keine notwendigen und/oder hinreichenden Bedingungen gibt, die Zuschreibung ästhetischer Qualität andererseits aber durchaus mit Rücksicht auf individuelle und spezifische Merkmale eines betreffenden Objekts erfolgt. So werden ästhetische Eigenschaften in der Regel bewusst erzeugt, d.h., dass das, was den Gegenstand zum Träger ästhetischer Eigenschaften macht, bewusst geschaffen ist. Ein Produkt wird vom Ingenieur/Designer bewusst so geschaffen, dass es eine Menge ästhetischer Merkmale aufweist. Es wird aber nicht verlangt, dass den Ingenieuren/Designern, die das Produkt erschaffen, alle ästhetischen Merkmale bewusst sein müssen.

Wesentlich für das Produkt ist aber die Menge der ästhetischen Merkmale, die die Urheber bewusst gewählt und aufeinander bezogen haben, denn sie macht Erfolg oder Nicht-Erfolg aus. Daraus resultiert: jede Produktform wird auf Dauer nur akzeptiert, wenn sie eine bestimmte visuelle Qualität hat, eine Qualität, die bestimmten Regeln unterliegt. Das Produkt steht somit im Spannungsfeld von Regeln, bestimmten Kriterien und eindeutigen Beurteilungsmaßstäben. Ein Grundprinzip der Bewertung ist der relative Vergleich mit konkurrierenden Bildern, ähnlichen Bildern, die einer ständigen Veränderung unterliegen, dem zeitgemäßen Ausdruck eines Lebensgefühls.

Dies berührt Vorstellungen von gutem Geschmack und die Zweiteilung von gutem und schlechtem Geschmack. Der Kunsthistoriker Tilmann Buddensieg vermerkt resigniert, aber folgerichtig: „Einem Zeitstil kann man sich nicht widersetzen". Auf Dauer geht das mit Sicherheit nicht; die Zeit verpflichtet, nicht der persönliche Geschmack, und über Geschmack lässt sich bekanntlich nicht streiten – de gustibus non est disputandum. Den persönlichen Geschmack sollten Ingenieure und Designer also für sich behalten und nicht zur Richtschnur ihres beruflichen Handelns werden lassen. Zu bedenken ist auch, dass junge Mitarbeiter einem zeitgemäßen Lebensgefühl näher stehen, als der erfahrene Ältere. Zeitgemäßes Lebensgefühl bedeutet derzeit: Alles muss einer Emotionalisierung unterliegen. Also nicht nur die Kunst, sondern auch die Firmenmarke, das Produkt, die

Marketingstrategie, und dies möglichst im Rahmen der jeweiligen kulturellen Identitäten. Soll das heißen, dass der heutige Zeitgeist das Intellektuelle, Schwierige nicht belohnt, wenn es jeder emotionalen, auch dekorativen Wirkung entbehrt? Es ist wohl so, Gestaltung, die aus dem Intellekt kommt, hat es immer schwerer als die „aus dem Bauch".

Der Psychologe Daniel Goleman spricht von EQ, der „Emotionalen Intelligenz". Ohne ein intaktes Gefühlsleben taugt der beste Intellekt nichts, denn beide Systeme, das emotionale und das rationale, stehen in ständiger Wechselwirkung zueinander. EQ birgt in sich die Dynamik zu mehr Individualisierung und zu mehr Autonomie. Ist es die Sehnsucht nach Authentizität und Originalität? Das persönliche Produkt für jeden? Die Produktwelt wird nicht unbedingt von Vernunft diktiert. Das bedeutet: Ingenieure und Designer entwerfen Emotionen, die verkauft sein wollen. Der Kunde soll Emotionen kaufen!

Kunst oder Gestaltung

Die Ausstellung zum 125jährigen Jubiläum des Vereins Deutscher Ingenieure 1981 lief unter der Überschrift „Die Nützlichen Künste". Der Bestandskatalog der „Neuen Sammlung" als neuer Museumstyp des 20. Jahrhunderts für das Industrial Design von 1985 titelte „Kunst, die sich nützlich macht". Mit der Eingliederung von Designobjekten der „Neuen Sammlung" unter dem Dach der Pinakothek der Moderne im September 2002, findet ein Zitat von Johann Fischart von 1576: „Und was die Kunst wol laisten künnt, Wan man auf nüzlich sach sie gründ" eine bedenkliche Umsetzung, wenn man weiß, dass an den Hochschulen zwischen den bildenden Künsten und der angewandten Kunst, besser Gestaltung, schwerlich ein Dialog möglich ist und im letzten Jahrhundert auch nicht wirklich stattgefunden hat. Hier sei auf eine Initiative des Präsidenten der Hochschule für Bildende Künste Braunschweig, Michael Schwarz, hingewiesen, der seine Kollegen befragte. „Industrial Design ist, schon vom Ziel her gesehen, etwas kategorial anderes", meint der Kunsthistoriker Carl Vogel, und der Design-Professor Klaus Lehmann bringt es für die Kollegen auf den Punkt: „Es ist ein großes Potenzial, wenn es den Kunsthochschulen gelingt, sich über ihre inneren Barrieren hinwegzusetzen und vorurteilslos Liaisons zustande zu bringen, bei denen der scheinbar hehre und unantastbare Anspruch der Kunst und der scheinbar nur praktisch-kommerziell ausgerichtete Anspruch des Designs überwunden wird. Dazu müssen sie sich kennen und die jeweils anderen Denkweisen verstehen lernen. Wir haben uns nicht bemüht, darüber nachzudenken, was das Wesen der Freien und was das Wesen der Angewandten ist, was wir gemeinsam haben und was uns trennt. Stattdessen werden alte Modelle prolongiert, Hierarchien zementiert und Grabenkämpfe ausgefochten."

Man sieht sich zu keiner Kommunikation imstande; eine elitäre Absonderung steht dem grenzüberschreitenden Diskurs im Wege, es sind unüberbrückbare Gegensätze der Auffassungen. Damit wird klar, warum ein Künstler in der Regel das Wort „Gestaltung" tunlichst vermeidet; er es aus seinem Vokabular gestrichen hat. Für Kunsterzieher, die sich der Didaktik verschrieben haben, ist das Wort „Gestaltung" nicht diskutabel, eher eine Beleidigung. In heutigen Unterrichtsmodulen zur Kunsterziehung fehlt das Wort „Gestaltung". Verbirgt sich dahinter das Phänomen, dass **der Zugang zur Gestaltung** für viele Menschen versperrt ist? Und trifft dies nicht sowohl auf Ingenieure als auch auf manchen Designer zu? Gestaltung ist und bleibt suspekt. Da erstaunt es, dass das Haus der Kunst in München im Frühjahr 2004 niederländisches Design der Gruppe „droog" zeigte.

Dessen ungeachtet: immer wenn der Ruf nach mehr Innovationen und Phantasie laut wurde, war es der Künstler – auch Spinner –, den die Zukunftsforscher der Industrie in schlechten Zeiten andienten. Im heutigen Sprachgebrauch heißt es: Mit Ideen und Innovationen bzw. mit neuen Produkten aus der Krise! „Viel Phantasie und planvolle Philosophie brauchen wir, um der Technik eine dienliche Form zu geben. Um dies zu erreichen, muss die Verbindung zu den sog. freien Künstlern wieder gefunden werden. Das Design muss seine traditionelle Mittlerrolle zwischen Kunst und Design wieder erfüllen". Ist es nicht eher die Mittlerrolle zwischen Technik und Nutzer? Ist es nicht der Designer, der die Brücke zum Kunden schlägt? Max Bense hat einmal die Designer als „die Volkskünstler der Industriegesellschaft" bezeichnet. Wir sagen: „Design ist die Kunst, die sich nützlich macht".[21]

Sicher ist, dass die Frage nach der kulturellen Verantwortung des Designs in der modernen Industriegesellschaft immer wieder neu diskutiert und beantwortet werden muss, nur sollte dies nicht in Verbindung mit der Kunst geschehen. Kunst hat gerade das Bestreben, die Gestaltung zu überwinden. Das klassische Designobjekt dagegen ist an Gestaltung gebunden. Die mit der Enquete vom Januar 1995 verschämte Erkenntnis zum Verhältnis Design und Kunst endet damit, „dass im Marketing, insbesondere der Verbrauchsgüterindustrie, ästhetische Bedürfnisse zielgruppenorientiert verstärkt Berücksichtigung finden sollen". Man hätte hier auf Walther Rathenau hören sollen, denn er verteidigte die vollkommene Zweckfreiheit der Kunst mit den Worten: „Zweckdenken zieht die Kunst in den Staub und Lärm der Alltäglichkeit".

Heute, fast 100 Jahre später, haben sich die Dinge verschoben und verflochten, wenn in einem interdisziplinären Prozess die Disziplinen eine

---

[21] So der Chefdesigner der Siemens AG, Döllgast-Schüler Dipl.-Ing. Architekt Edwin A. Schricker (1960–1984) im November 1984. Sein Nachfolger, Ingenieur der Feinwerktechnik Herbert H. Schultes (von 1985 bis 2000) stellte für eine kurze Zeit eine Bildhauerin ein.

Symbiose eingehen. Es ist das Ausschöpfen kreativer Synergien zwischen der angewandten und der freien Kunst. Es sind Abwege zu neuen Zielen, wenn Gestaltung auf Kunst trifft. Es sind aber auch Signale einer Grenzüberschreitung hin zu einer **„angewandten Freiheit".**

Design oder Kunst

Ist es nun paradox, Design als Kunst zu verstehen, die sich nützlich macht? Der Widerspruch bleibt, denn Kunst kennt nicht den Produktnutzen des Designs. Jemand hat einmal gesagt, die Kunst sei immer am Ziel. Im Gegensatz zur Kunst ist Design nie am Ziel. Im Gegensatz zur Kunst sucht Design immer nach Lösungen und zeitlichen Anpassungen, um die optimale Nutzung und Bedienung von Produkten nicht nur zu gewährleisten, sondern auch zu steigern. Design ist Verbrauch, Verschleiß, Veränderung in optischer und technischer Hinsicht, egal, ob dies in restaurativer, evolutionärer oder revolutionärer Absicht geschieht. Ein Produkt löst das andere ab, ein Modell folgt dem anderen und dies zurzeit in einer rasanten Geschwindigkeit. Design als ein zeitloses Objekt zu planen, bedeutet, den Zeitgeist anhalten zu wollen. Design war immer eine empfindliche Ware, die man schwerlich festhalten konnte. Design bleibt somit das Synonym für Veränderung, welche im jeweiligen Lebensgefühl eingebettet ist. Was sind da endgültige Lösungen? Es ist immer das Ergebnis, das zählt, heute, hier und jetzt. Der Erfolg entscheidet darüber – ob richtig oder falsch – und dies im Sinne des Kommerz. Moholy-Nagy, der Bauhaus-Lehrer, meinte: „Das Kriterium darf nie sein: ‚Kunst' oder ‚Nicht-Kunst', sondern Gestaltung der notwendigen Funktionsabläufe. Ob das heute oder morgen ‚Kunst' genannt wird, muss für den Arbeitenden nebensächlich sein."

> „Kunst ist nicht gleich Design", formulierte Kurt Weidemann:
> Kunst fertigt Originale. Design Serien.
> Kunst ist um ihrer selbst willen da. Design ist auftragsbezogene Dienstleistung.
> Design braucht reichlich Objektivität. Kunst ist subjektiv.
> Design schließt intelligente Kompromisse. Kunst schließt sie aus.
> Design ist auf das Machbare ausgerichtet. Kunst ist Utopie.
> Design muss greifbar und verständlich sein. Kunst nicht.
> Design geht von etablierten Gepflogenheiten aus. Kunst verlässt sie.

Was ist Kunst? Was ist Design? – Ein Verwirrspiel? Nichts ist mehr selbstverständlich, die pointierte Überbietungslogik, die idealtypische Überhöhung. Und die Kraft des Gedachten spiegelt sich nicht unbedingt in der Kraft der Ergebnisse wider. Der Künstler verneint für sich, wenn er nicht

gerade ein konkreter Künstler ist, Maß und Zahl. Für den Ingenieur und
Designer sind Maß und Zahl elementare Ausgangspunkte ihrer Arbeit. Nur
beim Teilungsmaß findet eine fast sprichwörtliche geistige Trennung statt.
Das Teilungsmaß folgt beim Ingenieur möglichst den technisch-physika-
lischen Notwendigkeiten, beim Designer führt die richtige Anwendung
des Teilungsmaßes zum Ausdruck eines zeitgemäßen Lebensgefühls und
damit zur gewünschten vorbildlichen Gestaltung. Das heißt, dass das Teilungsmaß den möglichen Verknüpfungen und Vernetzungen verschiedener
Denkstrukturen und Erfahrungswerten folgt. In beiden Fällen können wir
es aber mit fraktalen Größen zu tun haben. Das bedeutet: Der Glaube an
Funktion und Vorbildlichkeit muss nicht funktional sein, bzw. nichts ist so
funktional, wie es sich Ingenieure und Designer gegenseitig vormachen.

Ausgewählte Vorbildlichkeit in Funktion und Gestaltung

Es gibt zum einen die Meinung, dass mit der Erfindung der Weltausstellungen durch die Briten 1851 die Geschichte des Designs begann. Sollte damit
eine in Europa erfundene „Suprakultur" der Technik, universell und impe-
rialistisch, demonstriert werden? Internationale Leistungsschauen förder-
ten das jeweilige Prestigedenken. Und man sah wohl voraus: wenn kein
realer Bedarf und Nutzen an technischen Innovationen besteht, dann wird
er erschaffen – des Gebrauchens, des Kaufens und des Begehrens wegen.
Und so glitt die aufkommende Moderne langsam und unaufhaltsam in den
Kommerz hinein. Billig und schlecht nannte der deutsche Ingenieur und
Begründer der wissenschaftlichen Maschinenlehre Franz Reuleaux[22] die
deutschen Erzeugnisse auf der Weltausstellung[23] in Philadelphia 1876, in
deren Jury er als Direktor der Berliner Gewerbeakademie saß. Seine Kritik,
in Briefen aus Philadelphia 1876 veröffentlicht, hatte großen Einfluss auf die
weitere Entwicklung der deutschen Industrie. Eine Situation, die sich mit
dem kümmerlichen Abschneiden der deutschen Industrie bei der Export-
messe in New York 1949 angeblich wiederholte.
  Die anderen sehen den Beginn der Geschichte des Designs mit den
Gründungen der vielen Gewerbemuseen mit ihren angegliederten Ausbildungsstätten in Europa des frühen 19. Jahrhunderts als gegeben an. Aber
was ist mit den mittelalterlichen Zunftwesen, mit den Handwerksvierteln,
den ersten Manufakturen und dem Beginn der vorindustriellen Fabrikati-

---

[22] Franz Reuleaux (1829–1905) war von 1856 bis 1864 Professor am Eidgenössischen
   Polytechnikum, Zürich. Zu seinen Schriften gehörten die „Constructionlehre für den
   Maschinenbau" (1854), „Der Construkteur" (1861–89) und „Über den Maschinenbaustil"
   (1862).

on mit der Fertigung langlebiger Wirtschaftsgüter in hoher Qualität, Wirtschaftlichkeit und Exportfähigkeit? Erst diese Aktivitäten eröffneten neue Warenwelten, Handelswege und Handelsplätze, die sich zu wichtigen Mustermessen, Gewerbeschauen, Gewerbeausstellungen, Handwerksmessen und Leistungsschauen entwickelten, wie man sie von der Leipziger Muster-Messe und der heutigen Industriemesse Hannover kennt. Die jährlichen Waren-Wettbewerbe haben eine lange Tradition. Ausstellungen formschöner Industrieerzeugnisse fanden vom Ende der 30er Jahre bis zur Stilllegung der deutschen Messen 1942 auf der Leipziger Muster-Messe statt. Diese Beispielschauen wurden zweimal im Jahr veranstaltet.

Mit regionalen Exportausstellungen fand ein Neubeginn statt. So zeigte die „Bayerische Exportschau" 1946–1949 im Ostflügel vom Haus der Kunst in München Industrie- und Handelsgüter, aber auch Kunst und Kunsthandwerk. Die Hannover Messe, eine 1947 als Export-Schaufenster gegründete Veranstaltung, symbolisierte vor allem in den 50er und 60er Jahren das deutsche Wirtschaftswunder. Der Arbeitskreis für industrielle Formgebung im Bundesverband der Deutschen Industrie trat 1953 als Träger der „Sonderschau formgerechter Industrieerzeugnisse" auf der Deutschen Industrie-Messe Hannover auf. Mit der Schau sollten herausragende Produkte der Messe hervorgehoben werden. Daraus hervorgegangen ist heute die Vergabe des iF Product Design Award als Siegel für gutes Industrie-Design. Das International Forum Design (iF) in Hannover, eine Gründung von Philip Rosenthal, des BDI, des Bundes-Wirtschaftsministeriums (Ludwig Erhard) und der Deutschen Messe AG, ist heute das größte Designforum weltweit und hatte September 2003 den ICSID (International Council of Societies of Industrial Design) zu Gast. Erwartet wurden 1000 Ingenieure,

---

[23] Als Folge der Weltausstellungen sei angemerkt: Dem englischen Gesetz „The Merchandise Marks Act" von 1887 verdankt Deutschland den Begriff „Made in Germany", nach dem alle in England eingeführten Waren eine deutliche Bezeichnung des Herstellungslandes tragen mussten. An eine spätere Produktauszeichnung hatte man allerdings nicht gedacht, eher an den eigenen Wettbewerbsvorteil und schon gar nicht an deutsche Motoren in englischen Autos. Aber ein Rolls-Royce bleibt auch mit einem BMW-Motor noch ein Rolls-Royce, d.h., ein Rolls-Royce ist auch mit deutscher Technik very british und somit ein Engländer. Es bleibt die Formsprache als nationale und kulturelle Identität. Nicht „Made in Germany", sondern „Design made in Germany" könnte die heutige Richtung sein, auch wenn „Made in Germany" für manches Produkt immer noch einen Mehrwert erzeugt.

Eine kulturelle Identität schufen zur New Yorker Weltausstellung 1939 die Designer Normen Bel Geddes, Henry Dreyfuss, Raymond Loewy, Harald van Doren und Walter Dorwin Teague in der Mitgestaltung zum Ausstellungsthema „Streamlined". Die sog. „Big Five" präsentierten ihr ästhetisches Konzept für alle Lebensbereiche als „the Dawn of the Future" für die Vereinigten Staaten. Für die USA gilt Raymond Loewy als „Father of Industrial Design".

Produktentwerfer, Grafiker, Modemacher, Autostylisten und Nachwuchsdesigner aus 60 Nationen.

Damit verband und verbindet sich – neben Information, Austausch, Vergleich und dem Knüpfen von Geschäftsbeziehungen und -abschlüssen –
nicht mehr nur Vorbildlichkeit in Funktion und Gestaltung, sondern mehr
denn je Konkurrenz, Wettbewerb sowie Preise, Medaillen, Urkunden, Ehre,
Stolz und Eitelkeit. Und nicht zuletzt die Vermarktung als Wirtschaftsfaktor,
wie sie zurzeit mit Hilfe besonders dominanter Design-Zentren, unterstützt
durch die Wirtschaft mit ihrer Design-Initiative und den Wirtschaftsministerien der Länder, als Erfolgsfaktor Design verkauft wird. In diese Auf-
zählung gehört auch der Rat für Formgebung (1953), eine Gründungsidee
der SPD-Fraktion des Deutschen Bundestages von 1950 (s. die Exportmes-
se New York 1949) als Rat für Formentwicklung deutscher Erzeugnisse in
Industrie und Handwerk. Als Stiftung bundesdeutscher Designförderung
vergab der Rat den Bundespreis „Gute Form" („dies einst im Geiste des
Werkbundes im Sinne einer verfeinerten Wohnwelt"), den „bundespreis
produktdesign" und den „Designpreis der Bundesrepublik Deutschland
2002". „Es gibt Design, das so gut ist, dass man es nicht verändern muss.
Dazu gehörten der Haifisch und der Porsche 911". Die Aufgabe des Rates
ist es, in der unüberschaubar gewordenen Welt für Orientierung in Sachen
Design zu sorgen. Der Rat versteht sich als Kompetenzzentrum für Design
in Deutschland.

Die Vermarktungsbranche „Design" floriert. Die ausgelobten internationalen Designwettbewerbe des Design Center Stuttgart (1962), des iF
Hannover mit den „top ten" und den „Besten der Kategorie", das Design
Zentrum Nordrhein-Westfalen (1954) mit dem „red dot" loten „die Besten der Besten" aus. Dazu gehören seit 1988 das „Designteam des Jahres"
sowie die vielen „designers´saturday´s", „Parcours" Designertage, Wettbewerbe, Ausstellungen und Preise in den Bundesländern – Möbelmessen
und Autosalons mutieren zu Designausstellungen –, ausgelobte nationale
und internationale Design-Preise und -Stiftungen (Braun Preis) sowie „The
International Yearbook" und eine Medienpräsenz im großen Stil. Es gibt
kaum ein Feuilleton ohne das Wort „Design" und selbst Wirtschaftsnach-
richten werden oft zu Design-Nachrichten. Ist Design zum Selbstläufer
geworden, feiert sich der Berufsstand ständig selbst? Stellt sich nicht die
Welt des Designs für den Ingenieur als eine geschlossen Gesellschaft dar?
Aus einer Studie des Rates für Formgebung von 1992 geht hervor, dass über
750 Institutionen sich auf irgendeine Weise mit einer Designförderung
befassen, einem Vorlagewesen.

Das Vorlagewesen

So gesehen, begann das Design mit den ersten Vorlagebüchern und Stichwerken, die regional und überregional verbreitet wurden und damit dem Vokabular des jeweiligen vorherrschenden Stils zur Popularität verhalfen. Die Vorlagen richteten sich an Künstler und Handwerker verschiedener Fachrichtungen und ermöglichten eine variable Anwendung – auch für die serielle Fertigung. Aus Prestigegründen wurden herausragende Künstlerpersönlichkeiten verpflichtet, ihre Leistungen bestimmten Gruppen der Gesellschaft zur Verfügung zu stellen. Auftragsarbeiten als Dienstleistung von Architekten, Malern und Bildhauern, die in der Folge ebenfalls vereinzelt Vorlagen für die aufkommende industrielle Fertigung entwarfen, bereicherten die kulturelle Landschaft. War es das Ziel, sich Bereitstellung leisten zu können im Dienste zu Dienen, eigene Selbstdarstellungen zu verwirklichen? Fürstliches Mäzenaten- und Stiftertum sowie großzügige Donationen sorgten unter anderem für die gewollte Nachhaltigkeit aller Beteiligten: ein besonderes Privileg, das auch heute noch zählt.

Sicher ist, dass Vorlagen schon immer erstellt, kopiert und weitergereicht wurden. Aber erst mit der Erfindung des Buchdrucks begann die Erstellung von Musterbüchern in großer Zahl mit einer weiten Verbreitung. Berühmte Baumeister und Künstler halfen dabei kräftig mit. Ab Mitte des 15. Jahrhunderts bis heute haben wir es mit einem umfassenden Vorlagewesen zu tun, einem Vorlagewesen, das Nachahmungen forciert, ja geradezu darauf angelegt ist, wenn es heißt: „Schöpferische Tätigkeit verlangt Ideen und Phantasie. Die Auseinandersetzung mit Vorbildern ist eine wesentliche Voraussetzung für die eigene Kreativität"(Mario Bellini als Chefredakteur der Zeitschrift Domus im Mai 1988). Das „International magazine of design moebel interior design" bietet jeden Monat internationale Möbel und Leuchten auf hohem ästhetischen Niveau, mit individuellem, variablem Charakter in Funktion und Emotion an. Damit werden die aktuellsten Vorbilder, die höchsten ästhetischen Ansprüche der international besten Architekten, Designer und Ingenieurleistungen den Berufskollegen weitergereicht.

Informieren, inspirieren, kopieren? Dies sind drei sehr unterschiedliche Arten, wie mit der heutigen Überfülle von Vorbildern umgegangen werden kann. Ein „gutes Händchen" in der Beschaffung aktueller, ausgewählter Literatur als Absicherung zeichnet manchen Designer und Architekten aus. Das Ergebnis ist bekannt, denn zurzeit quillt das Neue aus einem einzigen gigantischen Planungs- und Entwurfsprozess hervor, an dem alle beteiligt sind. Nur steht die große Zahl der Epigonen nicht für das eigene Ringen um Authentizität und Identität. Die derzeitige Umsatzgeschwindigkeit erlaubt fast keine Eigenentwicklungen. Um ein Risiko auszuschalten, orientiert man sich an erfolgreichen Produktbildern. Aus eigener Kraft und Überzeugung Qualität zu erzeugen, wird damit immer schwieriger und wenn, ist die Garantie einer Akzeptanz nicht gegeben. Der Philosoph Peter Sloterdijk ging in seiner Festspielrede zur Eröffnung der Salzburger Festspiele 2001 darauf ein: Heute, im Zeitalter der Kommunikation, liege die Kreativität des Gestalters in der neuen Kombination des Bekannten, für ihn ist die Welt „der Inbegriff von Menümöglichkeiten". Es schließt neue Worte ein wie „retro design", „revival design" und „inquire design" – also die Welt als Collage? Wichtig allein ist die Veränderung, und was nicht abgebildet wird, existiert nicht!

Die Kraft des Neuen

Wenn man davon ausgeht, dass die heutigen Produkte bis zu 80 % jünger als fünf und zum Teil zwei Jahre sind, und diese Zahl verändert sich ständig, ist die Herausforderung ohne eine ständige intensive Forschung auch im Bereich Industrial Design nicht zu bewältigen. Und wenn es heißt, dass Design ist eine vorausdenkende und vorausschauende Disziplin ist, welche die Anmut und Kultiviertheit der äußeren Erscheinung der Produkte mit wissenschaftlicher Präzision und Genauigkeit betreibt, ist das ein schön formulierter Anspruch, der allerdings jeden Tag mit Leben erfüllt sein will. Voraussetzung ist die Anerkennung der gestalterischen Kompetenz des Designs gegenüber dem Unternehmen und einzelnen Kunden. Es ist das Gebot kreativen, innovativen, ökonomischen und ökologischen Denkens und der sachlichen Vorgehensweise.

Mit Hilfe und Rücksprache des jeweiligen Partners aus Marketing, Vertrieb und Technik – auch Forschung und Entwicklung[24] – entstehen Produkte, die ohne deren Ergebnisse, Einflussnahme und Bestätigung nicht realisierbar wären. Design ist im Idealfall ein interdisziplinärer Prozess, in dem die Designforschung als ein integraler Bestandteil zu verstehen ist. Dies schließt nicht aus, dass für viele Produktbereiche die Problemlösungskompetenz in den Händen des einzelnen Designers oder Ingenieurs

---

[24] Aber auch das muss aus dem Tagesgeschehen zur Kenntnis genommen werden, wenn es gegenüber F&E heißt: Wir sind Weltmeister in Forschung und Entwicklung – und bei der Anwendung Hasenfüße. Es könnte schon sein, dass den Transrapid das gleiche Schicksal ereilt wie Faxgerät und Videorecorder: Wir entwickeln es – und andere haben damit Erfolg. Es sind die verpassten Chancen, wenn man eigene Produktinnovationen bei der Konkurrenz erfolgreich wieder findet.
Der faszinierenden Technik stehen seit über 30 Jahren die wirtschaftlichen Zwänge gegenüber. Technik als staatliches Statussymbol lebt durch staatliche Zuwendungen. Zurzeit ist, wie es heißt, die Techniknation gefährlich autolastig! (Acht Autohersteller decken 80% des Weltmarktes ab.)

liegt. Besonders auf dem Feld der Zukunftsstudien wird Design, verkörpert durch welche Person auch immer, zur treibenden Kraft für das Unternehmen. Es geht also nicht darum, was Designforschung leisten kann oder muss, es wird geleistet und der Stellenwert ist hoch. In sog. Design-Studios oder den heutigen „Designlabs" auf Zeit als Marketinginstrument wird mit äußerster Akribie an Zukunftsmodellen gearbeitet. Unterstützt wird diese Arbeit durch eine wissenschaftliche Begleitung, z.B. die Marktforschung (Akzeptanztests) sowie Symposien, Workshops und Einzelvorträge von anerkannten Fachleuten aus dem universitären Bereich, aber auch durch die Einbeziehung der jeweiligen hausinternen Forschung und Entwicklung.

Im Tagesgeschehen findet das Vorlagewesen Bezugspunkte in Form von Fachliteratur, Journalen, Prospekten, Ausstellungen und Messen. Der Sektor Material- und Werkstoffkunde auf der einen Seite und Trendforschung auf der anderen Seite ist als Wissen für jeden zugänglich und kann in einer Symbiose eines neuen Produktes aufgehen. Derzeit treibt der rasante Fortschritt in den Materialwissenschaften die Innovationsspirale besonders an.

Tradition hat der Zugang zur wissenschaftlichen Betreuung. Die Probleme liegen, wenn überhaupt, nicht so sehr im Wissen, sondern in der Fülle und dem Anwenden-Können. Davor liegt allerdings das Erkennen und Wollen, sich dieses Wissen zu Eigen zu machen. Vieles geht in Routine auf oder ist eine Selbstverständlichkeit im täglichen Designgeschehen. Dazu gehört auch die kontinuierliche Penetration, wenn es um Überzeugungsarbeit geht.

Besonders hervorzuheben ist die Zusammenarbeit und Kooperation mit inländischen und ausländischen Hochschulen und Design-Studios sowie speziellen Designlabors von Unternehmensteilen, die sich in Absprache mit dem Design oder dem Auftraggeber ganz bestimmten aktuellen Themen widmen. „Wir brauchen frische Ideen, müssen die Trends von morgen aufspüren, um Wertesysteme und Lifestyle zum Beispiel der unter 25-jährigen noch besser zu verstehen". Ein Wissenstransfer findet so auf mehreren Ebenen statt, es ist ein Geben und Nehmen im Austausch. In der Summe aller Bestrebungen finden Verzahnungen statt, die zu einem neuen Wissenschaftsmix führen, aber auch zu der Erkenntnis, dass das Wissen der Vergangenheit nicht proportional mit der Zeit zunimmt.

Der Drang zu immer neuen Erkenntnissen und neuem Wissen lässt zu schnell wichtige Bereiche der Designforschung in den Hintergrund treten oder in Vergessenheit geraten, bevor sie überhaupt Allgemeingut und Standard geworden sind. Auch Designforschung unterliegt einer Mode. Die Semantik der Form und des Materials ging über in die Produktdifferenzierung und wurde damit ein Teil der Corporate Identity. Wie verhält es sich mit der Ergonomie, die seinerzeit staatliches Interesse auslöste? Eine

ergonomische Erkenntnis aus dem Bereich der Anthropometrie hieß: Wenn
etwas nicht funktioniert, merkt man es und macht es richtig – was für die
Anthropotechnik, die Schnittstelle Mensch/Maschine, so nicht funktioniert.
Immer noch ist vom menschlichen Versagen in Bereichen wie Cockpit
oder Operationssaal die Rede. An diesen lebenserhaltenden Systemen ist
weiterhin Designforschung notwendig. Ergonomie bleibt also eine Größe
im Prozess „Idee/Produkt", z.B. für jede Handy-Entwicklung. Mit wissenschaftlichen Argumenten lässt sich beim Handy geltend machen, dass ein
Produktbild erst dann zu verstehen ist, **„wenn erfasst wird, wie es zeigt,
was nicht zu sehen ist".** Es ist die Erweiterung eines sich selbsterklärenden
Systems im Unsichtbaren: etwas wahrnehmen müssen, was niemand sehen
kann.

Das Erbringen von Design-Innovationen als **Arbeiten ohne Auftrag**
erfordert allerdings für die Zukunft ein Sponsoring: Heißt es, dass Design-
Innovationen ohne Auftrag nicht vorgesehen sind und somit Arbeiten ohne
Auftrag nur der Kunst vorbehalten bleibt, also Forschung und Entwicklung
aus eigenem Antrieb – ohne nachweisbaren Nutzen – nicht mehr denkbar ist? Keine Denkfabrik für ungehemmte Utopien, keine Visionen als
Zukunftsinvestition gegen Einwände wie „technisch nicht machbar" oder
„zu teuer"? Bodenhaftung sollte man nicht verlieren, auch wenn die Tages-
arbeit ein ganz anderes Gesicht bekommen hat, wenn elektronisch vernetzte und damit nicht mehr ortsgebundene Spezialisten irgendwo in der Welt
ihre Problemlösungskompetenz auf höchstem Niveau anbieten.

Imaginationen und Visionen

Die Imaginationen und Visionen von Ingenieuren, Designern und For-
schern haben neben aktuellen und zeitnah realisierbaren Aufgaben auch
die Funktion, zu visualisieren, was in Zukunft möglich wäre, damit sich
die Gesellschaft und der zukünftige Nutzer auf mögliche Entwicklungen
einstellen können. Pioniergeist wird beschworen. Und man schaut dabei
auch auf Symbole aus einer Zeit, in der man noch fast ungebrochen an die
Unschuld des technologischen Fortschritts glauben konnte: „die Bewunderung für die industrielle Ästhetik mit der Achtung vor der technischen
Leistung der Ingenieure".

Heute gilt die Bewunderung den Bildern aus Forschung und Entwicklung. Es sind Bilder über die Fabrik der Zukunft, das Auto der Zukunft oder
das Büro der Zukunft: Die Siemens Design Studie „Citizen office" für das
Vitra Design Museum Anfang der 90er Jahre oder das Arbeitszimmer vom
Fraunhofer Institut – das Arbeitszimmer mutiert zum Morphing Office, die
Kantine mausert sich zum Business-Restaurant. Es entstehen Studien zum
intelligenten Haus wie „Wohnen digital" oder zur Küche von morgen als

Gustave Eiffel (1832–1923) mit seiner anfangs zweck-freien Ingenieurkunst eines Turms von 1889 zur Pariser Weltausstellung als Beweis einer faszinierend schönen Technik. Der „nackten Architektur" mussten allerdings später dekorative Bogenelemente hinzugefügt werden.

Space-Lab. Zum Wohnen von morgen heißt es: „Nur zögerlich ließen sich Designutopien der letzten Jahrzehnte in den Alltag integrieren. Mit den oft realitätsfernen Visionen von einem Wohnen der Zukunft zum Beispiel schlichen sich Fehler und Irrwege ein. Entsteht Design nicht auch durch Zufälle, Nichtwissen und Neugier – die den Gestalter auf eine Abenteuerreise schickt? Wird er nicht auch geleitet von dem Traum nach einem alltagstauglichen Design?" Zurzeit währt der Kampf ums Wohnzimmer mit neuesten elektronischen Möglichkeiten für ein „intelligentes" Haus. Stararchitekten entdecken gerade über das virtuelle Haus das Eigenheim der Zukunft. Auch Mode wird mit Technik verknüpft: intelligente Textilien heißen „Wearables". Untereinander kommunizierende Systeme sind ein Teil der digitalen Welt. „Sehende" Autos, Shuttle/Railcabs für die Schiene und unterirdischer Güterverkehr vergleichbar einer Rohrpost basieren auf wissenschaftlich abgesicherten Erkenntnissen.

Da haben die Worte „Gestaltung" und „Ästhetik" weder im geschichtlichen Rückblick noch für die Gegenwart eine sprachliche Relevanz, dafür aber die Begriffe „Techniknutzen", „Technikhilfe" und „Technikspaß". Die Swatch-Uhr steht für Feinmechanik und Plastik, für Spaß und Konsum, für Kunst und Design – vielleicht auch für die Kultur der Mittelmäßigkeit in der globalen Anonymität? IKEA brilliert mit „Billy" als Kultobjekt. Der Umgang mit dem Begriff „Ethik" in Bezug zur Technik blieb eine mehr oder weniger offene Herausforderung auf der Feier zum 125-jährigen Jubiläum des VDI Bayern im November 2001.

Für den „Genieoffizier" oder das „Erfindergenie" des 19. Jahrhunderts prägte die Gesellschaft den Begriff „Künstler-Ingenieur", der Bilderzeuger imaginärer Zukunftsvisionen war der „Künstler". Man schlägt unbewusst einen Bogen ins 16. Jahrhundert zu Leonardo da Vinci, einem Künstler und Maschinenbauer. Jules Verne´sche Phantastereien faszinierten und stehen einem heutigen Hollywood-Sciencefictionfilm mit seinen Star-Trek-Folgen in nichts nach, wobei die heutigen Filmschöpfungen ebenfalls auf wissenschaftliche Erkenntnisse zurückgreifen können. Zu denken geben die Verknüpfungen mit dem Begriff „Kunst": Technik und Kunst oder Kultur-Technik-Kunst. Die ingenieurtechnische Meisterleistung reicht nicht aus – es muss auch innovatives Design sein, eben Ingenieurkunst.

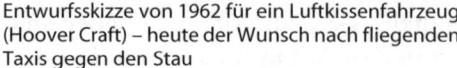

Entwurfsskizze von 1962 für ein Luftkissenfahrzeug
(Hoover Craft) – heute der Wunsch nach fliegenden
Taxis gegen den Stau

Entwurfsskizze für einen Bildschirmarbeitsplatz
von 1973 auf der Basis der Holographie

Ingenieure und Designer haben Visionen, die ihnen die Gesellschaft vermittelt. Es ist ein Plan, der sich nicht nur durch die Erörterung von Fakten erschließt. Ingenieure und Designer als Vordenker? Die Chancen einer
Weiterentwicklung des Produktdesigns liegen im Designexperiment. Die
heutigen Designexperimente sind die Produktstandards von morgen.
Futuristisches Design bzw. imaginäre Bilder eröffnen neue Sehweisen, sie
erweitern die ergonomischen und produktsemantischen Erkenntnisse. Auf
dem internationalen Kongress „Die Aktualität des Ästhetischen" in Hannover 1992 sprach der italienische Architekt Andrea Branzi von der Rolle
des Designs als strategische Größe: „Es sieht so aus, als wären alle Produkte
schon entwickelt worden – wo ist der Raum für ein neues Produkt? Imaginäre Bereiche sollte das Design erschließen. Der Mensch steht ständig im
Kontakt zu Objekten, Strukturen, Mikro-Strukturen, Systemen, und alles
ist voller Widersprüche. Dabei geht es um Kultur, Ethik und Moral in der
Tradition der eigenen Geschichte, das heißt, so wie die Dinge sind, zusam-
mengekommen sind, und so, wie sie sein könnten". Branzi plädiert für die
Zerschlagung der Moderne, damit Raum für neue Technologien entsteht.
Es geht ihm um neue Formen der Vernetzung, um andere Reize, um die
Schichtung verschiedener Logiken auf der Suche nach einer neuen Qualität.
Dabei ist für ihn die Ästhetik eine Unterkategorie der Ethik. Der Philosoph
Wolfgang Welsch sprach 1990 auf einer DZM-Veranstaltung in diesem Sin-
ne vom Wunsch nach einem ungepflügten Acker.

Das Internationale Forum für Gestaltung in Ulm 2000 stand unter dem
Motto „Gestaltung Macht Sinn. Macht Gestaltung Sinn? Design Sense
Power". Hier wird provokativ auch die Frage nach dem Sinn des Lebens
zur Diskussion gestellt. Gestalten ist ein existenzielles Grundbedürfnis des
Menschen, das die kulturelle Identität schlechthin garantiert. Gestaltung ist
Leben, es bestimmt das Sein. Ingenieure und Designer leben das existen-
zielle Grundbedürfnis des Konstruierens und Gestaltens je nach Fähigkeit
und Fanatismus besonders aus, fühlen sich auf Grund ihrer Ausbildung

dazu berufen. Der Ingenieur als „Technosoph" nach Bölkow muss geradezu fanatisch und besessen sein, sieht er sich doch als Pionier der Technik. Die vielen Erfinder sind Bilderzeuger aus Leidenschaft, sind den Triebkräften der Moderne ausgeliefert, im Glauben, die Welt mit moderner Technik voranbringen zu müssen. Die Orientierung an schon gestalteten Produkten löst einen manischen Zwang aus, alles bereits Gestaltete umgestalten zu müssen: nichts kann so bleiben, wie es ist, nichts kann so im Raum stehen bleiben, auch wenn bereits alles tadellos funktioniert. Entdecken, Erfinden, Zusammenfügen und aus der reinen Lust an der Form Konstruieren – das ist es. „Es macht eben mehr Spaß, wenn man etwas bewegt, als dass man bewegt wird."

Kann man Leidenschaft erklären oder den täglichen Wahnsinn mit Design? Dazu meint Paul Virilio: „Die Welt ist zu klein dafür geworden, die Katastrophen nehmen einen immer größeren Umfang an". Trotzdem: einerseits heißt es, dieser Idealismus wird überall blockiert, andererseits hört man, der begeisterte Ingenieur und Designer habe es am nötigen Kostenbewusstsein fehlen lassen. Hier wird verständlich, dass der Designer aus dem Etat des Ingenieurs unwillig finanziert wird und man gern auf die Hilfe des Designers verzichtet.

Funktionalität und Identität

Eine Feuerstein-Speerspitze aus der Zeit vor etwa 18.000 Jahren fällt durch einen besonderen Stil auf, der nur in einem kleinen Gebiet in Westeuropa zu finden war, aber für eine enge typische Bindung an einen Formenkanon steht. Diese Form wurde lediglich um ihrer selbst willen übernommen, nicht etwa, weil sie die Brauchbarkeit des Werkzeuges verbessert hätte. Das heißt, Stilmerkmale geben den Objekten erst Identität und damit Herkunft und Persönlichkeit. Kulturelle Identitäten zeichnen weltweit Landschaften und Regionen aus. Es sind die kulturellen Eigenarten in der Tradition eines Landes wie Sprache, Religion, Kleidung, Werkzeug, Gerät, Wohnen, Brauchtum, Malerei, Literatur, Musik – und da macht auch die sog. „Marke Deutschland" keine Ausnahme. Es gibt ein Deutschland vor und nach 1918, vor und nach 1945 mit dem Wechsel der Identität Westdeutschlands in die sog. Verwestlichung (Amerikanismus) – das Reagieren auf den Wandel politischer, militärischer, wirtschaftlicher und gesellschaftlicher Rahmenbedingungen – und ein Deutschland nach 1989. Dekadenweise spiegelt sich die Weiterentwicklung im wirtschaftlichen und sozialen Lebensgefühl durch Gestaltung des Lebensraumes – ob in der Tendenz puristisch oder opulent – wider. Und es ist das sich verändernde gestalterische Teilungsmaß, dass das jeweilige Lebensgefühl zum Ausdruck bringt und nicht Halt macht vor der kulturellen Identität, die im tiefsten Sinn mit immanenten

Werten zu tun hat, die man nicht auf Standardwerte und auf kommerzielle Unterhaltung reduzieren sollte.

Es ist das „Mehr" oder das „Weniger" an Gestaltung, wie es die Moderne zeigte, als sie das Dekorative des 19. Jahrhunderts ablöste, indem sie die schmucklose Verbindung von Form und Funktion predigte, auf das Ornament angeblich verzichtete und damit auf die „innewohnende Phantasie", den Ausdruck von Reichtum und Identifikation für alle. Aber verzichtete sie wirklich auf das Ornament? Genaue Analysen lassen Grundraster des Ornamentalen hervortreten. Das Grundraster in „Less is more" oder „Less but better" verliert sich erst in „Less is less". Die Ausstellung des Kunstgewerbemuseums Zürich, Juni–August 1965, mit dem Titel „ornament? ohne ornament" ist ein Beleg dafür. „Das Ornament ist weder prä- oder antimodern, wie die Moderne insgesamt ornamentfeindlich wäre". Nur gingen bei ihr Linienführung und Struktur in die Funktion über und wurden damit als Ornament nicht erkannt. Ornament und Funktion gingen eine Symbiose ein: Ornament im Dienste der Funktion und als Funktion.

Lange Zeit galt das Verlassen einer Geraden für den Puristen als ein Sakrileg. Mit der bewussten Unterdrückung auf ein Minimum drückte sich auch die Angst vor einem gestalterischen Mehr aus, denn im Verlassen der Geraden verbirgt sich der erste Schritt zu einer Gestaltung, die beurteilbar ist, und damit verbunden ist der Mut zu Anfängen einer unsichtbar/sichtbaren Ornamentierung. Ist so gesehen Gestaltung nicht auch ein Schritt zum Ornament, wenn man weiß, dass das Ornament auch die Begriffe „Flächengliederung" und „Raster" beinhaltet und jede Linienführung über die eigentliche Funktion hinaus einen Stil, eine bestimmte Identifikation, also Merkmale der Wiedererkennung ergibt?

Was für den einen die unerträgliche Leere ist, die es zu füllen gilt, ist für den anderen die Offenbarung. Und nun das: Die damalige Sehnsucht nach der Geraden dreht sich zurzeit um. Jetzt streben gerade Formen danach, Kurven zu werden oder aufgepumpt ballonartig zu erstarren und Rechtecke sehnen sich danach, zu Kugeln zu werden, und glatte Flächen zu Strukturen. Der Druck auf die Gestalter nimmt zu. **Ist das der Sieg der Form über die Funktion?**[25]

Der wahre Purist ritualisiert sich weiterhin selbst mit seiner absoluten Reduktion und entzieht sich damit einer vermeintlichen Kritik. Ist die minimalistische Gestaltauffassung die Gestaltung nach dem Verstand und weniger dem Gefühl oder einem schöpferischen Impuls folgend? Friert diese Art Absolutheit nicht eher Lebensgefühl ein? Die sog. Produktpersönlichkeit wird so zur Un-Persönlichkeit, zum Produkt ohne Eigenschaften, wenn das sakrale Aufladen der Form durch Reduktion nicht gelingt. Erst die puristische Idee ebnete manchem den Weg zum Design. Als Minimalist kann man immer noch von Donald Judd, Ellsworth Kelly oder Sol LeWitt lernen.

„Form follows function"

Was propagiert diese oft wiederholte Devise aus der Zeit um 1896, die stilbildend für das 20. Jahrhundert wurde und als klassische Vorgabe für Designer gilt oder galt und einer ständigen Verballhornung ausgesetzt ist? Ein so häufig zitiertes Schlagwort sollte stets im Kontext seiner Bedeutung und der Wiedergabe durch den Biografen Willard Connely interpretiert werden: „Als Architekt wollte Louis Sullivan (1856–1924) den Gebrauchsgegenständen Schönheit verleihen. In der Architektur wandte er sich gegen die Gepflogenheit, die Dachgeschosse der Hochhäuser griechisch, gotisch oder mittelalterlich auszubilden, während die unteren Geschosse an ihre Funktion angepasst wurden. Sullivans ‚Form follows function' steht die Auffassung ‚ein Gebäude muss seine Funktion ausdrücken' gegenüber. **Die ‚Form und Funktion' nach Sullivan ist unzulänglich ohne den klaren Einfluss der Emotion."**

Es ging also nicht um einen Funktionalismus, sondern um ein Ideal des Funktionierens. Louis Sullivan hatte allerdings schon 1885 in seinem Aufsatz „Ornament in architecture" vorgeschlagen, für einige Jahre ganz auf Schmuckelemente in der Architektur zu verzichten, denn dadurch werde der organische Zusammenhang zwischen Funktion, Form, Material und Ausdruck unnötig gestört. Adolf Loos (1870–1933) entwickelte diesen Ansatz weiter, indem er das Ornament als volkswirtschaftliche Kostenfalle abwertete. Der Handwerker werde schließlich nur für das Errichten eines Hauses bezahlt. Das Ornament könne mit „vergeudeter Arbeitskraft und geschändetem Material gleichgesetzt" werden. Dass Loos selbst die jeweilige materialeigene Struktur als gestalterisches Element reichlich nutzte, sah er natürlich anders. Sein radikaler Lehrsatz von 1910 – „Ornament

---

[25] Die fehlenden Vorgaben der Technik in ihren Grundmaßen und sog. Gerechtheiten machen bei manchen Produkten Platz für ein übermäßiges Design. Die Auswüchse lassen von der alten Idee, dass „gutes Design" immer auch die Funktion eines Gerätes einbeziehen sollte, nichts mehr übrig. Entwerfen ist eben auch Ornamentieren, dabei darf das Ornament allerdings nicht mit einem Dekor verwechselt werden. Letzteres trifft mehr und mehr für die heutige Produktwelt zu und führt zu neuen Maßstäben über Qualität, wenn das Produkt selbst eine ornamentale Funktion hat oder das Dekorative Teil des Konzeptes ist, das das äußere Bild bestimmt. Das Ornament unterscheidet sich vom Muster oder Dekor durch seine in sich geschlossene Form. Das Dekor ist ein Mittelding zwischen Ornament und Muster. Das Muster bezieht sich auf eine unbegrenzte Motivwiederholung in einem beliebigen Raster. Kommt man zurück auf den Begriff „Styling", bedeutet das: ein Bereich innerhalb des Designs, der in jedem Entwurfsvorgang enthalten ist, wo Form als selbstständiges oder teilunabhängiges Element auftritt und sich auf bereits vorhandene Muster bezieht. Jede Wiederholung einer Form und ihre Überbetonung ohne Formzwang (Formalismus) oder jede assoziative Bezugnahme auf bekannte Muster könnte man somit auch als Styling bezeichnen.

Illustration aus „The World Magazine" von 1906

... Sullivan went on to say that he made beauty an element of the practical. To ascertain the emotional quality of a given task, one must judge the height of the skyscraper with reference to the buildings roundabout. No tall building was to be made tall merely to display an encyclopaedia of architectural knowledge. A sixteen-story building must not be a pile of sixteen buildings, though nine in ten were, as if the architect had to „quote" as each story for every style and land. The skyscraper was a three-part thing: the lower one or two stories according to its special needs, then the tiers of offices, then the attic conclusive in its form – the whole scheme as ordered as the Greek temple, the Gothic cathedral, the medieval fortress. „Form follows function" was Sullivan's improvement upon Furness's „a building should proclaim its use," also Sullivan`s adaption Viollet-le-Duc's* dictum (very likely picked up when Louis was a pupil in Paris) of the interdependence of material and mode. But the Sullivan form-and-function was inadequate without the explicit factor of emotion. ...[26]

* Eugène Emmanuel Viollet-le-Duc: französischer Architekt und Theoretiker (1814–1879)

---

[26] ... Sullivan sagte weiterhin, dass er Gebrauchsgegenständen Schönheit verleihe. Um den emotionalen Charakter einer gegebenen Aufgabe festlegen zu können, muss man die Höhe eines Wolkenkratzers in Beziehung zu den Gebäuden in der Umgebung beurteilen. Kein hohes Gebäude wurde allein aus dem Grunde hoch gebaut, um die ganze Breite des architektonischen Könnens zu demonstrieren. Ein sechzehngeschossiges Gebäude darf nicht nur ein Stapel aus sechzehn Häusern sein, obgleich dies in neun von zehn Fällen der Fall ist, als ob der Architekt mit jedem Stockwerk jeden Stil und jedes Land Bezug nehmen muss. Ein Wolkenkratzer besteht aus drei Teilen: Die untersten ein oder zwei Geschosse sind angepasst an ihre Funktion, es folgen die Stockwerke mit Büros und das abschließende Dachgeschoss in einer Form – als wurde das ganze Projekt als griechischer Tempel, gotische Kathedrale oder mittelalterliche Burg bestellt. Sullivans „Die Form folgt der Funktion" steht Furness mit „ein Gebäude muss seine Funktion ausdrücken" gegenüber, wie auch Sullivans Adaptation an Viollet-le-Ducs Ausspruch (sehr wahrscheinlich aufgeschnappt, als Louis als Schüler in Paris war) über die gegenseitige Abhängigkeit von Material und Form. Aber die „Form und Funktion" nach Sullivan wären unzulänglich ohne den klaren Einfluss der Emotion...

ist Verbrechen!" – bezog sich u.a. auf seine puritanisch, schlicht gestalte-
te Hausfassade am Michaelerplatz in Wien, die im krassen Widerspruch
zum allgemeinen Stilempfinden stand und sich gegen die kursierenden
Musterbücher des Historismus und des Jugendstils wandte. Gerade die
„Fassade" – das Aussehen, das Gesicht, der Ausdruck – wurde danach zum
Symbol einer Avantgarde der Moderne, die den Jugendstil vorübergehend
„als Lebenshilfe im Augenblick der Krise" verstand. Das heißt aus heutiger
Sicht, dass der Stil nicht zum Spaß erschaffen wurde.

Funktion – das ist die Tat der Ausführung und Anwendung. Das ist Form
als Teil der Funktion, was bedeutet, dass die Form nicht nur der sog. technischen Funktion folgt. Formen müssen ihre Funktionen reflektieren. Mies
van der Rohe mit seinem Postulat „Less is more" kam dabei auch zu der
Erkenntnis, dass die Formen bleiben und die Funktionen sich ändern, was
für heute heißen könnte, dass Multifunktionales nicht unbedingt funktioniert. Seine Ästhetik stellte sich so in den Dienst von Architektur und
Design. Allein die Proportionen geben Raum und Körper eine Qualität.
Und es ist zu unterscheiden zwischen Primärerfindung und Sekundärerfin-
dung, zwischen Primärfunktion und Sekundärfunktion und nicht zuletzt
zwischen Primärdesign und Sekundärdesign. Erst das Beherrschen des
Zusammenspiels aller Faktoren führt zur gewünschten Designqualität bis
ins Detail hinein.

Mit dem Beginn der völligen Umkehrung der Werte in den 60er Jahren
äußert sich die Emotion im Design immer mehr durch Gestaltung. Der
Designer als Kritiker im Prozess einer laufenden Auseinandersetzung mit
Gestaltung sollte aber wissen, was gutes oder schlechtes Design ist – aber
weiß er es wirklich? Design kann man nicht beurteilen, wenn man nicht
selbst gewisse Vorstellungen davon hat, was Design bewirken soll, wozu
Design in der Gesellschaft gut sein soll, wenn man zu oft mit einer Anhäufung von Zumutbarkeiten konfrontiert wird. Der Verbraucher unterwirft
sich dem „Diktat des Designs", wenn der „praktische Nutzen" immer mehr
der „Häufigkeit und Dauer einer Benutzung" als Entscheidungskriterium
über die Zumutbarkeit eines Designs unterliegt. Gestaltung als spontaner,
emotionaler Ausdruck überlagert zu häufig den Gebrauchsnutzen. Gestaltung wird zum ornamentalen Gewöhnungsprozess.

Was wird nun unter Funktion verstanden? Vielleicht die technische Funktion für den Ingenieur, die praktische Funktion für den Nutzer, die ästhe-
tisch-symbolische Funktion für den Designer im Auftrage eines Corporate
Design, einer Corporate Identity, die die attraktive und emotionale Funktion für den Käufer einschließt? Ein Prinzip ist: **„Die Form folgt immer der
Funktion"**, und man muss das, was man unter „Funktion" verstehen will,
immer wieder neu definieren. „Funktion" kann stets etwas anderes sein,
Form ist aber immer das Mittel dazu. „Funktion" kann heißen: „Wir haben

die Botschaft empfangen, das Produkt ist 'Schön'!" Alles in seiner Art sollte funktionieren, wenn es einen Sinn für sich reklamiert bzw. sich die Suche nach dem Sinn erübrigen soll. Es geht um die jeweilige Zielsetzung, vom Markt oder von der Technik geleitet. Der Benutzer steht im Mittelpunkt, denn es geht nach wie vor um „human communication" zwischen „Mensch, Natur, Technik". Die Form folgt immer einer Idee aus Innovationskraft und Kreativität, und das können auch Ideologien sein.

Eines bleibt: Design sollte Funktion in seiner adäquaten Form in der Zeit sein! Nicht wie 1828, als der deutsche Architekt Heinrich Hübsch fragte: „In welchem Style sollen wir bauen?" und damit die im 19. Jahrhundert weit verbreitete Unsicherheit in Worte kleidete, welcher architektonische Stil der jeweiligen Bauaufgabe angemessen sei. Gottfried Semper (1803–1879) mit seinen romanischen, gotischen und Renaissance-Stilzügen sprach vom „Prinzip der Bekleidung" – einer Maskierung, die das verspricht, was sich dahinter verbirgt. So formt sich jede Generation ihre eigene Sprache, ihren Zeitstil.

Geschichtlicher Rückblick

Ingenieure und Gestalter in München

Im geschichtlichen Rückblick wird deutlich, wie Ingenieure und Gestalter ihre Interessen parallel vertraten und doch letztendlich gemeinsam Industrie- und Kulturgeschichte geschrieben haben. Mit dem Jahrhundertsprung rückt plötzlich die jüngste Geschichte in die Ferne und verschmilzt zu einer gemeinsamen Vergangenheit. Eine Fokussierung auf München macht dies besonders deutlich.

Der Verein Deutscher Ingenieure (VDI), eine Gründung aus dem Jahre 1856, kann – wie auch das Deutsche Patentamt – in München auf 125 Jahre seines Bestehens zurückblicken. Die Gründungsgeschichte der Firma Krauss-Maffei datiert schon aus dem Jahr 1837. 1896 wurde die Zeitschrift „Jugend" (Schönheit der Formen) herausgegeben. Sie war für mehr als 10 Jahre die Vorlage des „Jugendstils" im Bereich der angewandten Kunst und Architektur mit einem unbedingten Neuerungscharakter gegenüber dem Historismus des ausklingenden Jahrhunderts. 1897 gründete Obrist die „Vereinigten Werkstätten für Kunst im Handwerk". Sie waren ein Symbol für qualitätsvolle Gestaltung. Die „Münchner Vereinigung für angewandte Kunst" von 1903 richtete ab 1909 eine „Vermittlungsstelle für künstlerische Entwürfe" ein. Der „Bayerische Kunstgewerbe-Verein" kann heute auf über 150 Jahre zurückblicken.

Der Ingenieur Oskar von Miller (1855–1934) schlägt als königlicher Baurat und Vorsitzender des VDI Bayern 1903 die Gründung eines naturwissenschaftlich-technischen Museums vor, eines Museums mit Meisterwerken der Naturwissenschaft und Technik. Der Verein Deutscher Ingenieure stand dabei hilfreich zur Seite. 1906 erfolgte die Grundsteinlegung des Deutschen Museums. Mit Emil Rathenau gründete v. Miller die „Deutsche Edison-Gesellschaft für angewandte Elektricität" (1883), die spätere AEG – Allgemeine Electricitäts Gesellschaft (1887). Mit der AEG verbindet sich seit 1907 der Ruf von Peter Behrens als ihr künstlerischer Berater. Die Gründung des Deutschen Werkbundes erfolgte 1907 mit Richard Riemerschmid und elf weiteren Architekten und Entwerfern sowie zwölf Fabrikanten. Ab 1912 wurden Objekte der avantgardistischen Moderne gesammelt, die mit der Gründung der Neuen Sammlung 1925 (eine Abteilung für Gewerbekunst am Bayerischen Nationalmuseum) bis heute auf bald 70.000 Designobjekte angewachsen ist. Die 1847 gegründete Telegraphen-Bau-Anstalt von Siemens & Halske kann mit ihrer Niederlassung in München auf über 100 Jahre zurückblicken, der Standort Hofmannstraße in München auf 75 Jahre. Hinter dem Namen Hofmannstraße verbirgt sich einer der größten Standorte des Unternehmens. Die Verlegung des Hauptsitzes von Berlin an den Wittelsbacherplatz erfolgte 1948.

Die Gründungsgeschichte der Bayerischen Motoren Werke (BMW) beginnt mit dem Jahr 1912, der Geburtstag ist der 7. März 1916. Unter diesem Namen begann 1923 die Fertigung von Motorrädern und der erste BMW-Wagen wurde 1929 gebaut. Die Geschichte der ersten 15 Jahre nach dem Zweiten Weltkrieg führt zu einem gewissen technischen Mythos der Marke BMW durch Weltrekorde und Sporterfolge (man vergleicht sich mit den Erfolgsmarken AEG, MAN und NSU). Die Marke hätte 1959 fast ein Ende gefunden, wenn nicht Dank des Engagements von Herbert Quandt – die unglaubliche Rettung von Weiß-Blau – Vertrauen in Bank- und Wirtschaftskreisen geschaffen worden wäre. Traditionsfirmen wie Wamsler, Rodenstock ARRI und Agfa gehören dazu. Wenn man heute auf 100 Jahre Motorfluggeräte zurückblickt, beginnt diese Erfolgsgeschichte für München im Jahr 1910. Im selben Jahr gründete der Pionier Gustav Otto (1883–1926), Sohn von Nicolaus Otto, dem Erfinder des Viertaktmotors, die „Gustav Otto Flugzeugwerke". Sie gingen 1916 in die „Bayerische Flugzeug-Werke" ein, aus denen kurze Zeit später die „Bayerischen Motorenwerke GmbH" (BMW) hervorgingen. 1922 wird die „Udet Flugzeugbau GmbH" gegründet, die Teil der Firmengeschichte von Messerschmitt-Bölkow-Blohm, DASA und EADS ist. Firmen wie Dornier, MAN und MTU ergänzen das Bild. Eine Reihe bayerischer Unternehmen entschließt sich 1989 mit namhaften Persönlichkeiten des öffentlichen Lebens das Design Zentrum München zu gründen. Ein neues zentrales Institut ist die Bayern Design GmbH von 2001 mit dem Ziel der Designförderung für den Mittelstand und einer speziellen Hochschulbildung.

Gegenüber BMW hieß es 1956 bei Siemens anlässlich der Gründung der „Siemens Electrogeräte Aktiengesellschaft" in München: „Unser Haus hat

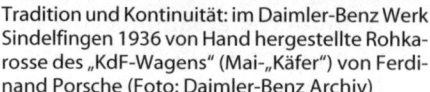

Tradition und Kontinuität: im Daimler-Benz Werk
Sindelfingen 1936 von Hand hergestellte Rohka-
rosse des „KdF-Wagens" (Mai-„Käfer") von Ferdi-
nand Porsche (Foto: Daimler-Benz Archiv)

Der letzte „Vocho" geht am 30.07.2003 in Puebla,
Mexiko, vom Band (Foto: dpa)

Entwurfsskizze des ersten Golfs aus der Siemens-
Designabteilung 1971. Der Golf 1 kam 1975, der
Golf 2 acht Jahre später auf den Markt. Heu-
te fährt bereits der Golf 5. Der Golf, 1970 von
Giugiaro entworfen, im Windkanal etwas modi-
fiziert, wurde zum Vorreiter einer gesamten
Autogeneration

nach dem Zusammenbruch 1945 einen Aufstieg genommen, der so steil
war, dass es uns oft selbst ein wenig den Atem geraubt hat". Ludwig Erhard
bekundete schon 1953 unumwunden seinen Respekt vor der wirtschaftlichen Leistung mit den Worten: „Ich bin bereit, die dem Unternehmen durch
wohlverdiente Leistungen erworbene Macht voll anzuerkennen". München
entwickelte sich in kürzester Zeit zum Eldorado für Ingenieure und Gestalter, was in der Folge nicht ohne Einfluss auf die Hochschulpolitik an den
Siemens-Standorten und den speziellen Ausbildungsstätten für Ingenieure und Designer blieb. Siemens wurde zum Hauptabnehmer ausgebildeter
Ingenieure. Im Jahr 2001 waren 100.000 Ingenieure für das Unternehmen
tätig. Die Zahl der aktiven Formgestalter/Designer blieb dagegen mit 35 bis
40 in den letzten 35 Jahren relativ konstant. BMW beschäftigt zurzeit ca. 50
Designer. In den etwa 50 freien Designbüros in München und Umgebung
arbeiten bis zu 2000 Designerinnen und Designer.

Der Aufbruch in München ist für Siemens der Beginn eines ungeahnten
Mythos. 47 Jahre später gab es Bemerkungen im Bundestag, in der Presse und in Talkshows wie: „Die Bundesrepublik wie den Siemens-Konzern
zu führen", „Was für Siemens gut ist, ist auch für die Bundesrepublik gut".
Umfragen erklärten diese Haltung: „Topmanager aus der Wirtschaft wurden als die besseren Wirtschaftspolitiker eingeschätzt". Diese Meinung
muss man nicht teilen, wenn man weiß, dass es mit der Moral und Ethik,
eben der Unternehmenskultur, in manchen Unternehmen nicht gut bestellt

ist. Die Aussagen reichen von: „Man stellt die und die Parameter her und es kommt immer ein Siemens-Ingenieur heraus" bis zu der Frage, ob „Daimler-Benz und Siemens[27] die Leitkultur für Deutschland darstellen". Das ist erklärlich, denn wenn es diesen großen Unternehmen schlecht geht, leidet die gesamte Republik mit. Ein Beispiel ist VW. Bei der dramatischen Umstellung vom legendären Käfer zum Golf war Hilfe angesagt. In einem Schreiben an Dr. Peter von Siemens vom 18.01.1972 bedankt sich Professor Werner Holste, Vorstandsmitglied der Volkswagen AG, für die herausragenden Styling-Vorschläge aus der Siemens-Formgebung. Aber auch das gehört dazu, wenn es darum geht, Kontakte zu den Entscheidungsträgern in Politik, Wirtschaft und allen wichtigen Interessensverbänden zu unterhalten und eigene Interessen abzusichern. Die Bedeutung des Siemens-Designs für die Bundesrepublik und darüber hinaus resultiert aus dieser Haltung. Chef-Designer instrumentalisierten diese Möglichkeiten für die Sache des Designs.

Die ersten Gestalter in der Elektroindustrie

Wie vor ihm Henry van de Velde[28] (1863–1957) gab auch der Jugendstilmaler Peter Behrens[29] (1868–1940) Malerei und Zeichnung zugunsten der angewandten Kunst und Architektur auf und wurde im Sommer 1907 auf Betreiben des AEG-Direktors Paul Jordan als künstlerischer Berater der AEG nach Berlin berufen. Obwohl das Haus Siemens zu den Schrittma-

---

[27] Die einmalige Durchgängigkeit, vom Genieoffizier Werner Siemens, der 1888 in den Adelsstand erhoben wurde, und seinem kongenialen Partner, dem Feinmechaniker Johann Georg Halske, mit Kalkül begonnen, wird auch vom heutigen Siemens-Chef Heinrich von Pierer – nach über 150 Jahren der erste Nichttechniker an der Spitze des Unternehmens – weitergeführt. Die Bedeutung des Konzerns wurde nicht nur durch die Nennung Heinrich von Pierers als möglichem Bundespräsident 2004, sondern auch mit seiner Rede im April 2004 vor dem UN-Sicherheitsrat über Friedensbemühungen im Irak gestärkt. Der Weltkonzern erwirtschaftet 74,2 Milliarden Euro Umsatz, davon 78 % im Ausland. Weltweit beschäftigt er 417.000 Mitarbeiter, davon in Deutschland 167.000. Der Konzern ist in 14 große Bereiche gegliedert: zum Spektrum gehören Telefonanlagen und -netze, Mobilfunk, EDV-Dienstleistungen, Haustechnik, Kraftwerkstechnik, Stromübertragung, Licht (Osram), Fabrikautomatisierung, Bahntechnik, Autoelektronik und Medizintechnik. Hausgeräte und PCs werden in Joint Ventures mit Bosch respektive Fujitsu hergestellt, am Chipbauer Infineon besteht eine Minderheitsbeteiligung (Quelle: Siemens).

[28] „Wir wollen keine Dinge nur für den Gebrauch des Marktes produzieren, keine nur praktische Werkzeuge, sondern Dinge in Harmonie mit unserem Leben."

[29] Behrens hat in einer umfassenden Organisation aller Bildmittel Methoden entwickelt, das Notwendige an den Dingen als das Schöne, als einen Zusammenhang des kleinen Einzelnen mit einem kolossalen Ganzen zu verketten.

chern bei elektrischen Hausgeräten gehörte, ist es die AEG, die durch aufgeklärte und kunstverständigte Ingenieure und Direktoren Peter Behrens
zum offiziellen Gestalter berief und damit einen bedeutenden Präzedenz-
fall schuf – ein Künstler in der obersten Führung. In den wenigen Jahren,
in denen er diese Stellung bekleidete, wurde für seine Zeit das bis heute
wohl „umfassendste Corporate Image-Projekt bearbeitet, das je in einem
einzigen Entwurfsbüro entstand". Als künstlerischer Berater wirkte er mit
an der Gestaltung elektrischer Maschinen, Geräte und Lampen. Als *auto-
didaktischer* Architekt baute er seiner Firma Werkhallen, entwarf Plakate,
Briefköpfe und Packungen. Peter Behrens gilt als Vater der „Industriellen
Formgebung" in Deutschland.

Ein Fallbeispiel

Für die Siemens AG begann die offizielle Designgeschichte mit der Einstellung des Architekten und Kunstschmieds Wilhelm Pruss am 1.April
1929 durch den Leiter der Bauabteilung Hans Hertlein. Indem Pruss die
Werkbund-Tradition fortsetzte, kann davon ausgegangen werden, dass die
Industrieerzeugnisse die „sachliche Kontinuität der Moderne der 20er Jahre" widerspiegelten. Die Einstellung stand somit im Bannkreis von Peter
Behrens. Da das Design bei der Siemens AG einerseits aus der Bauabteilung
und andererseits 1933/37 aus den Werbestellen und Literatenabteilungen
hervorging, sei kurz auf die Intentionen des ersten Chefs der Bauabteilung,
Karl Janisch, eingegangen. Karl Janisch als Architekt der entstehenden Siemensstadt absolvierte ein Studium der „Maschinenbaukunst" und Elektrotechnik, erwarb 1897 die Regierungsbauführerprüfung und wurde 1913
zum königlichen Baurat ernannt. Ab 1902 war er als Leiter des Dezernats für
sämtliche bau- und betriebstechnischen Fragen des Konzerns zuständig.
Anders als später bei Hans Hertlein, spielten ästhetische Kategorien des
Repräsentativen bei Janisch eine betont untergeordnete Rolle. Die Entwürfe
für die neuen Produktionsstätten entstanden mit dem Ziel, Zweckbauten
zu errichten, die eine optimale und kostengünstige Fertigung ermöglichten
und bei wechselndem Bedarf erweiterbar und flexibel zu nutzen waren. Mit
dem Ausscheiden von Karl Janisch als Chef der Bauabteilung übernahm
1915 der Regierungsbaumeister Hans Hertlein, seit 1912 als Bauleiter bei
Siemens tätig, die Leitung. Als seine prägenden Hochschullehrer benennt
er Friedrich Thiersch, Fritz Schumacher und Richard Riemerschmid.
    Es ist das Jahr, in dem der junge Architekt Walter Gropius[30] eine vor-
bildliche Sammlung von Entwürfen für Fabrikwaren organisierte" und die
Visionen einer „Neuen Zeit" zur Auseinandersetzung mit „vernünftiger
Formgebung und Maschinentechnologie" anregte: „Funktionsgerechte
Dinge können wohl schön sein, doch sichere Nutzen allein noch nicht den

Schönheitswert bzw., ob maschinell erzeugte Massenware wirklich ästhetisch gefällig sein könne". Eine Reform der Gestaltung von Fabrikaten setzte 1914 nach der international beachteten Werkbundausstellung[31] in Köln ein und führte in den nächsten 10 Jahren zur Suche nach Methoden der Zusammenarbeit mit der Industrie, die den „kommerziellen Rücksichten den Vorrang vor den ästhetischen gab". „Form ohne Ornament" als Bedürfnis der Zeit führte zu den Gedanken, typisierte Formen zu schaffen, die sich für Massenerzeugung eignen. Ideale der Qualität ließen die Bildungselite an einen „Baedeker" für praktische Verbraucherberatung denken sowie an die Förderung technischer und ästhetischer Vorzüglichkeit.

Heute stellt sich die Frage nach einem Führer über Style-Beratung und Design: „F" steht unter anderem für Fashion Design, Fast Food Design – Functional und Slow Food, Ferien-Design, Foto-Design, Furore-Design.

Im Zuge dieser Entwicklungen zu „formaler Sachlichkeit" wurde dem Regierungsbaumeister Dr. Hertlein, als Chef der gesamten Bauabteilung von Siemens, neben den Fachabteilungen für Messen und Ausstellungen auch die Formgebung von Fabrikaten anvertraut. Nachdem die Formgebungsversuche Hertleins angeblich nicht die gewünschte Anerkennung fanden, wurde Wilhelm Pruss für die Formgebungsbelange im Rahmen der Investitionsgüter eingestellt. Pruss stellte sich einen Bildhauer und einen technischen Zeichner zur Seite und gab der Abteilung neue kreative Impulse, die sich nach vierjähriger Tätigkeit für Ingenieure so darstellten: „Im Zusammenarbeiten von Fabrikationsstellen und Bauabteilung sind in den letzten Jahren eine große Anzahl guter und wirkungsvoller Vorschläge für die Formgebung von Fabrikaten verschiedenster Art entwickelt worden, wodurch diese auch nach außen hin einen gewissen Propagandawert erhielten. Es konnte festgestellt werden, dass dabei weder höhere Herstellungskosten entstanden, noch war größerer Zeitaufwand für die Durchführung der Form erforderlich. Um diese Vorteile weiterhin in immer höherem Maße nutzbar zu machen, ersuchen wir erneut alle in Betracht kommenden Dienststellen, einer guten Durchbildung unserer Fabrikate auch in der

---

[30] Walter Gropius (1883–1969) studierte von 1903–05 in München und dann in Berlin Architektur und trat 1907 in das Büro von Peter Behrens ein, wie später unter anderem Mies van der Rohe und kurzzeitig Le Corbusier. 1915 wurde Gropius zum Direktor der Großherzoglich-Sächsischen Kunstgewerbeschule und der Großherzoglich-Sächsischen Hochschule für Bildende Kunst in Weimar ernannt. Gropius schloss diese beiden Institutionen 1919 unter den Namen „Das Staatliche Bauhaus" zusammen.

[31] Der Deutsche Werkbund: erste Werkbundausstellung 1914 in Köln, danach „Form ohne Ornament" Berlin 1924, „Die Wohnung" Stuttgart-Weißenhof 1927, „Das vorbildliche Serienerzeugnis" 1930 in Hannover und „Der billige Gebrauchsgegenstand" 1931 in Berlin. Nach der Wiedergründung 1947 widmet sich der Werkbund Bayern verstärkt der „Guten Gestaltung der Umwelt" in einem permanenten interdisziplinären Prozess.

Formgebung größere Aufmerksamkeit zu schenken und in allen Fällen sich die Mitwirkung der Bauabteilung zu sichern. Es empfiehlt sich, schon bei Beginn der Entwicklungsarbeiten mit der Bauabteilung Fühlung zu nehmen, weil nur dann Gewähr für ein wirklich befriedigendes Ergebnis der Zusammenarbeit besteht. In gleicher Weise soll auch der geschmackvollen künstlerischen Ausgestaltung des Propagandamaterials die nötige Aufmerksamkeit zugewendet werden. Zur Beratung in diesen Fragen wollen sich daher die betreffenden Abteilungen an Herrn Dr. Hertlein wenden."

Im föderal strukturierten Unternehmen Siemens blieben diese Wünsche für Jahre wohlgemeinte Empfehlungen, auch wenn Pruss[32] 1950 von einem Wunsch der Konstruktionsbüros spricht, die Abteilung in Anspruch zu nehmen. Als ein Hindernis blieb die kostenmäßige Belastung trotz eines angeblichen Jahresetats, denn die Entwicklung zum Beispiel eines Telefons verlangte die Anfertigung von 22 Stück Gipsmodellen, bis die Form den technischen und ästhetischen Forderungen genügte. Als Beweis für eine glückliche Zusammenarbeit von Konstrukteur und Formberater galt die Stahlbindertechnik, d.h., Blech so zu biegen, dass es auch Träger wird. Angemerkt sei, dass der weiße Marmor der Schaltpaneele ebenfalls ersetzt wurde. Stolz war man auf die Anmeldung von 28 Geschmacksmustern und 21 Gebrauchsmustern innerhalb eines Jahres. Bis in die 70er Jahre war das eine Messlatte für einen guten Designer: viele Modelle, viele Erfindungen und viele Patente.

Das Gestaltungsexperiment „Ingenieur und Gestalter" wird von Pruss auf der VDI-Ingenieurtagung „Technische Formgebung" in Bielefeld 1954 als geglückt hingestellt: „Es ist ein Erfahrungsschatz gesammelt worden, es haben sich Arbeitsmethoden herausgestellt, die ein reibungsloses ‚Team' von Ingenieuren und Gestaltern zustande kommen ließen". Wie ist es aber zu verstehen, wenn nach 25-jähriger Tätigkeit nur zwei Konstrukteure gefunden wurden, die, wie es hieß, für die Formgebung begabt waren und über genügend zeichnerisches Können verfügten, um ihren Formwillen auch gekonnt zu Papier zu bringen? Einer von ihnen war Herbert Oestreich, der spätere Kasseler Professor für Design. Es ist anzunehmen, dass sich die Situation bei AEG und BBC bei identischen Produktfeldern ähnlich darstellte. Heute ist im Rückblick zu konstatieren, dass eine wirklich geglückte Symbiose – ja Freundschaft – zwischen Designern und Ingenieuren sich nach einem Berufsleben auf zwei bis drei Personen bezog. „Design kann man nur mit Freunden machen, und die muss man sich suchen", gilt auch heute noch.

---

[32] Wilhelm Pruss war von 1942 bis 1948 Leiter der besonderen Formgebungsgruppe und von 1948 bis 1955 Abteilungsleiter innerhalb der Hauptwerbeabteilung (HWA). Der Techniker Wolfgang Appel übte diese Funktion von 1955 bis 1960 kommissarisch aus.

Die ersten Schritte zum Firmenstil

Mit Peter Behrens einerseits und mit Emil und Walther Rathenau sowie Paul Jordan in der Unternehmensführung andererseits hatte sich die AEG bereits seit 1907 eine unangefochtene Pionierstellung in der Designgeschichte gesichert – eine offensichtlich einmalige und beispielhafte Konstellation von Gestalter und Geschäftsleitung auf hohem Niveau, wie sie in dieser Dichte keine Fortsetzung mehr gefunden hat. Abgeschwächt ging es mit dem Architekten Krebs in die 20er Jahre. 1953 wurde der Architekt und Eiermann-Schüler Peter Sieber mit dem Aufbau einer Abteilung für Formgebung betraut, deren Aufgabengebiet alle Erzeugnisse des Unternehmens einschloss. Die Abteilung war unmittelbar dem Vorstandsmitglied für Forschung und Entwicklung zugeordnet und hatte in Dr. Dipl.-Ing. Friedrich Hämmerling einen in Gestaltungsfragen gleichermaßen engagierten wie kompetenten Vorgesetzten, dem der Wiederaufbau als die Chance zur zweiten Sachlichkeit „Die gute Form" erschien.

Wie sah es bei der Firma Philips in Eindhofen um die Wende der 30er Jahre aus? Die Durchsetzung formaler Wünsche war darauf zurückzuführen, dass der Leiter der Entwurfsabteilung, Dipl.-Ing. Louis C. Claff, mit den Mitgliedern der Familie Philips persönlich befreundet war und mit ihnen einen Rückhalt gegenüber manchen technischen Bedenken der Konstrukteure und den kommerziellen Einwänden der Verkaufsabteilung hatte. Ansehen und Würde stellten ein zentrales Anliegen dar, und was für die Werkerzeugnisse galt, traf in einem noch stärkeren Maße auf die Bedeutung der Werbung zu.

Ein weithin vorbildliches Corporate Design wurde in der zweiten Hälfte der 20er Jahre mit Peter Drömmer, einem expressionistischen Maler und Formgestalter, in Kooperation mit dem Bauhaus für den Junkers-Konzern gegen beträchtliche innere Widerstände verwirklicht. Ohne Hugo Junkers und freundschaftliche Verbindungen zu Gropius – beide sahen sich ja als Impulsgeber der Moderne – wäre wohl ein einheitliches Konzernbild nicht in dieser Form entstanden. Die Professionalität der Gebrauchsgrafik hatte zu der Zeit einen international beachteten Stand am Bauhaus erreicht.

Besondere Probleme bereitete in den 20er Jahren die Werbung für Hausgeräte, insbesondere für das erste wirklich populäre Konsum- und Massenprodukt Radio. Dies löste bei Siemens großes Unbehagen aus, weil die Realität mit den Vorstellungen der Familie von der Einheitlichkeit der Werbung und dem Ansehen und der Würde des Hauses Siemens nicht in Einklang stand: „Der scharfe Konkurrenzkampf zwingt uns dazu, den Namen unserer Firma noch mehr als bisher in den Vordergrund zu stellen, nicht marktschreierisch, aber bei jeder Gelegenheit, wo es achtungs- und vertraueneinflößend geschehen kann". Der Bekanntheitsgrad, Ruf und Ansehen eines Unternehmens üben einen wichtigen Einfluss auf den Erfolg aus und sind daher zu fördern. Zur Umsetzung dieser Erkenntnisse reichten die eigenen Kräfte allerdings nicht aus, es brauchte zur Durchsetzbarkeit der Vorstellungen von der Einheitlichkeit einen externen Werbeberater und Markentechniker. In der Person von Hans Domizlaff fand man den Fachmann und die Persönlichkeit, der man diese Aufgabe 1933 auferlegte. Die fachliche, methodische Ausgangsbasis bildete sein Lehrbuch der Markentechnik „Die Gewinnung des öffentlichen Vertrauens". Im Kapitel „Grundgesetze natürlicher Markenbildung" heißt es unter anderem: „Eine Markenware ist das Erzeugnis einer Persönlichkeit und wird am stärksten durch den Stempel einer Persönlichkeit gestützt". Der Werbeberater Hans Domizlaff war, wie der Architekt Hans Hertlein, freundschaftlich mit der Familie von Siemens verbunden. Beide waren eine absolute Autorität in Gestaltungsfragen, eine Kritik wurde nicht geduldet. Über einen Zeitraum von sieben Jahren (1933–1940) prägte Domizlaff den Firmenstil, das Corporate Image, für den Konzern Siemens. Die Anwendung der Firmenmarke als tragende Säule für den Firmenstil war die Richtschnur für die 650 Mitarbeiter in der Werbung, die damit einen gewissen Einfluss auf die etwa fünf Formgeber ausübten – Leistung und Schönheit der Technik auch in der Werbung. Die Formgeber stellten gegenüber den Ingenieuren im Arbeitsprozess ein nur kleines Element dar. Im Laufe des Jahres 1944 kam die Markt- und Firmenkommunikation fast gänzlich zum Erliegen.

Es entstand für eine kurze Zeit der Eindruck, als wäre Gestaltung Chefsache und damit im Vorstand verankert gewesen. So war es nicht. An dem unter Mitwirkung von Hans Domizlaff erarbeiteten Konzept der Markt- und Firmenkommunikation wurde nach 1945 festgehalten. Für die künstlerisch-ästhetische Seite der Formgebung bei Fertigungserzeugnissen lag die Verantwortung nach wie vor bei den Werken. Dieser Beschluss sollte bald 50 Jahre lang Gültigkeit behalten. In der Zwischenzeit wurde immer wieder vom Vorstand über Tischvorlagen des Designs auf die Bedeutung der Gestaltung von Produkten im Stil des Hauses über Rundschreiben hingewiesen. Zielgerichtete Broschüren und Ausstellungen über Industrial Design für die Entwickler des Hauses folgten in Abständen. Die beabsichtigte Wirkung auf die Ingenieure blieb weitgehend aus.

Für die geglückte Zusammenarbeit zwischen Designern und Ingenieuren ist und bleibt die Einheit von Zeit und handelnden Personen für das Design eine fundamentale Voraussetzung. Es gibt eben die Kombinationen von „richtiger Zeit" und „richtigen Personen", von „richtiger Zeit" und „falschen Personen", „falscher Zeit" und „richtigen Personen" und „falscher Zeit" und „falschen Personen". Das Design der AEG[33] stand ab Mitte der

---

[33] Der Innenarchitekt Eberhard Fuchs leitete die Abteilung von 1965 bis 1981, die Dipl.-Designerin Gerda Müller-Krauspe kommissarisch bis 1983.

60er Jahre bis zur Auflösung der Abteilung 1983 unter keiner geglückten Kombination mehr.

Weitere herausragende Beispiele für Corporate Design tragen die Handschrift von Otl Aicher, dem Mitbegründer der inzwischen legendären Ulmer Hochschule für Gestaltung: Die Erscheinungsbilder für die Firma Braun, die Lufthansa, die Firma ERCO und die Firma FSB gehören zu den ganz großen Leistungen, die nur in Übereinstimmung mit den jeweiligen Inhabern und Geschäftsführern umgesetzt werden konnten.

Formgebung zwischen Technik und Kunst

Zu einer gewissen Untätigkeit verurteilt, konnte erst 1948 eine Anzahl von Firmen die Fertigung wieder aufnehmen, an alte Fäden anknüpfen und einen Vergleich mit der ausländischen Entwicklung vornehmen. In der Zeitschrift des Vereins Deutscher Ingenieure (Band 91, Seite 73/74 vom 15.02.1949) wird beispielhaft die Entwicklungslinie der Formgebung an Werkzeugmaschinen von Rolf Lambertz nachgezeichnet, die bis in die 90er Jahre besonders für die Ingenieure noch Gültigkeit hatte.

„Wie es in der Architektur und in der Kunst einen Stil und Modeerscheinungen gibt, so zeichnet sich beides auch in der Technik ab. Lehnten sich die technischen Erzeugnisse bis zum Beginn des 20. Jahrhunderts in ihrer äußeren Ausgestaltung eng an die jeweiligen Geschmacksrichtungen der Zeit an, so ist etwa ab diesem Zeitpunkt eine eigenständige Formentwicklung festzustellen. Man begann darüber nachzudenken, dass wirklich gute Formgebung auch in der Technik ein wesentliches Moment sei. Die Arbeit wurde nach Behrens (AEG) von der Erkenntnis geleitet, dass das Geheimnis der Schönheit technischer Gestaltung darin liege, die sinngemäße Form aus dem Zweck zu entwickeln. Allerdings wurden derartige Gedanken im Werkzeugmaschinenbau wesentlich später aufgegriffen. Die Entwicklung erbrachte in den 20er und 30er Jahren zunächst eine sog. Abgleichung der Formen und eine straffere Gliederung der Flächen, wobei man winklige Körperformen anstrebte. Das Streben nach geschlossener Form, ruhigen Flächen und harmonischen Proportionen führte schließlich zu Bauformen, die die Begriffe ‚schön' und ‚zweckmäßig' als leitenden Gesichtspunkt untrennbar verbanden. Die hohen Aufwendungen eines Modellbaus wurden durch gesteigerte Absatzmöglichkeiten formschöner Erzeugnisse gerechtfertigt. Bei allem Wert, der auf die äußere Gestaltung der Produkte gelegt wurde, kann aber nicht deutlich genug darauf hingewiesen werden, dass das Wesentliche ihre technische Bewährung bleibt". Das bedeutet nichts anderes, als dass der Ingenieur das letzte Wort hat und die Richtung bestimmen sollte.

Ähnlich äußerte sich Dipl.-Ing. O.E. Kramer, VDI Berlin, zur Ingenieurtagung „Technische Formgebung" 1954 in Bielefeld über die „Technische

Formgebung vom Standpunkt der Wirtschaft" (Springer-Verlag: Sonderdruck aus der Zeitschrift „Konstruktion" vom Januar 1954). Er schreibt:
„Meine Definition unterscheidet zwischen Geschmacksgütern auf der
einen, technischen Industriegütern auf der anderen Seite. Die Geschmacksgüter vom Handwerk stammend, verlangen verhältnismäßig wenig technisches Wissen der Konstruktion und der industriellen Produktion. Die
technischen Industriegüter hingegen sind gekennzeichnet durch die
hohen ingenieurmäßigen, konstruktiven und technischen Anforderungen
bei ihrer Fertigung und Verwendung. ... Aus dieser Unterscheidung – die
selbstverständlich ineinander übergehende Grenzen zeigt – ergab sich
nämlich, grob gesehen, aber folgerichtig, auch eine Teilung der Aufgabenge-
biete: Geschmacksgüter und einfache Gebrauchswaren als der wesentliche
Aufgabenkreis des Künstlers. Demgegenüber die Industriegüter, für deren
formschöne Gestaltung lediglich der Ingenieur, und zwar aus der Kenntnis und Beherrschung von Konstruktion und Funktion, entscheidend sein
kann". Kramer geht auf eine Publikation des amerikanischen Formgebers
Walter Dorwin Teague „Design this Day" ein und umreißt die nationalpo-
litischen und wirtschaftlichen Gegebenheiten zur Förderung des Absatzes,
aber auch die damit verbundenen Arbeitsbedingungen. Ethik und Philosophie, Humanismus und Ästhetik bedürfen einer Klärung außerhalb des
beruflichen Wettbewerbs, die Berufsproblematik bedarf einer Sicht aus der
Wirtschaftlichkeit: Wie kommt man zum besten, billigsten und befriedi-
gendsten Ergebnis für die Wirtschaft? „Gute Formgebung ist das Ergebnis
einer Gruppentätigkeit. In dieser Gruppe ist der Ingenieur verantwortlich
für die Leistung und die Herstellung der Produkte. Deshalb muss sich der
Formgeber ständig an die technische Kenntnis des Ingenieurs halten. – Der
Ingenieur ist des Formgebers Reservoir an Kenntnissen, sein Führer und
Mentor". Das läuft schließlich auf den Formgebungs-Ingenieur hinaus: Ein
technisches „Verständnis", eine technische „Begabung" des Künstlers reicht
dazu nicht aus; sehr wohl jedoch eine künstlerische Begabung des Ingenieurs!

Als ein solcher Ingenieur verstand sich der Ofenfabrikant und selfmade-
man Dipl.-Ing. Günter Fuchs, ein Wiedergründungsmitglied des Deutschen
Werkbundes 1947 und Mitinitiator der ersten Sonderschau formgerechter
Industrieerzeugnisse 1953 in Hannover. Er hielt seit 1956 Vorlesungen in
„Technischer Morphologie" – später „Methodisches Gestalten – Industrial
Design" genannt – mit dem Schwerpunkt Technik am Polytechnikum und
der TU in München am Institut von Professor Rodenacker. Ab 1958 wurde
der BDI Träger seiner Vorlesungsreihe. Seine Vorträge waren für viele angehende Ingenieure die erste Begegnung mit den Phänomenen der Gestaltung
bei der Entwicklung von Produkten der industriellen Fertigung. Im Rückblick ehrenwert, gut gemeint und nicht falsch, aber in seiner Absolutheit
bei weitem auch nicht richtig. In seiner Lehre sah Fuchs Ähnlichkeiten zu

den Lehrmethoden der HfG Ulm. Ein Gespräch im März 1972 mit Max Bill, der mit einem Studium an der Kunstgewerbeschule Zürich und am Bauhaus in den Fächern Malerei, Plastik, Formgebung, Ausstellungsgestaltung und Architektur aufwarten konnte sowie erster Rektor der Hochschule für Gestaltung in Ulm war, machte die unterschiedlichen Ausgangssituationen deutlich: Max Bill konnte die methodisch aufgebaute und wissenschaftlich begründete Morphologie von Günter Fuchs als konkretem Künstler und Designer nicht akzeptieren. Zumal, wenn man bedenkt, dass Max Bill das Leben als Kunstwerk organisieren wollte: „Wir betrachten die Kunst als die höchste Ausdrucksstufe des Lebens und erstreben, das Leben als ein Kunstwerk einzurichten". Die einseitige „Visuelle Ästhetik" mit Schlagworten wie „Zweckform"[34], „Reißform"[35] und „Quatschform"[36] kam allerdings bei angehenden Ingenieuren sehr gut an. Günter Fuchs wurde für einige Studenten der Feinwerktechnik so etwas wie ein Mentor, der ihnen den Weg zum Design eröffnete. Die Vereinigung der Arbeitgeberverbände in Bayern e.V. plante im März 1987 ein Günter-Fuchs-Institut für Design.

„Weitgehend ist die Geschichte der Intellektuellen in ihrer Beziehung zu Naturwissenschaften und Technik eine Geschichte der Unkenntnis, gepflegter Vorurteile und ideologischer Übersteigerungen". („Hätte Faust mal besser die Luftpumpe erfunden", meint Wolf Lepenies zur angeblichen Wissenschaftsskepsis und geht damit auf die Berliner Rektoratsrede des Physiologen Emil Du Bois-Reymond im Jahr 1882 ein, der die Überheblichkeit der Geisteswissenschaft gegenüber den Naturwissenschaften anpran-

---

[34] Der Begriff „Zweckform" geht auf den Maschinenbau-Ingenieur Alois Riedler (AEG) zurück. Durch die Befreiung vom Ornament wurden die Produkte auf ihre einfachsten Formen zurückgeführt. Riedler definierte die Zweckform als naturhaft, als von selbst gekommen. Allein die Folgerichtigkeit der praktischen Forderungen lieferte gleichsam als eine Nebenfrucht die Schönheit der Form. Die spekulative Zweckform stand allerdings nicht im Einklang mit der angestrebten Firmenidentität, Ästhetik als Werbung und das formale System einer Produktkette zu betrachten (Behrens).

[35] Der Begriff „Reißform" wird von Professor Ingo Klöcker in seinem Buch „Produktgestaltung" (Springer-Verlag, Berlin/Heidelberg/New York 1981, S. 30) wie folgt erklärt: „Eine „Reißform" entsteht durch die Benutzung des Reißzeuges, zum Beispiel Zirkel und Lineal, im Zeichenriss, in der Regel in Grund-, Auf- und Seitenriss, wenn keine sachlichen, im zu entwerfenden Gegenstand begründeten, anderen Vorgaben vorhanden sind. Das Reißzeug liefert die sogenannten harten Konturen und bei der Arbeit nur im Riss, in der Fläche werden die Gesetze der dritten Dimension vernachlässigt."

[36] Der Begriff „Quatschform" bezieht sich auf das Verlassen der sog. Zweckform. Jede Abweichung von physikalischen und ergonomischen Parametern mündet in eine graduelle Quatschform. Die Freiheit des Gestalters wird damit bewusst eingeschränkt, um eine mögliche konstruktive Intuition oder eine formalästhetische Ausprägung als sinnlosen, funktionalen Überhang auszuschließen. Die Anmutungsqualität einer Form resultiert allein aus der Zweckform und klammert damit jegliche mögliche CD/CI-Komponente und Ornamentierung – eben den Stil – aus.

gerte.) Geht man von Vorstellungen um die vorletzte Jahrhundertwende
aus, die dem Künstler den Ingenieur als mindestens gleichberechtigten
Kulturträger an die Seite stellen wollte, weil in der modernen Welt der
Ingenieur dem Künstler gegenüber als die prägendere, wichtigere Figur
galt, relativierten sich solche Ansichten in der Zusammenarbeit mit dem
Bauhaus.

In seinem Vortrag am 6. Dezember 1930 an der Technischen Hochschule
München über „Die Bedeutung des praktischen Gefühls in dem Berufsleben und der Ausbildung des Ingenieurs" reflektierte Hugo Junkers Gropius'
Gedanken über die Anregung des Technikers für den Künstler so, dass aus
der Betrachtungsweise des Künstlers Impulse für die Arbeit des Technikers zu gewinnen sind. Bei der Schulung des Ingenieurs lohne es sich, „die
Ausbildungsmethoden des Künstlers, bei denen die Schulung der gefühls-
mäßigen Begabung der rein intellektuellen Durchbildung zum mindesten
gleichgestellt wird, zu studieren, um daran zu lernen", denn auch in der
Technik seien nicht nur intellektuelle, sondern auch gefühlsmäßige Elemente am Werk. Einig waren sich beide darin, dass die Technik integraler
Bestandteil einer Kultur der Moderne sein müsse.

Nach Gropius wirkt das Zusammenspiel von Magie und Ratio, was bedeutet, den freien Gestaltungswillen mit funktionaler Logik zu verbinden.

In der Sprache von heute heißt es: „In einem stetigen Optimierungs-
prozess werden technische Vorgaben und gestalterische Ideen in Einklang
gebracht". „Simultaneous Engineering" heißt diese Dynamik aus der Sicht
der Ingenieure. Das ist ein ganzheitlicher Entwicklungsprozess, der auf
gegenseitigen Lernprozessen der beteiligten Gruppen basiert". Der VDI-
Präsident Professor Hubertus Christ meinte dazu: „Ingenieure können
nicht die ganze Palette von der Produktentwicklung über die Fabrikation
bis zum Marketing überblicken. Es wäre abwegig, ein Maschinenbau- oder
E-Technik-Studium auch noch durch Kenntnisse in Industriedesign aufzu-
stocken, Ingenieure müssen Kommunikations- und Kooperationskompe-
tenz besitzen – und offen sein für die Möglichkeiten des Industriedesigns!"
„Die ästhetische Ausbildung ist Sache des Designs" (VDI nachrichten, April
2003). Diese Aussagen überraschen, wenn man weiß, dass Dipl.-Ingenieure
wie Karl Otto[37] (1953) oder Dr.-Ing. Heinz G. Pfaender[38] (1958–60) Gestalter
und Jury-Sachverständige der iF-Auswahl waren.

---

[37] „Aus den verschiedenen Fachgebieten sind Beispiele hervorgehoben worden, die zeigen,
wie bei aller Vielgestaltigkeit der Produktion ein gemeinsames Streben besteht. Die
Forderungen sind: Achtung vor der Natur des Werkstoffes, verständnisvolle Anwendung
der Technik, Ehrlichkeit in Form und Ornament, sinnvolle Gestaltung, die keiner
wahrhaft phantasievollen Arbeit Fesseln auferlegen darf. Ausgeschlossen bleiben alle
Nachahmungen alter Stilformen und alle Versuche, die nur billiger Neuheitensucht ihre
Entstehung verdanken."

Das folgende Bekenntnis ist dem Buch „Diese verdammte Technik" (1980) von Karl Steinbuch mit Hinweisen von Kollegen der technischen Intelligenz entnommen. Die Deutsche Industrie bemühte sich, die Technik wieder ins richtige Licht zu rücken. Es endet mit dem Russel-Einstein-Manifest von 1955 und der Karmel-Deklaration über Technik und moralische Verantwortung von 1974. Auch heute noch stellen die Naturwissenschaften den Geisteswissenschaften die Frage nach dem praktischen Nutzen ihres Tuns und vergessen dabei, dass der praktische Nutzen auch ein unkalkuliertes Risiko enthält.

Das **„Bekenntnis des Ingenieurs"** zum Abschluss der VDI-Tagung „Über die Verantwortung des Ingenieurs" am 16. und 17.5.1950 in Kassel lautete: „Der Ingenieur übe seinen Beruf aus in Ehrfurcht vor den Werten, jenseits von Wissen und Erkennen und in Demut vor der Allmacht, die über seinem Erdendasein waltet. Der Ingenieur stelle seine Berufsarbeit in den Dienst der Menschheit und wahre im Beruf die gleichen Grundsätze der Ehrenhaftigkeit, Gerechtigkeit und Unparteilichkeit, die für alle Menschen Gesetz sind. Der Ingenieur arbeitet in der Achtung vor der Würde des menschlichen Lebens und in Erfüllung des Dienstes an seinem Nächsten, ohne Unterschied von Herkunft, sozialer Stellung und Weltanschauung. Der Ingenieur beuge sich nicht denen, die das Recht eines Menschen gering achten und das Wesen der Technik missbrauchen, er sei ein treuer Mitarbeiter an der menschlichen Gesittung und Kultur. Der Ingenieur sei immer bestrebt, an sinnvoller Entwicklung der Technik mit seinen Berufskollegen zusammenzuarbeiten; er achtet deren Tätigkeit so, wie er für sein eigenes Schaffen gerechte Wertung erwartet. Der Ingenieur setze die Ehre seines Berufsstandes über den wirtschaftlichen Vorteil; er trachte danach, dass sein Beruf in allen Kreisen des Volkes die Achtung und Anerkennung finde, die ihm zukommt."

Ein Berufskodex für Industrial Designer wurde von der ICSID, International Council of Societies of Industrial Design, auf der Generalversammlung im September 1965 in Wien angenommen. Er enthält:

1. Die Verpflichtung des Industrial Designers der Gesellschaft gegenüber.
2. Die Verantwortung des Industrial Designers seinen Kunden gegenüber.
3. Die Verpflichtung des Industrial Designers anderen Designern gegenüber.

---

[38] „... zu meiner Zeit gab es noch keinen festgelegten Juryablauf. Die Jurymitglieder gingen einzeln durch den Raum – die Produkte waren auf langen Tischen aufgestellt. Ausgewählt wurde nach individueller Gestaltungsauffassung; jeder Juror stellte die seiner Meinung nach abzulehnenden Produkte unter den Tisch. In 90 Prozent der Entscheidungen herrschte auf Anhieb Einigkeit, nur bei 10 Prozent wurde gestritten. Das ging von sachlicher Unterhaltung bis zu harter Diskussion" (40 Jahre iF, Alltagskultur im Spiegel der guten Industrieform).

In unsicheren Zeiten wie heute stehen beide Disziplinen, sowohl die der Ingenieure als auch die der Designer, wieder besonders im Mittelpunkt des allgemeinen Interesses, wenn vom Verfall des Gebrauchswertes im Zeichen des Produktdesigns oder von eingebauten Verfallsdaten der Technik die Rede ist und sich eine große Ratlosigkeit breit macht.

Die Entwerfer in der Alltagsgeschichte

„Wo Fabriken und Manufakturen Industriewaren herstellten, da wurden auch Mustermacher und Modelleure, Zeichner und Entwerfer gebraucht. Wo man nicht gerade den gewohnten Weg gehen wollte, da wurden künstlerische Mitarbeiter und Berater herangezogen, auch künstlerische Leiter, die sich neben dem Kaufmann und dem Techniker mit der Qualität und so mit Sinn und Nutzwert der Produktion befassten. Allgemein entschied jedoch in der Industrie die kaufmännische Initiative auch über das Aussehen und den Wert der Erzeugnisse. Industrieerzeugnisse wurden nur besser, wo die Hersteller es wollten". So äußerte sich der Gestalter Wilhelm Wagenfeld (1900–1990) auf dem internationalen Kongress für Formgebung, veranstaltet vom Rat für Formgebung, in Darmstadt 1957. Der Deutsche Werkbund ging in den 20er Jahren dagegen nicht gerade zimperlich mit der Meinung der Elite über den Kampf gegen die Hässlichkeit der damaligen Industrieerzeugnisse um, wenn es hieß, „industrielle Leute seien von begrenzter Bildung mit kleinbürgerlichem Geschmack. Nur der ideale Gestalter sei einer, der praktischen Sinn mit künstlerischem Geist verbinde in der einzigen Treuepflicht für Funktion, Material und Form und für die Kontrolle der Muster für Industrieerzeugnisse durch den Künstler steht. Dazu sei nicht nur das Genie der Ausgewählten einzusetzen, sondern am rechten Ort auch die Fertigkeit der durchschnittlich Begabten, die ihr Tätigkeitsfeld bei der Befriedigung des neuen Massenbedarfs an Erzeugnissen angewandter Kunst fänden".

So mutierten beschäftigte Musterentwerfer, Mustersteller, Modellbauer zusammen mit den vielen Spezialisten handwerklicher Gewerke in den Jahrzehnten über Weiterbildung und Studium an diversen Werkkunst-, Fach- und Hochschulen zu den späteren Stylisten, Formgebern/Gestaltern und Designern in der heutigen Industrie. Ein Maler, ein Architekt, ein Bildhauer, ein Kunstschmied und ein technischer Zeichner wurden zu Gestaltern industriell zu fertigender Produkte. Und spätere Dipl.-Ing.-Architekten oder Dipl.-Ing.-Designer waren im Idealfall wahlweise Ingenieur und/oder Gestalter und konkurrierten mit Dipl.-Designern verschiedener Richtungen mit ihren Ideologien und Idealen sowie Laien, Dilettanten und Autodidakten, aber auch Talenten aus der Natur- und Geisteswissenschaft. Viele davon entwickelten ein „unheimliches Faible" für Schönheit – Ästhetik und Design.

Die Einbindung dieses kleinen Personenkreises in ein Unternehmen war keinesfalls eindeutig und klar. War es die Bauabteilung für Anlagendesign, saß der Designer beinahe hoffnungslos im Konstruktionsbüro zwischen den vielen Ingenieuren. Gehörte er zur Forschung und Entwicklung oder gar zur Werbung, um zum schönen Werbespruch das schöne Produkt zu liefern oder die Zuordnung zu Vertrieb und Marketing als erfolgreicher Berater herzustellen? Gehörte er in die Stabsstelle für Corporate Design oder schlicht in die eigenständige Abteilung Formgebung bzw. Design? Woraus resultierte das ambivalente Verhältnis der Unternehmen zum Design? Es war wohl auch das Unbekannte, Fremde, das Nicht-Einordnen-Können einer suspekten Tätigkeit, von der man keine richtige Ahnung hatte sowie die Unsicherheit, ob man sie wirklich braucht. Konnte und wollte man sich die Bereitstellung einer Handvoll Designer auf Abruf überhaupt leisten oder zielte das nicht auf eine käufliche Dienstleistung nach Bedarf ab, wo am Ende ein gegenseitig betriebenes „Outsourcing" stand, um sich der betrieblichen Fesseln zu entledigen? Durch das ständige Schwanken zwischen Bereitstellung und/oder Dienstleistung hatten die Firmen auch Verluste in Kauf zu nehmen.

Im Verlauf mehrerer Generationen ist aus dem devoten Dienen gegenüber den Ingenieuren als Auftraggeber und dem unaufgeforderten Andienen bestimmter Leistungen ein nicht mehr wegzudenkender selbstbewusster Berufsstand geworden, der im wahrsten Sinne des Wortes das Produktgeschehen mitbestimmt. Aus der Bezeichnung „Werkentwurf", oder der Abteilung „Formgebung, -Design", hat sich ab der Mitte der 8oer Jahre die namentliche Nennung des Designers herausgeschält. Es gibt kein anonymes Design, keine anonymen Designer mehr – nicht das Produkt ist der Star, sondern der Designer. Aus der Produktpersönlichkeit wurde die Designerpersönlichkeit. Und zur Persönlichkeit gehörte auch ein „outfit". Bestimmte Attribute der Kleidung zeichneten den Designer besonders ab den 50er Jahren aus. Man uniformierte sich und legte damit ein Bekleidungsterrain für sich fest. Allerdings nicht so radikal wie der russische Designer und Architekt A. M. Rodtschenko (1891–1956), der sich als Künstler-Ingenieur definierte und in einem selbst entworfenen Arbeitsanzug wie ein Pilot aussah. Da stand man dem Maler und Kunstpädagogen Johannes Itten (1888–1967) in seiner entworfenen Bauhaustracht von 1921 schon näher. Man versuchte zu imponieren, z.B. mit Identifikationsmodellen wie dem Bild vom Petersplatz, der historischen Person Marco Polo oder mit einer John-Wayne-Romantik, dem Mythos des Neuen, eines amerikanischen Traums von Freiheit, der Selbstverwirklichung und des Einzelkämpfertums, verbunden mit Ordnung, Kampf und Recht. Das besondere Designstudio als Statussymbol gehört dazu.

Die Leichtigkeit des kreativen Seins manifestiert sich in alten Burgen und Schlössern, am See oder in urbanen Zentren von Großstädten. Auf der

Suche nach dem richtigen Zeitgeist im Stadtquartier ist man nicht erst seit heute: „Die Schönheit sucht Ansprache, mit unseren neuen Studios suchen wir die kulturellen Dimensionen, dafür sind Begegnungen wichtig – mit dem Kunden, der Musik, der Kunst, dem Theater", wie der Chef-Designer Murat Günak für VW formuliert. Um am Puls der Zeit zu sein, muss man hierarchiefrei kreativ sein können in einer permanenten Workshop-Atmosphäre.

Unter dem Chef-Designer Stefano Marzano bekamen die Designer von Philips 1994 einen höheren Stellenwert aus der Erkenntnis heraus, dass designerische Innovationen – nicht technische – entscheidend sind, wenn es darum geht, neue und besonders auch junge Käuferschichten zu erreichen. Das Design solle deshalb vom reinen Dienstleister zu einer strategischen Abteilung, die über den zukünftigen Weg des Unternehmens mitentscheidet, ausgebaut werden. Die Strategie lautete: Kreativ-Gruppen mit Designern aus unterschiedlichen Ländern, unternehmenseigene „Humanware-Center" zur Entwicklung „verhaltenskonformer" Produkte und „Erlebnisshop-Systeme" für europäische Großstädte.

Die Vorläufer dieses neuen Designverhaltens gehen auf die 80er Jahre in Japan zurück: Design hat eine Banner-Funktion, die Design-Philosophie wird zur Firmenpolitik. Träume und Hoffnungen der Designer sollen global verwirklicht werden, die Technik hat sich dem unterzuordnen (innoventa Symposium, Design-Strategien japanischer Unternehmen, Dez. 1991).

Ideen entwerfen, Visionen Realität werden lassen und publizieren, das ist innovativer und ingeniöser Unternehmergeist, der ständig stimuliert sein will. Dazu bieten sich Florida an und das besonders schöpferische Klima Kaliforniens: gut gelaunt und fern der Heimat, tolles Licht, mutige Farben und Inspiration an jeder Ecke, das ist das Kreativ-Büro. Design wird zu einer geheimnisvollen Tätigkeit und nur etwas für Insider. Dieses Geheimnisvolle gibt dem Design die gewisse Aura, in der viele mitschwimmen möchten. Für einige bedeutet es in diesem „tollen" Umfeld neben der Ehre auch ein Geschäft mit dem ständig angestrebten „Flow-Erlebnis" als Ziel des Handelns, um nicht zuletzt Bestätigung zu finden im Ranking von Menschen, Marken, Produkten und Firmen.

Hinter jedem Produkt stehen Menschen, die dem Produkt nicht nur seine Gestalt, sondern auch seine Geschichte geben, die aber – aus welchen Gründen auch immer – vom Produkt ferngehalten wird und somit nicht exixtiert. Dafür stellt die Gesellschaft den Star-Designer vor das Produkt. So wird nicht in Design, sondern in Personen investiert, die sich zu VIPs hochstilisieren lassen, wie es der Fachjournalist formuliert: „Es ist schwer vermittelbar, dass das Design das Ergebnis vieler ist und der ‚Designer-Star' daran vielleicht den geringsten Anteil hat. Die jeweilige Szene findet es aber durchaus richtig so. Man braucht den Star für die Vermarktung. Es gäbe allerdings keine Designer-Stars, wenn die Gesellschaft sie nicht verlangen, die Kritiker sie nicht machen und immer wieder bestätigen würden. Von heutigen Auftraggebern werden entweder Namen – ‚Stardesigner‘ als Markenzeichen – oder schlicht Dienste geordert, keine Herzensbekenntnisse“. Und so folgt manche Fachautorität weiterhin dieser eingeschränkten Wahrnehmung.

Design ist Haltung

Sprache – ein Element der Gestaltung

Ist das Produkt als Ergebnis einer Sprache oder als Ergebnis einer rationalen Umsetzung technischer Vorgaben und Richtlinien zu verstehen? Von der Realität der Form ausgehend, kann man den Anteil der Sprache daran bestreiten; selbsterklärend ist die Produktform, die Gestalt als Ergebnis spricht für sich.

Verkleidung oder Ummantelung der Technik aus den Anfängen des vorherigen Jahrhunderts (ohne Wiedergaben einer Huldigung an den vergangenen Historismus oder Jugendstil) ist rückblickend für den Interpreten aus der Bildbetrachtung mit der Sprache von heute mit folgenden Begriffen charakterisierbar:

- Konstruktion und technische Ästhetik,
- funktional geprägte Ästhetik,
- Formgebung von Funktion bestimmt,
- von manuellen bzw. industriellen Fertigungsmethoden geprägt,
- enge Verbindungen von Form, Funktion und Innovationsfreude,
- der Mechanismus ist pure Ingenieurleistung,
- Höchstmaß an Transparenz,
- auf Einfachheit und Klarheit gerichteter Gestaltungsansatz.

Das Prinzip einer aus den Erfordernissen der technischen Funktion abgeleiteten Konstruktion, die identisch mit der Gestaltung ist, mag nicht neu sein. Ob aber die Ingenieure es aus ihrer Zeit heraus so gesehen und beschrieben hätten? Das traf wohl zu, solange keine bestimmten Gestaltabsichten mit dem Ergebnis verbunden und die Interpretationen frei waren. Sind die Richtlinien aber genau definiert und an eine bestimmte Aussage – eben eine Haltung – gebunden, dann steht die Sprache in ihrer richtigen Interpretation im Mittelpunkt. Design ist heute die Schnittstelle für die gezielte Wirkung des Produktes auf den Betrachter, die von der Produktsprache hin zur Kommunikation mit dem Interessenten führt.

Richtiges Kommunizieren und Delegieren eines Designobjekts mittels Sprache setzt ein genaues Definieren des jeweiligen Gegenstandes voraus.

Es ist das Umsetzen des Gegenstandes in Maß und Zahl, im richtigen Verhältnis eines Teilungsmaßes für Form, Farbe, Oberfläche und Dimension einerseits und die Beschreibung der Formausprägungen andererseits. Das sagt aber noch nichts aus über die Qualität der Form selbst und über die Wirkung der Form auf den Betrachter.

Mit der Beschreibung der Form tut man sich schwer. Form und Farbe kommuniziert man nach Vermögen über Sprache. Mittels vieler Adjektive, Analogien und Metaphern, die zur Be- und Umschreibung neben Scribbeln, Skizzen, Modell- und Bildvorlagen dienen, wird versucht, die jeweiligen Eigenschaften und Bedeutungen zu erklären, besonders das **Warum**: Warum ist die Form und damit die Wirkung auf den Betrachter so, wie sie ist? Man gibt sich eher sprachlos, wenn es um eine Erklärung geht. Was bewirkt nun was? Zu sehr wird aus dem Bauch heraus argumentiert: „Es gefällt mir", „starke Form", „einfach toll" oder eben das Gegenteil. Für das Warum bleibt man meist eine Erklärung schuldig, wenn nicht der Erklärungsnotstand in bloße Behauptungen umkippt oder gegen alle Regeln in unerträglicher Absolutheit endet. Die Sprache wird zum geschlossenen System, man wird Befangener im Sprachgehäuse von Hierarchien.

Erfahrungen aus der Praxis zeigen die Bedeutung von Sprache und das, was darunter zu verstehen ist. Sprache – das sind Wörter und Begriffe, das sind artikulierte Inhalte und Botschaften. Eine unbeabsichtigte, falsche Sprache, einzelne Worte oder Begriffe für eine Produktentwicklung lösen Handlungsweisen aus, die formbestimmend werden. Besonders wenn „schnell" oder „kostengünstig" gearbeitet werden soll, letzteres auch zusammengefasst im Begriff „low cost", nimmt die Gestik der Form unter Umständen von innen heraus Schaden, wenn der mechanische oder elektronische Baustein dadurch größer wird als er vom Entwerfer vorgesehen war oder konstruktive Überhänge dazu kommen. Die daraus entstehenden sog. *Dissonanzen der Form* werden damit *zum stummen Schrei der Form* und führen zum physischen Schmerz beim Nutzer. Ist es nur die Übersensibilität eines Nutzers oder Gestalters? Man kann Ingenieuren und Designer nicht zum Vorwurf machen, wenn die gestalterischen und formalästhetischen Qualitäten der eigenen Arbeit aufgrund des Wahrnehmungsvermögens nicht so erlebt werden können, wie es für eine gegenseitige Verständigung wünschenswert wäre.

Wenn die Gestaltung nicht mehr durch die technische Funktion festgelegt ist, sondern von gewissen Regeln und Normen befreit, fällt für den Designer eine *Stütze* weg: die Form muss sich im freien Spiel der Kräfte finden. Das kann zum Beispiel der Moment sein, wo sich Produktsprache oder Produktform verselbstständigen und nicht mehr genau für den Betrachter nachvollziehbar sind. Die exakte Beurteilbarkeit einer Form geht verloren, die Frage nach der „richtigen oder guten Form" lässt sich nicht eindeutig entscheiden. In diesem Fall kann eine kreative Zerstörungskraft als Befreiungsschlag verstanden werden, weil eine Formsprache von den am Produkt Beteiligten – auch Entscheidern – aus welchen Gründen auch immer, plötzlich nicht mehr verstanden wird oder weil sie schon unterschwellig Unbehagen auslöste und die Identifikation nachlässt oder weil man nicht mehr zur Sache steht. Mit dem Zerstören der gefundenen Form wird der Weg frei für Neues, als hätte man darauf gewartet, von wichtigen Entscheidungen vorerst befreit oder lästige Konkurrenz losgeworden zu sein. Konsensfähigkeit zeichnet sich da ab, wo die eigenen Interessen nicht berührt werden oder das Wissen um die Sache nicht so stark ausgeprägt ist – wie z.B. die persönliche Farbpräferenz. Wenn es um die Form geht, verliert sich die Kritikfähigkeit in der Regel mit der Steigerung der Komplexität. Der Meinung „Nichts ist so schwer wie die Einfachheit" steht das **„Erkennen der Qualität in der Komplexität"** gegenüber.

Sprache als Werkzeug

Gestaltungsziele werden durch die Sprache vorgeformt, sie werden zur Grundlage einer Gestaltungsrichtung. Analogien dienen der Verständigung: Die Vorstellung, aus der internationalen 5-Sterne-Hotel-Lobby nahtlos in den ICE steigen zu können, lässt an viel Glas, Holz, Chrom und Velours und eine Fahrt mit 300 „Sachen" im gepflegten Umfeld denken. Dagegen steht das bewusst anthroposophisch ausgelegte Interieur-Design für Interregio-Züge. Die Meereswelle als Metapher für die Gestaltung einer Lady-Kamera, die Innenhand für die Benutzeroberfläche eines Handys oder Rallye-Look-Design als Applikation, die Tulpe oder Trompete als Fuß für Elektrogeräte oder die Form des Cognacschwenkers für Eierkocher – dies alles lässt an den Holleinschen Ozeanriesen im Wüstensand denken. Flop und Millionending liegen dicht beieinander. Und der Volksmund ist schnell mit Bezeichnungen zur Hand, die zum Synonym auch für schlechtes Design werden. Negative sprachliche Begriffe erweisen sich auch unberechtigt als hinderlich, schädlich und letztlich tödlich für ein Produkt. Ist die Bezeichnung „Puderdose" für ein Handy von Vorteil? Für die Unterhaltungselektronik der Firma Braun hieß es einmal: Wollen sie Design oder Technik? War der Flop beim Motorrad C1 von BMW, das sich in den Sicherheitsstandards wie ein Kleinauto geben sollte, nicht programmiert? „Die Leute haben uns es nicht so aus der Hand gerissen, wie wir uns das vorgestellt haben". Für das extravagante Design gab es den „Designpreis der Bundesrepublik Deutschland 2002".

Bestimmte Worte sind an Produkt-Leitbilder gekoppelt. Das Leitbild für eine zeitgemäße und technisch hochmoderne Schreibmaschine war – zeitlich begrenzt – die IBM-Kugelkopf-Schreibmaschine. Dagegen hatte eine Teletextmaschine, analog zum Fernschreiber als Schreibmaschine in Größe und Schwere zwischen Mechanik und Elektronik angesiedelt, in ihrer Anmutung gegenüber einer IBM-Kugelkopf-Schreibmaschine letztlich keine Chance. Ein Teletext-Dienst konnte schwerlich zu einer klassischen Büro-Schreibmaschine mutieren. Ein notwendiger Akzeptanztest bestätigte dies. Die Produktentwicklung stand eben nicht sprachlich im Zeichen einer Büro-Schreibmaschine, sondern im Zeichen eines Dienstes, der sich auch sprachlich so gab und konstruktiv umgesetzt wurde. Dass dem Ergebnis 1983 der Bundespreis „Gute Form" zuerkannt wurde, sprach für die grundsätzliche Qualität in der Gestaltung, nicht für den Markterfolg. Da halfen später neue Begriffe wie „Bürokommunikation" oder „Bildschirm-Schreibmaschine" auch nicht weiter. Die Handlungsanweisung war somit nicht nur für die Entwickler festgeschrieben, sondern auch für das Design. Dass damit die eigentliche Rolle des Designs missverstanden und eine Chance vertan wurde, hatte unter anderem auch mit dem derzeitigen Selbstverständnis der Entwickler zu tun. Design hatte sich der Entwicklung unterzuordnen. Design in seiner eigentlichen Bedeutung konnte in diesem Fall aus der traditionell gewachsenen Einstellung zur Formgebung nicht erkannt und somit sprachlich auch nicht artikuliert werden. Wie schnell sich aber Bedeutungen verändern, geht aus der Tatsache hervor, dass das Image eines Schreibmaschinen-Herstellers schon wenige Jahre später eher hinderlich war.

Ähnlich verhält es sich mit der Farbgestaltung: nichts ist emotionaler belegt als die persönliche Einstellung zur Farbe. Man scheut die Kenntnisnahme modischer Veränderungen und die daraus resultierende notwendige Anpassung und Umsetzung. Ohne eine sprachliche Verständigung würde nichts Glaubhaftes entstehen oder im Probieren verharren. **Probieren heißt nicht wissen,** was sich auch in der Vorstellung von 22 Gipsmodellen manifestierte. Und was wissen wir über Farbe? Mit der Suche nach dem sog. Ur-Rot versuchte man über Farbtests die Häufigkeit bestimmter Nennungen innerhalb einer Bandbreite der Farbe Rot zu klären, was unter Rot allgemein zu verstehen ist. Wo beginnt diese Farbe, um als Rot angesprochen zu werden, wo endet die Farbe Rot und wo ist demzufolge die Mitte – eben das Rot und nicht nur die Farbrichtung oder Farbtendenz. Unter Rot werden also sehr viele unterschiedliche Nuancen verstanden, was ein genaues Positionieren kaum zulässt. Hier gelten die Farbkarte und der damit verbundene Farbcode als Mittel zur Verständigung, was persönliche Farbpräferenzen ausschließt: Rot ist nicht Rot!

In Analogie zu der Erkenntnis, dass das, was nicht geschrieben und gedruckt wird, nicht existiert, ist auch das, was sprachlich nicht artikuliert wird, nicht gegenwärtig. Für den Gestalter als Bilderzeuger – und dies gilt auch für den Ingenieur– ist allerdings die Sprache in und aus ihrer Zeit heraus eine Bildersprache. Sie ist seine Ausdrucksmöglichkeit. Worte sind Bilder, die kommuniziert und delegiert sein wollen. Es ist also nicht gleichgültig, welcher (Bild)-Sprache man sich bedient. Im Festschreiben wird die

Schrift als fixierte Sprache bzw. visuelle Sprache verstanden. Eine Gestaltungsrichtlinie als Vorgabe zur Gestaltung ist eine Festschreibung auf Zeit. **Sprache ändert das Bewusstsein!**

Die lebendige Produktsprache

Ein neues integrierendes Fundament zu schaffen, kann schmerzhaft und mit selbstzerstörerischen Kräften gekoppelt sein. Nicht umsonst gibt es den Begriff der „schöpferischen Zerstörung". Dagegen steht allerdings im günstigen Fall die lebendige Produktsprache, die Visionen realisieren und popularisieren kann. Sie kann zur Selbsterneuerung fähig sein und Gestaltung fundieren. Selbsterneuerung ist mit der Orientierung an Wissen und Akzeptanz gekoppelt. Das notwendige Grundwissen um die Kenntnisse und Werkzeuge sowie deren Handhabung führt erst zu einer Konsistenz der Gestaltung. Die Produktgestalt ist somit nicht nur das Ergebnis einer Idee, Imagination, einer Vision oder machbaren Utopie, sondern die Folge vorher kommunikativ vereinbarter, gedachter bzw. erlebter und an das Ergebnis gekoppelter Wertvorstellungen. Objekte können dabei eine Funktion als Auslöser sozial bedeutsamer Sinngehalte übernehmen, aber auch als Mittel zur Bestandserhaltung herhalten, um Erneuerungen zu erschweren oder unmöglich zu machen. Auf jeden Fall sind an einer Entstehung viele Interessenten mit ihren Erwartungshorizonten beteiligt. Wenn heute gesagt wird, Design orientiert sich mehr an der Kunst als am Ingenieurwesen, stehen wir nicht erst am Anfang einer Werteverschiebung der Produktgestalt, sondern mittendrin. Dies zeigte sich bereits 1993 und 1994 bei den Auszeichnungen zu den Design-Innovationen dieser Jahre.

Auszeichnungen für hohe Designqualität

Mit den Produkten aus der Entwicklungszeit Anfang der 90er Jahre konnte im Design folgendes Resümee gezogen werden: In Bereichen, wo sich das Design auf hohem Niveau abspielt (Küche, Büromöbel/Gerät), waren nur minimale Innovationen zu verzeichnen. Hier wartete man auf neue Impulse von Seiten der Elite. Eine Stagnation auf hohem Niveau lag auch im Bereich Medizin vor. Bedienungselemente waren allerdings zum Teil noch konservativ und althergebracht. Es fehlte das zeitgemäße, innovative und funktionale Design.

Systemverbindende Gesamtkonzepte sollten ein Muss sein (Systemdesign, Kontextbewusstsein). Hierzu zählte die „handlungsleitende Ästhetik", das Bewusstsein, dass vom Benutzer und nicht von der Maschine ausgegangen werden muss. Als benutzerfreundlich galten die selbsterklärenden

Systeme. Designer und Konstrukteure sollten zusammen an menschen-
freundlicheren, intelligenteren und kreativeren Lösungen arbeiten. In diesem Sinne können Objekte eine Geschichte erzählen und diese auch ausstrahlen. Auf diese Weise werden individuelle Welten für das Wohnen und
Arbeiten geschaffen. Im Investitionsgüterbereich dagegen begann sich erst
ein neues Designbewusstsein zu entwickeln. In einigen Designbereichen
zeichnete sich ein Trend zu ökologisch verträglichen Lösungen ab.

Ein Jahr später: Overdesign in den Bereichen Haushalt/Küche/Bad sowie
Bürokommunikation. Stagnation statt Fortschritt und Overdesign anstelle
eines qualitativ hochwertigen Designs. Neues, komplexitätsreduziertes und
intelligentes Design war gefragt, ein Design, das mit überalterten Strukturen abschließt. Dagegen stand der gesamtgesellschaftliche Trend, der eher
Strukturen hinzufügt, statt diese auf ein Minimum zu begrenzen. Grundlegende Neuinterpretationen sowie die dringende Notwendigkeit für neue
Designmaßstäbe wurden angemahnt. Die Miniaturisierung, die in allen
kommunikationstechnischen Bereichen um sich griff, forderte eine neue
Formensprache. In der Unterhaltungselektronik ging der Trend „back to
the basics". Im Investitionsgüter-Design wurden Grundformen, die lange
nicht in Frage gestellt wurden, überdacht und neu konzipiert. Der Trend
ging zu einer neuen Definition und einer verbesserten Handhabung der
Mensch-Maschine-Interaktion.

Designqualität in der Norm

Ein zentrales Thema ist die Qualität: sie hat an der Schwelle zum 21. Jahrhundert eine neue Dimension bekommen. Qualitativ hochwertig war früher
etwas, wenn es ewig hielt. Darunter verstand man auch einen Elektromotor,
der drei Erdbeben überlebte und noch immer seinen Dienst versah. Heute
erschöpft sich Qualität nicht mehr nur in der Lebensdauer der Produkte.
„Produkte müssen nicht nur dem neuesten Stand der Technik entsprechen, sondern auch ein modernes Design vermitteln, sonst wird am Kunden vorbei produziert und damit keine Qualität geliefert, mag das Produkt
technisch auch noch so gut sein". Der Deutsche Werkbund sah die Bedrohung der Lebensqualität schlechthin. Es galt, Qualität in der Gesellschaft
zu verankern und die Bedrohung der Lebensqualität durch die Industrie
abzuwenden. Das Zitat von Theodor Heuss von 1951 gibt nach wie vor zu
denken: „Wenn Sie auf die hin und her gedachte ... Frage: Was ist Qualität?
eine Antwort erwarten, so will ich ganz einfach dies sagen: Qualität ist das
Anständige". Auch wenn für viele Qualität eher ein Maßstab zur Anpassung ist, gilt: „Qualität ist die Wirkung, die von der Gesamtheit der Eigenschaften und Merkmale eines Produktes ausgeht. Sie stellt eine Funktion
von objektiven Eigenschaften des Produktes und dem Produkterlebnis des

Nutzers dar, das von dessen individuellen Bedürfnissen und Erwartungen bestimmt ist". In vier Absätzen wird erklärt:

1. Was ist Design-Qualität?
2. Was bewirkt Design-Qualität?
3. Was beeinträchtigt die Design-Qualität? und
4. Was ist für die Design-Qualität zu tun?

Hieraus leitet sich die Definition DIN 55350 (Vornorm) ab. In der ISO 9001 wird die Darlegung der Qualitätssicherung im Design beschrieben: „,Design' schließt ,Entwicklung', ,Berechnung', ,Konstruktion' bzw. deren Ergebnisse wie ,Entwurf', ,Gestaltung' oder ,Konzept' ein. Formal-ästhetische Aspekte sind nicht Inhalt der Norm".

Dies führt zu eigenen Kriterien der Qualitätsbestimmung im Design. Nach wie vor gilt als Maßstab die höchstmögliche Akzeptanz bei bestmöglicher Qualität. Zur Festlegung bedient man sich mehr unbewusst als bewusst der Erkenntnisse aus der Gestalt- und Wahrnehmungspsychologie. Hier steht das Prägnanzgesetz an erster Stelle: „Gut" umfasst Eigenschaften wie Regelmäßigkeit, Symmetrie, Geschlossenheit, Ausgeglichenheit, maximale Einfachheit, Knappheit, die auf natürliche Reaktionen und weniger auf individuellen Faktoren basieren. Das Erkennen von Qualität in heutigen komplexen Strukturen und Systemen ist dagegen weniger Allgemeingut, sondern etwas für Spezialisten. Vorgaben für eine gestalterischen Disziplin werden als hinderlich angesehen, da sie die freie kreative Entfaltung einengen. Daraus ist allerdings nicht zu schließen, dass kreative Freiheit in der Wahl der gestalterischen Mittel Qualität garantiert. Die DIN konnte 2002 auf 85 Jahre zurückblicken.

Gestaltausprägungen in den Dekaden

Aus der geschichtlichen Entwicklung der industriellen Gesellschaft um die vorige Jahrhundertwende und in den darauf folgenden Dekaden mit der zunehmenden Arbeitsteiligkeit zwischen Konstruktion und Gestaltung leitete sich die Grundidee einer bestimmten Haltung für industriell zu fertigende Erzeugnisse ab. Es waren die Ideale von Natürlichkeit und Zweckmäßigkeit, gekoppelt mit einem technischen Fortschritt. Die Zusammenfassung aller schöpferischen Disziplinen, insbesondere von Kunst und Technik als Einheit unter einem Dach einer Kathedrale, führte zum Dom – zur Bauhütte als Metapher für das Bauhaus und zur Utopie des „neuen Menschen".

Die Vorstellungen des Werkbundes und des Bauhauses mündeten nach 1933 in der Schaffung eines Reichsamtes für Schönheit der Arbeit, um so eine Identitätsstiftung über eine politisch wirksame Gestaltungskultur zu etablieren (s. das Ornament der Masse als Macht der Ästhetik). In einer mehrbändigen Loseblattsammlung mit der Bezeichnung „Deutsche Warenkunde" wurden ausgewählte Produkte nach Werkstoffen und Produktklassen systematisiert, mit Abbildungen sowie Hersteller- und Preisangaben versehen und für den Gebrauch in einer deutsch-nationalen Alltagskultur empfohlen.

Geistig-kulturelles Streben und Pragmatismus im Alltag folgten allerdings der Kontinuität der Gestaltung. Der Einstieg zur Haltung bezog sich für Ingenieure und Gestalter auf die etwas banale Erkenntnis, dass ein schönes Produkt sich besser verkaufen lässt. Die freie deutsche Übersetzung des Titels der Autobiographie des amerikanischen Designers Raymond Loewy (1893–1986) „Never Leave Well Enough Alone" mit dem Slogan „Hässlichkeit verkauft sich schlecht" von 1953 fand erst eine Umsetzung, wenn sich eine vergleichende Produktsituation zu Ungunsten eines Wettbewerbsteilnehmers entwickelte. Die technische Anschaulichkeit – die Retusche – stand im Vordergrund der Betrachtung. Einfach, klar und ohne Schnörkel, so wie der Schriftsteller und Arzt Friedrich Wolf 1929 die Worte von Paracelsus: „Ich will ein schlicht Gewand für den Kranken, darin er gesund werde", wog und daraus den Schluss zog: „Weniger ist mehr!" Schluss mit der Fassade, Vereinfachung, Klarheit, Wahrhaftigkeit ist das Ziel in allen Bereichen des Lebens. Design als eine Art von Hygiene?[39]

Mit der allmählich wachsenden Einstellung, Gestaltung in der dienenden Funktion gegenüber der Technik zu sehen, passte der Gestalter sich an. Grundlagen der Gestaltung waren die Gegebenheiten und Erfordernisse der Technik. Die Festlegung der Gestaltung erfolgte über bestimmte geltende Normen und Richtlinien der Technik. Der Gestalter nahm so aktiv auf die qualitative Bedarfsgestaltung Einfluss und lenkte das Thema auf die Funktion der Formgebung für den Absatz. Bei besonderen Konsumprodukten kam die Orientierung an das Konkurrenzprodukt dazu.

Nach außen hin wurden die gestalterischen Absichten zum ersten Mal in den 60er Jahren für die Entwickler des Hauses Siemens wie folgt definiert: „Produktgestaltung ist die bewusste gestalterische Einflussnahme auf industriell zu fertigende Produkte und Anlagen, um diesen die höchste

---

[39] In manchen Bereichen der Arbeitsplatzgestaltung war ab den 70er Jahren von einer visuellen Umweltverschmutzung die Rede, die von Designern, nicht ohne Widerstände, bereinigt wurde (s. die vielen Leitzentralen und Stellwerke). Hier halfen die langsame Demokratisierung der Arbeitswelt in den 60er Jahren und später die Arbeitsstättenverordnung und das Betriebsverfassungsgesetz von 1976, was nicht ohne Auswirkungen auf die Gestaltung von Produkten blieb. Es war die Stimulanz des Wohlbefindens und Wohlgefallens bei der Gestaltung von Arbeitsplätzen und damit der menschlichen Arbeit.

Gesamtqualität zu geben, das heißt: gestalterische Einheit aus marktbezogenen, gebrauchfunktionellen, technischen, fabrikatorischen und ästhetischen Anforderungen". Die Gesamtqualität bezog sich dabei auf das Einzelprodukt bzw. auf die jeweilige Produktgruppe. Ein übergreifendes Gestaltungskonzept zeichnete sich erst in den 70er Jahren ab.

Corporate Identity/Corporate Design

Das Design für die 70er Jahre war geprägt durch die verstärkte Auseinandersetzung mit der Unternehmensidentität, die über die Markentechnik[40] hinausging. Mit der Internationalisierung deutscher Unternehmen wurde die Bedeutung der Corporate Identity als Managementinstrument erkannt. Als ein Vorbild galt Olivetti. Einfluss auf die Identitätsentwicklungen hatten die Gestalter Otl Aicher und Anton Stankowski. Im Corporate Design zeigt sich Anspruch und Wirklichkeit.

Für die erste Design-Richtlinie in den 70er Jahren wurden Regeln für die Anwendung erarbeitet und als verbindliche Vorlagen herausgegeben: Der Designer verbindet bei der Gestaltung eines Produktes Gebrauchsfunktion, technische und ästhetische Anforderungen zu einem einheitlichen Ganzen. Das einheitliche Ganze eines Produktes definiert sich über die verschiedenen Qualitäten, wie z.B. die Gebrauchsqualität, Assoziationsqualität, Informationsqualität, Integrationsqualität, Innovationsqualität, Repräsentationsqualität, Oberflächenqualität und ästhetische Qualität. Das visuelle Erscheinungsbild – auch Firmenimage, Corporate Identity – wird durch Richtlinien bestimmt. Es sind Designmerkmale, die als Konstanten (Marke, Schrift, Farben, Oberflächen, Formen) die Designhaltung mitbestimmen. So gewährleisten einfache geometrische Grundformen bei konsequenter Anwendung ein firmenspezifisches Erscheinungsbild über einen längeren Zeitraum; ein Beispiel ist die Firma Braun. Die Produkte erhalten ein charakteristisches Erscheinungsbild, durch das sie sich von den Produkten anderer Firmen unterscheiden. Die charakteristischen Merkmale entsprechen den funktionalen und ergonomischen Anforderungen und Erkenntnissen. Die formalen Merkmale sind geometrisch bestimmt und stehen in einem harmonischen Verhältnis zur Gesamtform. Die Formausprägung orientiert sich an länger gültigen Wertvorstellungen der Zeit. Formale Überbetonung und Verwendung modischer Formmerkmale sind

---

[40] Peter Behrens und Hans Domizlaff sind hier als Pioniere in Deutschland zu nennen. Nach dem Zweiten Weltkrieg waren es im Wesentlichen anglo-amerikanische Unternehmen und Berater, wie IBM und Coca-Cola, die Corporate Identity weltweit verbreitet und praktiziert haben. Für Europa stand die KLM.

nach Möglichkeit zu vermeiden. Perpetuierende Formen in wechselnden Konstellationen sollten genügen.

Die Realität des Erscheinungsbildes Siemens, 1983 ausgezeichnet mit einem iF Corporate Design Award, wurde von außen u.a. auch so wahrgenommen: „Vieles von dem, was in der Theorie skizziert, diskutiert und entwickelt wurde, schien an der Praxis spurlos vorbeizugehen. Die überkommene Trennung zwischen Hand- und Kopfarbeit – im Design trat sie besonders deutlich zutage", meinte Eberhard Fuchs, Chef-Designer der AEG/Telefunken. Das Ergebnis war für viele eine stereotype, rezeptuale „Gute Form". „Die nüchtern-autoritäre Darstellung habe zwar alle Forderungen des klassischen Design-Kanons erfüllt, und doch hätte sie das Wichtigste vermissen lassen: jenes Quäntchen Sinnlichkeit, Wärme und Spontaneität, das bewirkt, dass wir Design nicht nur benutzen, sondern auch mögen, Botschaften nicht nur lesen, sondern auch verstehen", wie sich Gisela Brackert in der form spezial 1, 1997, über die 100 Tage des Designs in Linz (Juni–Oktober 1980) ausdrückte.

Das Festschreiben eines Design-Kanons braucht eine begründete Formulierung als notwendige Verständigung für eine interne und externe Kommunikation. In den 80er Jahren ging es um die Begründung einer technisch-ästhetischen Determination für das Haus Siemens aus der Sicht des Designs: „Die Designlandschaft bietet eine bunte Vielfalt sehr unterschiedlicher Erscheinungen, aber wenn man diese näher betrachtet und nach dem leitenden Prinzip fragt, das ihnen zugrunde liegt, bilden sich drei Kategorien heraus: Es ist das Gestalten nach dem Prinzip des technisch-funktionalen Determinismus, das Gestalten nach dem Prinzip des moralisch-ästhetischen Determinismus und das Gestalten nach dem Prinzip des modischen Determinismus. Hieraus leitet sich eine vierte Kategorie ab, es ist das Gestalten nach dem Prinzip der technisch-ästhetischen Determination. Wir versuchen, die aus der technischen Funktion erwachsende Zweckform (s. Günter Fuchs) des Produktes entsprechend den Anforderungen der allgemeinen Gestaltgesetze oder der sogenannten ‚objektiven Ästhetik' so zu modifizieren, dass sie eine ganz bestimmte, ‚technik-eigene' ästhetische Wirkung erhält. Das ist eine klare Absage an jede Art von gleichmacherischem Hüllendesign. Um die gestalterischen Freiräume der Zeit entsprechend zu interpretieren, müssen Impulse aus kunstverwandten Gebieten beachtet und, wo es angebracht ist, in die Arbeit einfließen."

Dies war eine etwas späte Reaktion auf die provozierende italienische Avantgarde Alchimia und Memphis, des New Design, des Design der Postmoderne. Und fast trotzig muten die Bemühungen für die 90er Jahre an, wenn es heißt: „Wir haben uns für ein Design entschieden, das in seiner strengen, reduzierten Formsprache die technischen Leistungen der Ingenieure am besten zum Ausdruck bringt. Bei den Gehäusen verwenden wir geometrische Grundformen, skulpturale Formen nur dort, wo der Mensch mit den

Geräten in direkte Berührung kommt. Nicht avantgardistisch-futuristisches Design soll den Produkten Aufmerksamkeit und Geltung verschaffen, sondern im Gegenteil, unbeschadet aller Innovationen soll immer ein gewisses traditionelles Element mitschwingen, denn das Unternehmen bezieht auch in den Augen der Kunden seine Stärke aus Tradition und Innovation".

Für manche Produktbereiche war dies eine eher schlechte Ausrichtung mit fatalen Folgen. Mit puristischem Gedankengut wurde so manches Produkt aus dem aktuellen Zentrum heraus an den Rand des Marktgeschehens gerückt, und damit wurden Produktionen gefährdet. Ein nötiger Kraftakt zur Umkehrung des puristischen Designs im Sinne einer zeitgemäßen Gestaltung war die Folge: „Wie sich jetzt zeigt, hat das Design weniger einen gemeinsamem Stil – dazu sind die Produkte und Zielgruppen zu unterschiedlich – als vielmehr eine gemeinsame Haltung. Sie ist geprägt von funktioneller Klarheit und rationaler Ästhetik und trägt wesentlich zur hohen Qualität und zur Langlebigkeit der so gestalteten Produkte bei. Diese Haltung wird bleiben. Trotzdem wird das Design in Zukunft noch vielgestaltiger und facettenreicher werden. Die klassische Dualität von Form und Funktion ist zur Beschreibung heutiger Designaufgaben zu eng. Natürlich soll Design Funktion in seiner schönsten Form bieten, aber gleichzeitig möglichst hohe Ressourcenschonung und möglichst niedrige ökologische Belastung beachten. Soziale, ethische und moralische Kategorien gewinnen im Design immer mehr an Bedeutung".

Mit Distanz betrachtet, ist das eine offene Haltung, um möglichst auf der sicheren Seite des zeitgemäßen Geschehens zu stehen. Die Linien eines Designs und die Konsequenz einer Haltung zeigt sich nur, wenn der Einzelne die Gesamthaltung auch kennt bzw. erkennt. Damit das geschehen kann, muss sie erst einmal vermittelt werden. Dies erfolgt in erster Linie über die Sprache und über entsprechende Produktbilder, die das Credo, die Philosophie, das konzeptionelle Denken besonders überzeugend widerspiegeln.

Die Umsetzung einer Haltung

Das Erkennen und Verstehen einer Haltung ist keine kollektive, sondern eine individuelle Angelegenheit, die von sich ständig ändernden Umständen abhängig ist. Es kann die Beziehung zwischen Erkennen und Sprache sein, die die Sprache als ein neues System erscheinen lässt, oder es kann sein, dass der Sprachcode nicht die soziale Kompetenz trifft. Damit kann über die Sprache Wirklichkeit erzeugt werden, die nicht gewollt ist und im Prozessablauf Idee–Produkt zu einem falschen Ergebnis führt.

Haltung wird gelebt, indem man sich im Kontext seiner Definition bewegt. Es besteht eine Identifikation zur Haltung. Die Verinnerlichung einer Haltung wird damit zur „geistigen Logistik", aus der im Sinne der Haltung unbewusst geschöpft wird. Diese Selbstverständlichkeit im kreativen Prozess stößt nur dann auf Akzeptanz, wenn eine Konsensfähigkeit aller am Prozess Beteiligten gegeben ist. Eine wesentliche Schwierigkeit dabei ist die Tatsache, dass Gestaltdispositionen und Farbpräferenzen des Einzelnen von seinen Interessen abhängig sind, denn diese bestimmen seine Interpretation der Wirklichkeit, die durch die Sprache bereits weitgehend vorgeformt ist.

Kommunikation zwischen verschiedenen Sprachwelten wie die der Ingenieure und Designer setzt deshalb voraus, dass man sich über das, was als „wahr" zu gelten hat, verständigen sollte und über die geltende Sichtweise kommuniziert. Ein zentrales Anliegen der Kommunikation ist, dass eine Botschaft richtig verstanden wird. Was eine Kommunikation aber so schwierig macht, liegt „im eigentlichen Sagen-Wollen und tatsächlich sagen, was der andere hört bzw. meint zu hören und dem, was der andere sagt und wie es wiederum vom anderen verstanden wird". Das verschiedenartige Vokabular der Interessenten lässt den Wunsch nach einer Sprachregelung aller am Entwurfsprozess Beteiligten zur Regelung, Auswertung und Beurteilung zu.

Die verschiedenen Gestaltungstendenzen

Die Gestaltungstendenzen der letzten fünf Dekaden lassen sich zusammenfassend – von den vielen Looks und Zwischentrends[41] abgesehen – wie folgt beschreiben: von der „Glättung der Form" zur „Gespannten Linie", vom „Ulmer Rechten Winkel" zur sog. „Guten Form", über „High-Tech" und „Postmoderne" – für viele eine Provokation wie auch der Dekonstruktivismus – zum „Lanzett" der 90er Jahre. Displays, Feuermelder, Schalter, Papierkörbe, Haushaltsgeräte, Möbel, Investitionsgüter, Interiors von Zügen, U-Bahnen und Autos – der ICE 3 oder der Porsche – sowie Häuser, Hausfassaden und Dächer – plötzlich hatten alle Entwerfer die Form drauf. Ist das „Lanzett" der „Mehrwert" des Gegenstandes durch Gestaltung? Eine neue Wertorientierung als Wertangebot und Wertumsetzung auf Zeit? Ist die Lanzettform der vorübergehende modisch-elegante Ersatz gegenüber einer weiteren Ornamentierung des Gegenstandes? Alessandro Mendini konstatiert: „Es gibt keine Originalität mehr. Das Neuerfinden von Formen

---

[41] Zum Beispiel: Funktionalismus, Neo-Funktionalismus, Modernismus, Pop-Art, Soft-Line, Anti-Funktionalismus, Recycling, Ergonomie, Nostalgie, Look-Welle, Neue Sinnlichkeit, Alternative Technologie als Begriffe für die Gestaltungstendenzen der jeweiligen Designszene bis in die 80er Jahre.

wird ersetzt durch das Variieren von Dekors, von Mustern und Oberflächen. Design als Re-Design. Entwerfen ist Dekorieren". Sind wir damit wieder am Anfang einer hundertjährigen Auseinandersetzung über die richtige Gestaltauffassung? 1973 gab es für kurze Zeit den Trend „Small is beautiful". Heute heißt es „Simplify your life" als Befreiung von der Überfülle und damit als Hygiene für die Seele.

Simplify your life

„Simplify your life" ist eine Gegenbewegung gegen den Überfluss unserer Konsum- und Zeiträume. Es ist eine Revolte gegen den Terror des Details. Und solange es um „immer mehr" geht, wird dieser Gegentrend anhalten. Wir sind von zu komplexen Technologien genervt – siehe Handy und Computer. Wir haben jeden Tag 2000 Werbebotschaften zu verarbeiten. In unseren Supermärkten liegen 20.000 Produkte. In jedem Mittelstandshaushalt gibt es inzwischen mehr als 5.000 Gegenstände, die man warten, pflegen, nutzen, bedienen und säubern muss. Mit Ansammlungen an überholter Technik im Privathaushalt überholen wir uns dazu noch ständig selbst. Da geht es um die knappen Kernressourcen „Zeit" und „Aufmerksamkeit", wie es die Zukunftsforscher formulieren. Man will nicht mehr ständig einer Produktprägnanz ausgesetzt sein, die ständig Aufmerksamkeit abverlangt und einem damit Energie entzieht. Was ist aber, wenn in der postindustriellen Gesellschaft die Alltagsgegenstände allmählich zu einem einzigen Produktbereich wie Bild, Kunst, Design und Architektur verschmelzen?

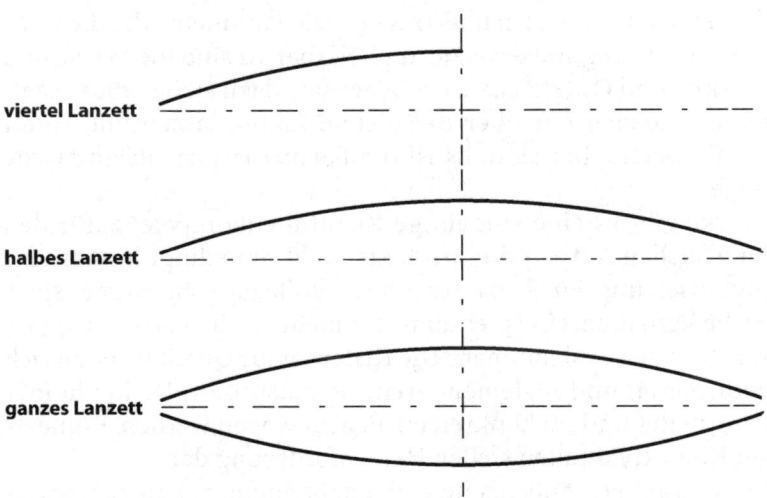

Die Lanzettform in der Anwendung

Die formalästhetische Beliebigkeit in der populären Produktwelt der heutigen Zeit setzt neue Maßstäbe. Globale Strategien, modernes Equipment und Tempo gehen eine Symbiose ein. Ein übergreifendes Formprinzip der Visualisierung fand Siemens für seine Kommunikationsmittel in den sog. Fibonacci-Proportionen, der bekannten Zahlenreihe 1 1 2 3 5 8 13 21 34 usw. Die Marke als Freund zielt auf eine emotionale Bindung an die Marke ab. Leidenschaft und Faszination, die in der Marke stecken, wollen vorgelebt sein. Die Gestaltung neuer Leitbilder braucht die intelligente Sichtbarmachung der Produktsubstanz. Das könnte heißen: neue Netzwerke zählen mehr als die Anzahl der Mitarbeiter und der Umsatz. Festgelegte Designhaltungen, Ismen und Design-Ideologien stellen im globalen Markt keine Erfolgsformel mehr dar. Die neuen Konzepte stehen nun in glaubwürdiger Beziehung zu kulturellen Traditionen und im Kontext zum jeweiligen kulturellen Umfeld. Die Erwartungen und Wertvorstellungen über ein Design stehen im Einklang zum jeweiligen Auftraggeber und seinen Kunden. Ob die neue Ausrichtung sich auch im Sinne einer neuen Einfachheit bewährt, bleibt offen.

Design – „Die Qualität des Ganzen"

Die Anerkennung der gestalterischen Kompetenz des Designs ist ein Gebot ökonomischen Denkens und der sachlichen Vorgehensweise. Unter günstigen Bedingungen ist damit ein Einsparungspotenzial durch konsequente Beschleunigung und Optimierung aller Prozesse verbunden. Für die Steuerung dieser Prozesse gibt es Instrumentarien und Regeln.

An erster Stelle im Unternehmen steht das Corporate Design. Dieses Instrumentarium ist mechanisch übertragbar. Die Parameter, die die technisch-ästhetische Haltung stützen, sind applizierbar. Es sind die Marke und die Schrift, Farben und Oberflächen. Im Gegensatz dazu stehen die Gestaltungsparameter, die sich nur über Beispiele erklären lassen und somit nur sinngemäß übertragbar sind. Es ist die Form, die formalästhetische Gesamtaussage.

Für die Marke gibt es eine eindeutige Richtlinienkompetenz, für den gewünschten visuellen Auftritt der Produkte nicht unbedingt immer eine Richtliniendurchsetzung. Für Letzteres gilt das kollegiale Zusammenspiel, das solidarische Verhalten, ein Spielraum, der mehr an die Vernunft appelliert und Anordnungen ausklammert. Die Kriterien für Qualität lassen sich schwerlich normieren und reglementieren, sie müssen im Dialog immer wieder neu erarbeitet und im konkreten Fall abgewogen werden. Kontextfähigkeit und Kontextverhalten stellen Herausforderung dar.

Gestaltkultur ist auf Persönlichkeiten mit unabhängigem Urteil angewiesen, die sich im Interesse der Unternehmenskultur um das Formulieren von

Maßstäben bemühen. Das Corporate Design als Empfehlung zwingt nicht zur Auftragserteilung an hausinterne Abteilungen. Es erlaubt den freien Einkauf auf dem Markt nach eigenen wirtschaftlichen und gestalterischen Gesichtspunkten. Response aus der Industrie lässt den folgenden Schluss zu: Richtet man sich nach der Richtlinie, ist es gut; richtet man sich nicht nach der Richtlinie, ist es auch gut. Wie ist das zu verstehen?

Mit der „Qualität des Ganzen" ist die Unternehmenskultur als Ganzes gemeint: Corporate Culture als Verhaltenskodex über Rechte und Pflichten, über Moral und Ethik, über Visionen und Ziele für die Marke – „Wofür sie steht","Wer wir sind". In der Corporate Identity drückt sich die Übereinstimmung von Anspruch und Wirklichkeit aus. Das Corporate Design visualisiert den Anspruch, es ist „die sichtbare Haltung". Somit ist es nicht Selbstzweck, sondern ein notwendiges Instrument, um das einheitliche Erscheinungsbild sicherzustellen. Ein einheitliches Erscheinungsbild wiederum ist nicht nur Teil der Identität, sondern erhöht die Effizienz von Werbung und Design: Die einzelnen Aktivitäten addieren sich. Das Corporate Design Manual sollte so ausgerichtet sein, dass möglichst wenige Elemente reglementiert werden und möglichst großer Spielraum für alle gegeben ist. Werden diese Regeln eingehalten, wird über Qualität und Kreativität diskutiert und nicht über gestalterische Details. Mit dem Medium Intranet besteht die Möglichkeit, die statische Verbreitung der Richtlinienkompetenz über die Printmedien durch ein dynamisches Verfahren zu ersetzen und damit nicht nur wenige, sondern alle Mitarbeiter weltweit zu Kommunikatoren zu machen, um so die Kriterien für die Kommunikationsprofile zu verbreiten.

Parallel dazu erfahren wir in den letzten Jahren in der Gesellschaft das Aufbrechen von Konstanten, die durch offene Systeme ersetzt werden. Alles wird variabel, ist beliebig, ist verhandelbar und auf kurzfristigen Erfolg ausgelegt. Die Orientierung wird schwieriger. Es offenbart sich ein Mangel an Authentizität (Echtheit und Rechtsgültigkeit). Der Designer wechselt ebenfalls vom Bilderzeuger zum Bildbenutzer aus zweiter Hand. Ein Erscheinungsbild unter diesen neuen Bedingungen auf längere Sicht zu konzipieren, erfordert neue Strategien. Trotz gewaltigem finanziellen Aufwand zur Durchsetzung eines Corporate Design ist häufig eine echte Durchdringung nicht gegeben. Ein Response ergab global eine optimale Umsetzung von über 20%, der Rest war nur unähnlich ähnlich und dies betraf auch die Firmenmarke, wobei über die jeweilige gestalterische Qualität noch keine Aussage getroffen wurde. Dieses Phänomen betrifft mehr oder weniger alle, insbesondere die global operierenden Unternehmen.

Die neuen CD-Manuals werden sich offener, also mit noch weniger Stringenz, darstellen müssen, wenn sie bei der Durchsetzung dem Dilemma zwischen Vernunft, Freiwilligkeit und Normung ausweichen wollen. Das heißt, Durchsetzung ist auf Konsens angewiesen. Dieser Konsens kann sich nur im Spiel der Kräfte und in den Interessen der beteiligten Personen bilden.

Dabei bedarf der Konsens einer Überführung in Vorschriften, damit er als
verbindliche Regelung einer Ordnung wirksam wird. Dafür ist eine Instanz
erforderlich, die Vorschriften durchsetzt. Diese Instanz hat notwendigerweise leider herrschaftlichen und nicht konsensuellen Charakter.

„Auf der Basis von Identität, Gesinnung und Haltung sind Postulate aufgestellt worden, die nicht durchzusetzen waren. Und wenn sie, speziell in
den letzten Jahren zu wenig praktiziert bzw. eingehalten wurden, dann lag
das einmal daran, dass die Beteiligten sie zu wenig verinnerlicht hatten und
zum anderen am Mangel an Führungswillen auf allen Ebenen, sie durchzusetzen". Aus der Sicht eines Informationsmanagers genügt ein Konsens
in wenigen Grundauffassungen, damit die Vernetzung der Kommunikation
eines vielgestaltigen Großunternehmens funktioniert. Corporate Design ist
auf die richtige Kommunikation und Identifikation angewiesen, wenn „Die
Qualität des Ganzen" erreicht werden soll. Aber Identifikation im Sinne der
Psychologie ist verbunden mit dem Verlust der Fähigkeit, kritisch zu denken und überlegt zu urteilen. Wer sich mit etwas oder mit jemandem identifiziert, verliert die Distanz und damit die wichtigste Voraussetzung für ein
objektives Urteilsvermögen. „Die Qualität des Ganzen" braucht somit die
kritische Distanz, die nur in einem offenen System gelebt werden kann. Alt-
hergebrachte hierarchische Strukturen eignen sich dafür nicht. Gelungene
Corporate-Design-Lösungen stellen sich so als eine Gratwanderung dar,
denn Pflichtbewusstsein und Professionalität müssen nicht Identifikation
oder Begeisterung auslösen.

Design ist Vorahnung, nicht Nachahmung

Wirkungsweisen können beschrieben und transportiert werden. Wirkungsweisen im Voraus zu bestimmen, hat etwas mit der Erstellung von
imaginären Bildern zu tun. Da Design im Voraus geschieht – Design ist
Vorahnung, nicht Nachahmung – gehört zum Design ein Vorlauf. Der Vorlauf bezieht sich auf kreative Prozesse und ist vergleichbar mit Forschung
und Entwicklung bis auf den Punkt, dass zeitgemäßes Lebensgefühl und
damit zeitgemäße Gestaltung vorher erahnt und bestimmt werden müssen.
Um darin erfolgreich zu sein, erfordert es eine ganz bestimmte Design-
Logistik.

Jeden Tag ein Auto entwerfen, ist wie jeden Tag ein Trinkglas, eine Lampe
oder einen Stuhl entwerfen. Die Frage nach dem Sinn von Design darf dann
gestellt werden, wenn man nicht in der Lage ist zu entscheiden, welches
Auto, welcher Stuhl, welche Lampe oder welches Glas für welche Zielgruppe oder für welchen Markt das richtige Produkt ist. Das persönliche Auto,
den Stuhl, die Lampe oder das Glas kann jedes Kind entwerfen, darin liegt
keine besondere Leistung, die Leistung liegt in der richten Entscheidung

für das richtige Produkt zur richtigen Zeit am richtigen Ort. Es kommt
also nicht auf die Menge der Entwürfe an, sondern auf das Wissen um den
erfolgreichen Entwurf.

Liegt die Entscheidung darüber in anderen Händen, das heißt, der Designer gehört nicht zum Team der Entscheider oder zeichnet sich durch kein
gewichtiges Stimmrecht, mangelnde Autorität oder Glaubwürdigkeit aus,
dann ist er nur der Ausführende oder gerade noch Ideenlieferant für andere. Max Bense hatte es einfacher, als es um den Stuhl ging, wenn er sagte:
„Ich mache den Gegenstand zum Stuhl, auf dem ich sitze". Ein verblüf-
fender Gedanke, der sich auf andere Gegenstände übertragen lässt – wie
schnell ist bei Kindern ein x-beliebiger Gegenstand ein Auto –, der aber
nicht ausreicht, wenn es um die Fragen des Marketings an das Design geht.
„Können Sie mir sagen, was für ein Hemd ich in nächster Zeit tragen werde?" Spontan bleibt wohl jeder eine Antwort schuldig. Muss aber darüber
eine Antwort ausbleiben? Bei echter Produktnähe und langjähriger Kenntnis über das Produktgeschehen, die Entwicklungszyklen, die technischen
Weiterentwicklungen, über Konkurrenzbilder, Trends und Benchmarking,
wohl nicht. Wenn der Designer sprichwörtlich im Hemd/Produkt steckt,
weiß er auch, was der Partner in den nächsten Monaten für ein Hemd tragen wird. Wenn der Designer das Thema beherrscht, reicht das formale und
technische Repertoire eine gewisse Zeit in die Zukunft. Früher bedeutete
Zukunft für manche Produktfelder mehr als acht Jahre, dies hat sich in
der Folge der Schnelligkeit für bestimmte Produktfelder auf einige Monate reduziert. Da ist die Frage berechtigt, ob der Designer mit seiner Ausbildung diesen Anforderungen noch gerecht werden kann. Jetzt sind die
Trendforscher mit ihren Prognosen gefragt. Die Verunsicherung braucht
Orientierung an Leitbildern und Szenarien von morgen sowie den wissenschaftlich begründeten Erfolgsnachweis über die Wirkung des Produktes
auf den Betrachter und potenziellen Käufer.

Dazu meint der Trend- und Zukunftsforscher Matthias Horx: „In Zeiten
des Übergangs gibt es wohl so etwas wie ein Bedürfnis nach einer Ausrichtung, einer Orientierung. Deshalb sind Episoden, die als krisenhaft empfunden werden, immer auch Nachfragezeiten nach Perspektiven. Darin
bestätigt sich letzten Endes die Dualität von Krise und Chance im gesellschaftlichen Wandel und seinen Übergängen".

„Der Trend ist eine Veränderungsbewegung, die man an bestimmten
Signifikanten messen oder wahrnehmen kann. Im Konsumbereich an
der Häufung und Verbreitung bestimmter Themen und Motive, die sich
schließlich auf gesellschaftliche Knappheiten und kollektive Wünsche
beziehen. Im größeren Bereich, bei den Megatrends, sind es oft epochale
Veränderungen in Gesellschaft und Ökonomie, die einen Trend definieren.
Bei den Megatrends sind heute vor allem die Alterung, die Individualisierung und die Feminisierung der Gesellschaft zu nennen, die einen ent-

scheidenden Werte- und System-Shift einleiten. In der Ökonomie sind es die Globalisierung und die Wissensintegration mittels neuer informeller Technologien, die unsere Lebens- und Arbeitsumwelt verändert". Es sind Veränderungen, die auch von Ingenieuren mit ihrer technischen Intelligenz und von kreativen Designern ausgelöst werden und zu verantworten sind, wenn sie sich als intellektuelle Vordenker verstehen.

Design – eine Disziplin im stetigen Wandel

Können die folgenden Fragen überhaupt noch im klassischen Sinne beant-wortet werden, wenn man zu der Erkenntnis gelangt, dass man im Design nur noch die Vergangenheit vermitteln kann und die Zukunft sich mehr zu einem interdisziplinären Prozess entwickelt, der ganz neuen Regeln folgt und damit zu einer neuen Sprache führt?

In der Design-Fibel des Rates für Formgebung von 1989 heißt es:

1. Design rückt immer mehr ins Zentrum ökonomischer und sozialer Pla-nungen und Überlegungen;
2. Design vermittelt zwischen Handeln und Denken;
3. Design umfasst alle Bereiche der unternehmerischen Perspektiven, nämlich Produktplanung und Produktentwicklung, Organisation des Materials, der Produktionsstätten und Produktionsweisen, die Logistik innerhalb und außerhalb des Unternehmens, die Arbeitsformen, die interne und externe Kommunikation, die Präsentation sowie Funktion, Brauchbarkeit und Attraktivität der Produkte;
4. Design ist Innovation;
5. Design bildet die Schnittstelle innerhalb der gesellschaftlichen Vernet-zung;
6. Design verhilft zu Anerkennung und Erfolg;
7. Design offenbart heute die aktuellsten Organisationsformen;
8. Design schafft die Akzeptanz von Produkten;
9. Design strukturiert und konturiert unser alltägliches Leben.

Alles ist gestaltet – wichtig ist nur, das Bewusstsein davon zu haben und die Form der Gestaltung in jedem Moment zu bedenken. Das meint Design. Zur Umsetzung von „Design heute" ist der Begriff „Design" zwischen Inge-nieuren und Designern neu zu definieren, wenn die folgenden Fragestel-lungen um den Begriff „Heute" erweitert werden:

– Was ist Design heute?
– Wer bestimmt das Design heute?
– Welchen Nutzen hat das Design heute?

– Wie erkläre ich dem Ingenieur das Design heute?
– Was kostet das Design heute?
– Wie folgt Design den heutigen Entwicklungsgeschwindigkeiten?

Die Ära der Belanglosigkeit kehrt sich um, wenn aus Beliebigkeit Identity wird, wenn Gestalt wieder Identität stiften soll und Kreativität und Innovation sich nicht ständig selbst überholen. Aus den aktuellen Erfahrungen der Ingenieure und Designer in den verschiedenen Disziplinen werden sich Antworten ergeben, die zu einem andern Sprachverständnis zwischen den zwei unterschiedlichen Denksystemen Ingenieur/Designer führen können.

Positionen

Umgang mit Kritik

Dass das Beherrschen eines Themas Kritikfähigkeit einschließt, versteht sich von selbst, auch die vergleichende Produktkritik gegenüber der Konkurrenz und den eigenen Produkten gegenüber. Erst in der vergleichenden Produktkritik entstehen überprüfbare Argumente über Qualität, die von den Protagonisten jeweils bestimmt werden. Dies heißt, dass zum Thema Konstruktion und Gestaltung der Umgang mit Kritik gehört, denn die Zuschreibung einer technischen und ästhetischen Qualität beruht auf Beurteilung, auf Urteil – und Kritik ist nun einmal die Vermittlung eines Urteils in Form von Lob und Tadel. Dieses Urteil wollen Designer und Ingenieur schon aus Eitelkeit hören; geht es doch um die Bestätigung des eigenen Könnens und um Erfolg. Kritik hat somit für beide Seiten eine unerlässliche Funktion, auch wenn es dabei nur um den bescheidenen Unterschied zwischen guter und schlechter Konstruktion und Gestaltung geht. Aber auch hier wird unterschieden: Kritik, die immer nur positiv ist, entwertet sich selbst, d.h., eine Anerkennung zählt nicht, wenn sie jedem zuteil wird. Selbstverständlich geht es bei der Kritik auch um Macht und Einfluss. Es geht um die Beziehung zwischen dem Kritiker und dem Kritisierten. Wird die Kritik von oben herab diktiert oder ist die Kritik, beziehungsweise der Kritiker selbst kritisierbar? Inwieweit kann Kritik fair sein? Ist Kritik berechtigt, unangebracht oder total daneben? Für eine Konstruktion- und Designbeurteilung gibt es feste Regeln – insofern ist Macht kontrollierbar. Aber wer kritisiert wen, der Designer den Ingenieur oder der Ingenieur den Designer? Davor steht allerdings die notwendige Beherrschung der Selbstkritik.
    Im Alltag wird Kritik gleich als „Anschiss" verstanden, d.h. Kritik wird selten als positiv empfunden (Lob ist keine Kritik). Sie setzt deshalb kei-

ne schöpferischen Kräfte frei und macht eher passiv, bockig und trotzig. Aber Kritik kann, wenn sie verstanden wird, wertfrei sein. Wertfrei heißt: ohne Absicht auf Veränderung oder Einflussnahme auf Personen, eben nur sachbezogen, analytisch feststellend, den Tatbestand klärend. Der echten Kritik geht es nur um die Sache, um den Versuch, Unbehagen und Zweifel zu äußern. Leider wird Sachkritik sofort als Kritik an Personen verstanden, wobei sich die Betroffenen meist zu wehren wissen. Nur wenige fühlen sich sicher, nehmen Kritik auf und verarbeiten sie produktiv. Aber wer ist schon so souverän? Bedenken lösen im ersten Moment keine Liebesbekundungen aus, ist doch den Ingenieuren und Designern angeblich das gemeinsame Ergebnis ans Herz gewachsen und wer beherrscht schon die taktvolle Desillusionierung, die behutsame kritische Sichtung der Fakten?

Häufig wird die kritische Aussage genauso beklatscht wie die Zurückweisung. Es ist wie mit dem Spaß an kontroversen Situationen, solange man nicht selbst betroffen ist bzw. den antikreativen Effekt durch erlittene Kritik nicht selbst erfahren hat. Kritik und neue Ideen sind gleichzusetzen mit Diskussion und Streit. Keinerlei Diskussion und absolute Kritiklosigkeit sind keine Lösungen und können somit nicht erwünscht sein, denn konstruktive Kritik und Vordenkerfunktionen sind unerlässlich, sie sind Teil der gemeinsamem Innovationsfähigkeit zwischen Ingenieuren und Designern. Kritik ist unverzichtbar. In diesem Sinn gehört zu den wichtigen Aufgaben der Kritik zu zeigen, was Konstruktion und Design gemeinsam leisten können und was sie leisten könnten bzw. sollten.

Designpositionen Ende der 80er Jahre

1. Design im Pflichtenheft

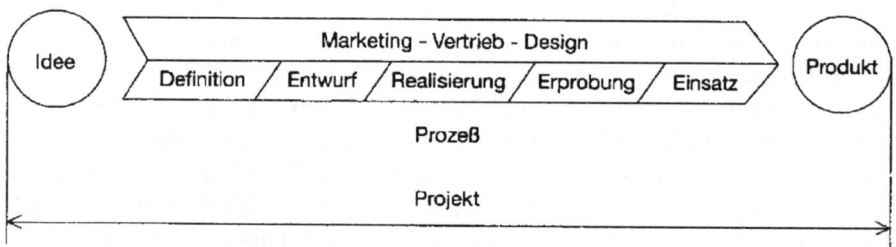

Das Pflichtenheft enthält alle notwendigen Informationen über die geplante Realisation im Sinne einer Aussage, **wie** die im Lastenheft[42] festgelegte Positionierung erreicht werden soll und gegebenenfalls **womit**.

In der Produktvereinbarungs-Richtlinie bzw. in der Integrierten Prozessorganisation ist Design als Begriff verankert. Die genaue Definition ist dem Lastenheft oder dem Pflichtenheft zugeordnet. Das Design ist für die inhaltliche Aussage mitverantwortlich im Sinne der Gestaltung.

Das Design sollte von der Produktidee bis zum fertigen Produkt gleichberechtigter Partner der Produktverantwortlichen sein. Und dies bezieht sich nicht nur auf den Prozess, sondern auch auf die **Idee** selbst, d.h. auf eigenverantwortliche Beteiligung an der Ideenfindung und Konzeption.

2. Das Info-Cluster

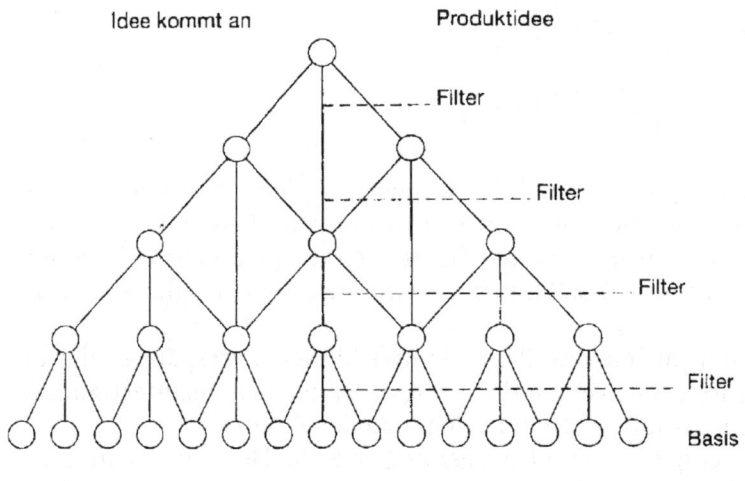

Produktziele bzw. Produktideen kommen an der Basis nur als Teilinformation an, weil von Hierarchieebene zu Hierarchieebene die Informationsdichte abnimmt, d.h., dass das Wissen um das **Ganze** beim sog. **Macher** nicht ankommt.

Wäre das genaue Wissen um die Zusammenhänge an der Basis vorhanden, würde sich manches Ergebnis anders darstellen und die Bereitschaft zur Identifikation gegeben sein.

Wenn es um marktgerechte Gestaltung geht, kann heute nicht mehr alles **top down** gemacht werden, es muss auch **bottom up** laufen können.

Als genaues Gegenteil zu den westlichen Gepflogenheiten stellt sich die japanische Struktur dar. Produktideen gehen von der Basis aus und werden nach oben hin vertreten.

---

[42] Das Lastenheft enthält die Aufgabenstellung im Sinne einer Aussage was entwickelt werden soll und warum. Es beschreibt aus der Sicht des Kunden und aus Herstellersicht die Anforderungen an Produkt und Dienstleistung.

3. Effizienz durch Synergie – Entwicklungsprozesse im Vergleich

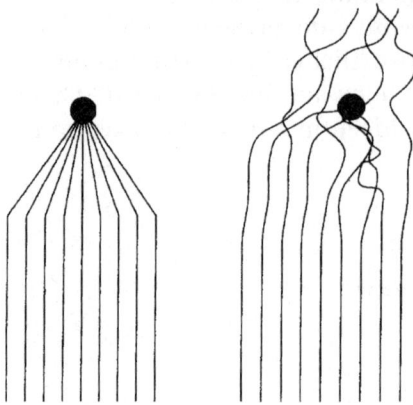

Die westlichen Gepflogenheiten im Vergleich zu den japanischen äußern sich in zuviel Crash und gehen am Ziel vorbei. Anstelle von Effizienz und Nutzen der Synergien ergeben sich Missverständnisse und teure Konflikte, vermeidbare Zeit- und Kostenüberschreitungen sowie fragliche Identifikationen.

Bekannte Störquellen sind Parallelentwicklungen, verspätete oder falsche Informationen, Unverständnis, Angst, Abblocken, Rechtfertigungen, Verzögerungen, zu spätes Miteinbeziehen in das Projekt.

Es wird zuwenig hinterfragt, ausgelotet, bedacht. Negative Spannungen werden aufgebaut, ohne einen Ausweg zu suchen. Ursprüngliche Brisanz der Visionen und Ideen geht verloren.

In Japan dagegen steht im Vorfeld die kreative Unruhe und die harte Diskussion sowie konsens- und teamorientiertes Miteinander beim Umsetzungsprozess. Nach dem Konsens darf der Prozess von niemandem mehr aufgehalten werden.

4. Das Design Management[43]

Der Design Manager ist für eine Initiierung, Koordinierung und Steuerung des Designprozesses verantwortlich. Sein Ziel ist es, darauf hinzuwirken, dass unter Respektierung der Image-Ziele eine Produktakzeptanz am Markt erreicht wird, die sowohl den Kunden als auch den Auftraggeber zufrieden stellt.

---

[43] Management ist ein Steuerungsablauf für komplexe Prozesse. Für die Steuerung gibt es Instrumentarien und Regeln.

Die Steuerung vordergründig fachlicher und hintergründig zwischenmenschlicher Abstimmungsprozesse zwischen den verschiedenen Disziplinen im interdisziplinären Prozess erfordert den geschickten Einsatz von interessensausgleichenden Handlungsstrategien.

Das ist möglich, wenn die persönliche Kompetenz des Design Managers Anerkennung findet und ihm von allen am Prozess Beteiligten Vertrauen entgegengebracht wird. Dies setzt eine der Verantwortung gemäße organisatorische Einbindung voraus.

5. Die Interdisziplinäre Zusammenarbeit

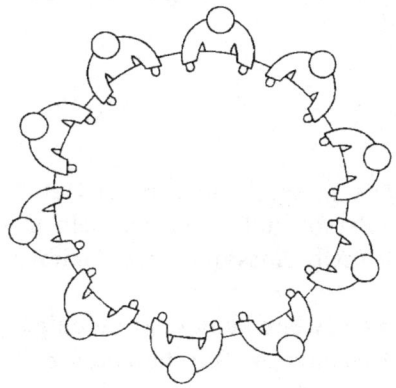

Marketing	Entwicklung	Ergonomie	Fertigung
Vertrieb	Konstruktion	Produktgrafik	
Design	Labor	Forschung	

Die Durchsetzung von Designbelangen im Unternehmen ist ein interdisziplinärer Prozess, d.h., ein auf Zusammenarbeit von mehreren grundverschiedenen Disziplinen angewiesener Ablauf.

Die unterschiedlichen berufsbedingten Denkstrukturen mit den verschiedenen Interessen und Zielausrichtungen sind i.d.R. nicht mit den Designvorstellungen deckungsgleich. „Ich lasse mir durch Design nicht meine Arbeit kaputt machen", drückt nichts anderes aus als dass die Zielvereinbarungen nicht bekannt sind oder nicht verstanden bzw. bewusst andere Vorstellungen vertreten werden. Letzteres schließt eine Konsensfähigkeit aus.

„Design macht man nur mit Freunden zusammen" oder „Wir machen nur für die Design, die es von uns möchten", ist dagegen ein bequemer Weg. Erst den Partner als Freund gewinnen und dann gemeinsam gutes Design machen, steht dem Wunsch gegenüber, dass das Design Chefsache ist, damit Design zum unternehmerischen Wollen und einer verbindlichen Willenserklärung – eben durch das Wort des Chefs – wird.

6. Die Kommunikation

Aus der Sicht von Kommunikationsfachleuten genügt ein Konsens in wenigen Grundauffassungen, damit eine Vernetzung der Kommunikation funktioniert. Eine ideale Basis wäre gegeben, wenn jeder ein Kommunikator ist.

Erste Voraussetzung dafür ist Offenheit in der Kommunikation. Offene Kommunikation ist eine Frage des Verhaltens, was bedeutet, dass sich neben den Strukturen auch das Bewusstsein ändern muss.

Die Information als Herrschaftsinstrument hat ausgedient, denn wichtige Vorgänge sollten überall bekannt sein. Damit ist die Frage, welche Information der Mitarbeiter bekommen soll, überflüssig. Mit dem **Gut** Information soll offen umgegangen werden.

7. Die rationale Diskussion

Design ist ein Prozess der Verständigung. Es liegt in der Natur der Sache, dass die Gestaltdispositionen von Person zu Person wechseln, insbesondere mit den Interessenrichtungen. Deshalb muss man sich darüber verständigen, was als wahr gelten soll.

Eine ideale Situation liegt dann vor, wenn keiner der Beteiligten versucht, den anderen über seine wahren Absichten zu täuschen oder Behauptungen aufzustellen, die nicht nachprüfbar sind.

Die Verständigung setzt voraus, dass Kritik nicht als Angriff verstanden wird.

8. Das Produkt in der Relation Mensch–Technik–Umfeld

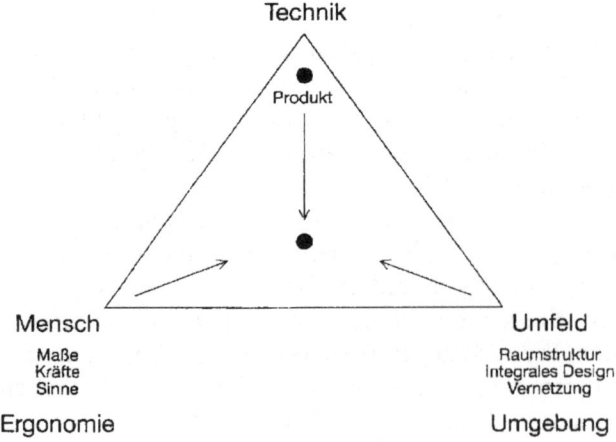

Eine der Situation angepasste Ausgewogenheit bedeutet in erster Linie das Wohlbefinden und Wohlgefallen des Menschen am Arbeitsplatz. Die Berücksichtigung der Bedürfnisse ist somit keine einseitige Ermessensfrage.

Wohlbefinden und Wohlgefallen resultieren aus ganz bestimmten zeitgemäßen gesellschaftlichen Strömungen wie Sozialität, ökonomischem Bewusstsein usw. Es geht um die moralische Qualität.

Die Reflexionen von Ereignissen, Ansichten und Gefühlen gilt es zu steuern. Ein Ausweichen ist nicht möglich.

9. Die Schnittstelle Mensch–Maschine

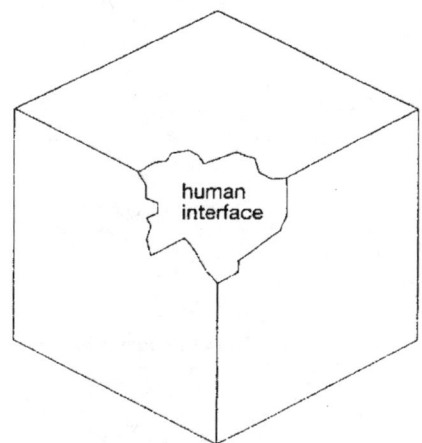

Reduziertheit der Form
Abbau unnötiger Thematik
Konzentration auf
das Wesentliche

Ergonomie
BOF Philosophie
System BOF
skulpturale Qualität

Siemens Design
Stil im Sinne
einer
Konstante

human interface

Die Benutzeroberfläche gilt als ein sich selbsterklärendes System, das auf die Maße, Kräfte und Sinne des Menschen abgestimmt ist. Mehr und mehr kommt es hier auf den Komfort der verstehenden Wahrnehmung an.

Soft- und Hardwarekomponenten stehen sich in wechselseitigen Konstellationen gegenüber und gehen eine Symbiose ein.

Zur „Sache heute"

„Was vor bald 20 Jahren unbequeme Erkenntnis war, stellt sich heute als
tägliche Herausforderung dar". Thomas Haslacher stellte mit seinem Team
diese Situation in einer Grafik dar.

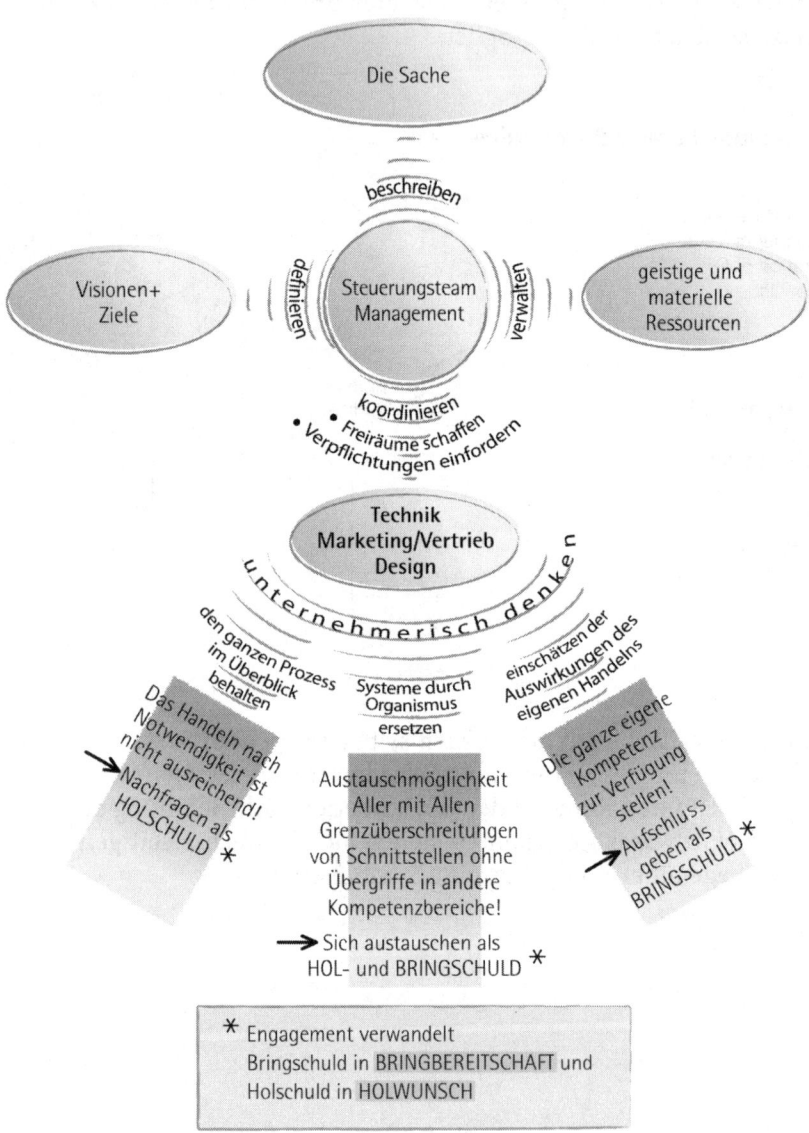

Ideale Zusammenarbeit im Sinne der Sache

Interview zum Thema „Design heute" mit der ID Design Agentur (Arno Körner)

1. Design als Basic-Anspruch für jeden heißt: Vom Design als Luxus zum Basic-Anspruch für jeden, was sich in Banal-Design, Non-Design, Populär-Design, Solid-Design, Trend-Design und Elitär-Design widerspigelt (*Studie Design 2010*).

Der Begriff „Design" hat sich deutlich verändert. Begriffe wie „Hairdesign" oder „Naildesign" machen eine Abgrenzung zum konventionellen Begriff schwer. Leiterplatten werden genauso designed wie food. Der Begriff Design ist in den täglichen Sprachgebrauch aufgenommen worden. Um so leichter kann man verstehen, dass durch den häufigen Umgang damit, auch der Wunsch nach Design gewachsen ist. Und Wünsche werden von der Industrie erfüllt.

2. Der Wettbewerbsfaktor Design bedeutet heute, dass ohne Design in der Wirtschaft nichts mehr läuft. Design spielt eine Rolle als Profilierungsinstrument und Innovationsgeber im Zukunftsmarkt. Design ist Wettbewerb der Innovationen und Identitäten und somit unverzichtbar.

Es gibt das klassische Design noch genauso wie immer. Der Anspruch der Käufer wird aber ständig individueller. Jeder bekommt seine Design-Linie (siehe Handys). Die Funktion ist bei allen ziemlich gleich. Die Optik teilt aber in verschiedenste Segmente ein. Jedem sein eigenes individuelles Produkt.

3. Es gibt Design in allen Stilrichtungen und Preisklassen. Design als Mehrwert in der Differenzierung wird damit austauschbar. Design misst sich an Originalität, Stil und Trend. Design ist somit keine Geschmacksfrage, sondern ein professionelles Geschäft, dass nach ästhetischen, funktionalen und kommunikativen Kriterien bewertet wird.

Damit ist Design zum Werkzeug des Marketings geworden. Der Betriebswirtschaftler benutzt Design als Profilierungsinstrument. Design dient vielen Unternehmen zur Imagebildung und zur Platzierung im Markt. Dass Designunterschiede zur Einteilung in verschiedene Klassen benutzt werden, ist sicher im Konsumgüterbereich verbreiteter als bei Investitionsgütern. Optische Gags oder nutzlose Zusatzfunktionen prägen da ein Produkt manchmal mehr als klassische Designmerkmale.

4. In der Regel können Unternehmen den Erfolgsanteil des Designs nicht quantifizieren, wenn sie auch vom wesentlichen Anteil des Designs spre-

chen. Man ist zufrieden, aber nur wenige besonders zufrieden. Die Mehrzahl der Unternehmen lassen Design weitgehend unbeachtet.

Immer mehr ausländische Firmen nehmen deutsche Design-Dienstleistungen in Anspruch. Die Erkenntnis, dass gutes Design nicht nur ein weiterer Kostenfaktor ist, sondern als Verkaufsargument dient, ist weiter verbreitet als in deutschen Landen. Es gibt viele deutsche Unternehmen, die weltweit gesehen designprägend sind. Sie haben eine Vorbildfunktion und werden als Vorreiter angesehen. Nur im eigenen Land wird dieser Vorteil noch viel zu wenig eingesetzt.

5. Der Konfliktbereich Design resultiert nicht aus der kreativen Leistung, sondern aus dem Designmanagement. Defizite sind in der Wirtschafts- und Organisationskompetenz zu suchen. Dazu gehört auch das konzeptionelle Marketing. Es fehlt das integrierte Designmanagement im Sinne eines strategischen Einsatzes des Designs.

Viele Firmen sind ziemlich hilflos bei der Definition „Wo stehe ich eigentlich gegenüber dem Wettbewerb und wo will ich hin". Dabei könnte Design viel mehr als Hilfsmittel eingesetzt werden. Designer müssen heute vorsichtig leiten und führen und eine Kooperation mit den Betriebswirten und dem Marketing erreichen.

6. Stimmigkeiten zwischen Produktdesign und Unternehmensidentität sichern die Glaubwürdigkeit der Marke. Für Marken stehen auch Designerpersönlichkeiten.

Wenige Unternehmen werben in Deutschland mit dem Namen ihres Designers. Vereinzelt wird ein bekannter Name zur Imagebildung benutzt, das ist aber auch schon alles. Die Werbewirksamkeit von Sportlern und Künstlern wird deutlich höher bewertet. Was im Bereich der Mode von jedem akzeptiert wird, nämlich Produkte auf „Namen" aufzubauen, ist im Bereich Produktdesign noch lange nicht üblich.

7. Wir produzieren ständig Vergangenheit. Nur wenige Produkte bleiben der Gegenwart erhalten. Letzteres sind unsere sogenannten Design-Klassiker.

Design-Klassiker, also Produkte, die Gültigkeit über einen längeren Zeitraum haben, sind oft nur innerhalb einer Branche bekannt. Bereiche, die mehr im Interesse der Öffentlichkeit stehen, tun sich dabei leichter. Weltweites Interesse und hohe Stückzahlen helfen, Designqualität zu verbreiten. Einen Klassiker auf Wunsch zu produzieren, ist nicht möglich. Um so schöner ist es für den Designer, wenn sich ein Produkt weiterentwickelt und letztendlich zum Klassiker wird.

8. Design ist zu einem Begriff für einen künstlerisch-gestalterischen Eingriff in alle Lebensbereiche geworden. Dieser Eingriff führt zu einer ständigen Veränderung. Ist Design als eine ewige „Bau-Stelle" (für jeden) zu verstehen?

Früher hielten sich Stilrichtungen über einen langen Zeitraum. Durch die Möglichkeiten der modernen Produktion ist ein häufiger Wechsel der Stilrichtungen kein Problem mehr. Verschiedenste Trends existieren nebeneinander. Veränderung zählt. Um so notwendiger ist es, diesen schnellen Wechsel zu kultivieren und nicht als reinen Selbstzweck zu sehen. Bei kritischer Betrachtung sticht gutes Design immer noch heraus. Unter diesem Gesichtspunkt ist es weiterhin eine interessante Aufgabe, auf dieser Dauerbaustelle tätig zu sein.

Literatur

Beckenbach, Nils: Pyramide und Föderation. Ansichten der Wissenschaftskultur und der Ingenieurausbildung in Deutschland und Frankreich. Deutsch-französisches Jahrbuch 1994

Beltzig, Günter: Meine „Sixties" bei Siemens aus 68er Design und Alltagskultur zwischen Konsum und Konflikt. Ausstellungskatalog Kunstverein Düsseldorf 31.01.1998 – 26.04.1998. Köln: DuMont Buchverlag 1998

Born, Rainer P.: Programmatische Überlegungen formal-strukturaler Natur zur Sache nach einer verlorenen Ästhetik. Conceptus – Zeitschrift für Philosophie XIX. Jhg. (46) 1985, S. 3–52

Buddensieg, Tilmann: Die Nützlichen Künste. Ausstellung aus Anlass des 125 jährigen Jubiläums des Vereins Deutscher Ingenieure. Berlin: Quadriga Verlag 1981

Buddensieg, Tilmann, Die Dinge der Form, Szenenwechsel, German Design goes Rocky Mountain High. Frankfurt am Main: Verlag form 1997, S. 31–35

Connely, Willand: Louis Sullivan. New York: Horizon Press 1960, S. 200

Design Zentrum München e.V.: Design in München. Das Handbuch. Baldham: AFM-Verlag 2002

Deutscher Werkbund: Made in Germany. München: Peter-Winkler-Verlag 1966

Eisenschink, Alfred: Zweckform, Reißform, Quatschform. Sehen–Erkennen–Gestalten nach der visuellen Ästhetik des Günter Fuchs. Tübingen-Berlin: Ernst Wasmuth Verlag 1998, S. 1

Ennenbach, Wilfried: Zur Psychologie alltäglicher Lebensführung. Vorlesungsmanuskript. Fakultät der Universität der Bundeswehr München, 30 Mai 2001

form spezial 1: Das Sonderheft 1997. Design-Dimensionen. 40 Jahre form – 40 Jahre Alltagskultur. S. 54, 76, 79

Frisby, John P.: Optische Täuschungen, Sehen Wahrnehmen Gedächtnis. Augsburg: Weltbildverlag 1989

Goleman, Daniel: EQ. München: dtv 2001

Herzogenrath, Wulf: Die Deutsche Werkbund-Ausstellung Cöln 1914. Kölnischer Kunstverein und Autoren 1984, S. 60–65

Heydemann, Bernd; Müller-Krach, Jutta: Elementare Kunst in der Natur. Form Farbe Funktion. Neumünster: Karl Wachholz Verlag 1989

König, Heinrich: Entwicklung der Formgebung in Deutschland. Gestaltete Industrieform in Deutschland. Eine Auswahl formschöner Erzeugnisse auf der Deutschen Industrie-Messe Hannover 1954. Düsseldorf: ECON-Verlag 1955

v. Kornatzki, Peter: Gedenken an den Kommunikations-Designer Hermann Ay. Manuskript 2000

Kramer, O.E.: Technische Formgebung vom Standpunkt der Wirtschaft. Gedanken zur Ingenieurtagung „Technische Formgebung", Bielefeld 1954. Sonderdruck aus KONSTRUKTION, 6. Jhg. (1954) Heft 1

Lambertz, Rolf: Formgebung an Werkzeugmaschinen. Zeitschrift des Vereins Deutscher Ingenieure, 15.02.1949, Bd. 91, S. 73–74

Moholy-Nagy, L.: von material zu architektur. Mainz: Florian Kupferberg Verlag 1968, S. 69–72

v. Naredi-Rainer, Paul: Architektur und Harmonie. Zahl, Maß und Proportion in der abendländischen Baukunst. Reihe Kunstgeschichte/Wissenschaft. Köln: DuMont 1982

Neumaier, Otto: Das ästhetische Vor-Urteil. Conceptus – Zeitschrift für Philosophie. XIX. Jhg. 46 (1985) S. 3–52

Opel, Adolf: Adolf Loos. Wien: Georg Prachner Verlag 1981, S. 14

Pevsner, Nicolaus: Wegbereiter moderner Formgebung von Morris bis Gropius. Taschenbuch Nr. 137. Köln: DuMont 1983, S. 202–212

Pruss, Wilhelm: Vortragsmanuskript zur 2. VDI Ingenieurtagung „Technische Formgebung" Bielefeld 1954

Raabe, Gerson: ARTIONALE – Werkstattgespräch. München, 27.02.2002

Schäche, Wolfgang; Ribbe, Wolfgang: Die Siemensstadt. Berlin: Ernst & Sohn 1985, S. 99, 177, 178, 192

Schmidt, Klaus: Corporate Identity in Europa. Frankfurt/New York: Campus-Verlag 1994

Schwabenthan, Otto: Unternehmenskommunikation für Siemens 1847 bis 1989. Als Manuskript gedruckt München 1995

Schwarz, Michael: ‚beschreiben' zum Beispiel eine Kunsthochschule. Jahrbuch 3, Hochschule für Bildende Künste Braunschweig, Köln: Lutz Bertram und Salon Verlag 1999

Siegfried, Detlef: Der Fliegerblick, Flugzeugproduktion bei Junkers 1914–1934. Bonn: Verlag J.H.W. Dietz Nachf. 2001, S. 131–140

Steinbuch, Karl: Diese verdammte Technik. München/Berlin: Herbig Verlagsbuchhandlung 1980

Strube, Werner: Über drei Methoden der sprachanalytischen Ästhetik. Conceptus – Zeitschrift für Philosophie, XIX. Jhg. 46 (1985) S. 3–52

Tietz, Jürgen: Geschichte der Architektur des 20. Jahrhunderts. Köln: Könemann Verlagsgesellschaft 1998

Wagenfeld, Wilhelm: Gedanken und Erfahrungen des Formgestalters. In: König, Heinrich: Entwicklung der Formgebung in Deutschland. Düsseldorf: ECON-Verlag 1955

Wagenfeld, Wilhelm: Zweck und Sinn der künstlerischen Mitarbeit in Fabriken. Internationaler Kongress für Formgebung, veranstaltet vom Rat für Formgebung, Darmstadt/Berlin 14.–21.09.1957, als Manuskript gedruckt

Weidemann, Kurt: Laudatio für Prof. Axel Thallemer. FESTO. Design Team des Jahres 2001. Design Zentrum Nordrhein-Westfalen 2001

Werner, Thomas: Wenn ihr Bilder vergeßt… Reflexionen zur Grundlegung polyästhetischer Erziehung. In: Polyaisthesis 1 (1986)

v. Weizsäcker, Carl Friedrich: Die geheimnisvolle Wirklichkeit des Schönen. Festrede zur Eröffnung der Salzburger Festspiele am 26. Juli 1975. Sonderdruck. Salzburg: SN-Verlag 1975

Weyerer, Benedikt: München zu Fuß. Hamburg: VSA-Verlag 1988

Winter, F. G.: Planung oder Design – Materialien zur ästhetischen Erziehung. Über die Chancen der Phantasie in einer sich wandelnden Gesellschaft. Ravensburg: Otto Maier Verlag 1972, S. 50 u. 140

Wollen, Peter: Kunstmuseum Wolfsburg. Avantgarderobe: Kunst und Mode im 20. Jahrhundert, März/Juni 1999

Glossar

dessein

Im „Le Robert", dem frz. „Wahrig", steht unter dem Begriff dessein die Bedeutung „Ziel, Intention" und als Beispiele: geheime Ziele/desseins haben oder mit der Absicht.

In der umfangreichsten Datenbank der frz. Sprache liest man:
DESSEIN s. m. Résolution de faire quelque chose, intention, projet, prétention. Beau dessein. Grand dessein. Dessein illustre, généreux, noble, extraordinaire, méchant, pernicieux, bizarre &c. faire un dessein. former un dessein. avoir dessein. faire dessein de voyager. changer de dessein. cacher son dessein. exécuter son dessein. il ne va pas là sans dessein. il y va avec dessein de. il a du dessein. il est venu à mauvais dessein. avoir de grands desseins. venir à bout de ses desseins. renverser, ruiner les desseins de quelqu'un. il est là dans le dessein de faire &c. il a entrepris cela de dessein formé. Le dessein de l'armée est d'aller en tel lieu. le dessein en est pris. es venter le dessein des ennemis. Les ennemis ont dessein sur une telle place. Il y est allé de dessein prémédite.

Design

Sn >(Entwurf von) Gestalt, Aussehen; Plan< erw. fach. (20. Jh.). Entlehnt aus ne. Design, dieses aus frz. *Dessein* m., aus ital.: *disegno* m., >Zeichnung, Entwurf< (verwandte Begriffe: Idee, Urteilskraft, Vorstellung) einer postverbalen Ableitung von it. Disegnare >beabsichtigen, bezeichnen<, aus 1. designare, zu 1. signum >Zeichen<. Nomen agentis: *Designer*. Das aus dem französischen Wort unmittelbar entlehnte Dessin hält sich in der Bedeutung >Stoffmuster<
Aus: Kluge, F.: Etymologisches Wörterbuch der deutschen Sprache. 24. Aufl. Berlin: Walter de Gruyter 2002

design

plan, scheme, purpose XVI (Sh.); plan for a work of art XVII. Earliest forms deseigne, desseigne, disseigné, designe – F. desseing, des(s)ing (mod. dessein purpose, plan, form which is now differentiated dessin drawing, draft, f. usw., siehe auch Merriam-Webster Online Dictionary (Thesaurus) in der Anwendung als verb bzw. noun

Aus: Oxford Dictionary of English Etymology. Edited by C.T. Onions. Oxford: 1966

Zur Info: Altenglisch war eine germanische Sprache mit nur wenigen Lehnwörtern aus dem Lateinischen und einer Handvoll aus dem Kelt., Skand., Griechischen. Zahlreiche Wörter, die ursprünglich auf das Lateinische zurückgingen, wurden über das Altfranz. nach der Normannischen Eroberung (1066) entlehnt; die meisten der heute gebräuchlichen Wörter romanischen Ursprungs entstanden jedoch vor allem im 17. Jh. mit der rasanten Entwicklung in den Wissenschaften (weil Latein bis ins späte 17. Jh. Sprache der Wissenschaft war) und durch den großen Einfluss Italiens (Humanismus und Renaissance).

Zur heutigen Anwendung: Es gibt zwei Arten des Gebrauchs: Natur Design oder Kultur Design (Alltagskultur). Letzteres ist der künstlich/gestalterische Eingriff

Erfahrungen aus der Praxis

Technologiedesign über einen bionischen Ansatz – das Medium Luft als Metapher und Allegorie. Ein Selbstverständnis für den Ingenieur?

AXEL THALLEMER

An diesem Fallbeispiel soll eine Möglichkeit aufgezeigt werden, wie in dem Industriesektor langlebiger Investitionsgüter, insbesondere bei Pneumatikkomponenten der Automatisierungsbranche mit Hilfe von Bionic Branding, eine nachhaltige Markengestalt global induziert wird. Der Unterschied zum gesamten Wettbewerb liegt darin, dass nicht das eigentliche Verkaufsprodukt für Marketing oder Werbung als visueller Marker eingesetzt wird, sondern eher auf assoziativer Basis das Medium „Luft", das die Energie in unseren Systemlösungen transportiert. Bei Pneumatikanwendungen ist die Kernkompetenz das wissenschaftliche Know-how um das Gasgemisch Luft. Die Komponenten wie Luftaufbereitung über Filter, Regler und Öler, Schläuche, Ventilinseln, die die Energie mittels komprimierter Luft zu den Endverbrauchern, den Aktuatoren führen, sind meiner Meinung nach wenig geeignet, einem breiteren Publikum, das nicht mit Automatisierungsfragestellungen beschäftigt ist, den Markenkern von Festo abzubilden. Obwohl in unserem umfangreichen Corporate Design Manual dem Corporate Industrial Design ein eigenes, umfassendes Kapitel gewidmet ist und wir für die Gestaltung dieser Komponenten weltweit zahllose Auszeichnungen und Preise erzielt haben, halte ich diese dennoch für so „non-sexy", dass die Markengestalt insbesondere über unser „Air in Air"-Marketing kommuniziert wird. Unter „Air in Air" verstehen wir alles, was mit Luft in Luft funktional wird, d.h. wir leiten daraus sowohl im Business-to-Business- als auch im Relation- und Eventmarketing Prototypen und Testträger ab, die exemplarisch den Einsatz dieses Mediums zu Lande, in der Luft und auf dem Wasser verdeutlichen. Um die Kunden- und Mitarbeiterbindung zu vertiefen, setzen wir Ballone und Luftschiffe als Incentive ein. Neben der Medien- und Markenwirksamkeit der spektakulären pneumatischen Strukturen werden von diesen auch Serienteile abgeleitet, z.B. die Basisinnovation klassischer Antriebe – der „Pneumatische Muskel", der die Welt der Aktuatoren nachhaltig innoviert hat.

Die Automatisierungsindustrie ist gekennzeichnet durch kundenproblemorientierte Systemlösungen, z.B. für die Automobil- und Nahrungsmittelindustrie, aber auch durch andere Detailkomplexe wie „Pick and Place" und „Handling" in praktisch allen Fertigungsgebieten. Der Hauptfokus

der Kunden liegt in der Optimierung von Fertigungsprozessen. Der Trend
in der Industrieautomatisierung liegt in der zunehmenden Verknüpfung
mechanischer, elektrischer und elektronischer Baugruppen zu integrierten
Systemlösungen. Die klassischen Produkte in diesem Geschäftsfeld sind
Steuerungs- oder Regelungskomponenten zum gezielten Einsatz von komprimierter Luft als Antriebsmedium.

1925 wurde Festo als ein Familienunternehmen für Holzbearbeitungs-
maschinen gegründet. Mitte der 50er Jahre entdeckte man das immense
Potenzial, das in der Pneumatik in Bezug auf die Automatisierungsindustrie steckt. Seitdem expandieren die Geschäftszweige des Unternehmens stetig. Heute ist Festo einer der weltweit führenden Betriebe in den
Bereichen Pneumatik und Didaktik. Das Unternehmen produziert rund
20.000 Einzelkomponenten mit mehr als hunderttausend zusätzlichen
Varianten. Diese Bauteile bilden eine solide und vielfältige Basis für immer
mehr Geschäftszweige, deren Anwendungsmöglichkeiten keine Grenzen
gesetzt sind. Auf der ganzen Welt sind Festo Landesgesellschaften nach
ISO 9001/9002 zertifiziert und Festo ist stolz darauf, über 2.800 Patente
erfolgreich erteilt bekommen zu haben. Ungefähr 90% der 500 wichtigsten
internationalen Industrieunternehmen benutzen Festo Produkte für die
verschiedensten Aufgabenbereiche in der Automatisierung. Der jährliche
Umsatz beläuft sich auf 1,2 Mrd. Euro bei rund 10.000 Mitarbeitern weltweit. 52 eigene Landesgesellschaften agieren unter der Marke Festo mit 250
Regionalbüros in 176 Ländern. Das Untenehmen nimmt jährlich an mehr
als 170 gewerblichen Ausstellungen und Messen teil.

Festo hat ein stringentes, in sich schlüssiges Corporate Design eingeführt und umgesetzt, das in seiner Dachmarkenstrategie artikuliert wird.
Diese verstärkt die weltweite Wahrnehmung von Festo als ein technolo-
gie- und marktgetriebenes Unternehmen. Ziel ist es, sich als selbstorga-
nisierendes, selbststeuerndes und nach den Notwendigkeiten des Marktes
selbsterneuerndes Unternehmen zu verstehen. Diese „Learning Company" ist weltweiter lebendiger Ausdruck dieses Gedankens sowie Basis und
Fokus branchenübergreifender Innovationen und Kompetenz. Festo hat
den Anspruch, in der Automatisierungsindustrie mit Pneumatik das beste, weltweit führende Unternehmen mit der höchsten Kundenproblemlö-
sungskompetenz der Branche zu sein.

Trotz des außerordentlichen Erfolges ist auch Festo den Bedingungen
der globalen Marktwirtschaft ausgesetzt, die alle Unternehmen und Hersteller gleichermaßen betreffen. Drohende Rezessionen, ständig steigende
Preise für Rohmaterialien und der Wettstreit mit anderen Mitbewerbern,
die ähnliche Stärken und Qualitäten aufweisen, stellen entscheidende Herausforderungen dar. Die Antwort von Festo ist u.a. in folgenden Strategien
zu finden: ständige Innovation, die Einhaltung höchster Qualitätsstandards
sowie der Einsatz von umweltfreundlichen Herstellungsverfahren. Ein

wichtiger Baustein ist die konsequente Verfolgung einer markenästhetischen Corporate Identity.

Jedoch ist der Aufbau einer Corporate Culture und einer konsistenten Dachmarkenstrategie keine Sache der schnellen Schritte, sondern offensichtlich eine längerfristige Aufgabe. Es ist unsere Herausforderung, auch in der Zukunft unsere Standards weltweit zu verbessern und neue beeindruckende Projekte zu erdenken, die unsere Vorstellung von „Air in Air" am besten ausdrücken. Somit versuchen wir, den globalen High-Tech-Konzern, der die landesspezifischen, lokalen Besonderheiten achtet, zu begleiten.

In dem Geschäftsfeld langlebiger Investitionsgüter der Automatisierungsbranche – insbesondere der Pneumatik – ist Branding eigentlich die absolute Ausnahme. Keiner der bekannten Wettbewerber in diesem Geschäftsfeld betreibt Marketing oder Werbung jenseits des Verkaufsproduktes, geschweige denn eine Markenstrategie, welche die inneren Werte des Unternehmens nicht an der eigentlichen Pneumatikkomponente festmacht. Wie bereits eingangs geschildert, ist unser strategischer Ansatz genau das Gegenteil. Wir transportieren die Unternehmenswerte über das Antriebsmedium der Pneumatik und verwenden in der Markenkommunikation ungleich allen anderen Wettbewerbern in diesem Geschäftsfeld nicht die Endprodukte. Auf diese Art und Weise sind wir in der Lage, unseren Markennamen weit über unseren eigentlichen Endkundenkreis hinaus auch in völlig anderen Gesellschaftsschichten, die ansonsten mit Industrieautomatisierung nie in Kontakt kommen würden, zu kommunizieren und so auch eine Wertediskussion über industrielle Innovation in Gang zu setzen. Wir setzen auf diese Markenstrategie, weil wir glauben, dass selbst in diesen industriellen Geschäftsfeldern die Emotion wichtigster Auslöser eines Kaufaktes ist. Dadurch versprechen wir uns, die spezifischen Herausforderungen der Zukunft besser als unsere Wettbewerber meistern zu können. Wir sehen darin ganz klar ein Alleinstellungsmerkmal für die Marke Festo.

Firmeninterne Dachmarkenstrategie – Einführung von Corporate Design

Es war nicht immer selbstverständlich für Festo, eine stringente Markenpolitik zu leben. Deshalb bestand der erste Schritt darin, neue Akzente zu setzen: Obwohl das Unternehmen schon immer sehr erfolgreich war, wurde durch eine gründliche Analyse evident, dass Festo die Existenz einer Markenfamilie nur unbewusst gelebt hatte. Eines der aussagekräftigen Symptome waren die vielen nebeneinander existierenden Festo Logos. Jede Landesgesellschaft benutzte beispielsweise das Logo, das vom jeweiligen Geschäftsführer favorisiert wurde. Bis dahin bestand die Stärke des Unternehmens in einem weltweit sehr dichten Vertriebsnetz, welches den

Kunden einen schnellen und hochqualitativen Service bietet. Somit hatte der Vertrieb nicht nur über den Kundendienst quasi Marketingfunktion, sondern verstand sich auch als Hüter und Zentrum des Branding. Fundamentale Veränderungen waren notwendig. 1994 fassten die geschäftsführenden Gesellschafter den Entschluss, die Markenführung neben rein vertrieblichen Aktivitäten nun auf eine neue, durchgängige und ganzheitlich ausgerichtete Basis zu stellen. Nach vielen Beratungsgesprächen wurde eine globale Dachmarkenstrategie mit einer rationalen High-Tech-Wortmarke ins Leben gerufen. Die Abteilung Corporate Design wurde dazu 1994 von mir gegründet und seitdem geleitet. Die Abteilung Corporate Design bei Festo ist direkt dem Vorstandsvorsitzenden zugeordnet und gliedert sich in die Bereiche Corporate Design, Industrie Design, Produkt Design und Pneumatisches Design.

Dieser neu gegründete Bereich generierte eine holistische, design- und praxisorientierte Philosophie, die Gültigkeit für das gesamte Unternehmen hat. Die neue Philosophie lässt sich unter dem programmatischen Schlagwort „Air in Air" subsumieren, das die verschiedensten Aktivitäten zusammenführt, die mit Luft in Luft funktionieren. Auf diese Weise bestimmt „Air in Air" zielgenau die Kernkompetenz unseres Unternehmens und gibt allen internen sowie externen Aktivitäten eine einheitliche Ausrichtung. Die Abteilung Corporate Design ist für die weltweite Umsetzung von „Air in Air" verantwortlich. Alle Ebenen von Design, Architektur und Technik sind in diesen Prozess integriert. Die Arbeit vollzieht sich auf der Basis holistischer Strategien, die auch das Event Marketing mit einschließt. Angefangen beim Normalbrief bis hin zur Einladungskarte, von der Zentrale bis hin zum technischen Berater, alle Organisationsstrukturen und Mitarbeiter kommunizieren dieselbe Botschaft: Kompetenz, Überzeugungskraft und vor allem Teil einer Organisationsstruktur zu sein, die nicht hierarchisch aufgebaut ist, sondern die sich einem lebensbegleitenden Lernprozess und der Selbstorganisation verschrieben hat.

Das neue Corporate Design Manual von Festo

Entscheidend und von äußerster Wichtigkeit für die Durchsetzung der neuen Strategie war die Erstellung des 296 Seiten starken Corporate Design Manuals, das auch kurz CD Manual genannt wird. Es bietet eine vollständige Übersicht über die semantischen und semiotischen Elemente des Festo Image. Das Handbuch unterscheidet sich von seinen Vorläufern durch seinen wohldurchdachten Inhalt – statt Blindtext – und sein Volumen, aber vor allem durch seine zahlreichen ungewöhnlichen Textbeispiele. Um den Benutzern einen einfachen Einstieg in die neuen Designrichtlinien und in die Welt des Relationmarketing zu ermöglichen, erzählt das Manual die

Geschichte des Ballonfahrens auf den Gestaltungsvorlagen. Die Beispiel-
texte bereiten den Leser auch auf das letzte Kapitel des Handbuchs vor,
in dem unser Business-to-Business-Marketing mit den drei verschiedenen
Ballonvarianten, Heißluft-, Gas- und Stratosphärenballon, vorgestellt wird.
Die digitale Version des Manuals ist auf einer CD-ROM erhältlich.

Korrespondenz aus einem Guss

Für den ökologisch sinnvollen Ablauf der externen wie der internen Kor-
respondenz sieht unser neues Corporate Design Softwaremasken für das
weltweit eingesetzte Textverarbeitungssystem der Firma Festo vor. Alle
Bestandteile der PC-Kommunikation sind als Vorlagen auf jedem einzelnen
PC via Datenbank verfügbar. Am jeweiligen Arbeitsplatz werden, nachdem
sich der Mitarbeiter persönlich eingeloggt hat, bei Aufrufen von Briefbögen,
Formularen usw. die Dokumente mit allen nötigen Daten, wie Absender
des PC-Nutzers, Unterschriftenabspann etc., versehen. Erst nach Abschluss
der Einträge werden Dokumente, sofern nicht via Datennetz kommuniziert
wird, auf Papier mittels Laserprinter ausgedruckt. Für alle Kommunikati-
onsvorgänge wird das gleiche Papier verwendet, da alle bereichsbezogenen
Details durch die Personalisierung der Vorlagen abgedeckt sind. Ein weiterer Vorteil ist, dass etwa Änderungen bei Adressen, Formularen usw. sofort
eingearbeitet werden können. So müssen keine veralteten Papiervorräte
aufgebraucht oder als Altpapier entsorgt werden.

Damit haben wir das wichtigste Element in der Schaffung einer konsistenten Corporate Identity realisiert: einen weltweit einheitlichen Auftritt,
der durch die Dachmarke Festo seinen Ausdruck findet. Die Homogenität
des Auftritts umfasst sogar E-Mails und das Internet.

Intern wurden diese Gestaltungsrichtlinien über die neuen Piktogram-
me, welche Pneumatikanwendungen kodifizieren, transportiert. Diese
Piktogrammsprache dient als Bindeglied aller Ableitungen im Bereich der
visuellen Medien, von Firmenbroschüren über Produktkataloge bis hin zu
Unternehmens- und Imagefilmen. In der internen wie externen Kommunikation fand dies Niederschlag in der Ausgestaltung des neuen Unterneh-
mensportraits „Facts", der Firmenbroschüre „Basics", dem Leitbild „Motifs"
und den Zukunftsvisionen in der Broschüre „Views". Der historische Rückblick auf die 75-jährige Firmengeschichte wird in „Times" beschrieben,
wobei die, die Markengestalt prägenden letzten sechs Jahre, retrospektiv
auf die gesamte Zeit übertragen wurden. Die Mitarbeiter weltweit, werden
in „People", die Landesgesellschaften in „Globe" vorgestellt. Dieses Konvo-
lut an Firmenbroschüren beschreibt in seiner Gesamtheit zielgruppenge-
recht die Positionierung des Unternehmens Festo. Schmuck-, Wand- und
Tischkalender kommunizieren seit Einführung der neuen Markengestalt

den neuen Auftritt im Alltag, ebenso wie die vielen speziell gestalteten
Give Aways aus dem Company Store. Letzterer teilt sich in zwei Bereiche,
Festo Ware und Festo Wear. Während in ersterem Utensilien des täglichen
Bedarfs angeboten werden, sind bei letzterem Arbeits-, Businesskleidung,
Sport- und Freizeitmode, insbesondere im Kontext unseres Relationmar-
keting, zu finden. Unsere Vision der Markenwerte hat bei den Mitarbeitern
intern dazu geführt, dass diese ihre Arbeitsplätze mit den speziell gestalte-
ten Büroutensilien des Company Store ausstatten und die Businesskleidung
von Festo Wear nicht nur innerbetrieblich sondern auch im Alltag tragen
und so ihre Loyalität gegenüber Festo dokumentieren. Dies geht bis in den
Bereich der Freizeitaktivitäten hinein, bei denen unsere Mitarbeiter Festo
Wear z. B. beim Fußball, Radsport und Laufen als Markenbotschaft am
Körper tragen.

Auf diese Weise repräsentiert das CD-Manual einen Standard, der sich
für hohe Qualitätsansprüche verbürgt. Es kommt damit Visionen gleich,
die eine ganze Gesellschaft inspirieren können. Das Handbuch umreißt die
Essenz von Festo und weist den Weg zukünftiger Visionen und Zielsetzungen. Außerdem dient es als Quelle der Inspiration für alle Mitarbeiter von
Festo. In den öffentlichen Medien erschienen über die letzten Jahre zahllose
Berichte über die neue Markengestalt in Fachzeitschriften, überregionalen
Zeitungen und in diversen Fernsehbeiträgen. Unsere Arbeiten an der Mar-
ke wurden mit zahlreichen Designauszeichnungen weltweit bedacht und
finden sich mittlerweile in den einschlägigen Dauerausstellungen von acht
Museen auf der ganzen Welt wieder.

Das Technologie Center

Unser neuestes Ergebnis ist eine visuelle Artikulation und die stringente
Umsetzung der Corporate Design Richtlinien im neuen Festo Technologie
Center. Das Technologie Center ist nicht nur eine beispielhafte Umsetzung
unserer Corporate Design Richtlinien, es ist gleichzeitig auch eine nach
evolutionären Prinzipien entwickelte Denkschmiede, die Ökologie, Ökonomie und Technologie auf einen Nenner bringt. Das Festo Technologie Center schafft über die nicht eingedeckten Innenhöfe die Verzahnung mit den
Streuobstwiesen der Fildern, die extensive Dachbegrünung gibt versiegelte
Fläche der Landschaft zurück. Bauteilkühlung temperiert die Innenräume;
die Energie dafür stammt aus dem Grundwasserstrom, der talwärts Richtung Neckar fließt und über knapp 400 Betonbohrpfähle den Rotations-
wärmetauschern und somit dem Gebäudekreislauf zugeführt wird. Tages-
lichtlenkung und intelligente Gebäudeleittechnik minimieren den Bedarf
an elektrischer Energie. Das biologische Prinzip des Pneus versetzt unser
Gebäude während der Wintermonate in einen römischen Frühling.

Die zuvor grob skizzierte Markengestalt wurde nun von Corporate Design auf das Technologiezentrum abgebildet. Gemäß unserem kosmopolitischen Verständnis wurde eine neue Form der „Weltweit Darstellung" entwickelt. Diese phänotypisch auf Quadraten und Rechtecken basierende Codierung politischer Ländergrenzen schafft eine CD-konforme Verbindung aller Festo Landesgesellschaften und ermöglicht es, interaktiv im Eingangsfoyer über Webcams in Echtzeit Kontakt mit unseren Niederlassungen aufzunehmen. Ebenso leitet sich daraus unser elektronisches Orientierungssystem ab, welches das Auffinden einzelner Abteilungen und Mitarbeiter in unseren fraktalen Büros ermöglicht. Für Besucher wird es ein Handgerät geben, das interaktiv den Weg zur gewünschten Location oder Person weist. Einbau- und Pendelleuchten thematisieren das Quadrat. So wie sich das Rechteck und Quadrat als morphologischer Baukasten auf die gesamte Sekundärarchitektur abbildet, so findet sich auch die Corporate Farbpalette in Analogie zu unserem Industrie- und Produktdesign wieder. Konkret heißt dies, dass die Farbe des Logogramms, Caerul, auch, immer dann Anwendung findet, wenn eine Aktion ausgelöst oder etwas betätigt werden kann. Sucaerul indiziert z.B. das Fließen von Druckkräften in der metallenen Tragkonstruktion. Die Zugkräfte werden durch Edelstahl mit seiner natürlichen Oberfläche symbolisiert. Canul ist die neutrale Grundfarbe unserer Oberflächen, durch das Metallic-Pigment Weißaluminium können ästhetische Überhöhungen gezielt eingesetzt werden. Sucanul, die hellere Variante unseres Neutraltons, findet sich nicht nur in unserem Briefpapier und Visitenkarten wieder, sondern auch in der Büromöblierung bei den Schreibtischoberflächen. Die Mobilität der Schreibtische, wie auch die anderer Einrichtungsgegenstände des fraktalen Büros, ist durch die Verwendung caerulfarbener Rollen symbolisiert. Gleiches gilt für die Lordosenstütze des Drehstuhls. Kleiderständer, Stifthalter, Papierkörbe, Klebefilmspender, Locher und Klammermaschinen folgen diesem Farben- und Formen-Kanon ebenso wie die Schränke, welche als Akustikresonatoren ausgebildet sind, bis hin zu den Lichtschaltern. Selbstredend sind die elektronischen Bürokommunikationseinrichtungen ebenso mit den jeweiligen Herstellern darauf abgestimmt worden. Daraus leitete sich auch der neue Heimarbeitsplatz ab; das Home Office ist in Form-, Material- und Farbwahl wie ein kleines Technologiezentrum als Satellit zu betrachten. Das Verankern von Festo als weltweitem Synonym für High-Tech und Innovation hat neben dem Propagieren der signetfreien Monomarke auch das völlige Fehlen von naturbelassenen Holzoberflächen zur Folge.

Firmenexterne Dachmarkenstrategie – Festo Komponenten

Industrie Design – Einheitliche Gestaltungssprache für alle Produkte

Der Bereich Industrie Design ist für eine standardisierte Gestaltungssprache der neuen Festo Produkte (inkl. der Typenschilder) im Sinne der neuen Identity zuständig. Zu den identitätsstiftenden Merkmalen zählen die Aluminiumfarbe als Metallic-Ton, Grau und Schwarz bei den Kunststoffen und die Firmenfarbe Caerul (HKS 47 K) bei der Wortmarke Festo. Ansonsten kommt letztere nur als Indikator für Bedienelemente, wie Schalter oder Handhilfsbetätigungen, vor. Die Besonderheit der Tätigkeit in diesem Bereich liegt darin, dass auf High-End-Workstations unterschiedlicher Provenienz mit verschiedenen Softwarepaketen nicht nur gestalterisch gearbeitet wird. Vielmehr werden auch Datensätze zur Fräsbahnerzeugung zur Verfügung gestellt. Damit lassen sich z. B. im Sinne von „Co-operating Engineering" Daten gewinnen, die über Datennetze weltweit kommuniziert werden. Diese zeitgemäße Arbeitsform ermöglicht Standbilder oder computergenerierte Filme Monate vor dem ersten Prototypen und dem Serienanlauf.

Gern steht unser Bereich Industrie Design auch anderen Abteilungen mit Ideen und Anregungen zur Seite. Die weltweite Teilnahme an zahlreichen Designwettbewerben in den letzten Jahren war für Festo außerordentlich erfolgreich und positionierte das Unternehmen als designorientierten Hersteller direkt hinter Siemens. Besonders freut uns, neben zahllosen anderen Preisen, die Auszeichnung mit dem Designpreis 2002 der Bundesrepublik Deutschland, der vom Bundesministerium für Wirtschaft und Arbeit vergeben und vom Bundespräsidenten persönlich überreicht wurde.

Bisher kannte man Festo Corporate Design nur unter dem Stichwort „Branding" für eine globale Dachmarke, die sich letztlich in der Industrie-Design-Sprache für non-sexy products der langlebigen Investitionsgüter in der Automatisierungsbranche materialisiert hat. Jedoch waren wir in der Zwischenzeit nicht untätig: So haben wir unseren Kernbereich um die beiden Felder Ergonomie und Trendscouting erweitert. Gemäß unserer ganzheitlichen Arbeitsweise nehmen wir unmittelbar nach der Ideation unsere Designarbeit an den Computern auf. Sehr rasch lassen sich hier ergonomische Neuansätze skizzieren, die über Rapid Prototyping direkt zu „be"-greifbaren Mock-ups führen. Infolge schnellerer Zyklen durchlaufen wir mehr Iterationsschleifen und können deshalb auch zunächst abwegig erscheinenden Ansätzen die Chance der realen Prüfung geben. Da generell bei diesen Produkten der Mensch im Zentrum steht, verbleibt dieser auch bei den Handling-Tests im Mittelpunkt der Entscheidungsfindung. Zuerst analysieren wir den Ist-Zustand: Was sind die Vorteile der Produkte einzelner Wettbewerber für ein spezifisches Einsatzfeld? Dann versuchen wir, unser Produkt analytisch in diesem Kontext zu positionieren und leiten mittels Marktforschung eine Zielvorgabe für das neue Produkt ab. Dieses Entwicklungsziel resultiert aus Kundenbefragungen, wobei jenes Wunschprofil mit unserem Wertesystem der Nutzenorientierung, Verantwortung und Innovation korreliert wird. Analog zur neuen Corporate Identity Strategie und unserer Dachmarkensyntax wurde auch für dieses Geschäftsfeld eine konsistente Corporate Design Sprache abgeleitet. Nur musste sie sich hier den jeweiligen Bewegungs- und Griffabfolgen bei der Handhabung der jeweiligen Komponenten unterordnen. Die Abrundung unseres Testpanels erfolgt über Repräsentanten verschiedener Percentilgruppen, wobei eine möglichst breite Anwendung durch unterschiedlich gebaute Personen sichergestellt wird.

Ergonomie und ihr großes Nutzenreservoir

Gleiche ergonomische Sorgfalt verwenden wir auf das Handling des Zubehörs, der Energieversorgung, der Packung und der Ersatzteile. Natürlich sind hier ökologische Gesichtspunkte im Anforderungsprofil von ganz besonderer Relevanz. Ergonomie bedeutet für uns auch, dass sich die Funktionalität des betreffenden Gerätes nonverbal aus der Gestaltung selbst erklärt; Notausfunktionen und Schnellstop mit eingeschlossen. Gelungene Ergonomie bedeutet gleichermaßen Unfallverhütung sowie Verletzungsminimierung. Diese geht vom Werkzeug und von dessen Gebrauch aus. Mit den Schwerpunkten human factors und Ergonomie – beim Design von Industriekomponenten – ist es unser Anspruch, die Gestaltung vom schlichten Selbstzweck zu befreien und zu einem Mittel der Zielverwirklichung werden zu lassen, d.h., wirtschaftlich sehr erfolgreiche Pneumatikbausteine zu entwickeln.

Kreativität braucht Inspiration

Eine Schwierigkeit bei der kreativen Tätigkeit liegt darin, sich ständig neuen Reizen auszusetzen, besonders dann, wenn die Designbüros von Unternehmen in „splendid isolation" gelegen sind. Nach unserer Überzeugung entstehen Trends vorwiegend dort, wo ausreichend Kommunikation stattfindet. Viel kommuniziert wird an Orten, an denen viele Menschen auf engem Raum und vorzugsweise viele Kulturen interaktiv zusammentreffen.

Der Hang zur Stadtflucht großer Unternehmen, um etwa von günstigen Grundstückpreisen zu profitieren, hat sich bereits ins Gegenteil verkehrt. Denn die Schnellen der Branche haben längst erkannt, dass in einer kul-

turell schwächer strukturierten Umgebung für kulturell Schaffende – sei
es in den Darstellenden oder Bildenden Künsten – der geistige Nährbo-
den fehlt, um neue Entwicklungen und Stile zu begünstigen. Der Mensch
ist ein kommunikatives Wesen, und wird ihm die Gelegenheit genommen,
sich mit gleich oder ähnlich disponierten Partnern und Persönlichkeiten
auszutauschen, so verliert er möglicherweise schnell seinen schöpferischen
Impetus.

Mit Begeisterung Innovationen schaffen: Luftige Markenstrategien im Einklang mit der Natur

Was wir unter dem eher allgemeinen Begriff „Pneumatische Strukturen"
verstehen, geht über das hinaus, was wir unter Pneumatik im engeren Sinne verstehen. Bei Festo werden unsere Einfälle aus einer neuen interdisziplinären Wissenschaft gespeist: der Bionik, der „grünen" Technologie.
Die Bezeichnung Bionik leitet sich aus den Worten Biologie und Technik
ab. Inhaltlich überschneidet sie sich mit den Ingenieurswissenschaften,
der Architektur und der Mathematik. Das Hauptziel der Bionik ist es, die
Problemlösungsansätze der Natur, die sich über Jahrmillionen entwickeln
konnten, auf technologische Fragestellungen zu übertragen. So ausgerichtet, gelingt es der Bionik, aufregende Parallelen und Analogien zwischen
Biologie und Technologie aufzudecken. In einem zweiten Schritt kann
Bionik selbst zum Impulsgeber für neue Entwicklungen werden. Diese sind dann „natürlicher" und umweltverträglicher als solche, die ohne
biologische Vorbilder entstanden sind. Zum Beispiel konnten Kommuni-
kationsformen zwischen Tieren beste Ideen für die Technik von Audio-,
Video- und Datenübertragungssystemen liefern. Lebende Systeme bieten
wertvolle Vorbilder für neue Denkansätze. Zukunftsfähige Produkte müssen öko-intelligent sein, d. h., sie müssen gleichzeitig funktional, repara-
turfreundlich, ressourcenschonend, langlebig und wiederverwertbar sein.
Diese Anforderungen sind bei biologischen Produkten in natürlichen Systemen erfüllt. Die belebte Natur ist ein geschlossenes System. Was ein Orga-
nismus an Rückständen hinterlässt, wird von einem anderen verwertet und
so wieder in den Kreislauf eingeführt. Das ist im Grunde eine Verbundtech-
nologie par excellence. Dieser Aspekt ist besonders wichtig in einer Welt,
in der sich Rohmaterialien ständig verknappen und allein deshalb schon
materialsparende Verfahren bei der Herstellung von Produkten dringend
erforderlich sind. Je weniger Rohstoffe in der Produktion benutzt werden,
je mehr recycelbare Energiequellen erschlossen werden, desto mehr werden natürliche Ressourcen geschont. Die sachgerechte Einschätzung des
möglichen Effektes eines Produktes besteht in der ganzheitlichen Bilanzie-
rung von der Rohmaterialherstellung über die Produktion und Nutzung bis

zum „end of life". Wesentliche Entwicklungsziele der bionischen Forschung
sind deshalb auch der Einsatz energiesparender, umweltschonender Komponenten, umweltfreundlicher Wartungsmethoden und Verbindungstechnologien.

Neben seinen Kernkompetenzen in der Automatisierungstechnik und
der industriellen Aus- und Weiterbildung hat sich Festo der Bionik und
ihren Zielen verschrieben und bemüht sich, aus diesen Anregungen konkrete Produkte umzusetzen. Wir haben konsequenterweise pneumatische
Prototypen kreiert, die fundamentalen biologischen Prinzipien folgen und
gleichermaßen mit technischer Raffinesse und ästhetischem Esprit brillieren.

Der künstliche Muskel

Der Fluidic Muscle ist ein Schlauch, der in wechselnden Schichten aus
Elastomer und Festigkeitsträgern (Fadengelege) besteht und als Aktuator
sowohl mit kompressiblen als auch mit nicht kompressiblen Fluiden betrieben werden kann.

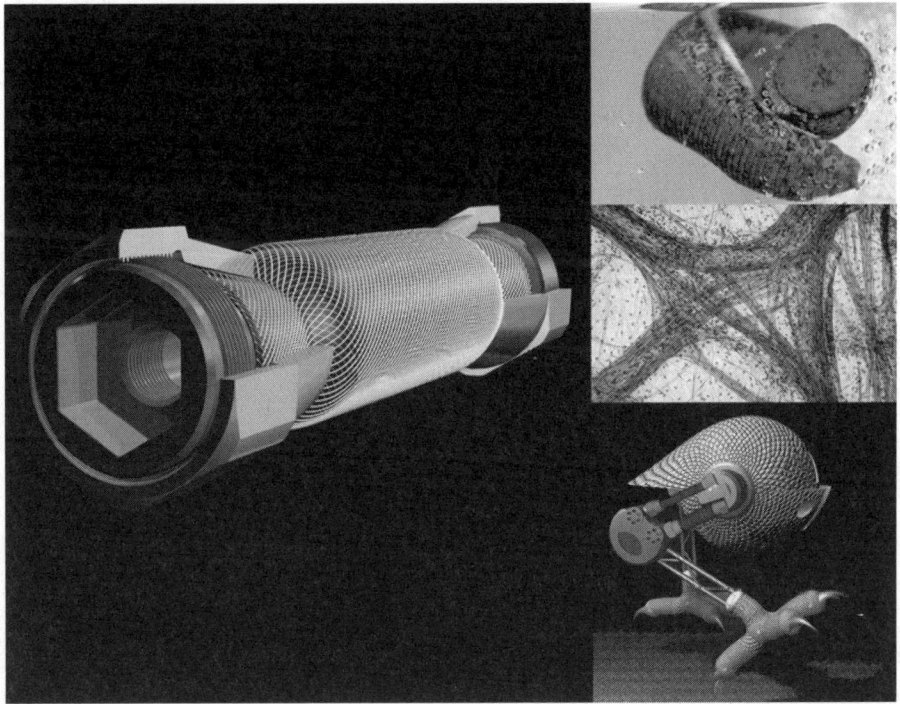

Fluidischer Muskel: Doppelspiralstruktur, von Blutegeln abgeleitet

Durch Aufbau eines Innendrucks über ein fluidisches Medium zieht sich der Kontraktionsschlauch in Längsrichtung zusammen. Diese Verkürzung in der Längsachse ist direkt proportional zum Befüllvolumen. Daher ist ein exaktes Positionieren ohne Regelelektronik nur über die reine Steuerung des Innendrucks möglich.

Eines unserer ersten Projekte, die den Fluidischen Muskel in aufregender Weise einsetzen, ist „Airtecture".

Airtecture – eine Halle voller Luft, doch ohne Überdruck

„Airtecture", ein Neologismus aus „Architektur" und dem englischen Wort für Luft „Air", ist ein Membrangebäude, das durch Vorspannung mittels kompressibler Fluide, lastabtragende, klassische Bauteile wie Stützen, Wände, Träger, Dach, – ja selbst Seile, erhält. Dieses Gebäude hat keinerlei Vorläufer in der Baugeschichte, da der Innenraum den gleichen atmosphärischen Druck wie der Außenraum aufweist. Die Gestalt der Ypsilon-Stützen wurde aus der Tragstruktur von Libellenflügeln abgeleitet, wobei der Drei-Punkt-Knoten die kürzeste Verbindung zwischen diesen ist. Die Quer-

Airtecture: Säulen in Y-Form, von Libellenflügeln abgeleitet

schnitte folgen in ihrer Entasis dem Kräfteverlauf. Jeweils paarig, v-förmig zueinander angeordnete Ypsilon-Stützen formen das Exoskelett, das als Raumtragwerk – ausgesteift mit pneumatischen Muskeln – der Innenhaut als Tragstruktur dient.

Airquarium

Beim Betrachten von Regentropfen, die in der Natur beim Auftreffen auf einer Wasseroberfläche eine sphärische Kuppel erzeugen, entstand die Idee zu „Airquarium". Mit „Airquarium" hat Festo Corporate Design die klassische Traglufthalle dahingehend innoviert, indem Festo die erste schnelle portable Architektur geschaffen hat, in der ein Membrantorus, welcher mit

Airquarium: abgeleitet von natürlichen Wasserfilmen

150 Tonnen Ballastwasser gefüllt werden kann, als Fundament dient. Darüber spannt sich eine Kalotte mit 32 Meter Durchmesser und 8 Meter Höhe, die durch Luftdruck getragen wird. Auch dies war, wie beim Fluidic Muscle, nur durch Materialentwicklung möglich. Um ökologischen Aspekten Rechnung zu tragen, wurde die Kunststoffmembrane dahingehend optimiert, dass im Brandfall lediglich ein nicht toxisches Dampfgemisch aus Wasser und Essig freigesetzt wird. Mit Vitroflex wurde ein transparenter Kautschuk entwickelt, welcher als Festigkeitsträger Glasfasern eingebettet hat. Somit war ein Materialstärkeverhältnis zu einer Spannweite von 1 : 14.800 möglich.

Funnbrella

Unser neuentwickelter, quadratischer Trichterschirm mit einer Kantenlänge von 31,6 x 31,6 m ruht auf lediglich einer Mittelstütze, die jedoch aus Gründen der Materialersparnis in einzelne, gebündelte Rohre aufgelöst ist. Dieser Trichterschirm ist heute wohl mit Abstand die größte freistehende Ein-Punkt-Schirmkonstruktion, die uns gegenwärtig weltweit bekannt ist. Zusätzlich weist diese durch eine neuentwickelte Membrane die momentan höchste Kombination von Zugfestigkeit und Transluzenz auf. Mit seinem exotischen Äußeren erinnert er an einen umgedrehten japanischen Schirm. Somit verleiht Funnbrella der Eingangspforte unseres Technologie Centers eine ganz besondere Note.

Funnbrella: Trichterschirm, von Pilzstrukturen abgeleitet

Ballooning – die Durchsetzung einer Dachmarkenstrategie als himmlisches Vergnügen

Zusätzlich zu unseren vielfältigen pneumatischen Projekten haben wir eine effektive Serie von indirekten Marketing-Maßnahmen entworfen. Ballooning sagte uns als geeignete Strategie am meisten zu. Es passt hervorragend in unser übergreifendes pneumatisches „Air in Air"-Programm. Gleichzeitig ist es ein ausgezeichnetes indirektes Marketingwerkzeug, das die Menschen zum Träumen bringt und emotionale Assoziationen weckt. Deshalb ist es von höchster Bedeutung, Festo Komponenten ein emotionales Erlebnisprofil zu verleihen, welches sich von der Konkurrenz unterscheidet. Emotionale Erlebnisse sind weitgehend an die Wahrnehmung von stimulierenden Reizen oder an eine bildliche Vorstellung derselben gebunden. Der Erfolg einer emotionalen Produktdifferenzierung hängt demzufolge davon ab, ob durch die Marketingmaßnahmen visuelle Erlebnisprofile im Kopf der Käufer geschaffen wurden. Was könnte dies besser leisten als eine Fahrt in Festo Ballonen oder mit dem Heißluft-Luftschiff? Versteckt verstärkt Ballooning spielerisch und auf eine fröhliche Art Assoziationen mit Festo als einer Firma, die weltweit präsent ist. Ballooning intensiviert auch die Konnotationen von Festo mit Attributen wie technologischer Kompetenz, Innovation und Spitzenleistung.

Ballooning Entwicklungen werden durch Corporate Design geplant und gesteuert. Wir haben Ballooning in drei Bereiche aufgeteilt: Heißluftballone, Gasballone sowie das Heißluft-Luftschiff.

Mit dem Upside Down Twin von Kontinent zu Kontinent

Die Schwierigkeit bestand darin für die Automatisierungsbranche langlebiger, industrieller Investitionsgüter ein geeignetes Medium zu finden, mit dem sich auch diese Produkte breiteren Bevölkerungsgruppen kommunizieren lassen. Nachdem die Firma Festo ausschließlich solche Komponenten herstellt und vertreibt, lag es nahe, über „Luft" die inhaltliche Verbindung zu suchen. Während wir mit den Heißluftballonen breite Bevölkerungsgruppen ansprechen können, ist der Gasballon für internationale Wettfahrten gedacht.

Mit den Heißluftballonen können breite Gesellschaftskreise über Tagespresse, Rundfunk und Fernsehen erreicht werden. Um besondere Aufmerksamkeit im recht breiten Feld der Heißluftballone zu erwecken, wurde der Upside Down Twin geschaffen. Mit der Vorstellung der Zwillingsballone hat Festo die Schwerkraft sprichwörtlich auf den Kopf gestellt. Beide Ballone sind in Größe, Farbe und Erscheinung identisch. Der klassische Ballon unterscheidet sich nur in einem Punkt wesentlich von seinem Bruder, denn der steht im wahrsten Sinne des Wortes auf dem Kopf. An einer Fahrt können neben dem Piloten bis zu vier Personen teilnehmen. Der Upside Down gehört zu den größeren Heißluftballonen, die gebaut werden. Er wird von einem Piloten gesteuert, der sich im Innern des Ballons befindet. Um den Zusammenhang der Festo Gesellschaften weltweit zu unterstreichen, starten die Ballone seit 1995 zur Festo World Tour, die symbolisch unsere Landesgesellschaften verbindet. Zahlreiche Veröffentlichungen in Zeitungen, Rundfunkinterviews und Fernsehreportagen in den Startländern belegen die weltweit hohe Publizität unserer geschaffenen Event Marketing Linie.

Gasballone von Festo – Fortschritt mit Tradition

Eine Montgolfiere kennen Sie sicher; aber wussten Sie, was eine Charlière ist? Im Dezember 1783, nur drei Monate nach dem aufsehenerregenden Start der Gebrüder Montgolfier, fuhr der erste Gasballon. Benannt nach ihrem Erbauer, J.A.C. Charles, legte die Charlière bei ihrer Jungfernfahrt eine Strecke von immerhin 43 km zurück.

Gefüllt mit Wasserstoff oder Helium können Gasballone in der Regel länger in der Luft verweilen und damit weit größere Strecken zurücklegen als klassische Heißluftballone. Der netzlose Ballon von Festo gehört zu den modernsten Gasballonen. Zwar wird er in erster Linie für sportliche Veranstaltungen eingesetzt, Passagierfahrten sind aber jederzeit möglich.

Heißluft-Luftschiff

Beim Relationmarketing wurde unser Ballooning durch das im Moment modernste, viersitzige Heißluft-Luftschiff erweitert. Die herausragende Eigenschaft dieses Luftschiffs ist seine volle Lufttüchtigkeit sowie seine Fähigkeit – ganz im Gegensatz zu Ballonen – Rundfahrten durchzuführen, bei welchen sich Start- und Landeplatz an ein- und derselben Stelle befinden. In den Heißluft-Luftschiffen liegt noch ein großes Leistungspotenzial in Hinblick auf unser Business-to-Business Marketing, mit dem unsere Strategien für Heißluft- und Gasballone ergänzt werden können.

Luft – das sechste Baumaterial

Wir konnten zeigen, wie nach der entwicklungsgeschichtlichen Verwendung von Stein, Holz, Metall, Keramik/Glas und Membranen, sei es Fell oder Leder, oder mittlerweile technischer Textilien, die allgegenwärtige Luft als vielfältig einsetzbarer und gleichzeitig schöner Baustoff dienen kann. Wir konnten auch darstellen, dass dieses sechste Baumaterial ein hervorragendes Mittel zur Bildung von Dachmarkenstrategien für das Geschäftsfeld Pneumatik darstellt. Es gelang uns, eine ästhetikdurchwirkte Corporate Identity als kulturstiftende Größe nicht nur im Unternehmen Festo selbst zu induzieren, die sich dabei ganz auf den Kernbereich der Pneumatik stützt: Luft.

Design Management als strategisches Tool zur Unternehmensentwicklung

Gunter Ott

Vorbemerkung

Im Verlauf seines Berufslebens wird fast jeder Designer mit einer ganz speziellen Spezies Mensch konfrontiert: dem Ingenieur. Die Begegnung mit
dieser unbekannten Art endet nicht selten mit Unverständnis und Frust
– auf beiden Seiten. Während einer Produktentwicklung sind beide gleichermaßen für die Umsetzung von Ideen verantwortlich, die über den
Markterfolg entscheiden. Klassischerweise versteht sich der Ingenieur als
„Realisator". Er bekommt einen Endtermin, ein Packaging, eine Funktions-
beschreibung und immer öfter auch einen Zielpreis, den das fertige Produkt nicht überschreiten soll. In seiner Ausbildung hat die Ästhetik eines
Produktes nie eine Rolle gespielt. Er nimmt den Designer deswegen oft als
Störenfried wahr, der ihn an der einfachen und preiswerten Umsetzung
seiner konstruktiven Vorgaben hindert. Oder, die beiden geraten in eine
Konkurrenzsituation, in der der Ingenieur dem Designer beweisen will,
dass seine Ideen technisch nicht oder nur unter sehr großem Aufwand zu
realisieren seien. Worauf der Designer sehr oft mit dem Versuch reagiert,
zu zeigen, dass er über genügend Engineering Know-how verfügt, um dem
Ingenieur zumindest ebenbürtig zu sein.

In den letzten Jahren hat gerade in der Konsumgüterindustrie und
der Automobilindustrie ein Prozess des Umdenkens eingesetzt. Designer
werden hier als Ideenlieferanten und als Innovatoren geschätzt. Das Top
Management hat verstanden, dass zwei Punkte für den strategischen Einsatz von Design sprechen: Die Produkt- und Markendifferenzierung auf
einem gesättigten Markt und die im Vergleich zur technischen, die preis-
wertere und schnellere ästhetische Alleinstellung.

Die Rolle des Designs in der Investitionsgüterindustrie

In vielen Konstruktionsbüros trifft man nach wie vor auf Unverständnis
seitens der Ingenieure, wenn man nach dem Einsatz von Design fragt.
Design steht im Ruf, Produkte zu verteuern und wird sowieso nur mit

Luxusgütern und Mode in Verbindung gebracht. Dass Design eine Funktion eines Objektes ist, wie es die Zuverlässigkeit und technische Qualität auch sind, ist für viele Ingenieure eine geradezu revolutionäre Überlegung. Schließlich werden die meisten Produkte der Investitionsgüterindustrie ja „im Keller" oder „in der Fabrikhalle" eingesetzt. Also an minderwertigen Orten, an denen Objekte nicht „gefallen" müssen.

Ganz klar: die Rolle von Design bei der Entwicklung von Investitionsgütern ist eine andere als bei der Entwicklung von Konsumgütern. Gestaltung wird hier zielgerichtet eingesetzt, um Nutzbarkeit, Funktionalität und technische Qualität erlebbar[1], manchmal auch überhaupt erst sinnvoll nutzbar[2] zu machen. Bei der funktionalen Nähe aller angebotenen Produkte ist das Design oft der einzige wirkliche Differenzierungs- und Positionierungsfaktor, der vom möglichen Kunden intuitiv erfasst werden kann. Insofern ist Design ein nicht zu unterschätzender Wettbewerbsfaktor – kommuniziert es doch ohne Worte die dem Produkt innewohnende technische Kompetenz, Zuverlässigkeit und Preiswürdigkeit.

Trotzdem stellt für einen Ingenieur ein Produkt „bloß" die Anhäufung technischer Komponenten dar, deren Funktionen sich sinnhaltig ergänzen. Für einen Produkt-Designer ist ein Objekt immer auch der Sender einer ästhetischen Botschaft. Die ist oft nicht quantifizierbar, geschweige denn rational erfassbar. Kurz: Ingenieur und Designer stehen während des Entwicklungsprozesses permanent in einem Zielkonflikt zwischen technischer Machbarkeit und ästhetischer Wirkung. Insofern war der Arbeitstitel des Buches „Der Ingenieur und *seine* Designer" eine Provokation an sich. Der Ingenieur hat nicht *seinen* Designer, sondern muss sich mit einem Menschen herumschlagen, der ihm meistens völlig fremd ist. Aber: Viele Produkt-Designer können auf eine jahrzehntelange Zusammenarbeit mit Ingenieuren zurückblicken und würden diese weitestgehend als hervorragend und unproblematisch bezeichnen. Bei genauerer Betrachtung werden aber auch sie nicht umhinkönnen zuzugeben, dass es eines langen Lernprozesses und anfänglicher Tarnung der ästhetischen Anforderungen hinter technischen oder ergonomischen Scheinargumenten bedurfte, um zu guten Ergebnissen zu kommen.

---

[1] „Qualität erlebbar machen", Corporate Design Manual der Siemens AG, 1990, Heft 4.1 Produkte.

[2] „Wir setzen Design gezielt ein, um die Funktionalität unserer Produkte zugänglich zu machen" (Helmut Gierse, Vorsitzender des Bereichsvorstandes Siemens A & D, Dezember 2002).

Verstehen Sie mich?

Das verweist direkt auf eine Problemstellung, die sich aus der Ausbildung der Ingenieure und Designer ergibt: Beide haben ein sprachliches und intellektuelles Verständnisproblem. Die meisten Ingenieure werden erst im Verlauf ihres Berufslebens mit der Tatsache konfrontiert, dass es Designer überhaupt gibt. Während der Ausbildung wurden sie nicht darauf vorbereitet, sich mit deren Gedankenwelt auseinander zu setzen. Also verstehen sie einfach nicht, von was dieser Nichttechniker überhaupt redet, wenn er sich um Radienfamilien, Freiformflächen, Materialität etc. kümmert. Probleme treten auch immer wieder auf, wenn der Designer die Funktionalität eines Produktes hinterfragt und Vorschläge zu Veränderungen macht. Hier begibt er sich schließlich auf das ureigene Territorium des Ingenieurs. Dieser wiederum neigt dazu, dem Designer nur Mitsprache bei der Auswahl der Farben und der Positionierung der Firmenmarke zuzugestehen. Die Sichtweise, Design habe irgendwie etwas mit Schönheit und Werbung zu tun und Designer sollen sich gefälligst darauf beschränken, scheint nicht auszusterben.

Für den Entwicklungsprozess bedeutet das, dass die Kreativität des Designers und sein Innovationspotenzial für das Unternehmen nicht optimal genutzt werden. Übrigens verbringen Ingenieure oft viel Zeit damit, Argumente gegen die Vorschläge des Designers zu finden. Dadurch wir auch deren Innovationspotenzial nicht optimal genutzt. Ganz zu schweigen von den Verzögerungen, die der Entwicklungsprozess dadurch erfährt. Diese Situation ist für beide Seiten unbefriedigend und schwächt die Wettbewerbsposition eines Unternehmens.

Design funktioniert

Es gibt genügend Beispiele international erfolgreicher Unternehmen, die eine hervorragende Verbindung von Ingenieurskompetenz und kreativem Design erreicht haben. Eines der interessantesten ist die italienische Lampenfirma Artemide. Der Präsident und Gründer von Artemide, Ernesto Gismondi, ist Avionik-Ingenieur mit Schwerpunkt Strahltriebwerke. Sein Erfolgsrezept ist die enge Zusammenarbeit mit Designern. Auf die Frage, warum italienische Ingenieure sensibler für Ästhetik seien als beispielsweise deutsche Berufskollegen, wusste allerdings auch er keine wirklich überzeugende Antwort: „You know, it's the Medici-thing."[3]

---

[3] Zitat aus einem Gespräch während der „European Design Management Institute Conference", Köln März 2003.

Es stellt sich also die Frage, wie man den Beteiligten an einer Produktentwicklung im Investitionsgüterbereich den Nutzen und die strategische Ausrichtung von Design erklären kann. Natürlich anhand von gelungenen Beispielen wie FESTO und der gesamten deutschen Automobilindustrie. Allerdings haben Beispiele immer den Nachteil, nie „genau" zu passen. Deshalb benötigt man eine tiefergehende Argumentation, die den Ingenieur, den Marketingverantwortlichen und andere Beteiligte dort abholt, wo sie sich zu Hause fühlen. Der Designer muss also eher strategisch-ökonomisch-technisch argumentieren.

Die folgende Beschreibung zeigt den Ansatz, den der Bereich Automation and Drives der Siemens AG verfolgt.

Zielgruppenkonzept, die Automation and Drives Strategie

Als der Autor seine Tätigkeit bei Siemens Automation and Drives (A&D) begann, hatte der neue Leiter der Kommunikationsabteilung gerade ein neues Corporate Communication Design eingeführt. Das Layout aller Werbematerialien, das Aussehen von Katalogen und Dokumentationen, der Internet-Auftritt und die Messearchitektur waren kräftig modernisiert worden. Grundlage für diese Generalüberholung war die Neuausrichtung der Kommunikationsaktivitäten auf Basis eines Zielgruppenkonzeptes.

Wie in der Vorbemerkung dargestellt, stoßen Designer, die sich mit Investitionsgütern beschäftigen, immer wieder auf das Argument, in diesem Produktbereich sei Design nicht wichtig, da die Produkte sowieso „im Keller" oder „eh nur in der Fabrikhalle" eingesetzt werden. Scheinbar sind dies Orte, an denen die Ästhetik eines Produktes keine Rolle spielt.

Welche Rolle spielt also das Produkt-Design wirklich bei einem Investitionsgut?

Die Gestaltung von Produkten, die zuallererst einen streng rationalen und auch rationellen Zweck erfüllen, folgt nachvollziehbaren und logischen, zielgerichteten Kriterien. Anders als bei einem Konsumgut erfüllt das Design nicht die Funktion einer emotionalen Überhöhung des Objektes („Object of Desire"), sondern trägt dazu bei den immanenten Nutzen zu kommunizieren. Daneben dient Design in verschiedenen Ebenen der Positionierung des Unternehmens, seiner Marke und des eigentlichen Produktes. Um diesen Kommunikationskanal Erfolg versprechend aufzubauen, ist also auch eine Kenntnis der Zielgruppen nötig.

Die relevanten Zielgruppen

Customers

       Clients

    Collaborators

Competitors

     Communities

Natürlich ist die wichtigste Zielgruppe die der Kunden („**Customer**"), also alle die, die sich gerade für ein Produkt des betreffenden Industrieunternehmens entschieden haben – vielleicht sogar zum ersten Mal.

Vergleichbar wichtig in der Bedeutung sind die ständigen Kunden („**Clients**"), die sich als langjährige Nutzer und Partner eines Unternehmens verstehen und entsprechend ernst genommen werden müssen. Erfahrungsgemäß stellen Klienten die höchsten Ansprüche an das Design. Oftmals artikulieren sie diesen Anspruch aber nicht oder verklausulieren ihn in rational-technischen Anforderungen.

Die Mitarbeiter („**Collaborators**") eines Unternehmens und diejenigen, die mit dem Unternehmen zusammenarbeiten stellen ebenso eine wichtige Zielgruppe dar. Eigene Entwickler und externe Entwicklungspartner arbeiten eben auch lieber an faszinierend aussehenden Produkten als an hässlichen.

Alle Mitbewerber („**Competitors**") sind ebenfalls eine Zielgruppe, die auf das Produkt-Design anspricht. Sie beobachten das Marktsegment und die anderen Marktteilnehmer und leiten daraus eigene Marktanforderungen ab, aber auch die angestrebte eigene Positionierung.

Gesellschaftlich relevante Gruppen („**Communities**") sind bislang als Zielgruppe für das Design von Investitionsgütern so nicht erkannt worden. Es handelt sich dabei zum Beispiel um Journalisten, die über ein Unternehmen und seine Produkte berichten. Oder um Börsenanalysten, die zur Entwicklung der benötigten „Kursfantasie" einen kleinen Anstoß brauchen, der sich nicht im Quartalsbericht finden lässt. Auch Politiker, die sich mit einem Unternehmen beschäftigen, sind über Design schneller und einfacher zu erreichen als über die meisten anderen Kommunikationsmittel.

Bei der Betrachtung der Zielgruppen ist festzustellen, dass mindestens drei davon über eigene Erfahrung mit den Produkten verfügen, da sie zusätzlich auch Benutzer („**User**") sind. Es ergänzen sich die rein funktionalen Aspekte eines Produktes mit den ästhetischen und führen so letztendlich zu einem ganzheitlichen Erleben der Leistung und Kompetenz eines Unternehmens. Eines aber haben alle Zielgruppen gemeinsam: alle ihre Vertreter sind Menschen und verfügen über Emotionen, die durch die Produktästhetik angesprochen werden können. Nur wird das in der Investitionsgüterbranche leider kein aufrechter Ingenieur oder Einkäufer zugeben.

Action Areas with Design

Wie kann ein modernes Unternehmen durch den bewussten Einsatz von Produkt-Design profitieren? Wenn man sich darüber im Klaren ist, welche Zielgruppen relevant sind, müssen Themenfelder definiert werden, die diese Zielgruppen ansprechen. Diese Themenfelder decken sich zumeist mit den für das Unternehmen wichtigen „Action Areas" bezüglich des Corporate Identity (CI) und Design.

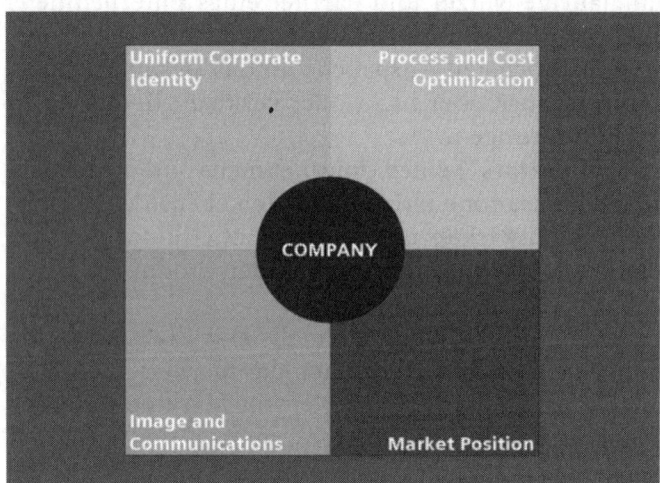

Action Areas: Handlungsfelder, auf denen Design für das Unternehmen wichtig ist

Feld 1: Einheitliches Corporate Identity

Aus Sicht der Kommunikationsverantwortlichen eines Unternehmens ist dies natürlich das wichtigste Feld. Der unter allen Umständen einheitliche, hochqualitative Auftritt ist ein wesentlicher Beitrag zur Darstellung und Wiedererkennbarkeit einer Firma. Die Vermittlung der Markenkernwerte gelingt nur, wenn in diesem Feld konsequent gearbeitet wird und die Entwicklung des Erscheinungsbildes aktiv vorangetrieben wird. Dazu gehören das Verfassen einer Design-Strategie, einer Design Roadmap und eines schlüssigen Communication Design Styleguides sowie die Definition einer Corporate Architecture.

Feld 2: Prozess- und Kostenoptimierung

Führungskräfte und Kaufleute lieben dieses Handlungsfeld. Potenzial bietet dieses Feld allerdings nur, wenn Design als integraler Bestandteil des Entwicklungsprozesses begriffen wird. Ist diese Voraussetzung gegeben, kann Design wie ein Katalysator wirken, der dabei unterstützt, alle Aspekte eines Produktes zu optimieren und dabei den größten Nutzen aus dem CI zu ziehen.

Feld 3: Image und Kommunikation

Die Aktivitäten dieses Handlungsfeldes streben danach, die Kommunikationsebenen möglichst in Einklang zu bringen. Das ausgepackte Produkt muss die in der Werbung gemachten Versprechungen erfüllen – auch hinsichtlich des Images des Nutzers. Vice versa muss die Werbung die Produkteigenschaften entsprechend attraktiv darstellen. Diese Aufgabe lässt sich mit einer Übereinstimmung der ästhetischen Kommunikationsmittel am einfachsten lösen. Voraussetzung ist wiederum, dass Design integraler Bestandteil des Entwicklungsprozesses ist und dass die spezielle Kommunikationsstrategie möglichst frühzeitig erarbeitet wird.

Feld 4: Marktposition

Hier wird die Frage geklärt, wie sich das Unternehmen am Markt darstellen will; wie will es von den Marktteilnehmern und Konkurrenten wahrgenommen werden. Beides sind Themen, die sich wesentlich über das Design beeinflussen lassen. Ein Marktführer wird sicherlich mit einer anderen Design-Strategie auftreten als ein neu in das Segment eintretendes Unternehmen. Nur wenige andere Mittel als Design eignen sich dazu, Aufmerksamkeit zu generieren.

Das Marktmodell

Die Definition von Zielgruppen allein reicht jedoch in der Investitionsgüterindustrie noch nicht aus, um die Verantwortlichen vom Nutzen einer Design-Strategie zu überzeugen. Dafür müssen die Vorteile, die sich im täglichen Wettbewerb ergeben, aufgezeigt werden. Schließlich müssen in das „Potenzial Unternehmenserfolg durch Design" ja auch entsprechende Mittel investiert und Strukturen verändert werden.

Weltweit stoßen Marktteilnehmer mittlerweile auf gesättigte Märkte. Im angepeilten Marktsegment tummeln sich meist mehrere Mitbewerber. Der Käufer kann zwischen mehreren, gleichartigen Angeboten wählen. Wie also den potenziellen Kunden davon überzeugen, das Produkt eines bestimmten Unternehmens zu erwerben? Die klassischen Antworten sind seit Urzeiten folgende:

Wir erklären dem Kunden, wie günstig unser **Preis** ist, was für eine hohe **Leistung** wir ihm anbieten, wie zuverlässig unsere **Qualität**sstandards sind und welchen tollen **Service** er von uns erwarten kann.

Das hat aus Sicht des Kunden sogar Vorteile. Verschiedene Anbieter sind einfach zu vergleichen und Kaufentscheidungen lassen sich sehr leicht rational gegenüber den Vorgesetzten begründen – auch, wenn sie in Wahrheit „Bauchentscheidungen" waren. Für die marktteilnehmenden Firmen ist dieses Szenario allerdings eine Falle. Eigentlich wollen sie sich und ihre Produkte oder Leistungen gegenüber dem Kunden als einzigartig darstellen, sich deutlich differenzieren. Da letztendlich alle Marktteilnehmer dieser klassischen Idee folgen, tritt aber das Gegenteil ein. Trotz hervorragend aufbereiteter Marketing-Kommunikation, werden alle Mitbewerber zunehmend weniger unterscheidbar.

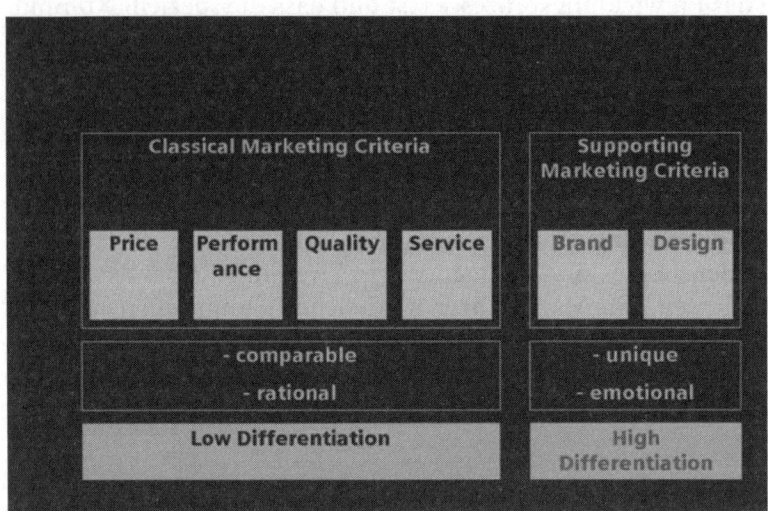

Marketingkriterien, klassisch und unterstützend

Die „klassischen Marketing-Kriterien" (Preis, Leistung, Qualität und Service) benötigen also eine Verstärkung, eine Ergänzung, um das Marktpotenzial wirklich nutzen zu können: **Brand** und **Design**. Die Marke („Brand") steht dabei für die übergeordneten Werte und Eigenschaften des Unternehmens, während das Design die eigentliche Produkt-Gestaltung meint. Mit Hilfe dieser beiden zusätzlichen Kriterien gelingen eine einzigartige Positionierung des Produktes und eine emotionale Ansprache des Kunden. Das wiederum bedeutet, sich deutlich von anderen Anbietern zu differenzieren und damit zunächst überhaupt wahrnehmbar zu werden. Identifiziert sich der Kunde mit der Marke und/oder dem Produkt, ist der Schritt zum Klienten nicht weit.

Die Wichtigkeit der unterstützenden Marketing-Kriterien bei der Fällung einer Kaufentscheidung im Investitionsgütersektor wird sich in den kommenden Jahren dramatisch erhöhen. Schon allein deshalb, weil die Kunden aus ihrer täglichen Erfahrung gelernt haben, Marken zu vertrauen. Der rationale Vergleich von Produkteigenschaften ist bei privaten Investitionen (Autokauf) schon lange in den Hintergrund getreten. Unternehmen der Investitionsgüterindustrie müssen sich dessen zumindest bewusst sein.

Natürlich wird dieses Modell von „den Technikern" in Abrede gestellt. Sie sind überzeugt, dass sie mit den überkommenen Konzepten auch weiterhin erfolgreich sein werden – sie waren es ja die letzten 30 Jahre.

Ein Beispiel: der Markt für Telekommunikationsendgeräte („Telefone"). Noch 1986 konnte man in der Bundesrepublik zwischen ungefähr acht verschiedenen Telefonen wählen. Ein Telefon war eine Investition fürs Leben, die Innovationszyklen wurden in Jahrzehnten gemessen. Letztlich war der Kunde froh, überhaupt innerhalb eines vertretbaren Zeitraums einen Telefonanschluss und ein Telefon zu erhalten. Die Unzufriedenheit mit diesem Zustand führte schließlich zur Liberalisierung dieses Marktes.

Verschiedenste Anbieter sind seitdem am Markt aktiv. Der Kunde hat also die Wahl. Längst ist der Tarifdschungel unübersichtlich geworden. Auch im Festnetzbereich ist dem Kunden die Wahl des Endgerätes komplett freigestellt. Die technische Leistung ist nicht mehr allein kaufentscheidend. Ebenso bei Mobiltelefonen: Die Entscheidung, mit welchem Netzbetreiber ein Vertrag geschlossen wird, hängt mittlerweile an den unterstützenden Marketing-Kriterien – welches Mobiltelefon in welcher Farbe mit welcher Ausstattung gehört zum Vertrag? Mit wessen Image kann sich der Benutzer am ehesten identifizieren?

Der Vorstandsvorsitzende des Siemens-Bereiches für Mobiltelefone, Rudi Lamprecht, stellte fest: „Wir mussten erkennen, dass Design, Optik und Status wichtigere Entscheidungskriterien sind als Technologie."

Ein ähnliches extremes Umkippen der Marktmechanismen im Investitionsgütersektor ist eher unwahrscheinlich. Dennoch wird die Rolle von Brand und Design in Zukunft erheblich wichtiger sein als bisher. Kaufentscheidungsmechanismen, die bei privaten Anschaffungen funktioniert haben, werden unbewusst auch auf geschäftliche Kaufentscheidungen

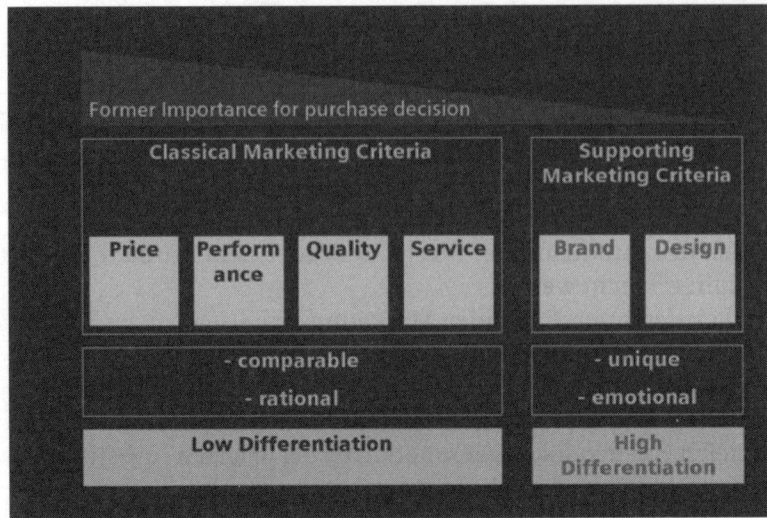

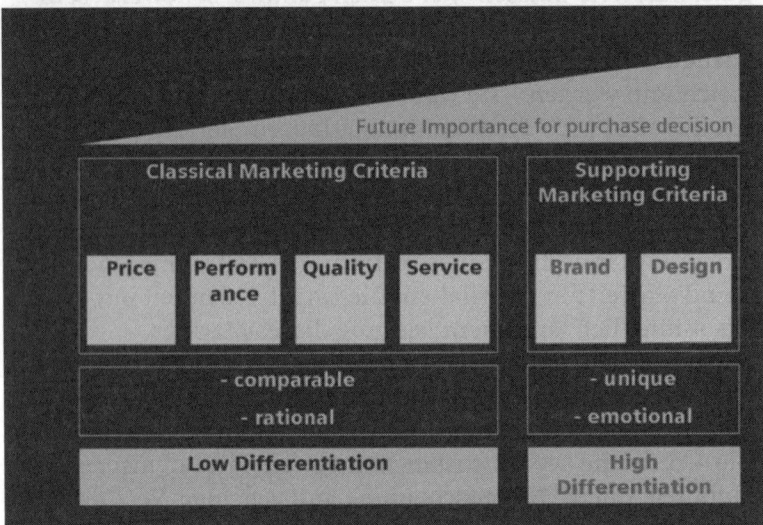

Wichtigkeit der Kriterien für die Kaufentscheidung, früher und zukünftig

angewandt werden. Zugeben wird das allerdings keiner unserer rational orientierten Ingenieure und Kaufleute.

Brand und Design werden in Zukunft über den Erfolg oder Misserfolg eines Unternehmens entschieden. Aber nur, wenn diese Firmen ihre Hausaufgaben gemacht haben: die klassischen Marketing-Kriterien müssen stimmen. Ein Produkt mit dem besten Produkt-Design ist unverkäuflich, wenn es völlig überteuert ist, seine Leistung nicht stimmt, die Qualität nicht passt und der Service schlecht ist.

Zusammenfassung

Die Identifikation der relevanten Zielgruppen und des Marktmodells ermöglichen vor allen Dingen eines: Das Design eines Objektes wird gleichrangig zu anderen Anforderungen während der Produktentwicklung behandelt. Damit werden die Innovationskraft eines Unternehmens gestärkt und die Basis für einen kosten- und zeitoptimierten Prozess gelegt. Der Bezug zu einer klar definierten Marktkenntnis und der daraus abgeleiteten Wichtigkeit von Design für den Produkterfolg und damit für den Unternehmenserfolg unterstützt die Akzeptanz auch bei den Marketing-Verantwortlichen und den Ingenieuren des eigenen Unternehmens.

Was bedeutet das für das Design und den Designer?

Zunächst einmal wird der übliche „Erklärungsnotstand" fundiert beseitigt. Der Designer benötigt einfach keine Argumentationsvehikel wie die Ergonomie mehr, um die Akzeptanz von Design und die Umsetzung seiner Vorschläge zu erreichen. Die gewählten Beispiele und Darstellungen, die an die Bedürfnisse der Zielgruppen angepasste Sprache ermöglichen den Entwicklungsbeteiligten ein tieferes Verständnis, wie Design ihnen auf ihrem Kompetenzfeld hilft, ein erfolgreicheres Produkt zu entwickeln.

Design muss als strategisches Element zu einem möglichst frühen Zeitpunkt eines Produktentwicklungsprozesses die ersten Produktideen visualisieren. Am besten sind im Anforderungsprofil schon die ersten Ideenskizzen als Illustration eingebunden. Das bedeutet eine enge und vertrauensvolle Zusammenarbeit mit Marketing schon in der Produktdefinitionsphase, meist noch vor der Einbindung der später mit der Konstruktion beauftragten Ingenieure. Dadurch steigt allerdings auch die Anforderung an die professionelle, weitgespreizte Ausbildung und das Engagement des Designers.

Design im Investitionsgütersektor muss raus aus der „Kulturecke". Design ist ein Faktor, der das Business des Auftraggebers positiv beeinflusst. „Good Design is good business": das sah schon Thomas J. Watson, Sohn des IBM-Firmengründers, so. Wenn daneben kulturelle Werte geschaffen werden und möglichst viele Leute Gefallen an einem Produkt finden – umso besser. Primär dient Design in diesem Markt nur drei Zwecken: der Positionierung, der Differenzierung und der Produktoptimierung. Daneben illustriert die Gestaltung der Produkte eines Unternehmens dessen Fähigkeit zu Innovation.

Die Innovationskraft eines Unternehmens wird im Wesentlichen durch Produkte und Studien erlebt und erfahren. Tabellen und Werbeschriften leisten hier nur unvollkommenen Ersatz. Deswegen eignen sich Design-

Projekte und Studien so hervorragend, das Themenfeld Innovation zu besetzen. Innovationen bedeuten Zukunft für ein Unternehmen und seine Mitarbeiter. Innovationen glaubhaft und faszinierend darzustellen, ist eine schwierige und anspruchsvolle Aufgabe. Sie kann am überzeugendsten mit Hilfe der Gestaltung aktueller und zukünftiger Produkte gelöst werden.

Die FESTO AG & Co. hat das in den letzten Jahren hervorragend demonstriert. Airtecture und Funbrella oder das Ballon-Konzept sind nur einige wenige Beispiele, wie einer vormals bodenständig-schwäbischen Firma zu einem weltweit anerkannten innovativen Image verholfen wurde. Selbstverständlich, dass aus den Design-Studien auch noch zukünftige Produkte (Fluid Muscle) abgeleitet wurden, die den Bestand des Unternehmens sichern werden.

Design hilft also auch, die Zukunft eines Unternehmens zu gestalten und Arbeitsplätze zu sichern. Ein strenges Design Management hat FESTO auf allen Ebenen geholfen, die ambitionierten Studien in den alltäglichen Produkten wiederzufinden. Design erfüllt nicht nur den Zweck der Produktgestaltung, sondern unterstützt die Qualität des Unternehmens und führt die Marke.

Brand- und Design Management

Anscheinend ist allen Organisationen der Wunsch immanent, für die verschiedenen Geschäftsfelder eigene Ausprägungen des Markenauftritts zu kreieren. Auf die Dauer führt das zu Konfusion bei den Kunden. Aufwendungen und Anstrengungen der werblichen Maßnahmen werden durch einen undisziplinierten Umgang mit den Markenelementen geradezu konterkariert.

Aktives Design Management bedeutet daher nicht nur die direkt produktbezogenen Design-Faktoren zu koordinieren und im Prozess zu optimieren, sondern auch die konsequente Konzentration[4] auf die Markenelemente und deren korrekte Umsetzung. Dabei ist Disziplin und Standhaftigkeit gefragt. Klare Markenbilder entstehen nicht durch Ausnahmeregelungen. Es kann nur **eine Marke** geben – das ist wie beim „Highlander".

Deswegen eignen sich Brand Management und Design Management auch nicht für basisdemokratische Abstimmungsprozesse. Solche Abstimmungen sind oft gut gemeinte Versuche, die Verantwortung auf viele Schultern zu verteilen oder das Design-Konzept auszuhebeln. Leider sorgen sie meist nur dafür, dass die Einzigartigkeit eines Objektes oder eines Design-Konzeptes verloren geht. Damit schwächen sie die Markenpositionierung und

---

[4] Vgl. Al Ries, Laura Ries „Die 22 unumstößlichen Gebote des Branding", ECON, 1993.

die Produktdifferenzierung – arbeiten also gegen den Unternehmenserfolg. Die Konsequenz daraus ist, dass ein Brand & Design Manager jederzeit die unmittelbare Unterstützung und das Vertrauen des Vorstandsvorsitzenden/des Firmeninhabers benötigt, um diese Prozesse durch sein Veto verhindern zu können.

Damit gilt der alte Lehrsatz „Design ist Chefsache" immer noch. Nur, dass der Chef seine Brand- und Design-Entscheidungen einem kompetenten Fachmann, einem (Produkt-)Designer, überlässt oder von diesem intensiv beraten wird.

Schlussbemerkung

Ein Designer ist heute nicht mehr der Gestalter einzelner Produkte. Er gestaltet den Geschäftserfolg eines Unternehmens mit. Er muss sich immer bewusst sein, dass das Design der Produkte in der Wahrnehmung der Öffentlichkeit einer der wichtigsten Beiträge zum Unternehmens-Image ist. Dabei spielt es keine Rolle, ob es sich um physikalisch vorhandene Produkte oder um immaterielle oder virtuelle Produkte wie Software handelt.

Er muss sich aber bewusst sein, dass er zur Realisation dieser Produkte einen starken, kompetenten Partner braucht: den Ingenieur. Für den Ingenieur stellt Design eine besondere Herausforderung dar. Eine Herausforderung, die das Ingenieursleben meiner Meinung erst richtig interessant macht. Auch wenn es ihm schwer fällt zu akzeptieren: die Ästhetik eines Produktes ist eine Funktion wie andere technische Funktionen auch.

Die Wertigkeit der Tätigkeiten des Ingenieurs und des Designers hat sich in vielen Bereichen der Industrie verschoben. Beide müssen anerkennen, dass sie **zusammen** mehr für den Erfolg eines Unternehmens leisten können als allein oder gegeneinander – unabhängig ob es sich um Konsum- oder Investitionsgüterindustrie handelt.

Glossar

Automation and Drives (A & D) – geschäftsführender Bereich der Siemens AG, ist in den Marktsegmenten Automatisierungssysteme, Antriebstechnik, Prozessautomatisierung, Niederspannungsschalt- und Elektroinstallationstechnik tätig. Umsatz in 2003: € 8,4 Mill., 806 Mio. Ergebnis, ca. 54.000 Mitarbeiter weltweit.

Corporate Identity (CI) – wird hier verstanden als die Summe aller Aktivitäten, die das Erscheinungsbild eines Unternehmens ausmachen. Zum CI gehören Corporate Public Relations, Corporate Communications & Media Design, Corporate Architecture & Fair Design und Corporate Industrial Design. Es definiert deren Zusammenwirken im Sinne der Brand Strategy.

Design für die Luftfahrt – mehr als nur Funktionieren

Marc S. Velten

Eine angestrebte Synthese aus Engineering und Design

Die Passagiere waren begeistert. Gerade war man von New York aus gestartet, über die Ausläufer Neufundlands geflogen und in bereits 6 Stunden würde man bequem und sicher in London landen. In der Zwischenzeit nutzte man in der großzügig gestalteten Kabine Leselampen und Frischluftdüsen sowie weitere Bedienschalter, die zentral integriert in einer „Personal Service Unit" (PSU) über jedem Sitzplatz dem Passagier zur Verfügung standen. Daneben genossen die Passagiere die Waschräume mit fließendem Wasser und die Speisen aus der Bordküche. Diese war von den Designern gezielt entsprechend den quantitativ wie qualitativ gestiegenen

Modernes single-aisle
Passagierflugzeug

Anforderungen für erstmals über 150 Passagiere und die sie bedienende Crew konzipiert und gestaltet worden.

Es war der 26. Oktober 1956 als die nagelneue Boeing 707 auf der PanAm-Strecke New York – London das transkontinentale Jetzeitalter für Passagierflugzeuge einleitete. Die Ingenieure hatten mit diesem „Vogel", der mit seinen 4 Strahltriebwerken, gepfeilten Tragflächen und einer Leermasse von über 60 Tonnen eine Kapazität von über 150 Passagieren mit einer max. Reisegeschwindigkeit von annähernd 1000 km/h befördern konnte, eine technische Meisterleistung und den Grundstein für die moderne Jet-Zivilluftfahrt gelegt.

Neben der Lösung der technischen Herausforderung seitens der Konstrukteure hatte man in dieses Projekt gezielt Industriedesigner miteinbezogen. Das mit der Kabinengestaltung beauftragte Designbüro W. D. Teague entwarf bei der 707 nicht nur eine Kabine, die Passagierbedürfnissen gerecht wurde, sondern schuf darüber hinaus wegweisende Standards für die Innenraumgestaltung. Die PSU, Sitzschienen, Trennwände und der Einsatz von auswechselbaren Wand- und Deckenpaneels sind dafür Beispiele, die bis heute ihre Gültigkeit bewahrt haben. Beide Seiten, Engineering und Industrie-Design, hatten hier im Zusammenspiel ein äußerst innovatives, trendsetzendes und langlebiges Produkt entwickelt, das rund 30 Jahre am Markt war.

Heutige Standard-single-aisle-Kabine

Ähnlich wie im Oktober 1956 wird es sicher auch den ersten Passagieren ab 2006 ergehen, die in den Genuss kommen werden, im modernsten und größten Passagierflugzeug der Welt, dem AIRBUS A380, mitzufliegen, der in punkto Technik, Kabinengestaltung und Dimension neue Wege und Standards beschreiben wird. Der ernsthafte Einbezug von Industriedesignern in der Luftfahrt begann bereits in den dreißiger Jahren. Dabei kam es sogar zu Wechselwirkungen, indem z. B. typische Flugzeugwerkstoffe wie Aluminium oder die aerodynamische Gestaltungsprinzipien adaptiert und zu neuen Ausdrucksformen, etwa im Möbel-oder Automobildesign, führten. Die Stromlinie wurde zu einem der hervorstechendsten Stilmittel der Designer in den 30er und 40er Jahren.

Dennoch: schon damals galt, was heute noch umso stärker gilt. Das Design ist im Luftfahrtbereich genauso anspruchsvoll wie das Engineering. Dabei gilt es einer Vielzahl höchst einschränkender, sich gegenseitig oftmals stark kontrahierender Parameter gerecht zu werden. Nichts ist im Flugzeug so teuer wie Platz/Raum und Gewicht, d.h. das Anliegen vom Konstrukteur und vom Designer sollte es sein, diese so wenig wie möglich zu „belasten".

Henry Dreyfuss einer der großen Pioniere des Flugzeuginteriordesigns, erkannte sehr treffend:

„To provide regular, reliable service at rates people can afford, and make a profit, the air lines must utilize every ounce of weight, every inch of space. These two restrictions, weight and space, are riveted into the mind of everyone who works on a plane. Fundamentally, the designer is presented by the airplane manufacturer with the inside of a huge, inelastic pickle. Its exterior form is inexorably set by the laws of aerodynamics. The only thing the designer can squeeze in is his imagination" (Henry Dreyfuss, Designing for People, 1955).

Das Betätigungsfeld des Designers beschränkt sich im Luftfahrtbereich fast ausschließlich auf die Gestaltung des Interiors: auf die Kabine selbst und deren Ausstattungselemente wie Sitze, lavatories (Toiletten), galleys (Küchen) oder Sonderausstattungen, wie z. B. sleeping-seats, compartments oder VIP-Ausstattungen. Im Cockpit selbst begrenzt sich die Designleistung in der Regel auf den Bereich der Ergonomie und der human factors. Das Exterior hingegen unterliegt rein konstruktiven und aerodynamischen Gesetzen und Anforderungen. Hier kommt der Designer allenfalls in Form der Farbgestaltung, einer von der Technik vorgegeben Form, ins Spiel. Die Gestalt des Flugzeugs wird generell durch Faktoren wie Passagierkapazität, Nutzlast, Wirtschaftlichkeit, Kurz-, Mittel- und Langstreckenauslegung, Reichweite, Geschwindigkeit und Geräuschemissionen bestimmt. Daraus ergeben sich unterschiedliche Rumpfkonturen, Abmessungen, Flügelkonfigurationen und Triebwerkskonstellationen. Eine BAC Aerospatiale Concorde sieht eben anders aus als ein Airbus A321, und doch sind beide gleichermaßen aerodynamisch und flugtechnisch optimiert ausgelegt.

Fly by-wire Cockpit

Dass das reine Engineering bei der Gestaltung des Exteriors, des eigentlichen Flugkörpers, klar den Ton angibt, ist folgerichtig. Erst muss der Vogel fliegen und seine optimierte Leistung bringen. Eine ästhetische Form ist nicht grundsätzlich gleichbedeutend mit einer guten Aerodynamik oder einem gutmütigen Flugverhalten, und die Flugphysik lässt eben nicht mit sich diskutieren. Dass bei einer gewissen ästhetischen Sensibilität des Engineerings dieses optisch nicht zwangsläufig nachteilig sein muss, zeigen nicht nur die meisten der modernen Passagierjets, sondern auch Musterbeispiele wie etwa die Supermarine Spitfire des Konstrukteurs R. J. Mitchel oder die Superconstellation von Lockheed, die nicht nur technisch und leistungsbezogen zu den Besten in ihrer jeweiligen Flugzeugkategorie gehörten, sondern darüber hinaus auch ästhetisch eine Augenweide waren.

Man kann, wenn man will

Wie bereits angedeutet, betritt der Designer von Passagierflugzeugen ein Feld, in dem er, wie der Konstrukteur, innerhalb eines sehr eng gesteckten Rahmens viele Anforderungen berücksichtigen muss. Das Design eines Automobils, eines Zuges oder auch einer Flugzeugkabine ist äußerst komplex und anspruchsvoll.

Doch weder das Interior eines Sportwagens, die Einbauteile eines ICE-Abteils geschweige denn eine Hoteleinrichtung müssen z.B. einen Crash mit 16-facher Erdbeschleunigung aushalten – und vor allem – sie fliegen nicht! Es ist eben etwas anderes, ein Interior zu entwerfen, das Belastungen, Dehnungen, Stauchungen und Torsion in allen drei Freiheitsgeraden nicht nur zu verkraften hat, sondern auch für den Passagier optisch ausgleicht und damit nicht wahrnehmbar macht.

Der Designer sieht sich in der Luftfahrt konfrontiert mit restriktiven internationalen Luftfahrtvorschriften (FAR, JAAR), Richtlinien vom Hersteller/Airline/Flughafen und einer Vielzahl von Standards, die es zu beachten gilt. Gewicht, Energie- und Raumbedarf sind dabei so gering als möglich zu halten.

„Für unser neues Sportcoupé haben wir feines Wurzelholz mit transparenten Materialien kombiniert." Echtholz, transparente Materialien und manch anderes – vergessen Sie es. Dem Designer steht leider nur eine beschränkte Auswahl an für die Luftfahrt zertifizierten, d.h. freigegebenen Materialien zur Verfügung. Neues zu zertifizieren ist schwierig, langwierig und teuer. Dennoch ist es gerade hier wichtig, langfristig Ideen zu entwickeln und einzubringen, um so Innovationen auch in diesem Bereich voranzutreiben.

Vor allem aber ist ein modernes Passagierflugzeug ein Investitionsgut, im Gegensatz etwa zu einem consumer-good wie einem Handy, einem Stuhl oder einem Auto. Das heißt, es ist für eine Lebens- und Einsatzdauer von nicht weniger als 30 Jahren zu konstruieren und optisch attraktiv sowie funktional zu gestalten. Dies alles muss der Designer verstanden haben und beherzigen.

Genauso ist das Gestalten einer Kabine mit dem Begreifen von Prozessen und Abläufen innerhalb der Kabine (z.B. das boarding und deplaning – Ein und Aussteigen, catering – Bewirtung und Passagierverhalten allgemein) unabdingbar verbunden.

Luftfahrt-Design gehört zweifelsohne zu den interessantesten, aber auch zu den forderndsten Arbeitsfeldern für Designer. „Gestern habe ich einen Staubsauger und einen Türgriff entworfen, nächste Woche mache ich dann mal eine Flugzeugkabine" – so geht es nicht.

Neben dem luftfahrtspezifischen Background, den der Designer haben muss, arbeitet er, als einer der sich dem Neuen und der Verbesserung verpflichtet sieht, in einem als äußerst konservativ geltenden Markt. Den technischen Hintergrund muss er nicht nur besitzen. Er muss ihn gezielt und wohl dosiert einsetzen, wenn am Ende nicht „nur" etwas Funktionales, Vorschrifterfüllendes, Zulassungstaugliches und technisch Realisierbares entstehen, sondern vielmehr auch ein innovatives und ästhetisch hochwertiges Produkt geschaffen werden soll. Ein Passagierflugzeug ist vorrangig ein Ingenieurprodukt. Dies spiegelt sich auch im Selbstverständnis der Ingenieure wieder und dem damit verbundenen hohen technischen Entwicklungsgrad und Aufwand.

Das Produkt Passagierflugzeug hat dann langfristig Erfolg am Markt, wenn es die von den Airlines erwünschte Performance bringt. Es muss also nicht „nur" technisch ausgereift sein, sondern darüber hinaus eine Kabine bieten, in der sich die fliegende Crew und vor allem die Passagiere selbst, die über ihren Flugpreis letztendlich das Flugzeug bezahlen, wohl und sicher aufgehoben fühlen und nicht über funktionale Mängel der Ausstattung klagen. Sicherheitsempfinden hat stark etwas mit Gestaltung zu tun. Ein Interior-Bauteil, wie z.B. eine Armlehne, muss nicht nur „halten". Es muss den Eindruck von Stabilität durch seine Gestalt und Materialauswahl optisch wie haptisch vermitteln. Gleichzeitig soll so wenig Material (Gewicht) wie möglich Verwendung finden, und die Armlehne weder filigran/zerbrechlich wirken noch den Eindruck eines massiven Hackklotzes vermitteln.

Rolle und Leistung des Designers beschränken sich nicht darauf, das vom Ingenieur Konstruierte noch „schön und bunt" zu machen. Design ist nicht auf Form/Farbe reduzierbar. Dies ist lediglich ein Teil des Spektrums. Design richtig verstanden und richtig eingesetzt heißt, es von Beginn an (Konzeptphase) bis zur Realisierung einzubinden und zu fordern. So kann und wird es einen wichtigen Beitrag zur kompletten Produktentwicklung liefern. Design hinterfragt dabei vieles, um z.B. die Kabine eben nicht „nur schöner", sondern auch funktionaler und anwenderfreundlicher zu gestalten.

Dies zeigen exemplarisch die angeführten Beispiele wie etwa das Sitzschienen-Konzept, der Trolley-Galley (mit Servicewagen bestückte Bordküchen) oder die Personal Service Units (PSU). Diese Konzepte und Entwicklungen sind maßgeblich von Designern ausgegangen und haben das Leistungspotenzial des Flugzeugs für den Betreiber (Airline), den Hersteller, die Crew und den Passagier deutlich gesteigert.

Das heißt, ebenso essenziell wie für den Designer der luftfahrtspezifische Background und ein technisches Grundverständnis für die Gestaltung eines Luftfahrzeugs ist, bedeutet es für das Engineering, im Produkt Passagierflugzeug mehr als „nur" eine rein technische Performance zu sehen. Des Weiteren muss die Bereitschaft vorhanden sein, Design als kompetenten Partner zu betrachten, der ihn im gemeinsamen Bestreben um ein ganzheitlich optimiertes Produkt unterstützt.

Parallele Welt – Kleinflugzeuge

Joachim Beh, vom Institut für Flugzeugbau an der Universität Stuttgart, schreibt: *„Für mich ergibt sich die Verbindung von Design und Konstrukteur schon dadurch, dass der ‚Designer' im Englischen der deutsche ‚Konstrukteur' ist. Das englische ‚Construction' bezeichnet den Bau selbst – eigentlich* *korrekt vom lat. ‚construere' – zusammenbauen. In der Sparte der Klein-flugzeuge entstehen die hohen Anforderungen an Konstrukteure, die durch einfache und haltbare Bauweisen, durch Verwendung sparsamer, leiser, wartungsfreundlicher Triebwerke die Fliegerei einigermaßen bezahlbar machen. Nicht zuletzt ist es die geringe Stückzahl bei Kleinserien, die Neu-entwicklungen durch hohe Zulassungskosten belasten, die auf relativ wenige Exemplare umgelegt werden müssen und damit Entwicklungen finanziell riskant machen.*

Dass solche Flugzeuge sehr effizient und wegweisend sein können, zeigen u.a. die Flugzeuge, die in vielen Ländern als Amateurbauten, sog. Home-builts, entstehen. Man sollte sich einmal das größte Amateur-Flugzeugbauer-Treffen in Oshkosh/Wisconsin/USA anschauen, um zu sehen, wer die besten, leichtesten, schnellsten und handwerklich am liebevollsten ausgeführten Flugzeuge baut und nicht zuletzt, was man fliegerisch aus ihnen herausho-len kann.

Aus der Leichtflugzeugbau-Ecke kommt auch die Entwicklung von Fall-schirm-Rettungssystemen, die das gesamte Flugzeug im Notfall (Defekt im Flugzeug, Kollision mit einem anderen Luftfahrzeug...) mit einer erträglich geringen Geschwindigkeit zu Boden sinken lassen, so dass ein mit erhebli-chen Risiken behafteter Fallschirm-Absprung (für Flugäste quasi undenk-bar!) unnötig ist.

Auch in Segelflugzeugen finden solche Systeme langsam Verwendung – durch extremen Platzmangel sind die konstruktiven Anforderungen sehr hoch – dazu kommt, dass die dynamischen Vorgänge (Bewegungsformen des Flugzeugs, mögliche Unfallabläufe, Reaktionen des Piloten etc.) sehr kom-plex sind. Auf diesem Gebiet sind u.a. von Prof. Wolf Röger (FH Aachen) richtungsweisende Forschungsarbeiten durchgeführt worden."

Wer was erleben will, muss spielen

Hatto Grosse

Zunächst erscheint das Bild „Der Ingenieur und seine Designer" durchaus vertraut, hat es doch im alltäglichen Sprachgebrauch unter Insidern der Branche schon Selbstverständlichkeit erlangt. Aber wie begründet sich das Interesse an einer Auseinandersetzung mit diesen Typen? Warum heißt es nicht: „Der Designer und seine Ingenieure?" Es geht um Menschen, Individualisten und Abhängigkeiten, Repräsentanten „zweier Gewerke" – und um deren Wechselwirkung.

Es handelt sich um zwei Archetypen mit dem gemeinsamen Ziel, Ideen produzierbar umzusetzen. Idealerweise sollten sie im Sinne einer Symbiose wirken. Der Ingenieur ist traditionell eher der Homo Faber als Repräsentant von Physik und Technik, der Designer dagegen der Homo Ludens, dessen Kernkompetenz im spielerischen Umgang mit ästhetischen Aspekten und deren Wahrnehmung liegt. Letzterer erspürt mit sensiblen Antennen Möglichkeiten und Trends und versteht Entwicklungen und Entwürfe vor dem Hintergrund kultureller Entwicklungen.

Der Designer, der disziplinübergreifend und ganzheitlich denkt und handelt, geht bei seinen Kreationen von der Integration des Menschen aus, für die er keine Kunstgegenstände, sondern „Werkzeuge und Betriebsmittel" entwirft und vertritt (das können auch Tassen, Stühle und Leuchten sein). Er soll zwischen Innovation, Lust, Moral und Effizienz sowie Verantwortung agieren. Dabei geht es auch um die Integration von möglichst zahlreichen technischen und wirtschaftlich relevanten Faktoren, die bei der Realisierung und erfolgreichen Vermarktung eine Rolle spielen. Gelingt ihm dies, schafft er einen gewaltigen Spagat. Auch wenn in der Häufigkeit der Auseinandersetzung Ingenieur und Designer den größten Anteil bei der Realisierung eines Entwurfes haben, sind sie in der Regel nicht die alleinigen Akteure. Die hohe Komplexität bei der Verwirklichung von Ideen führt zu entsprechender Vernetzung weiterer Kompetenzen. In der Regel sind dies neben den bekannten Disziplinen wie Maschinenbau und Mechanik auch Elektrotechnik, Marketing, Vertrieb, Konstruktion, Produktionstechnik, Forschung, Werbung und Betriebswirtschaft.

Idealerweise kommen solche Menschen zusammen, um sich als Team auszutauschen und einen gemeinsamen Weg zu finden, bei dem die Interessen der einzelnen Bereiche als möglichst ausgewogener Kompromiss berücksichtigt werden. Aber weil es Menschen sind, die da zusammenkommen, besteht die Gefahr, dass solche Besprechungsrunden zwar zunächst vom Willen zur Abstimmung und Entscheidung zugunsten der Sache geprägt sind, sich jedoch tatsächlich kontraproduktiv entwickeln – etwa durch Missbrauch von Macht, die sich aus finanziellen Abhängigkeiten, hierarchischen Strukturen oder unausgewogener Verteilung von Kompetenzen ergibt.

Das Zusammenkommen dieser Runden kann für einen Designer bisweilen mit erheblichen Erlebniswerten verbunden sein. Gehen wir einmal von einer typischen Situation aus:

Der Designer, häufig ein geladener externer abhängiger Dienstleister, stellt in der Runde einen neuen Entwurf in Form eines Modells, einer zeichnerischen Darstellungen oder in Form von Illustrationen vor. Welche Reaktionen können eintreten?

Wenn es gut geht, entsteht Erleichterung bei allen Beteiligten; der Designer hat ins Schwarze getroffen. Was vorher als Briefing oder Datenblatt abstrakt blieb, ist nun auch für den Kaufmann vorstellbar. Dies ist insbesondere dann der Fall, wenn ein Modell auf dem Tisch liegt und plötzlich zum Spielzeug wird, neugierig macht, motiviert und letztlich die Realisierung beschleunigt.

Der Designer funktioniert in einem solchen Fall wie ein Katalysator. Bereits wenn es heißt, „der Designer kommt und bringt ein Modell mit …", bewirkt dies bisweilen, dass sich Leute an einen Tisch setzten, die vorher nur schriftlich miteinander umgingen, sich voneinander abgrenzten und „Entwicklung nach Aktenlage" betrieben.

Der Designer hat im beschriebenen Szenario den richtigen Schnittpunkt erwischt und ein Maximum an Kundeninteressen bei seinem Entwurf berücksichtigt. Gleichermaßen sollte es ihm im Idealfall gelingen, entsprechend seiner disziplinübergreifenden Kompetenz eine Vision zu entwerfen, die einen Trend aufgreift oder besser noch mit dazu beiträgt, einen Trend zu prägen. Ging es in der Vergangenheit bei der Auseinandersetzung zwischen Entwurf und Realisierung, also zwischen Designer und Konstrukteur, mehr um formale und strukturelle Aspekte, so lautet die Aufgabe eines Gestalters inzwischen häufig: Innovation, Reduktion, Produktdifferenzierung mittels neuer Technologien, Materialien und Oberflächeneffekten. Oberflächen werden zu intelligenten Oberflächen, vermitteln Informationen, fordern zum Dialog auf, ersetzen klassische Bedienelemente.

Der Kunde oder Auftraggeber, ebenfalls eine häufig benutzte Umschreibung des maßgeblichen Gegenspielers des Designers, ist derjenige, der die zu erbringende Kreativleistung in der Regel bezahlen wird. Besser – und in den meisten Fällen angemessen – wäre es von einem Partner zu sprechen. Besteht der Kunde aus einem Kollektiv von Interessenvertretern, ist hinsichtlich zu treffender Beschlüsse und Endscheidungen das Kräfteverhältnis der beteiligten Personen von großer Bedeutung: sitzen da charismatische Typen zusammen, die einen Konsens der Sache zuliebe anstreben oder Angsthasen, die sich profilieren und absichern wollen. Dort, wo der Designer auf Personen trifft, die für Verantwortung bezahlt werden und hierarchisch organisiert sind, kann von einer gewissen Verbindlichkeit ausgegangen werden.

Umgekehrt erweist es sich als tragisch, wenn ein Gremium von Produkt-Verantwortlichen, jedoch Design-Nichtfachleuten, hinsichtlich professioneller Gestaltung von Produkten, nach persönlichem Geschmack und Eitelkeit oder nach Mehrheiten um die Bewertung der Design-Leistung ringt und damit das Schicksal von Entwurf und Gestalter mittels Verteilung der Verantwortung auf alle Köpfe kollektiv abnickt oder killt. Gleichermaßen ist der Begriff „Design" einerseits einem inflationärem Verfall ausgeliefert, anderseits prägen auf hohem Niveau gut gestaltete Produkte den Alltag. Deshalb überrascht es nicht, wenn Ingenieure, Marketingmanager und Vertriebsspezialisten sich bisweilen berufen fühlen, im Bezug auf Gestaltung nach privater Weltanschauung zu urteilen.

Wie wir sehen, stimuliert das (Kräfte-)Verhältnis zwischen Auftraggeber und Auftragnehmer den Designprozess. Jedoch, wer sich nur auf den Weg des Wissens begibt, wird auch nur bekannte Zahlen und Fakten hervorbringen. Deshalb ist es wichtig als Quelle der Intuition ein möglichst breites Spektrum an Erfahrungen und Wissen zu sammeln. Es geht darum, dass Intuition auch in der Geschäftswelt auf Erfahrung beruht. Dadurch wird sie noch kein Planungsinstrument, aber sie ist rationaler als es den Anschein hat. Lässt sich der Designprozess, lässt sich Intuition mit einem Briefing in Auftrag geben? Zum einen wird der Designprozess mystifiziert. Zum anderen sind die meisten Unternehmen nicht in der Lage, einen Auftrag angemessen zu formulieren. Gleiches trifft auch auf Beurteilung und Akzeptanz von Designergebnissen zu. Ist der Designer als Gesprächspartner seines kaufmännischen Auftraggebers noch glaubwürdig, wenn er mit Intuition argumentiert? Es muss ihm gelingen, den Grund dafür darzustellen. Dann erhält er die rationale Bestätigung für seine Eingebungen.

„Der Ingenieur und seine Designer" – nach den bis hierhin angestellten Betrachtungen und Erfahrungen sei ein separater Blick auf den Ingenieur erlaubt. Zunächst handelt es sich lediglich um einen Titel, um den Hinweis einer akademischen Ausbildung. Dagegen ist das Berufsbild des Designers eigenständig und durch fachliche Ausrichtung geprägt.

In der direkten Zusammenarbeit mit Designern waren es in der Vergangenheit vor allem Ingenieure, die als Konstrukteure dem Designer gegenübersaßen und von deren Verständnis der Designer bei der Verwirklichung seiner Entwürfe abhängig war. Nicht frei von Vorurteilen, findet meist folgendes Szenario statt: auf der einen Seite der konservative Konstrukteur, von solidem Maschinenbau und Mechanik geprägt, auf der anderen Seite der Designer, bisweilen behaftet mit selbstinszenierter Aura als der sensible Ästhet und Überflieger. Auch hier haben wir es erneut mit einer Form von Eitelkeit zu tun. Die Quelle von Eitelkeit ist oft Unsicherheit. Der Designer spielt sich erfahrungsgemäß häufig als Superstar auf. Dadurch will er dem Ingenieur, der oft auch der Auftraggeber ist, glaubwürdiger erscheinen. Am Ende des Designprozesses steht der Kunde, der von den Medien längst in seiner Sicherheit im Urteil verdorben ist. Längst an Superstars und deren Glaubwürdigkeit gewöhnt, fordert er den Hinweis auf die Urheberschaft, auf den wohlklingenden Namen eines Designers. Ein fataler Kreislauf, der deutlich zeigt, dass mehr Bescheidenheit seitens des Designers zur Entwicklung neuer Inhalte und Bilder führen könnte.

Nicht zu vergessen sind jene Beispiele, bei denen hervorragende Gestaltung allein von Ingenieuren kreiert wurde, deren Entwürfe kompromisslos funktional und logisch angelegt sind – beste Vorraussetzungen für zeitloses Design.

Der Ingenieur kann, wie bereits erwähnt, der Firmeninhaber oder Geschäftsführer selbst sein. Je nach persönlichem Werdegang und Größe des Unternehmens gibt es hier für den Designer vergleichsweise klare Strukturen. Bisweilen besteht jedoch das Risiko einer gewissen Enge in der Betriebsführung hinsichtlich Offenheit gegenüber innovativen Ansätzen und Absichten. Insbesondere bei kleinen Familienunternehmen mit langer Tradition hängt die Zusammenarbeit sehr vom Vertrauensverhältnis beider Partner ab. Bisweilen wird der Designer dank seiner disziplinübergreifenden Erfahrung sowie seiner spezifischen Sichtweisen an dieser Stelle als Unternehmensberater gefragt.

Es geht natürlich auch umgekehrt: der Designer, der als Unternehmer Ideen generiert – etwa mit eigener Agentur – diese jedoch nicht ohne den Ingenieur als Dienstleister realisieren kann. Bei genauerer Betrachtung der möglichen Spielarten des Miteinander zwischen Ingenieur und Designer dürfte mittlerweile ein Gefühl aufgekommen sein, welches vermeintlich starre Positionen relativiert. Deshalb sei folgende Vermutung gewagt: Vielleicht verbirgt sich hinter besagter Auseinandersetzung zusätzlich die Dimension eines Generationenkonfliktes im Sinne einer evolutionsbedingten Verschiebung. Bereits seit Beginn des Industriezeitalters machten wenige, heutzutage namhafte Gestalter auf sich aufmerksam – im Gegensatz zu bereits zahlreich tätigen Ingenieuren und Konstrukteuren. Frühe Designer hingegen wirkten vermutlich zunächst mehr im Sinne von Stylisten, Modelleuren, z.B. in der bereits vorhandenen Autoindustrie. Oder sie kamen aus der Fachrichtung der Architektur und widmeten sich mit ihrem Verständnis für Verbindung von Ästhetik und Funktion entsprechenden Aufgaben.

Das Berufsbild des Designers in seiner heutigen Form sowie entsprechend zahlreiche Ausbildungsstätten mit Hochschulstatus entwickelten sich erst später. So sitzen seit Beginn einer Epoche des Booms, die je nach

Ansatz und Betrachtungswinkel etwa Anfang der 70er Jahre auftrat, häufig „junge" Designer mit gestandenen Ingenieuren einer längst etablierten Zunft und oft traditionell konservativ geprägter Sichtweise, zusammen. Darunter natürlich zahlreiche Designerinnen!

Anhaltende allgemeine Wissensvermehrung und liberalere Umgangsformen führten inzwischen zu deutlicher Annäherung beider Berufsgruppen. Der Designer bleibt in seiner Kernkompetenz nach wie vor „zuständig" für die Intuition. Erfahrungsreichtum stimuliert Eingebungen. Darum ist es so wichtig, ein möglichst breites Spektrum an Erfahrungen und Wissen zu sammeln. Hinzu kommen Verantwortung für formale Wirkung und zweckbestimmtes Verständnis von Gebrauchsgütern. Der Designer erkennt Modetendenzen sowie Trends bei neuen Materialien und Technologien, bei Einsatz neuer Medien und informativer Oberflächen sowie deren Effekte. Er ist ausgerüstet mit technischem Know-how, inklusive der Abwicklung seiner Arbeit mit digitalen Werkzeugen. Gleiches gilt umgekehrt für Ingenieure; auch sie haben sich dem Anspruch an ihre Aufgaben angepasst, sind sensibler und offener in der Zusammenarbeit. Wen wundert es, bedenkt man die gestiegene Komplexität neuer Produkte, die in immer kürzeren Abständen produziert werden. Ingenieur und Designer – beide haben nur eine sinnvolle Chance in der Zusammenarbeit, und die liegt im gemeinsamen Ziehen an jenem oft erwähnten Seil – jedoch in die gleiche Richtung. Hierzu folgen Fallbeispiele aus der Praxis.

Überzeugung aus Leidenschaft und zwei Farbtöne

Es geht um ein kleines Projekt in Zusammenarbeit mit Krauss Maffei, etwa aus dem Jahr 1990. Der Bereich Transportation entwickelte zu diesem Zeitpunkt eine neue Hochleistungs-Antriebstechnik für Schienenfahrzeuge. Der erste Versuchs- und Werbeträger dafür sollte eine europaweit eingesetzte Universallokomotive sein, gefertigt in einem einzigen Exemplar, dem „Eurosprinter". Es ging weder um eine neue Gehäuseform noch um den Arbeitsplatz des Personals, was ein traumhaftes Betätigungsfeld für Designer gewesen wäre. Nein, hier existierte alles bereits, wurde aus Kostengründen aus vorhandenen Komponenten zusammengeschweißt und braun grundiert. Eine ziemlich emotionslose Verkettung von Endscheidungen, getroffen von Technikern und Kaufleuten mit akademischem Bildungsgrad, die damit kostengünstig die Leistungsfähigkeit der Maschine belegen konnten. Eine aufwändige Pressekampagne war parallel zur technischen Realisierung in Vorbereitung. Zu einem bestimmten Zeitpunkt im regulären Zeitplan sollte das Fahrzeug rollen.

Da stand das gute Stück nun, 85 Tonnen schwer, mit fast 10 000 PS, über 300 km/h schnell, zu einem kalkulierten Ladenverkaufspreis von etwa 5

Millionen Euro. Monochrom mattbraun wie eine Kartoffel. Der zukünftige
Antrieb für alles, was mit hohem Tempo auf der Schiene Metropolen verbinden sollte. Kosten für die Erarbeitung eines eigenen Farb- Grafik- Konzeptes wurden seitens der Technik nicht akzeptiert, wenngleich klar war,
dass das Fahrzeug lackiert werden musste. So entstanden von Nichtprofis
ein paar selbstgemalte Darstellungen, allesamt orientiert an bekannten
Vorstellungen klassischer Streifen- und Linienführungen, inklusive einem
roten Farbton, der von der Deutschen Bahn soeben für künftige Fahrzeuge
festgelegt wurde.

Die Entwürfe entstanden auf A4 s/w Kopien, bunt mit Filzstift koloriert.
Und beim Anblick dieser Darstellungen bekamen die Ingenieure plötzlich
kalte Füße. Die vorbei an professioneller Gestaltung gesammelten Erfahrungen waren heilsam. Die entstandenen Zeichnungen waren völlig inak-
zeptabel. Zum einen war der Grund für diesen Weg ein gestörtes Miss-
verhältnis, verbunden mit mangelnder Wertschätzung gegenüber einer
notwendigen Gestaltungsleistung, zum anderen hing es ein bisschen von
der Art des Objektes ab. Und hier hatten wir es mit einer einmaligen Konstellation zu tun. Die Ingenieure verhielten sich wie große Jungen, die sich
darum stritten, wie die neue Lokomotive der Modelleisenbahn aussehen
soll. Erneut ein Beispiel von falscher Eitelkeit. Schließlich intervenierte
das Marketing und stellte aus einem Werbebudget die notwendigen Mittel
für eine angemessene Außengestaltung zur Verfügung. Die Kunst bestand
nun darin, einerseits den konservativen Vorstellungen der Repräsentanten
aus Technik und Bahnumfeld gerecht zu werden, anderseits zu zeigen, dass
es sich hier um ein einmaliges zukunftweisendes Fahrzeug und Antriebs-
konzept handelt. Ein Konzept wurde erarbeitet und eine Art Story, die in
dargestellten Varianten auf die angestrebte Endscheidung hinführen sollte. Schließlich erfolgte die Präsentation bei Krauss Maffei. Auf dem Weg
zum großen Besprechungssaal führte der Weg vorbei an großformatigen
Ölgemälden, auf denen bereits gefertigte Lokomotiven für unterschiedliche Bahngesellschaften zu sehen waren, z. T. mit einmaligen Darstellungen
aus den Fertigungshallen. Über einen langen Zeitraum beschäftigte Krauss
Maffei einen Werksmaler.

Der große Besprechungsraum, in dem die Präsentation unseres Hitec-
Boliden stattfinden sollte, stand den zuvor gewonnenen Eindrücken in
nichts nach: die Wände holzgetäfelt, mit eingearbeiteten Vitrinen, in
denen maßstäblich verkleinerte Lokomotiven an den Erfolg vergangene
Projekte und Epochen erinnern sollten. Zu der Präsentation erschienen
etwa zehn männliche Ingenieure, allesamt in grauen oder blauen Anzügen
und verantwortliche Abgeordnete – von Siemens, von Krauss Maffei und
von der Bahn – bereit zur Entscheidung über die neuen Farben des Eurosprinters. Stirnseitig an dem langen Besprechungstisch thronte der damalige Präsident von Krauss Maffei/Schienenfahrzeuge. Der Designer stellte

anhand großer Präsentationstafeln die Entwürfe vor und erläuterte sie, und anschließend wurde diskutiert. Die Darstellungen berücksichtigten die unterschiedlichsten Aspekte, gingen auf Traditionen und Fertigungsthemen ein, aber insgesamt gehorchten sie einer Intuition. Der wichtigste Entwurf zeigte das Fahrzeug mit einer pinkfarbenen Frontpartie, einem silbernen Mittelteil sowie einem prägnanten dynamisch anmutenden Schriftzug. Zu diesem Zeitpunkt war das eine noch unbekannte Farbauffassung für Schienenfahrzeuge auf DB-Gleisen. Aber sie lag in der Luft und tauchte innerhalb weniger Wochen bei zahlreichen Beispielen auf, mit der werbenden Botschaft für technischen Fortschritt. Bekanntestes Beispiel sind die damals entstandenen Farben der Telekom. Aber während der Präsentation waren diese Erkenntnisse keine Hilfe zur Erhöhung der Glaubwürdigkeit des Designers. Es ging vielmehr um plausible, unmittelbar nachvollziehbare Gründe: „Pink noch dem vertrauten Rot ähnlich, aber deutlich kühler, dadurch technischer in der Anmutung – auch aggressiver, dadurch die Dynamik unterstreichend, als Warnfarbe im Bereich der Lokfront geeignet". Gegenargumente waren: verschmutzt leicht, kein RAL-Ton, kurzfristig nicht verfügbar, schon gar nicht als Wasserlack. Silber: als großflächig lackierte Gehäusefarbe Assoziation mit Aluminium, bekannt aus Flugzeug- und Leichtbau, Bedeutung für Fortschritt und schnell. Jedoch war auch diese Farbe kurzfristig nicht verfügbar. Die Ingenieure einigten sich schließlich auf das soeben abgesicherte RAL-Rot der Bahn und bewerteten die Präsentation mit den dargestellten Alternativen als recht unterhaltsam, jedoch auch als Bestätigung dafür, dass es kein Fehler war, keinen Designer in das Projekt miteinzubeziehen. Zum Glück gab es noch den Vorsitzenden der Gesellschaft. Und der ließ sich überzeugen von den Argumenten, die für Fortschritt und neue Ausstrahlung standen.

Diese Endscheidung bedeutete für alle Beteiligten noch einmal richtig Arbeit: ein ICE-Lokführer, der in der Nähe des Lackherstellers vorbeifuhr, nahm die Original-Farbmuster des Designers als Referenzmuster mit. Wenige Tage später gab es das feierliche Roll-Out und von da an die gefeierte Erfolgsgeschichte dieses Fahrzeuges. Es dauerte nicht lange, da trafen sich erneut Krauss Maffei-Ingenieure mit dem „Design-Kosmetiker" des Eurosprinters. Die neue Aufgabe trug ähnliche Züge wie das vorherige Projekt. Diesmal ging es um das Gesicht einer neuen Dienstleistung: politische und wirtschaftliche Gründe erforderten mehr Freiheit auf der Schiene. Die Trasse, bis dahin Eigentum der DB, sollte liberalisiert und somit auch an private Nutzer vermietbar werden. Die Siemens Dispolok GmbH, ein Anbieter von Mietlokomotiven einschließlich eines umfassenden Service mit Wartung und Bereitstellung des Personals, stand vor ihrer Gründung. Erneut ging es um gekonnte Kosmetik. Die Fahrzeuge sollten unverwechselbar sein. Außerdem musste mit den Fahrzeugen Geld verdient werden, damit sollten auch Fahrzeugflächen für Werbung vermietbar sein.

Diesmal erwies sich die Kombination Gelb/Silber als die richtige Wahl.
Dabei wurde die Argumentation für diese Auffassung noch schwieriger.
Das farbliche Umfeld der Bahn ist in der Regel Braun/Grau, angereichert
mit nicht kontrollierbaren Farb-Kompositionen, etwa durch die Art der
Wagons, die befördert werden. Jedoch tat sich der Designer jetzt schon ein
wenig leichter, er genoss ja seit dem Eurosprinter-Projekt einen gewissen
Vertrauenskredit, entsprechend wagte er auch mehr. Dennoch war es nicht
einfach, einzelne verantwortliche Ingenieure zu überzeugen. Die meisten
trugen eigene vorgefertigte Meinungen in sich, wollten auch Gestalter ihres
Babys sein. Petrol, die Logo-Farbe des Siemens-Konzerns, entwickelte sich
zum Favoriten.

Sämtliche Gespräche waren von großer Unsicherheit geprägt, man musste wirklich aufpassen, dass man als Designer nicht plötzlich in einer Ecke
landete, in der die verantwortlichen Ingenieure nach hierarchischer Positionierung ihren spontanen Geschmack oder den der modeorientierten
Ehegattin durchsetzten. Petrol ging nun überhaupt nicht, allein das Sie-
mens-Manual untersagte den Missbrauch. Warum nun Gelb? Gelb passt
von allen Bunt-Tönen am besten zu allen anderen Farbtönen. Für einen
Ingenieur ist dies nicht sehr stichhaltig, erwies sich im Nachhinein allerdings als gut nachvollziehbar. Gelb fällt auf. Unser Gelb ist ein besonderes
Gelb, hat Weiß- und Grünanteile, so eine Art Schwefelgelb, sehr gewagt, sehr
prickelnd. Wirkt wie eine Erfrischung, eine Überraschung. Hinzu kommt

Der Eurosprinter

eine spannende, unerwartet asymmetrische Anordnung der Farbflächen um das Fahrzeug herum. Das erhöht den Effekt der Dynamik.

Design ist Geschwindigkeit. Auch der Blitz ist gelb. Gegen die silbrigen Seitenflächen gab es keine großen Einwände, sie sollten ohnehin als Werbeträger vermietet werden. Die größte Skepsis gegenüber der gelben Farbe brachten die Saubermänner unter den Ingenieuren ins Spiel: „Auf Gelb sieht man doch jeden Dreck". Darauf bewährte sich eine vernichtende Antwort: „Soll man den Dreck doch sehen, aber bitte genau hingucken, der Fahrtwind hat die grauen Streifen und Schlieren in waagerechter Richtung angeordnet – aha, eingefrorene Dynamik!" Inzwischen ist aus den ursprünglich belächelten Ideen ein leistungsfähiges Unternehmen geworden mit über hundert Lokomotiven in Gelb/Silber. Es entstanden Fanclubs, die an der Strecke nach spektakulären Fotos auf der Lauer lagen. Zahlreiche Werbeartikel sind in diesem Gelb im Umlauf, die Fahrzeuge werden außerdem als Modelle für die Modelleisenbahn gefertigt. Und wir, Ingenieure gemeinsam mit dem Designer, planen neue Projekte.

Der Cargosprinter

Aus den bisher gesammelten Erfahrungen hinsichtlich der zu erwartenden Entwicklung bei Transport- und Logistikaufgaben auf der Schiene, entstand ein Konzept für einen selbstfahrenden Flügelzug, den *Cargosprinter*. Es handelt sich um im Verbund fahrende Zugsegmente, die auf freier Strecke mit hohem Tempo unterwegs sind, sich dann nach Bedarf unterwegs teilen und in kleinen Einheiten bis zum Endkunden weiterfahren. Obwohl die Bestimmung in erster Linie der Transport von Containern sein dürfte, sind die Fahrzeuge mit Kabinen für das Personal ausgerüstet. Auch hier galt es für den Entwurf eine optimal und kostengünstig zu fertigende Kabinenform zu finden, die gleichzeitig sehr hohe Eigenständigkeit und Aufmerksamkeit erwirkt. Eine sphärisch überwölbte GFK-Front kam nicht in Frage; es blieb bei einer eher klassisch angelegten Schweißkonstruktion. Dabei ist den Ecken und Kanten hohe Aufmerksamkeit zu widmen. Je eckiger diese sind, umso größer sind die Windgeräusche bei hohem Tempo. Ein möglicher Weg diese Kanten bei Schweißkonstruktionen zu brechen, besteht in der Ausgestaltung zu Fassetten. In der Praxis bedeutet dies das Zuschneiden und Verschweißen zahlreicher kleiner Blechstreifen. Diese bedürfen anschließend intensiver Nachbehandlung, da sich das Material leicht verzieht und deshalb geglüht, gerichtet, verschliffen werden muss. Wir, Designer und Ingenieure, unternahmen große Anstrengungen, nach allen Erfahrungen die optimale Fassette zu finden. Letztlich war es eine Intuition, die beim Designer die Idee eines riesigen gebogenen Rohres aufkommen ließ, das optimale aerodynamische Bedingungen und Stabilität

bieten sollte. Schnell fand sich Europas größte Rohrbiegemaschine bei der
Firma Moullinari in Norditalien. Herr Moullinari reiste selbst kurzfristig
an, um die Machbarkeit zu prüfen und um Erfahrungen im Umgang mit
Eckproblemen dieser Größenordnung einfließen zu lassen. Nachdem es
keine größeren Einwände mehr gab, konnte mit der Gestaltung der Details
begonnen werden. Beim Anblick der Kabinenform, auch unter Berücksichtigung von Aufgabe und Einsatz des Zuges, ließ sich die Erinnerung an die
Kopfform der Ameise nicht abstreiten. Jeder Versuch eines Technikers, in
der Seitenwand ein konventionelles rechteckiges Fenster einzubauen, wäre
frevelhaft gewesen. Die elliptische Form des Seitenfensters erscheint allein
richtig und passend zum Gesamtausdruck der Kabine.

Der Cargosprinter

Siteco, Traunreut

Ein weiteres Beispiel einer sich gegenseitig befruchtenden Zusammenarbeit zwischen Designer und Ingenieuren führt in die Leuchtenindustrie.
Die Firma heißt Siteco, die Leuchte, um die es gehen soll Hexal, eine Langfeldleuchte mit Leuchtstoffröhre. Auch in diesem Fall können die Partner
auf eine langjährige Zusammenarbeit zurückblicken. Immer dann, wenn in

Traunreut eine neue Leuchte entwickelt werden sollte, trafen sich zunächst Konstrukteure, Lichttechniker, Kaufleute und der Produktmanager. Jeder ermittelte für seinen Part die Anforderungen sowie den Budgetbedarf und stellte dies dem Gremium vor. Daraus entstand das Briefing. Wenn es in dieser Runde nicht gleich Sicherheit bei der zu erwartenden Form der Leuchte gab, wurde noch die Vergabe eines Designauftrages beschlossen. Dem Designer diente das Briefing als Orientierung für die Verquickung der formulierten Anforderungen zu einer neuen Leuchte. Weil der Lichttechniker immer seinen benötigten Reflektor definiert und der Konstrukteur sein Gehäuse, um die gesamte Technik zu verpacken, bestehen solche Leuchten stets aus zwei großen Blechteilen, dem Gehäuse und dem Reflektor. Der Designer hinterfragte regelmäßig den Sinn dieser Vorgehensweise. Dabei riskierte er häufig die Kontinuität der Zusammenarbeit. Schließlich war es dann soweit, Hexal entstand, der Reflektor ist gleichzeitig Gehäuse; in einem Stück in der Rollformstraße gebogen. Oben versteckt eingelegt ist die Technik platziert. Da das hochwertige Reflektorblech in der Regel nur eine Wandstärke von wenigen Zehnteln eines Millimeters aufweist, bedurfte es stabilisierender Maßnahmen. Das Blech erhielt werkzeuglos mittels eines hydraulischen Verfahrens eine Prägung ähnlich der Form der Bienenwaben.

Langfeldleuchte
Hexal

Ein Monitor entsteht

Anfang der 80er Jahre, als nach und nach der Monitor auch in Deutschland die Bürolandschaft prägte, brach in den Designstudios das große Rennen um den schönsten Schreibtisch-Monolithen aus. Jeder große Konzern wollte sich in diesem Marktsegment durch solch ein Monument definieren.

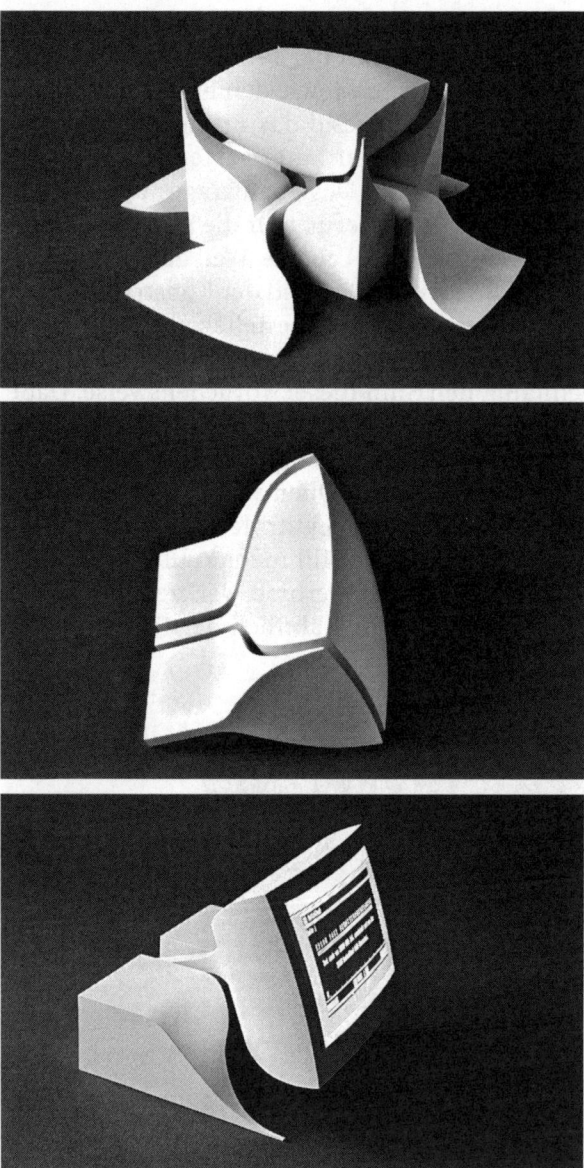

Monitor, zerlegter Würfel

Dabei eignet sich dieses Thema hervorragend für philosph-moralische Statements. Meistens wurde den Kisten allerdings eine pseudo-modische Außenhaut verpasst, die noch mehr visuelle Unruhe im Büro stiftete, als ohnehin schon vorhanden war. Die Vorgehensweise war stets die gleiche: Der Ingenieur gab die Umrisse des Braunschen Glaskolbens vor, dazu noch etwas Volumen für Technik, und dann suchten die Designer an ihren Zeichenbrettern nach der optimalen Umhüllung. Alles in Seitenansichten. Somit war gewährleistet, dass es große Ähnlichkeiten der einzelnen Exponate gab, abgesehen von teilweise verwegenen Lüftungsdurchbrüchen. Diese Vorgehensweise erschien gleichermaßen plausibel wie provokativ.

So lag es nahe, einen Weg zu probieren, der von vornherein das Volumen als Ganzes berücksichtigte. Dabei wurde erneut von der Braunschen Röhre ausgegangen, jedoch entsprach der Prozess der Gestaltung einer dreidimensionalen Auseinandersetzung und integralen Durchdringung möglicher Linien und Flächen. Was ist aus dem Entwurf geworden? Nichts, obwohl viel beachtet. Er ließ sich nicht realisieren, weil es seitens der Projektleitung keine wirkliche Achtung und Wertschätzung gegenüber der Designleistung gab. Der Ingenieur machte die Vorgaben, der Designer anschließend die Hülle. Änderungen galt es zu vermeiden, da der Designer meistens im letzten Augenblick vor Beginn der geplanten Fertigung der Werkzeuge gerufen wurde. Somit bestand keine Chance, einen innovativen Weg, eine Eingebung aus ganzheitlicher Betrachtung heraus zu wagen.

Bei einem vergleichbaren Designprozess, der in Kooperation mit der Firma Chinon in Japan stattfand, ließ sich ein genau umgekehrtes Verhalten der japanischen Ingenieure erleben. Diesmal ging es um die Gestaltung eines Druckers. Bereits bei der Formulierung des Briefings wurde der Designer integriert. Sehr früh lagen nun erste Vorschläge über das künftige Design vor. Hier machte der Designer die Vorgaben. Die Ingenieure protokollierten jedes Detail, um es zu realisieren. Die Wertschätzung ging soweit, dass der Designer am Ende des Projektes sogar gebeten wurde, sein Zeichenwerkzeug signiert in Japan zurückzulassen.

Der Transrapid 07 als Briefmarke

zuges für Shanghai – war ich für das Design dieser neuartigen Hochgeschwindigkeitszüge verantwortlich.

Anfangs noch ein exklusives Projekt von MBB, wurde bereits der Transrapid 05 in einer Arbeitsgemeinschaft zwischen MBB, Krauss-Maffei und
Thyssen-Henschel realisiert. Hierbei hatte ich als Designer zusätzlich die
Verantwortung für die Gestaltung der Bahnhöfe und Ausstellungen bis
hin zum Design der Fahrkarten. So sollte die Demonstrationsanlage für
Magnetschwebetechnik auf der Internationalen Verkehrsausstellung 1979
in Hamburg nicht nur im Dauerbetrieb der Messe reibungslos funktionieren, sondern gleichzeitig auch ein neues Image für diese revolutionäre
Technologie schaffen – modern, aber nicht „jahrmarkt-futuristisch". Hier
halfen zwar die gewachsenen Kontakte zum MBB-Team, aber das Fahrzeug wurde vom ehemaligen Konkurrenten Krauss-Maffei entwickelt und
gebaut – meine wichtigsten Entwicklungspartner waren somit Projektma-
nager und Konstrukteure einer klassischen Lokomotivbau-Firma. Das vielleicht wichtigste Merkmal meines Arbeitsstils, das ich bis heute beibehalten
habe, ist „Transparenz". Ich versuche jeden Designvorschlag bereits in der
Konzeptphase mit technischen Zeichnungen, Schnitten und Details meinen jeweiligen Partnern so zu präsentieren, dass die technischen Merkmale und der Realisierungsaufwand erkennbar sind. Diese technische Dokumentation wird grundsätzlich kombiniert mit einem Modell – je nach Situation als M 1:20 oder M 1:10 Außen-/Innenmodell oder auch als „Mock-Up",
in Originalgröße, mit dem die dreidimensionale Gesamtwirkung sichtbar
wird.

Der Grund hierfür liegt in der unterschiedlichen Spezialisierung meiner Partner. Natürlich möchte der Projektleiter oder die Geschäftsleitung das künftige „Ergebnis" so perfekt wie möglich sehen.

Die Ingenieure interessiert jedoch zuerst der technische Aufbau, der erforderliche Aufwand, das Platzangebot für Komponenten, Art der Fertigung und Service. Von ihnen wird im Anschluss an den „Aha-Effekt", der Präsentation eine Machbarkeits- und Wirtschaftlichkeitsaussage erwartet. Deshalb haben mein Team und ich es noch bis vor kurzem strikt abgelehnt, bei bestimmten Produkten grundsätzliche Entscheidungen ausschließlich auf „Renderings", zu basieren. Je mehr Detailentscheidungen erforderlich werden, umso präziser sind unsere technischen Zeichnungen, auf deren Grundlage die Entwickler dann ihre Fertigungsunterlagen erstellen.

Nichts bindet ein interdisziplinäres Team so fest zusammen wie ein erfolgreiches Projekt! Und so wurde die Zusammenarbeit mit den unterschiedlichen Teams der Firmen mit jedem neuen Transrapid immer entspannter und die Bereitschaft größer, auch einmal „gewagtere" technische Lösungen zu realisieren.

Vom ICE-V ...

Am deutlichsten wurde dies beim ICE-V sichtbar – der technischen Konkurrenz zum Transrapid. Mit diesem Zug wollte die Industrie ein langjähriges Rad-/ Schiene-Versuchsprogramm abschließen und der DB den neuesten technischen Stand vorstellen. In den ersten Designentwürfen schlug ich eine rahmenlose Seitenverglasung mit silbern verspiegelten Scheiben und ebenfalls verspiegelten Verkleidungen der Fenstersterge vor – damals für Schienenfahrzeuge undenkbar. Das entscheidende „Lasst es uns probieren!" war auch Ergebnis einer langjährigen Zusammenarbeit und der Bereitschaft, die Argumente des anderen vorurteilsfrei zu bedenken. Die Geburtsstunde des charakteristischen ICE-Fensterbandes fiel zusammen mit Überlegungen zu neuartigen Interior-Layouts, neuen Reisesitzen, einer andersartigen Klimatisierung und Beleuchtung, neuen Materialien und Farben. Keiner der Beteiligten ahnte damals, dass aus diesem „Demonstrationszug" einmal das „Aushängeschild" der Deutschen Bahn werden würde.

... zum ICE-3

Zehn Jahre später hatte sich vieles geändert. Die Deutsch Bahn hatte inzwischen erkannt, dass im Wettbewerb mit PKW und Flugzeug neben „kurzen Haus-zu-Haus-Reisezeiten" und dem Preis, vor allem Service und Komfort eine immer wichtigere Rolle spielten. In einem geladenen, internationalen Wettbewerb entwickelten mehrere Design-Teams Vorschläge für das Innen- und Außendesign – auf Grundlage eines bewusst vage formulierten Lastenheftes. Das DB-Management – beraten von Industrie- und Bahnspezialisten – entschied sich für unsere Lösung und beauftragte mein Team und mich innerhalb von 12 Monaten die beiden Züge ICE-3 (ausgelegt für 330km/h Höchstgeschwindigkeit) und den 100km/h langsameren ICE-T (mit Neigetechnik) komplett, bis ins letzte Detail zu entwickeln und in präzisen Mock-ups in Originalgröße umzusetzen – unterstützt von Fachberatern der Industrie und Bahn.

Mock-up des ICE-3 und des ICE-T

Erst nach der Besichtigung durch den DB-Vorstand und mit der Zustimmung zum Design begann die eigentliche Detailentwicklung in der Industrie. Wir Designer befanden uns im dauernden Wechselspiel zwischen verschiedenen deutschen Schienenfahrzeug-Produzenten aus Ost und West, unzähligen Zulieferern und diversen Fachabteilungen der Bahn plus den bahneigenen Designern, die eine Designoptimierung nicht unbedingt leichter machten. Dass beide Züge dennoch voll den ursprünglichen Wettbewerbsvorschlägen entsprachen, ist vor allem der „Chemie" zu verdanken – jener nicht planbaren Konstellation von Entwicklungspartnern auf allen Ebenen, die eine gemeinsame Vision verband und die gleichzeitig bereit waren, sich über technisch Bewährtes hinaus, in Neuland zu wagen.

Voraussetzung war jedoch eine präzise Dokumentation, die immer noch die Regale unseres Archivs füllt. Aber auch hier galt: Wenn die Designvorstellungen in der Sprache unserer Partner klar und nachvollziehbar dargestellt wurden, gab es in den Entwicklungsteams kaum Widerstand.

Die U-Bahn München

Was die Designentwicklung und die Zusammenarbeit mit dem Auftraggeber betrifft, ist die neue U-Bahn für München beispielhaft. Durch unsere langjährige Erfahrung sind wir inzwischen in der Lage, das Design für Schienenfahrzeuge bis ins Detail, auch ohne die technische Beratung durch die Industrie, auszuarbeiten. Diesen Umstand nutzten die Münchner Verkehrsbetriebe, als es darum ging, eine neue U-Bahn-Generation zu entwickeln. Anstatt ein Lastenheft mit reinen technischen Daten an die Industrie zu verschicken – mit der Bitte um Designvorschläge – konzipierten Betreiber und Designer gemeinsam einen neuartigen Zug, in den all die Münchner Praxis-Erfahrungen der letzten 30 Jahre einflossen.

Innenansicht der Münchner U-Bahn

Erst als auch die städtischen Fachgremien „grünes Licht" gaben, wurde die Ausschreibung – mit dem Design als integralem Bestandteil – der Industrie übergeben. Die weitere Entwicklung, vom detaillierten Design, über den Bau eines Mock-Ups und bis hin zur anschließenden Betreuung der Entwicklungs- und Fahrzeugfertigung, litt jedoch unter mehreren Team- und Standortwechseln seitens der Industrie.

JR-W Nozomi 500

Die für mich interessanteste und zugleich auch herausforderndste Zusammenarbeit zwischen Ingenieur und Designer war zweifellos die Entwicklung des japanischen Hochgeschwindigkeitszuges „Shinkansen Nozomi 500" für JR-West, wenn ich mich nicht irre, immer noch der Zug mit der höchsten Reisegeschwindigkeit der Welt. Er basierte auf einer Designstudie, die mein Team und ich 1991 für Hitachi in Japan ausgearbeitet hatten und stieß – wegen extremer Schall-Vorgaben beim Tunnel-Austritt – in aerodynamisches Neuland vor. Mir ist während meiner ganzen Praxis nie wieder einen derartig „junger", aufgeschlossener und begeisterungsfähiger Entwicklungspartner begegnet wie Hattori-san, der Leiter der Fahrzeugentwicklung bei Hitachi, inzwischen längst pensioniert. Er hatte Probleme mit dem Englisch, ich hatte Probleme mit Japanisch, aber die Übersetzter kamen nicht mehr nach, wenn wir Details mit ein paar Schnitt-Skizzen lösten oder so lange gemeinsam über Zeichnungen saßen, bis auch die letzte Linie „stimmte". Aus interdisziplinärer Zusammenarbeit und gegenseitigem Respekt entstand eine Freundschaft, die auch über das Projekt hinaus weiter besteht.

Und so sollte es eigentlich sein!

Japanischer Hochgeschwindigkeitszug JR-W Nozomi 500

Resümee

Im Frühjahr 2004 wird eine neue U-Bahn mit Linearmotor-Antrieb in Fukuoka / Japan eingeweiht. Gegen Ende des Jahres nimmt voraussichtlich der erste „spanische" ICE-3 seinen Probebetrieb auf. Beides sind Projekte, an denen ich mit einer neuen Generation von Ingenieuren zusammengearbeitet habe, für die Design inzwischen zum selbstverständlichen Bestandteil eines Projektes gehört. Ebenso haben die wenigsten Probleme damit, wenn technische Alternativen unter Designkriterien bewertet werden. Sie sehen darin keine Anmaßung oder den Verlust traditioneller Positionen.

Geblieben ist jedoch, häufig mit Recht, ein gewisses Misstrauen der Ingenieure vor allzu „genialen" Designern, die sich weigern, in ihrer Sprache zu denken oder ihr mangelndes Know-how mit vermeintlicher Priorität kaschieren wollen und somit die wichtigste Komponente von Teamarbeit vermissen lassen: Respekt. Respekt vor der Position und der Meinung des Anderen und seines andersartigen, fachlich-bedingten Blickwinkels. Aber glücklicherweise stirbt diese Designer-Spezies langsam aus!

Aufbau der Designabteilung der MAN Nutzfahrzeuge AG

WOLFGANG KRAUS

Prolog

Der Intention dieses Buchs entsprechend, wird mit Blick auf den Titel „Der Ingenieur und seine Designer" die Auseinandersetzung zwischen diesen scheinbar unversöhnlichen Berufsgruppen in den Ausführungen hervorgehoben und betont. Alle Facetten und Aspekte dieser komplexen Vorgänge zu erfassen, ist nur in Teilbereichen möglich. Auf die Darstellung und Beschreibung zur Gestaltentwicklung der Produkte und deren Hintergründe wird in dieser Ausarbeitung nur in geringem Umfang eingegangen. Mir fällt nun die Aufgabe zu, über meine eigene Arbeit zu berichten, die den Aufbau und die Entwicklung der Designabteilung bei der MAN-Nutzfahrzeuge AG (NFZ AG) beschreibt.

Der Aufbau der Designabteilung hat eine Vorgeschichte und wurde durch Aktivitäten und Ereignisse begünstigt, die sich Jahre vor der offiziellen Gründung im Jahr 1987 ereigneten. Ich wurde beispielsweise bereits 1979 in die MAN-Karosserieabteilung eingestellt und wirkte dort als „Ein-

MAN-Baureihe L 2000, F 2000 und TG-A: die neue Fahrzeuggeneration

zelkämpfer" zwischen 38 Karosserieingenieuren. Auch haben vereinzelt
Gestalter an der Entwicklung der MAN-Nutzfahrzeuge mitgewirkt. Focus
der Ausarbeitung ist jedoch der Aufbau einer eigenen Designabteilung
für die MAN NFZ AG und die feste Anstellung von Designern im Stamm-
werk. Zum Verständnis der Sachverhalte ist die Kenntnis der Historie des
Unternehmens MAN erforderlich. Dabei ist deutlich zwischen der „Mutter",
dem Konzern und der Nutzfahrzeug-Sparte zu unterscheiden, die in ihrer
Entwicklung unterschiedlichen Strängen folgten. Die Ingenieure der MAN
NFZ AG bestimmten und bestimmen heute noch die Produktentwicklung.
Mit Gründung der Designabteilung 1987 dokumentierte die MAN NFZ AG
die Bedeutung des Designs für Nutzfahrzeuge als bedeutsames strategisches Element der Entwicklung.

Frühe Gestaltungsarbeiten bei MAN und den Vorläufer-Unternehmen

Mit der Aufforderung, einen Büssing-Vorderwagen zu gestalten, erteilte
Heinrich Büssing dem Grafiker und Plakatkünstler Ernst Neumann-Nean-
der 1913 den wohl ersten Design- Auftrag der Nutzfahrzeugindustrie. „Der
Büssing-Lastwagen ist der erste Versuch", so Neumann-Neander, „diesem
Formenproblem energisch zu Leibe zu gehen". Diese Entwurfsarbeit ist
wieder in Vergessenheit geraten und führte auch nicht zu dem erhofften
Erfolg (Eckermann, E.: Texte zur Ausstellung historischer Lastkraftwagen.
Frankfurt, Euromold 2003).

In Gustavsburg entstand zur Unterstützung der Stahlbauaktivitäten und
der Brückengestaltung eine Architekturabteilung bereits in den 20er Jahren
des vorigen Jahrhunderts. Mit der rückläufigen Entwicklung im Stahl- und
Brückenbau übernahm diese Abteilung in den 70er Jahren als beratende
Abteilung zunehmend Designaufgaben als Büro der AG bzw. der „Muttergesellschaft". Sie wurde keinem Unternehmensbereich zugeordnet und
funktionierte vergleichbar einem externen Architektur- und Designbüro,
das auf Anforderung der jeweiligen Unternehmensbereiche Beratungsleis-
tungen übernahm. Diese Konstruktion hatte den Nachteil; dass keine permanente und detaillierte Designleistung vor Ort erbracht werden konnte.
Die im historischen Archiv der MAN aufbewahrten Entwürfe zeigen vorwiegend Konzeptskizzen zur Außengestaltung der Karosserien, die dann
von den Karosseriebauern in München selbstständig verändert und ausgeführt wurden. Mit der Pensionierung des letzten Leiters, dem Architekten
Dr. Klaus Flesche, und der Neustrukturierung des MAN-Konzerns wurde
diese Abteilung 1986 endgültig aufgelöst.

Karosseriebauer verstanden sich schon immer in ihrer Berufsauffassung
als Gestalter und Techniker. Bekannt ist bis heute die Hamburger Wagen-

bauschule, die eine Reihe von Persönlichkeiten auf diesem Fachgebiet aus-
bildete. Ausgebildete Gestalter wurden von dieser Berufsgruppe nur selten
akzeptiert und zu Rate gezogen. Bei der MAN NFZ hatte in den 60er Jahren
der Karosserieingenieur Kanzow die Leitung der Karosserieentwicklung. In
seine Abteilung kam Ende der 60er Jahre der Karosserieingenieur Herbert
John, der von BMW zu MAN NFZ wechselte und Gedankengut aus der
PKW-Entwicklung mitbrachte. Dazu zählte auch seine Vorstellung, in die
Karosserieentwicklung müsse ein Designer integriert sein, der auch die
ergonomischen Belange zu bearbeiten hätte.

Der erste Designer in der Karosserieentwicklung

Die Karosserieentwicklung des Frontlenkers F8 wurde 1967 sehr stark von
der Kooperation mit der Firma Saviem beeinflusst, was sehr gut erkennbar
an den typischen Karosserieschnitten des Konstrukteurs war, der schon
den Renault R16 in ähnlicher Weise aufgebaut hatte. Diese Baureihe war
bis 1986 in der Produktion. Mit der Aufgabe, eine neue LKW-Baureihe
mit eigenständiger Karosserie zu entwickeln, wurde in München der Entschluss gefasst, einen Designer in die Karosserieentwicklung zu integrieren
und fest anzustellen. Ich wurde von KHD und Neoplan kommend, 1979 fest
angestellt. Begünstigt wurde diese Entwicklung durch den Eintritt von Dr.
Klaus Schubert, der 1980 die Konstruktion in München übernahm. Schubert unterstützte vorbehaltlos die Integration von Designaktivitäten in die
Karosserieentwicklung und war einer der starken Ingenieure, die in der
Designarbeit ein wichtiges strategisches Element der Produktentwicklung
sahen. Die Integration erfolgte sozusagen heimlich, da immer noch offiziell die Architektur und Designabteilung in Gustavsburg als Beratungsab-
teilung existierte. Dort waren jedoch keine Karosseriedesigner tätig. Ich
musste also bei Besuchen von externen Kollegen meine Zeichnungen von
den Tischen räumen. Erst später in der Entwicklung der F90/ M90 Baureihe
wurde ich vorgestellt und auf Grund der vorgelegten Arbeiten dann von
allen Beteiligten in meiner Funktion bestätigt.

Mein erster Arbeitsplatz mitten im Konstruktionssaal, der damals noch
von den Zeichenanlagen von 38 Karosseriebauern beherrscht wurde. Als
einzige Besonderheit hatte der Designer zwei Schreibtische und ein eigenes
Archiv; für damalige Konstrukteure ein Novum. Die erste Aufgabe bestand
darin, für die MAN-VW-Gemeinschaftsbaureihe ein neues Frontend zu
gestalten. Die Konstrukteure gingen wie selbstverständlich davon aus, dass
nach dem Designentwurf die konstruktive Ausarbeitung mit dem Außens-
trak, den Konzeptschnitten und der technischen Zeichnung zu erfolgen hat.
Ich kannte dies schon von Neoplan und KHD – auch dort war ich als Einzelkämpfer in der Konstruktion als Designer tätig – und erledigte diese Auf-

gabe. Für die Konstrukteure, die diese erste Arbeit mit besonderem Augenmerk verfolgten, war dies sozusagen die Feuertaufe: „…also doch nicht nur ein Bildchenmaler, der von der Karosserie nichts versteht…". Ein gern benutzter Spruch der Ingenieure, wenn sie von Designern in dieser Zeit sprachen. War den Ingenieuren doch oft nicht klar, welche Aufgaben und Werkzeuge ein Designer im Rahmen eines Entwicklungsauftrags „besetzt". Erst wenn der Designer auch die Sprache der Ingenieure, die konstruktive Entwurfsarbeit kannte, wurde er akzeptiert und verstanden.

Ergonomisch gestaltetes Interieur der neuen Fahrzeuggeneration TG-A

Die wichtigste Aufgabe war die Mitarbeit an der Entwicklung der Baureihe F90/ M90. Ich übernahm als Designer Aufgaben in der Konzeption, Ergonomie, Strak und der Gestaltung dieser Baureihen für das Exterior und Interior. Die im Designstudium gern praktizierte Modularisierung von Produktkonzepten konnte bei dieser für die MAN wichtigen Baureihe – unterstützt durch die technische Entwicklungsleitung – in verfeinerter Form angewandt werden. Während der Entwicklung musste ich konstruktive Entwürfe, wie z.B. Instrumententafel, Türverkleidungen, Sitz, mit übernehmen. Besonders unterstützt wurden in dieser Zeit die Package-Entwürfe mit Ausarbeitungen zu den Konzeptmaßen der Karosserie und in diesem Zusammenhang der Einsatz neuer ergonomischer Methoden zur Gestaltung der Fahrerplatzgestaltung. Die stürmische Entwicklung der Ergonomie der 70er Jahre mit der Entwicklung von anthropometrisch gestützten

Entwurfsmethoden konnte hier bereits in vollem Umfang eingesetzt werden.

Der Modellbau der neuen Baureihe erfolgte in München in der Versuchsabteilung. Dort lautete die Bezeichnung der Abteilung noch „Schreinerei" und war der Versuchsleitung unterstellt. Ein Designmodellbau in München war noch nicht durchsetzbar. Das gemeinsam entwickelte Konzept und das Design der neuen Baureihe fanden breite Zustimmung besonders im Vorstand und waren später am Markt äußerst erfolgreich. Neben weiteren Arbeiten auch für den Busbereich, die aus dem Tagesgeschäft kamen, bildete diese integrierte Tätigkeit die Grundlage für die Verankerung des Designs in der Fahrzeugentwicklung. Durch die Bereitschaft, die Sprache der Ingenieure mit anzuwenden, wurden Vertrauen und Akzeptanz gebildet. Dokumentiert wird die gemeinsame Arbeit an diesem Karosserie-Projekt in einer gemeinschaftlichen Patentschrift, die Schubert, John, Watzek, Koch und Kraus zum Europäischen Patent anmeldeten.

Die Entwicklung der Designabteilung der MAN NFZ AG

Nach Fertigstellung der Projektarbeit F/M 90 folgte ich einem Ruf als Professor nach Hamburg, dort an die Nachfolgeinstitution der Wagenbauschule. Schubert beschloss nach der Präsentation dieser Baureihen 1986 für neue anstehende Aufgaben eine eigenständige Designabteilung in München zu installieren. Er betraute mich mit dieser Aufgabe im März 1987 und holte mich von Hamburg nach München zurück. Im Gegensatz zu der ersten Phase sollte nun eine vollständig neue Designabteilung entstehen, die mit größerer Verantwortung die Entwicklung im Nutzfahrzeugbereich ergänzen sollte. Dabei konnte ich die bereits erarbeitete Akzeptanz bei den Ingenieuren und die Vertrautheit in die Strukturen der Entwicklungsabteilungen positiv nutzen. Es war wieder Dr. Klaus Schubert, der inzwischen Vorstand Technik war, der das Vorhaben, eine Designabteilung für Nutzfahrzeuge zu installieren, förderte und in jeder Hinsicht forcierte. Er überzeugte den MAN-Vorstand von der Notwendigkeit und den Vorteilen: in einem Unternehmen, das primär von technischen Entwicklungen getrieben wird, ein sicherlich nicht einfaches Unterfangen. Das allgemeine Umfeld und die Akzeptanz Gestaltern gegenüber, hatte sich nun in der Ingenieurwelt gewandelt. Design wurde auch bei anderen Produktgruppen und besonders durch die Entwürfe der großen PKW-Hersteller als wichtiges Element der Produktentwicklung angesehen. Der emotionale Anteil an der Produktgestaltung wurde zunehmend erkannt. Bis weit in die 8oer Jahre hinein bestimmte die nach Funktion orientierte Gestaltung die Vorstellung von Ingenieuren, was gute Form zu sein hätte: „Was funktional ist, ist auch schön…". In der ersten Phase des Aufbaus der Designabteilung galt es, die notwendigen Tagesaufgaben zuverlässig zu erledigen und der Abteilung eine Struktur zu geben.

Der Vorstand stattete die Abteilung mit Planstellen und einem eigenen Etat aus. Die Designabteilung wurde als Hauptabteilung direkt an den Vorstand Technik angebunden, was eine wesentliche Voraussetzung zur Durchsetzung designrelevanter Themen gegenüber anderen Entwicklungsbereichen war. Die Entscheidungen traf letztendlich immer der Vorstand und nicht mehr wie in der frühen Phase der F90-Entwicklung der Konstruktionsbereich selbst. Die Hauptabteilung Nutzfahrzeuge Design war nun auf Augenhöhe mit Konstruktion, Versuch und anderen wichtigen Entwicklungsbereichen angekommen. Der Vorstand übertrug der Designabteilung die weltweite Verantwortung für das Design aller Fahrzeuge und die Produktkennzeichnung (CD) für die Marken MAN, ÖAF Gräf und Stift. Diese Verantwortung wurde im Zuge der Übernahme weiterer Unternehmen jeweils auf die Marken STEYR, ERF und Star erweitert. Designarbeit für Produkte benachbarter Unternehmungen im Konzern kamen hinzu. Schwerpunkt blieb jedoch das Entwerfen von LKW, Bussen und Sonderfahrzeugen der MAN NFZ AG.

Der organisatorische Stellenwert der Designabteilung musste natürlich durch Arbeit bestätigt werden: in der ersten Aufbauphase mit nur einem Mitarbeiter ein schwieriges Unterfangen. Ich musste zunächst alle notwendigen Aufgaben der Designarbeit selbst erledigen, dazu eine Abteilungsstruktur entwickeln und die dafür erforderlichen Mitarbeiter einstellen. Die Abteilung wurde nicht nach der im Fahrzeugbau üblichen Trennung von Exterior, Interior und colour & trim strukturiert, sondern nach den gestalterischen und handwerklichen Fähigkeiten der Mitarbeiter. Die Vielzahl der bearbeiteten Produkte ermöglichte auch keine Trennung der Abteilung nach Bus- und LKW-Design. Zur besseren Auslastung der Abteilung wurden alle Produkte im Wechsel von der ganzen Mannschaft bearbeitet. Mit dem Wachsen der Abteilung konnten Projekte größeren Umfangs bewältigt werden. In diese zweite Phase, die Wachstumsphase der Abteilung, fällt auch die Entwicklung einer eigenständigen Modellbauabteilung, die zusätzlich zur Schreinerwerkstätte des Versuchs installiert werden musste.

In der dritten Phase wurde in Abstimmung mit der technischen Entwicklung der entscheidende Schritt in Richtung moderner Prozessgestaltung unternommen. Das Design erhielt innerhalb der Entwicklungsabläufe eine selbstverständliche Position und stimmte sich eng mit allen internen und externen Partner ab. Nun galt es, durch CAX-Werkzeuge gestützte Prozesse einzuführen und in den Entwicklungsprozess zu integrieren. Vorbild waren die Prozesse, wie sie zeitgleich in der PKW-Entwicklung eingeführt wurden: Aufbau einer Claymodellwerkstatt für 1:1-Modelle in Clay, optische Abtastung und Verarbeitung der Punktewolken zu digitalen Oberflächenplänen. Hier war es wieder Schubert als Vorstand, der die dafür notwendi-

gen finanziellen Mittel freigab. Auf der Seite der Karosseriekonstruktion
war es Eberhard Kneifel, der den schwer erkrankten Herbert John als Leiter
der Karosserieabteilung ablöste. Er brachte Erfahrungen mit italienischen
Designern mit und vertrat die neue Prozessgestaltung.

Zeitgleich mit der Umstellung auf die neuen Prozesse fiel der Startschuss
für die neue Baureihe TG A/ M/ L, die alle Karosserien der LKW-Baureihen
ablösen sollte. Dieses für die MAN wichtigste Vorhaben wurde mit Hilfe der
neuen Prozessgestaltung und der Einführung des Simultaneous Engineerings (SE) durchgeführt. Die SE-Prozessoptimierung verlangte vom Design
eine klare Aufgaben- und Schnittstellendefinition, die in einem verbindlichen Handbuch und den Terminplänen verankert wurden. Damit hatte das
Design eine optimale Durchdringung und selbstverständliche Position in
allen Entwicklungsabläufen erreicht. Neben der Mitarbeit für die Modul-
Konzeption der neuen Baureihe, hatte das Design das Konzeptpackage,
die Ergonomie und die gesamte Designentwicklung für das Exterior und
Interior der Karosserien voranzutreiben. Designleistungen wurden nun
innerhalb des SE-prozessgesteuerten Entwicklungsablaufs in allen Ent-
wicklungshasen erbracht. Selbst für das Marketing konnte die Designabteilung für die Präsentation und Produktfotografie Leistungen einbringen.
Die Entwicklung des Designs von einer Produktdesignabteilung zu einer
Fahrzeugdesignabteilung mit deren komplexen Prozessen und Entwicklungsabläufen war damit vollzogen.

Die neuen Möglichkeiten im Fahrzeugmodellbau ermöglichten sogar
die Übernahme von Konstruktions- und Fertigungsaufgaben. Während der
Entwicklung des Doppeldeckfahrzeugs Berlin konnte die Modellbauabteilung neben dem Urmodellbau auch Prototypteile, Werkzeuge und Vorrich-
tungen an das Band liefern.

Gelenkbus aus der Niederflurbus-Baureihe

Neben den LKW-Projekten waren die Arbeiten für den Busbereich eine besondere Herausforderung und gestalteten sich weitaus schwieriger. Im Linienbusbereich konnten bis Ende der 80er Jahre nur geringe Produktpflegemaßnahmen durchgeführt werden. Die Gestaltung dieser Fahrzeuge war weitgehend von der Standardisierung durch den Verband der öffentlichen Verkehrsbetriebe (VÖV, heute VDV) bestimmt. Erst mit der Entwicklung der neuen Generation von Niederflurfahrzeugen und dem Wandel in den Verkehrsbetrieben konnten neue Designlösungen umgesetzt werden.

Das Fahrzeug sollte Visitenkarte des Unternehmers mit eigenständigem Erscheinungsbild sein. Individuelle Innenausstattungen mit differenzierten Bestuhlungsvarianten und ein reichhaltiges Programm zur Farb- und Textilausführung wurden von den Kunden gefordert. Außenlackierungen bis hin zu hochwertigen künstlerischen Airbrushgestaltungen wurden entwickelt. Dieser Trend nach einem eigenen einheitlichen Erscheinungsbild, auch Corporate Design bezeichnet, entwickelte sich in den öffentlichen Verkehrsbetrieben. Alle meist im Verbund betriebenen Verkehrsmittel erhielten die gleiche Farb- und Innenausstattung. Der Wunsch nach eigenständigem Charakter, Unverwechselbarkeit und kultureller Verantwortung für die Gestaltung des öffentlichen Raums spiegelt sich in diesen Anforderungen. Für die Designer ergaben sich neue Möglichkeiten, die Attraktivität und Akzeptanz des öffentlichen Verkehrs durch Gestaltungsmaßnahmen an den Fahrzeugen positiv zu beeinflussen.

Der Reisebus war bei MAN kein Umsatzträger und konnte daher nicht mit den Mitteln bearbeitet werden, die für den LKW-Bereich zur Verfügung standen. Die Entwicklung des Lion's Star war auch geprägt von dieser Arbeitsweise. Die Kunst der Designer, um eine bestehende Rohbau-

Reisebus Lion's Star

vorrichtung ein neues Design zu kreieren, konnte den Medien natürlich nicht vermittelt werden, zählte aber in der internen Entwicklung zu einer besonderen Leistung unter äußerst schwierigen Bedingungen. Dieses Fahrzeug wurde trotz Kritik einzelner Journalisten von den Kunden sehr gut angenommen und erhielt 1994 die Auszeichnung „Coach of the year".

Eine weitere Besonderheit der Busarbeit war die Nähe zu den einzelnen Kunden, was in der Abteilungsgliederung durch eine große Abteilung zur Entwicklung von Kundensonderwünschen dokumentiert wurde. Diese Abteilung war direkt dem Fertigungsstandort in Salzgitter angegliedert und erledigte in direkter Abstimmung mit den Kunden die erforderlichen Entwicklungen. Die zuständige Designabteilung, die in München ihren Standort hatte, konnte auf Grund der Entfernung nur sporadisch und auf Anforderung Designleistungen anbieten. Dieser Umstand veranlasste mich, eine eigenständige Designabteilung in Salzgitter für den Busbereich vorzuschlagen. Schubert inzwischen Vorstandsvorsitzender der Nutzfahrzeuge AG unterstütze dieses Vorhaben. Durch den Wechsel in der Leitung der Buskonstruktion und neue Abteilungsstrukturen für den Busbereich wurde dieses Vorhaben begünstigt und zügig umgesetzt. Auch fand damit ein Generationenwechsel in der Konstruktion im Busbereich statt.

Die Designmannschaft

Die in der nachstehenden Auflistung aufgeführten Projekte konnten in dieser Fülle nur mit einer hoch motivierten und leistungsfähigen Mannschaft bewältigt werden. Nach der Zeit von 1979 bis 1984 als „Einzelkämpfer", ermöglichte die Gunst der Stunde „0" im März 1987 den Aufbau einer jungen und genau auf die Erfordernisse abgestimmten Personalstruktur. Auch erkannten die Mitarbeiter die einmalige Chance für das Unternehmen MAN, Neues zu schaffen. Der vorläufig letzte Höhepunkt, das Projekt der neuen Fahrzeuggeneration, konnte dann mit einer Mannschaft bewältigt werden, die an den Projekten der Aufbauphase die erforderlichen Erfahrungen gesammelt, aber ihre Begeisterung noch nicht verloren hatte. Dazu hatten sich auf der Arbeitsebene der Design- und Konstruktionsabteilungen vielfältige persönliche Verbindungen entwickeln können, die diesen Erfolg unterstützten. In der Zeit meiner Verantwortung 1987 bis 2000 waren in der Designabteilung bis zu 12 Mitarbeiter beschäftigt. Zur Bewältigung von Spitzenbelastungen kamen zeitweise externe Mitarbeiter für die Designarbeit und das Modellieren in der Claytechnik hinzu.

Holger Koos, ein Absolvent der Hamburger Schule, war einer meiner ersten Mitarbeiter in der Designabteilung. Er erhielt nach Abschluss der neuen Baureihenentwicklung 1998 die Verantwortung für das LKW-Design als Abteilungsleiter.

Die Projektarbeit

Als Beispiele für die Durchdringung und die Akzeptanz von Design innerhalb des Unternehmens werden die unter meiner Leitung bearbeiteten Projekte der Designabteilung in München vorgestellt. Neben mehrfachen Auszeichnungen der Produkte wie „coach of the year" oder „truck of the year", die immer für alle Entwicklungsabteilungen gelten, sind zwei Designauszeichnungen besonders hervorzuheben:

Design Zentrum Nordrhein Westfalen, Red dot award 1993, Auszeichnung für Höchste Designqualität, Stadtlastwagen 2000 und der iF product design award, Hannover 2001, Neue LKW Baureihe TG-A.

Ausgewählte Projekte

F2000, LKW Baureihe der schweren Klasse, **M2000**, LKW Baureihe der mittleren Klasse, **L 2000**, LKW Baureihe der leichten Klasse, **SLW 2000**, Entwicklung der Karosserie für einen neuartigen Verteiler- LKW. **Steyr LKW**, Mitarbeit bei der Entwicklung der Zweimarken Strategie. Die Rolle des Designs als strategisches Marketingelement bei der Übernahme der Nutzfahrzeugsparte der Firma STEYR. Überarbeitung der Produkte; Personalisierung von MAN Produkten für den Steyr- Vertrieb.

Omnibusse, Linienbusse, Überlandlinienbusse, Reisebusse, Doppeldeckbus für Berlin, Sonderprojekte und Gestaltung für Kunden (Marketing-Unterstützung). **Schienenfahrzeuge**, Niederflurstraßenbahnen für Bremen, München, Berlin, Augsburg usw. Die erfolgreichste Niederflurbahn nach Stückzahlen in Europa. Innovativer ergonomischer Fahrerplatz; Aufnahme in die DIN Empfehlungen. Zuggestaltungen für verschiedene Kunden. **Motorengestaltung**, Gestaltung von Gehäusen und Anbauteilen.

Sonderfahrzeuge, Muldenkipper, Flugzeugschlepper (GHH). Weitere Designarbeiten für MAN Großkunden, wie z.B. Wohnmobile auf dem 6,49 to Chassis der leichten LKW Baureihe. Marketing, Präsentationskonzepte, graphische Gestaltungen, Raketenbrenner.

Neue LKW Baureihe „Trucknology Generation", Die Entwicklung des TG- A der neuen Baureihe als vorläufig größter Erfolg der nun integrierten Designabteilung. Vollständige Ablösung aller Karosseriebaureihen durch einen Baukasten, der von der Designabteilung stark mitbestimmt wurde. Ablösung der traditionellen Entwicklungsprozesse durch einen modernen Karosserie- Entwicklungsprozess der mit modernen PKW – Prozessen vergleichbar ist. Höchste Integration in den SE Prozess. Designintegration in allen Entwicklungsstufen: Ideenfindung – Vorentwicklung – Package und Ergonomie – Detailkonstruktion – Fertigungsvorbereitung – Marketingpräsentation. Präsentation im Jahr 2000.

Ein persönliches Nachwort

Meine Arbeit als Designer in der Fahrzeugindustrie begann 1974. Dort bestimmten aus Tradition die Ingenieure die Leitlinien der Entwicklung. Sie brauchten in der Regel keinen Designer und erledigten alle notwendigen Arbeiten selbst. Meist hatten sie in den eigenen Reihen einen begabten Konstrukteur, der einen Satz Buntstifte im Schreibtisch hatte und der „Künstler" in der Abteilung war, der nach Konstruktionsabschluss die Entwürfe „anhübschen" durfte. Dazu verstanden sich die Karosseriebauer per se als Gestalter. Erst mit verschärftem Wettbewerb am Markt und einem Wandel in der Gesellschaft mit wachsendem Wohlstand, erlangte das Design Mitte der 70er Jahre zunehmende Bedeutung.

Wenn die Designer in der Lage waren, auf die Ingenieure zuzugehen und sich den technischen Herausforderungen in der Entwicklungssprache der Ingenieure stellten, kam es meist zu hervorragenden Ergebnissen der Zusammenarbeit. Dies vollzog sich oft still, weil es in einer integrierten Entwicklungsarbeit dem Designer gut zu Gesicht steht, zu Gunsten eines gemeinsamen Auftritts die persönliche Öffentlichkeitsarbeit zurückzustellen. Heute noch sind viele Gestalter äußerst erfolgreich, ohne dass die Allgemeinheit ihre Namen kennt. Designer, die operettenhaft ihren Nimbus als Künstler feiern, sind in der Welt der intensiven Entwicklungsarbeit nicht gern gesehen und zeichnen auch das Zerrbild in der Öffentlichkeit, das mit dieser Berufsbezeichnung oft in Verbindung steht. Erst wenn Designer auf die Belange und die Sprache der Ingenieure eingehen, entstehen äußerst erfolgreiche Produkte. Eine Forderung an die Ausbildung der jungen Designer sollte es sein, die ingenieurwissenschaftlichen Fächer zu vertiefen. Auf der anderen Seite müssten in die Ingenieurausbildung auch Lehrveranstaltungen über das Fach Design integriert werden, wie es beispielsweise in Hamburg traditionell praktiziert wird.

Die historische Entwicklung der Firma MAN

Die Maschinenfabrik Augsburg-Nürnberg (MAN) entstand im Jahre 1889 durch Fusion der 1840 gegründeten Sanderschen Maschinenfabrik Augsburg mit der 1841 gegründeten Maschinenbau-Aktien-Gesellschaft-Nürnberg. Die Fusion wurde von Seiten des Nürnberger Werkes wegen des fehlenden Interesses der Gründererben und wachsendem Konkurrenzkampf angestrebt. Dabei ergänzten sich die Produktionsprofile der beiden Werke.

Das Augsburger Werk hatte eine technische Ausrichtung auf Antriebsmaschinen, Pumpen, Turbinen und Druckmaschinen. Außerdem war dem Unternehmen noch eine Eisengießerei angegliedert.

Die Nürnberger Maschinenbaugesellschaft stellte hauptsächlich Güterwagen für die Königlich Bayerische Wagenbauanstalt her. Später produzierte man auch Güter- und Personenwagen für die Eisenbahn sowie Brücken. Aus einer Brückenbaustelle entstand das Werk Gustavsburg bei Mainz, das noch heute zur MAN Nutzfahrzeuge AG gehört.

1893 konnte Rudolf Diesel die Augsburger Fabrik für seine Idee der Entwicklung eines „traditionellen Wärmemotors" gewinnen. Nach der Fusion der Unternehmen entwickelte Diesel 1897 seinen Motor zur Serienreife und sicherte damit das Wachstum des Unternehmens über mehrere Jahrzehnte. Auf Initiative des Generaldirektors und auf Drängen des deutschen Oberkommandos wurde im Kriegsjahr 1915 der Bau von Lastkraftwagen in Lizenz der Adolphe Saurer Werke in der Schweiz aufgenommen. Im Jahr 1924 konnte der erste Lkw der Welt mit Dieselmotor vorgestellt werden.

Aufgrund extremer Rohstoffknappheit infolge der Bestimmungen des Versailler Vertrages beschloss der Vorstand der MAN AG 1921 den Zusammenschluss mit einem Unternehmen der Eisen- und Stahlindustrie. Die Gutehoffnungshütte AG (GHH) kaufte zunächst 50% später 75% der Aktienanteile der MAN. Mit der Übernahme des ehemaligen Flugzeugmotorenwerkes der BMW in München 1955 konnte sich der Nutzfahrzeugbau innerhalb des Konzerns zu einem der führenden Unternehmenszweige entwickeln. Durch ständiges Wachstum der MAN wurde 1985 eine Umstrukturierung nötig. Daraus ging die MAN AG als Muttergesellschaft eines Investitionsgüterkonzerns hervor.

Das Produktionsprofil umfasst fünf große Bereiche: Nutzfahrzeuge (MAN Nutzfahrzeuge AG), Industrielle Dienstleistungen (Ferrostahl), Druckmaschinen (MAN- Roland), Dieselmotoren (MAN-B&W Diesel AG), Maschinen- und Anlagenbau (MAN Turbo, MAN Technologie, RENK, SMS, SHW) sowie Finanzdienstleistungen.

Die Unternehmensbereiche sind rechtlich selbstständige Einheiten mit eigener Berichterstattung (Geschäftsbericht, Bilanz, GuV). Der Konzernvorstand ist weisungsbefugt und kann eingreifen. Es erfolgt keine Quersubventionierung der Töchterunternehmen, und jedes Unternehmen arbeitet eigenständig am jeweiligen Markt und ist ergebnisverantwortlich.

Der MAN-Konzern beschäftigte 75 054 Mitarbeiter im Geschäftsjahr 2002 und erzielte einen Umsatz von rund 16,04 Mrd. Euro. Die MAN Nutzfahrzeuge AG ist das größte Tochterunternehmen des MAN-Konzerns. Sie beschäftigt 34 398 Mitarbeiter in Werken in Deutschland, Österreich, Türkei, Südafrika und Polen. Das Produktionsprogramm umfasst leichte, mittelschwere und schwere Lkw, Nahverkehrs- und Reiseomnibusse sowie Busfahrgestelle, Dieselmotoren im Leistungsbereich von 100 bis 1200 PS, Achsen, Verteilergetriebe und Halbzeuge für die eigene Fertigung und für andere Produzenten.

Im Geschäftsjahr 2002 wurde im Bereich der MAN Nutzfahrzeuge AG ein Umsatz von 6,564 Mrd. Euro erzielt. Dies entspricht 41% des Umsatzes des

Gesamtkonzerns. Es wurden 61 400 Fahrzeuge hergestellt. Die Fahrzeug-marken sind MAN und Neoplan; in regional begrenzten Märkten Steyr, ERF und Star. Die MAN Nutzfahrzeuge AG ist drittgrößter Nutzfahrzeug-hersteller und Anbieter umfassender Dienstleistungen in Europa. (**Quelle**: Portrait der MAN Gruppe, Daten + Fakten Geschäftsjahr 2002, MAN Aktiengesellschaft, München, März 2003)

Car Design – ein Design aus dem goldenen Käfig heraus?

Jens Reese

Ich bin ein Auto!
Ich besitze ein Auto!
Ich fahre ein Auto!

Was die Menschen schon immer bewegte, ist ihre Mobilität. Gab es 1980 weltweit an die 400 Millionen Fahrzeuge, so sind es heute bereits mehr als 800 Millionen. Die individuelle Mobilität als zentralen Wunsch gilt es zu befriedigen – deren Bedeutung als soziale Interaktion und schlicht für die Freude. „In Träumen beginnt Verantwortung" formulierte der amerikanische Dichter Delmore Schwartzer. Es ist der Beginn einer Illusion über die Teilhabe am „Way of Life" und das Ringen um ständige Identität und Authentizität. Es ist die tägliche persönliche und unternehmerische Entscheidung über Aspekte von Wirkungsweisen eines Auftritts im Umfeld von Personen und Gütern mit ähnlichen oder identischen Interessen. Das fordert auf zu einer Ausgliederung durch Einfachheit oder Komplexität hin zur Prägnanz in Originalität und Witz im Wettbewerb um das richtige Aha-Erlebnis über das unverwechselbare Produkt im richtigen Preis/Leistungs- bzw. Kosten/Nutzen-Verhältnis.

Das heißt: richtiges Anziehen, Kleiden, Verkleiden, Verhüllen, Schneidern, Formen, Verpacken, Beplanken, Bemanteln, Verblenden, Verzieren – eben Gestalten für „Heute, Hier und Jetzt". Dieses „Heute, Hier und Jetzt" setzt Vorahnungen auf Zukünftiges voraus. Es ist die Verkörperung des zeitgemäßen Lebensgefühls, im Trend sein, den Trend auslösen können. Dazu die richtige Sprache – Produktsprache – im Reigen der Beliebigkeiten, das heißt, Austauschbarkeiten finden, die richtige Rhetorik beherrschen, damit die Utopien Wirklichkeit werden können. Dies alles geht nicht ohne Emotionen und ihre ungetrübte Wahrnehmung, denn schließlich fühlt sich jeder als der Berufene. Besonders beim Auto darf die notwendige Leidenschaft nicht fehlen, ohne Leidenschaft geht es nicht. Letzteres gilt heute besonders für das Automobildesign in einer verschärften Form, wenn es heißt: Wer bestimmt die Form? In welche Richtung geht es in den nächsten Jahren weiter und wie lange kann ein mühsam über die Jahre aufgebautes Image gehalten werden? Niemand wird es wirklich ausprobieren wollen, dafür ist der Erfolgsdruck zu groß und ein Fehlversuch wäre ein unvertretbares wirtschaftliches Risiko.

Optische Geschwindigkeit durch Gestaltung

Mit der Bewältigung der Technologien kam dem Autodesign schrittweise immer mehr Bedeutung zu. Wurden anfänglich die Funktionen des Fahrzeugs von Ingenieuren angepasst, wurde die Entwicklung der äußeren Form in zunehmendem Maße von Designern übernommen und im Einklang mit Zeitströmungen gestaltet. Bei einigen Modellen ist es gelungen, zukunftsweisende Formen zu entwickeln, die ihrer Zeit voraus waren und spätere Produkte beeinflussten.

Ein politisches Credo in den 30er Jahren galt der Mobilität zu Lande, in der Luft und zu Wasser. (Seit 70 Jahren gibt es die Autobahn!) Unter der Leitung des Versuchsingenieurs Rudolf Uhlenhaut von der Daimler-Benz AG entstand in der Rennabteilung im Auftrag und durch Mitfinanzierung der Reichsregierung der „Silberpfeil". Die Begeisterung zur Mobilität wurde mit dem Rausch der Geschwindigkeit zum Kult und dies auch im Geiste „des neuen Menschen". Aus den Entwicklungen im Flugzeugbau wurden wesentliche Erkenntnisse über das Strömungsverhalten bewegter Objekte gewonnen und auf den Fahrzeugbau übertragen. Diese Einflüsse brachten nicht nur weichere Formen und Stromlinien (s. dazu ca. 30 Jahre Streamline Design) mit sich, sondern auch den Leichtbau. „SL" steht für „Super-Leicht". Ein Gitterrohrrahmen wurde von Uhlenhaut anhand eines kleinen gelöteten Modells in der heimischen Küche entwickelt. Seine Kompromisslosigkeit ließ keinen Platz für eine normale Tür zu. Die Antwort darauf waren nach oben zu öffnende Piloteinstiege, die als Flügel in die Geschichte eingingen. Es ist die Entwicklung vom Rennwagen zum Serienfahrzeug 300 SL mit den Entwicklungsschritten und Ergebnissen von 1952 bis 1957: die Glättung der Form, tiefer gelegte Flügeltüren, Finnen über den Radhäusern, Hutzen auf der Motorhaube und seitliche Luftauslässe mit verchromten Zierleisten.

In den 50erJahren kam auf Empfehlung des BMW-Importeurs Max Hofmann der Deutsch-Amerikaner Albrecht Graf Goertz nach München. BMW betraute ihn mit den Entwürfen zum BMW 503 und 507. Der BMW 507 war eine formale Sensation und stand dem SL 300 in nichts nach. Die breit gezogene Niere in der Front und die seitlichen Kiemen wurden zu unverwechselbaren Gestaltungsmerkmalen. Es sind in der Folge nicht mehr erreichte atmosphärische Verdichtungen einer Formensprache, die keine Nachfolgermodelle mehr erreichten, wie spätere Re-Design-Versuche zeigen. Eine Tatsache, die beeindruckt, wenn man bedenkt, dass 1952 die Automobilhersteller in Deutschland über keine eigenständigen Designabteilungen verfügten. Der „Flügeltürer" wurde in einer kleinen Stückzahl von 1.400 Exemplaren gefertigt. „Es war einfach ein grandioser Wurf, vielleicht werden wir so etwas Schönes nie wieder bekommen", so der Präsident des Mercedes-Benz 300 SL Clubs. Die Form der Fahrzeuge war zu dieser Zeit ein Produkt der kontinuierlichen Zusammenarbeit zwischen Versuchsabteilung und Konstruktion. Kein Stylist oder Designer entwarf also die äußere Form des Wagens, sondern ein formbegabter Konstrukteur oder wie bei BMW der formbegabte Laie in Zusammenarbeit mit einem ganz kleinen Team motivierter Mitarbeiter. Vom BMW 507, den viele 1955 für das schönste Auto Europas hielten, wurden allerdings nur 259 Exemplare gebaut. Deutsche und andere europäische Automobilfabriken begannen erst später Stylingabteilungen einzurichten. Anders war es in Amerika: GM hatte bereits vor dem zweiten Weltkrieg eine Stylingabteilung. Ford/Köln nahm eine Vorreiterfunktion in Deutschland ein.

Die Protagonisten

Die ersten Designer wurden bei Daimler-Benz Ende der 50er bzw. Anfang der 60er Jahre eingestellt. Da saßen bis zu fünf Gestalter mehr oder weniger hoffnungslos zwischen 30 und mehr Konstrukteuren mit dem Fachwissen aus dem Studium des Wagenbaus, einem Grundwissen, mit dem die ersten Gestalter nicht aufwarten konnten. Sie waren die Kasper für die Techniker, wie Gallitzendörfer sich ausdrückt, oder anders gesagt, man versuchte, sie erfolgreich zu ignorieren. Das Sagen hatten die Ingenieure, alle Leitungsfunktionen lagen in ihren Händen und die Zusammenarbeit war eher negativ. Dies wurde noch verschärft durch das seinerzeit undemokratische und ghettohafte Umfeld aller Beteiligten in einem sehr stark ausgeprägten hierarchisch/autoritären System.

Damals war Design eingebunden im Vorstandsbereich „Entwicklung", heute ist es eine Institution ebenbürtig den technischen Bereichen. Das heißt, der Designbereich ist jetzt ein Direktionsbereich, der dem Vorstand untersteht, welcher wöchentlich auf die Planungen Einfluss nimmt. Die designinternen Entscheidungen über die Modellpolitik fällt der Vorstand Technik. Die letzten Modell-Entscheidungen trifft der Gesamtvorstand.

Eingestellt wurden die ersten Gestalter von der technischen Leitung Karosserie-Entwicklung, die der Entwicklung Technik unterstand. Die Einstellungen waren weniger aus einer unternehmerischen Weitsicht erfolgt, eher aus Hilflosigkeit und Angst, den Anschluss zu verpassen, was sich in der sprunghaften Modellpolitik der 50er und 60er Jahre widerspiegelt. Die Einsicht, dass man den Gestalter brauchte, verfestigte sich langsam. Erst mit der Förderung der Studiengänge für Transportation Design durch die Autoindustrie an den Hochschulen änderte es sich. Heute ist der Umgang von gegenseitigem Respekt geprägt.

„Früher waren die Designer in den Autofirmen Knechte, heute sind sie die Könige". Das Ansehen der Designer hat sich im Laufe der Jahre positiv entwickelt. Design wurde zu einem der wichtigsten Wettbewerbsfaktoren und der Begriff Styling ab den 70er Jahren nicht mehr verwendet.

Ähnlich verlief die Geschichte bei BMW. Nach dem nachhaltigen Entwurf von Graf Goertz in den 50er Jahren, waren die 60er Jahre und die erste Hälfte der 70er Jahre durch den Karosseriebauingenieur Wilhelm Hofmeister geprägt. Für ihn waren die Gestalter die Entwerfer von „Bildern", über die er mit seinem Team verfügte. Als erster Chefdesigner geht der Wagenbauingenieur Claus Luthe – der mit seinem Namen für den *Ro80*[1] steht – in die Geschichte ein. Luthe leitete die Abteilung von 1976 bis 1989. Er baute die Abteilung auf und führte den Begriff „Design" 1978 ein. Seinen 30 Mitarbeitern standen etwa 500 Ingenieure gegenüber. Das Mandat der Designer entsprach denen der Ingenieure. Wer so eng am Vorstandstisch saß, wünscht seinem Nachfolger das volle Mandat. Mit dem Nachfolger Chris Bangle bekleidet ein Automobil-Designer den Posten des Chefdesigners. Seit Beginn der 90er Jahre besteht das BMW-Design-Team aus rund 150 Mitarbeitern, ca. 1700 Ingenieure stehen dem Team gegenüber. Designer, Modelleure und Studiotechniker stehen für das „sinnvoll Schöne", was über das Produkt Auto hinausgeht. Zum Vergleich: VW spricht in diesem Sinne von 220 Designern, Modelleuren und anderen Spezialisten. Global sollen es an die 750 sein.

Waren in den 60er Jahren 50 Leute bei Daimler-Benz in der Stilistik tätig, so sind es heute 750 Mitarbeiter. Bis zu 120 (!) aktive Designer sind im Einsatz. Die Entwicklungszeiten von damals 8 bis 10 Jahren belaufen sich heute auf 4 bis 5. Damit werden die Zyklen kürzer, Autos schneller alt und das Risiko größer. Die Angstpartie „Auto" treibt die Verantwortlichen um, einen Flop kann man sich nicht leisten. Bekanntlich werden 80 bis 85 Prozent aller Autos „über Design" verkauft, denn das Image und die äußere Erscheinungsform, wie weit diese auch von der Technik, den gesetzlichen Normen, der Aerodynamik usw. bestimmt sein mögen, stellen letztendlich den entscheidenden Motivationsgrund für den Erwerb des Fahrzeuges dar. Das Ziel der Autohersteller ist es deshalb, nicht nur ein effizientes, sondern auch ein ansprechendes, einzigartiges und unverwechselbares Produkt – ob eine Limousine oder in der Königsdisziplin einen Roadster – auf den Markt zu bringen.

Wenn in den Anfängen der Stilistik sich die fünf Gestalter höchstens im Türgriff, der Innenbetätigung und anderen weniger formbestimmenden Details wie Bodenbelag, Türschweller, Hutablage, Sonnenblende und vielleicht im Armaturenbrett oder Fahrersitz wiederfanden, also eher im Interior als im Exterior, so stellt sich heute die Frage nach dem Einsatz von

---

[1] Der RO 80 erschien 1967. Die Produktion wurde 1977 eingestellt. Der RO 80, der Wagen mit dem Rotationsmotor Nr. 80, der 800 kg wiegen, 80 PS leisten und nur 8 Liter verbrauchen sollte, wurde zum Vater aller neuen Karosserien.

40, 60 und über 120 Designern, oder besser gesagt Zeichnern, die im ständigem gegenseitigen Wettbewerb stehen. Das Auto will erzeichnet sein – eine tägliche Hinstimmung einer Form über Jahre hinweg und immer sollen es optische und technische Evolutionssprünge sein. Ein großes, kreatives Potenzial, das täglich so unbeachtet unter den Tisch fällt. „Von mir stammt die diagonale Kofferdeckellinie beim Mercedes". Wer kann das schon von sich sagen? Eine eher dekonstruktivistische Linienführung der Heckpartie als Konstante einer Produktidentität in ihren Modifikationen. Und das Design der Scheinwerfer, die in den Dekaden vom Kreis über hochkant und waagerecht angeordneten Rechteckformen zu bis an die Schmerzgrenze geneigten Ovalen und amorphen Formen verschmelzen? Und die geriffelten Rückleuchten, die zu Warndreiecken mit bis zu imitierten Linienstrukturen mutieren? Oder abgeschnittene, überlagerte Rundungen und Wellenlinien sowie ornamentale Schwünge bei BMW? Und wer bestimmt die Silhouette, die Weiterentwicklung der Frontpartie? Die Steuerung dieses kreativen Potenzials stellt täglich einen Kraftakt dar und macht einen souveränen Umgang schwierig. Design „Fair Play" nur für gebrauchte Automobile? Wir müssen uns beugen, wir sind ja „nur" Entwicklung Design. Da brauchen die PR-Abteilung und das Marketing den Design-Kommunikator für die verbindliche, kontrollierte Sprachregelung nach außen, benötigen sie den repräsentativen Namen eines Automobildesigners – wie z.B. den Amerikaner Chris Bangle – zur Personifizierung ihrer Ideen durch den Chef-Designer. Viele Designer-Persönlichkeiten, die Akzente setzen, bleiben so ungenannt. Dafür stellt man das permanent „junge", anonyme Design-Team, das ständig unter „hire and fire" stehen muss, auf eine Stufe mit Designer-Persönlichkeiten wie Tomás Maldonado, Mailand, Lella Vignelli, New York sowie Rolf Fehlbaum mit seinem Vitra Design Museum oder dem Direktor des Guggenheim Museums in New York, Thomas Krens. Das Hintasten zum fertigen Produkt wird zu einer kultischen Handlung stilisiert. „Ein Automobil ist das, was ich benutze, ein Car ist das, was ich bin". Eine kindliche Vorstellung? CAR steht auch für „Center Automotive Research". BMW versteht sich als Kathedrale des Jahrhunderts und seine Designer sind die Verklärungskünstler. Nur ist nicht unbedingt der Entwicklungsvorstand eine Autorität in Sachen Verklärung.

Damit stehen sich zwei ungleiche Autoritäten in einer Abhängigkeit zueinander gegenüber, die der einen oder beiden Seiten mehr oder weniger Autoritätsgläubigkeit abverlangt. Aber wer kann sich schon auf eine echte, maßgebende Autorität stützen, wenn es dabei auch um das „gebaute" Selbstbewusstsein eines Designers oder Ingenieurs mit dem Anspruch an ein Kulturgut geht? So erscheint die Konstanz der verantwortlichen Entscheider in den Unternehmen unterschiedlich lang, was bei den schwierigen, nervenaufreibenden Entscheidungsprozeduren verständlich wird. Dazu meint allerdings der Vorstandsvorsitzende Helmut Panke von BMW,

dass es im Vorstand keine Anpasser und Ja-Sager gibt, dass Diskussions-
bereitschaft und Kritikfähigkeit das Klima bestimmen, dazu Disziplin und
Loyalität sowie Kompetenz und Einsatz. Das heißt, die Produkte entstehen
in einer abgeschotteten Hierarchie, die keiner durchbrechen darf. Ein Gali-
lei-Verhalten im erzwungenen Glauben an PR und Marketing?

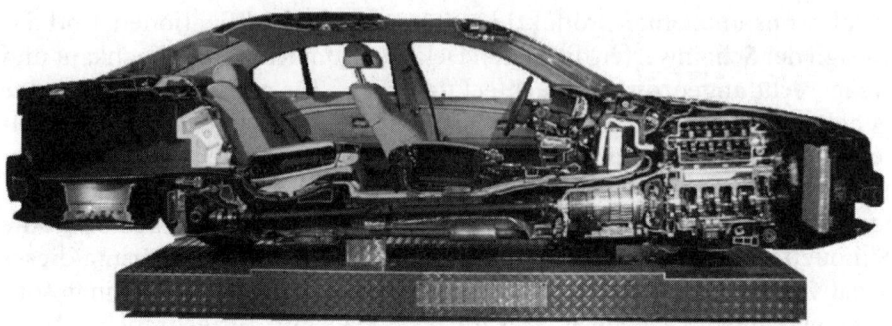

Schnittbild durch den 7er BMW: Differenzierung durch Technik? (Foto: P. Ross, Bayerisches Kompe-
tenznetzwerk für Mechatronik)

Von der Funktion zum Design

Die Front eines Autos ist der wichtigste Ausdrucks- und Symbolträger. Im
Frontdesign kommen Attribute wie Markenidentität und Produktqualität
zum Ausdruck. Es ist die sog. Kühlerphilosophie, die den Erkennungswert
der Marke widerspiegelt. Was wären ein Mercedes-Benz oder BMW ohne
ihre traditionellen Kühler- und Markensymbole? Die Modellpolitik beinhaltet damit restriktive Momente, ein Ausweichen ist nicht möglich, es sei
denn, dass ein Stil(aus)bruch als Studie versucht wird (der C111 von 1970
mit den legendären Flügeltüren der 50er Jahre und die Neuauflage mit dem
SLR von 2003). Die Einmaligkeit der letzten Modelle gilt als Richtschnur
einer kontinuierlichen Weiterentwicklung aus der Tradition heraus. Es ist
der gebotene Fundus als Reservoire und Inspirationsquelle, der zu Fahrzeugen mit ständig modifizierten Wiederholungen führt und damit die
Zeitbezogenheit der Branche widerspiegelt. Das kann auch heißen, dass
das Gestern näher liegt als das Morgen, wenn die ungebrochene Faszination der Ausstrahlung aus der konsequenten Traditionspflege herrührt. Es
ist die formale Qualität und Stärke, die sich auf die innere Kraft und Ausstrahlung bezieht, sie steht vor der gekonnten, geglätteten und eher stereotypen Formensprache. „Ästhetik bewahren von dem Auto, so wie es hier
steht" könnte sich auch auf vergangene Modelle – siehe den Jaguar Mark
2 von William Iyons aus den 50er Jahren – beziehen, die nach wie vor ein

Aha-Erlebnis vermitteln, was heutige Kreationen oft vermissen lassen. Zu schnell wirken heutige Autos überholt und zum Teil kurios.

„Der Designer ist Schuld". Und der Fachjournalist spricht von der Wiederkehr der klassischen Moderne oder der Bauhauslinie von Audi, aber auch von der Technik für den Kopf und das Design für den Bauch. Herz und Verstand soll man daran verlieren. So fallen die verspielten Scheinwerfer und die Frontpartien auf, und das geübte Auge sieht förmlich die Konstruktionslinien – so „hingefetzte Striche", die weit über die eigentliche Zeichnung des Autos hinausgehen – Striche, die zu markanten Kurven und sinnlich geschwungenen Linien werden. Porsche zelebriert gekonnt seine zyklischen Modellverfeinerungen, die Arbeit an der Beständigkeit der Schönheit – und dazu gehören auch wieder runde Scheinwerfer. BMW kultiviert seine verschiedenen ornamentalen Frontpartien. „Man kann sich keinen Ausrutscher leisten, wir haben die Bedürfnisse der Kunden genau analysiert, unsere Designlinie ist die richtige". Ein „Wow"-Faktor? Im Customer Research Center wird der potenzielle Kunde unter die Lupe genommen: Technisch wird es immer schwieriger sich zu differenzieren, erst die Form macht den Unterschied. Da nützt ein intellektuelles Lob nichts, wenn der Kunde das Auto nicht kauft. Es ist an der Zeit den rationalen Stil zu verlassen, mehr Seele und Leidenschaft ist gefragt. Der Käufer über hochgezogene Leuchten: „unverwechselbar". Die gepfeilte Fronthaube: „dynamisch". Die Proportionen: „kraftvoll und bullig". Nach dem Ärger mit der 7er-Reihe können die Designer aufatmen: Der neue „Fünfer" ist ein Erfolg. BMW setzt weiter auf mutige Formen wie die etwas menschenverachtende Eleganz eines Stadt/Geländewagens als ruhige Kraft der Eleganz. Die Technik als Skulptur lässt es zu. Es ist der lange Weg von der Vernunft zur Emotion oder der Charme der Vernunft? „Der Kunde will eine Atmosphäre, die ihm signalisiert, welche Marke er fährt. Es gibt ganz wenige Produkte, die so stark nach emotionalen Gesichtspunkten gekauft werden wie ein Auto. Bei Sportwagen macht die Emotion 100 Prozent aus". Wir stehen damit vor einem großen Fortschritt im Design. In einem SZ-Beitrag im Januar 2004 meint Ulrich Raulff: „Unsere große Liebe hat bisher alle ihre Feinde überlebt. Ökonomisten wie Ökologisten konnten dem Automobil nichts anhaben. Jetzt droht der letzte und ärgste Feind: Es ist der Designer". Raulff konstatiert, dass das Auto Designträger Nummer Eins ist. Nicht einmal die Mode hat so viel Einfluss auf unser Befinden.

Alles im Auftrage des Stils. So sind auch Moderedakteurinnen die Botschafterinnen der Designer, was mancher PR-Mann als Barometer für sich nutzt. Jeder Nachfolger muss neu erfunden werden, um in sog. „car clinics" der Marktforscher bestehen zu können. Dazu kommt, dass aus den nationalen Unternehmen Global Player geworden sind, die für ihre Produkte internationale Absatzstrategien entwickeln, die die regionalen Eigenheiten in den Hintergrund treten lassen. Der Unterschied liegt in der Marke, dem

Markenwert. „Mercedes" hat heute einen Wert von 21,4 Milliarden Dollar. Daran partizipiert der Kunde beim Kauf. Und Schönheit ist nicht genug, man will auch gesehen werden. Der Benutzer sieht sich leider nicht selbst einsteigen und fahren, das sind immer nur die anderen. Wichtig ist es deshalb, dass ein Auto echte oder vermeintliche Attribute seines Besitzers nach außen sichtbar macht und darüber hinaus faszinierende Fahrerlebnisse bietet. Funktionale Inhalte in ihrer unterschiedlichen Gradation als Mittel zur Differenzierung verschiedener Wertigkeiten reichen nicht mehr aus, es gilt, die richtigen Atmosphären zu vermitteln, Emotionen zu kreieren. So wird verständlich, dass man z. B. den Sunset Boulevard als „NO CRUISING ZONE" nicht mehr als drei Mal in der Stunde passieren darf.

An dieser wichtigen Funktion des Autos als Imageträger wird ständig weiter gearbeitet. Vom Standpunkt des Designers aus gesehen, darf man sagen: erfreulicherweise. Denn wäre dies anders, wären alle Anstrengungen zur permanenten Differenzierung von Marken und Modellen nicht zu begründen. Ohne die Tatsache, dass Image und Status wichtige Kaufargumente sind, gäbe es keine zwingende Begründung für das Design. Ein Auto zu gestalten, das schön ist und in der Klasse der internationalen Fahrzeuge mithalten kann, ist nicht schwer. Dies stellt für ein geschultes Designteam heutzutage kein Problem dar. Eine Herausforderung bleibt, wenn es gilt, eine Form zu kreieren, die einen eigenen abgrenzbaren Charakter und eine eigene Identität besitzt. Reichen die erarbeiteten ästhetischen Ideologien der Formen, die von Modell zu Modell weitergereicht werden, aus, sind die gestalterischen Werte und Inhalte, die ausschließlich über das Design vermittelt werden können, richtig? Die Frage nach einem ultimativen Stil würde die Weiterentwicklung der Formensprache blockieren. Trägt man der Erkenntnis Rechnung, dass bei der Fahrzeugentwicklung alle Hersteller von gleichen Voraussetzungen ausgehen, liegt es nahe, dass die Produktergebnisse einheitlich ausfallen müssen: Form und Funktion sollen harmonieren, alle Hersteller verwenden die gleichen Materialien, die produktionstechnischen Möglichkeiten setzen für alle Hersteller die gleichen Grenzen und puren Spaß am Vertreten multifunktionaler Konzepte hat niemand. Bleibt nur noch das Ausreizen der Formen bis an die jeweiligen Grenzen der Markenidentität übrig?

Forschung und Entwicklung im Zeichen des Designs

Insider gehen davon aus, dass in Zukunft Designer und Ingenieure viel stärker gefordert sein werden, wenn es heißt, in enger Zusammenarbeit Innovationen zu erzeugen. Ein, zwei Verbindungs-Ingenieure im Design-Team oder Verbindungs-Designer im Ingenieur-Team als Bindeglieder zwischen Design, Entwicklung und Fertigung reichen dazu nicht aus. Dies führt vielleicht zum Berufsbild des Ingenieurdesigners, der in der Lage ist, eigene gestalterische Konzepte kompetent auf ihre prinzipielle Machbarkeit zu überprüfen. Der im Entwicklungsprozess gefürchtete Rücksprung würde dann zumindest in dieser Phase minimiert.

Zwei Statements vom Werkstofftag 2003 über neue Materialien für die Automobilindustrie zeigen in die Richtung: „Getrieben durch Markt- und Technologie-Entwicklungen nimmt zum Beispiel der Leichtbau zunehmend eine Schlüsselrolle für zukünftige Innovationen in der Automobilindustrie ein. Damit einhergehen grundsätzlich geänderte Designkonzepte für neue, innovative Werkstoffe und Verfahren". „Die Initiative zur Entwicklung neuer oder optimierter Werkstoffe für den Automobilbau verschiebt sich von den Rohstoffherstellern hin zu innovativen Automobil-Zulieferern, die sich durch überlegene Materialien entscheidende Wettbewerbsvorteile erarbeiten können".

Die Innovationen der Zulieferbranche mit ihren Entwicklungsteams z.B. für Scheinwerfer und Heckleuchten, ermöglichen eine Umsetzung in der Gestaltung, wie sie vor Jahren kaum denkbar war. Die schon bekannte Vielfalt in der Gestaltung von Radkappen und Alu-Felgen überträgt sich auf weitere Karosserieteile. Die Sinnfrage darf nicht gestellt werden.

Car Design ist Kunst

Geht man von den 15 Modellen der „Art Car"-Serie von BMW aus, die zwischen 1975 und 1999 entstanden und von Künstlern wie Warhol, Liechtenstein, Penck, Rauschenberg und Stella in unterschiedlicher Qualität – von der Comic-Bewegungssprache bis zur bloßen künstlerischen Dekorierung – gestaltet worden sind, wird der Anspruch der Designer an ihre tägliche Arbeit verständlich: „Autos sind Skulpturen unseres alltäglichen Lebens".

Christopher Bangle meint: „Car Design ist Kunst. Das Auto als Skulptur vereint klassische und futuristische Elemente. Aufgrund der starken Beziehung zur Tradition hat ‚Car' eine besondere emotionale Bedeutung,

Der Z4 – das Auto als Skulptur (Foto: BMW)

im Gegensatz zur sachlichen Funktionalität eines Fahrzeugs. Die Skulptur
steht im Mittelpunkt des Design-Prozesses und ist zugleich Bindeglied zwischen Kreation und Produktion. Sie ist auch Ausdruck des Individuellen,
weshalb der Betrachter zu ihr eine Beziehung aufbauen, sich mit ihr identifizieren kann. Hier geht es nicht um irgendeine zweckrationale Beziehung
eines Fahr-Zeug-Nutzers, sondern um die emotionale Beziehung zu dem
Lieblingsobjekt, dem Auto".

Kunst gehört ins Museum

„Die neue Sammlung profiliert sich nicht allein über das von Ingenieuren
gebaute, funktionstüchtige High-Tech-Konstrukt, sonder darüber hinaus
über die von Designern gestaltete, sinnlich erfahrbare Form in ihrer emoti-
onal-expressiven Wirkung. Der Bezug von Form und Funktion steht ebenso
auf dem Prüfstand wie das Design, das sich dezidiert und leidenschaftlich
über Kunst und Technik definiert. Design soll fortan nicht mehr allein mittels konkreter Gegenstände erfahrbar sein, sondern selbst als eine symbo-
lische Größe", so der Sammlungsdirektor Florian Hufnagel.

„Jedes Modell ist Ausdruck seiner Zeit. Keines gleicht dem anderen und
dennoch verfügt jedes Automobil über Werte wie Status und Image. Über
die fahrzeugimmanente Genese hinaus, ist Design auch Ausdruck der herr-
schenden Kultur. Doch Kultur ist nicht nur das, was in ein paar Jahren in
Museen zu sehen sein wird. Unsere aktuelle Kultur wird auch geprägt von
den Autos, die uns umgeben und die wir benutzen. So betrachtet, ist jeder
neue Fahrzeugtyp ein Beitrag, der unser Kulturverständnis mitbestimmen
wird", so Joseph Gallitzendörfer über „Mercedes – Ein Mythos wird ausge-
stellt" anlässlich einer Ausstellung in den Hamburger Deichtorhallen.

Fortschritt in Technik und Gestaltung als Geschichte der Kultur auf
Gegenseitigkeit? Ist es nicht eher das auswechselbare Produkt innerhalb
unserer Alltagskultur? Design polarisiert und damit auch die Freude am
Fahren, wenn es um „die" deutsche Technik-Skulptur geht.

Zum Schluss ist die Frage erlaubt: Wo ist und bleibt der Ingenieur in
dieser öffentlichen Beschreibung? Der Ingenieur kommt im allgemeinen
öffentlichen Diskurs nicht vor. Das ist die Botschaft, die zu denken gibt.

In einem Artikel der FAZ vom 31. Juli 2004 wurden in der Rubrik „Menschen und Wirtschaft" drei Car Designer unter dem Titel Die **zwei Seelen
des Autodesigners** vorgestellt. Der Anspruch auf Schönheit und Ästhetik
muss mit wirtschaftlichen Zwängen und dem Markenimage in Einklang
gebracht werden. Dazu lesen wir von Chris Bangle (BMW): „Spontanes
Gefallen muss nicht zu anhaltender Begeisterung führen", von Walter de
Silva (Audi):„Designer müssen die Technik verinnerlichen" und von Fried-
helm Engler (Opel):„Die Funktionalität leidet unter dem Design nicht".

Literatur

- BMW Design Report 1992
- Die Kunst des Car Design. BMW AG, September 2002
- Mythos Mercedes – Von der Funktion zum Design. Publikation zur Ausstellung 04. August–14. Oktober 2001, Deichtorhallen Hamburg
- Weltrekorde, Sporterfolge: 50 Jahre BMW. München: Hafis Verlag 1966

Mythos Motorrad – über Konstruktion und Gestaltung

Peter Naumann

Das Guggenheim Museum New York widmete dem Motorrad 1998 eine umfassende Retrospektive unter dem Titel „Art of the Motorcycle". Die zum Teil bühnenreifen Inszenierungen von Harley-Davidsons, Ducatis und vielen anderen wurden zu einem Muss für jeden Liebhaber des Motorrads. So wurde der staunenden Öffentlichkeit präsentiert, was für Motorradfahrer unbestreitbar ist: moderne Motorräder sind eine der letzten Bastionen emotionaler Ingenieurkunst mit oft einzigartiger Ästhetik.

Geniale Konstrukteure, wie Edward Turner von Triumph oder John Britten aus Neuseeland, gaben die Richtung vor, die auch die Optik entscheidend beeinflusste. Designer im heutigen Sinne kamen erst in den frühen 70er Jahren zum Einsatz und ermöglichten eine marketing-orientierte Diversifizierung unterschiedlicher Modelle, oft aufbauend auf ein und demselben Motor.

Auf unnachahmliche Weise lässt sich explosive Kraft, waghalsiger Nervenkitzel und ungebändigte Freiheit über die Technik erleben. Die urige Kraft dieser technischen Wunderwerke vibriert über die Magengrube bis in die letzte Haarspitze und treibt dem Piloten fiebrigen Schweiß auf die Stirn. Der Gedanke an den Mythos – vor allem unvergessener Rennfahrer – bleibt dem Motorradfahrer stets gegenwärtig. So pilgert die eingeschworene Gesellschaft mindestens einmal im Leben zu Events wie der Ile of Man oder der Daytona Beach Bike Week.

Die MZ 1000S – Ein deutsch/deutsches Wunder

Nirgends kommen sich Mensch und Maschine emotional näher als beim Motorrad. Es geht hier nicht mehr um den Weg von A nach B, sondern um den Rausch der Sinne in unnachahmlicher Form. Ein neues Motorrad muss einen ganz bestimmten Nerv treffen, um die wahre Fangemeinde zu überzeugen. Niemand steht dem Neuen skeptischer gegenüber, als eingefleischte Biker, die sich gerade von gutgemeinten „Design-Motorrädern" mit Grausen abwenden. Noch kritischer sind die Ingenieure bei MZ im Sächsischen Zschopau, die nicht nur Benzin im Blut haben, sondern fast alle auch Wettbewerbserfahrung auf internationalen Rennstrecken vorweisen können. Der Weg zu einem Designer, der ausgerechnet noch aus München kommt, fällt da nicht leicht und ist mit einer gehörigen Portion Skepsis beladen.

Tradition seit 1908

Die sächsische MOTORRAD und ZWEIRADWERK GMBH blickt auf eine fast einhundertjährige Firmengeschichte zurück. Unter dem Nahmen DKW wurde Anfang des letzten Jahrhunderts Motorradgeschichte geschrieben. Seit diesen Anfängen blickt MZ auf unzählige Rennerfolge zurück. Nach dem Ende der DDR stand die damals größte deutsche Motorradfabrik vor dem Aus. Seit 1996 leitet der Malaysische HONG LEONG Konzern die Geschicke von MZ.

Bestehende Strukturen überwinden

Wie viele Motorradhersteller hatte auch MZ eine eigene Designabteilung. 1998 traf die Geschäftsleitung in Zschopau den Entschluss zu einem Neu-anfang und schrieb einen umfangreichen Wettbewerb zwischen verschie-denen Designern aus. Das überzeugendste Konzept legte unser Münche-ner Team vor und wurde mit der weiteren Ausarbeitung der Gestaltung beauftragt.

Von Anfang an war klar, dass diese Maschine, im Kampf um das wirt-schaftliche Überleben von MZ eine zentrale Rolle spielen wird. Der Desig-ner musste sich dieser Verantwortung bewusst sein und durfte diese Chan-ce nicht ungenutzt verstreichen lassen.

Im Gegensatz zu vielen anderen Auftraggebern hatten der Entwicklungs-chef und sein Projektleiter ein ausgesprochen detailliertes Lastenheft aus-gearbeitet. Diese Mühe sollte sich in vielerlei Hinsicht bezahlt machen. Auf der einen Seite konnte die Geschäftsleitung von einem radikalen Design-konzept überzeugt werden, auf der anderen Seite bewegte sich der Designer nachweislich innerhalb der technischen Vorgaben.

Ein revolutionäres Konzept

Dieses Konzept schlug vor, sich sowohl von der ausdruckslosen Perfekti-on der Produkte aus Fernost als auch von der optischen Verspieltheit der Motorräder aus Italien abzuheben. Technik und Design made in Germany sollten neu definiert werden, ohne teutonisch übergewichtig und barock zu wirken. Vor allem die hochgelegte Messlatte, eine 1000cc Maschine unter 200 kg zu entwickeln, musste sich in der Gestaltung widerspiegeln.

Die geometrisch klare, durch aerodynamische Abrisskanten definierte Formensprache in Verbindung mit einem geradezu animalischen Charakter war revolutionär und passte perfekt als neue Ausdrucksform zu der zukünftigen Markenidentität von MZ. Das war der Beginn einer intensiven Zwiesprache zwischen Designer und Ingenieuren, um letztlich zum heutigen Resultat zu gelangen. Der Schlüssel zur positiven Zusammenarbeit mit den Ingenieuren war, ihre Fachkompetenz anzuerkennen und zu verdeutlichen, dass der Designer auch auf den Input der Techniker angewiesen ist, um auf wirklich neue Ideen zu kommen. Nur die fachlich hochspezialisierten Ingenieure haben Informationen über neueste technologische Erkenntnisse; hier kann auch ein interessierter Designer nicht mehr mithalten.

Der Designer ist ein Spezialist für die Gestaltung und nicht für Technik. Diese Erkenntnis fehlt manchen Designern, und sie machen sich damit nicht sonderlich beliebt bei den Ingenieuren. Andererseits fällt es naturgemäß vielen Menschen schwer zu akzeptieren, dass Designer eben Spezialisten für Gestaltung, Ästhetik und damit Geschmack sind.

Allianzen zwischen Designern und Ingenieuren

Oft fühlen sich die Ingenieure von den Entscheidungen der Geschäftsführung und des Designers überfordert und verlieren die Motivation für ihr Projekt. Wenn der Ingenieur bereits weiß, dass seine Arbeit in eine Sackgasse führt, kommt es zwangsläufig zu großen Problemen. Hier muss der Designer sehr diplomatisch agieren und bereit sein, auf die Ingenieure zuzugehen und ihnen die Designphilosophie des jeweiligen Entwurfs erklären. Aber auch die Ingenieure ihrerseits sollten um Einfluss kämpfen und die Allianz mit dem Designer suchen. Genau das geschah bei der Entwicklung der MZ 1000S. Das Management übertrug weitreichende Kompetenzen an den leitenden Projektingenieur, der aktiv in einen kontinuierlichen Dialog mit dem Designer trat. Über den gesamten Entwicklungsprozess des Motorrads nahm er den Designer mit in die Verantwortung, um jedes Detail zu definieren und zu gestalten. Im Team erklomm man Stufe um Stufe und entwickelte Kompromisse, die eine einmalige Symbiose aus Design und Technik ermöglichten.

Motorrad MZ 1000 S

Gestaltung technischer Funktionalität

Ob Aerodynamik, Ergonomie, Fahrwerkstechnik, Instrumentierung, Scheinwerfer, Motorblock oder Karosserie: überall galt es Lösungen mit ästhetischem Anspruch zu realisieren, die die technische Innovation bestmöglich präsentierten. In engster Zusammenarbeit mit den Modelleuren entstand so die unverwechselbare Erscheinung dieser Maschine.

Schnell breitete sich die Begeisterung auf die komplette Entwicklungsmannschaft aus und die Sinnhaftigkeit der Arbeit des Designers wurde auf breiter Basis anerkannt. So wurde der Designer in die technische Entwicklung vollkommen integriert. Dieser Fall ist allerdings noch die absolute Ausnahme. Oft wird versucht, den Designer so schnell wie möglich wieder los zu werden. Man fühlt sich in erster Linie in seinen althergebrachten Abläufen gestört und fürchtet eine Verkomplizierung der Prozesse. Hier sind besonders die Entwicklungschefs zu mehr Mut in der Zusammenarbeit mit den Designern aufgefordert. Jedes Projekt ist ein dynamischer Prozess, der fast jeden Tag neue Erkenntnisse und damit Änderungen am Objekt verlangt. Wenn der Designer nicht mehr konsultiert, sondern munter in den Designentwurf eingegriffen wird, ist das Ergebnis immer unbefriedigend. Die enttäuschte Geschäftsleitung wird dann gern auf die schlechte Umsetzbarkeit des Designs verwiesen. Die verantwortliche Einbeziehung des Designers in die Gesamtentwicklung bis hin zur Produktion ist aber

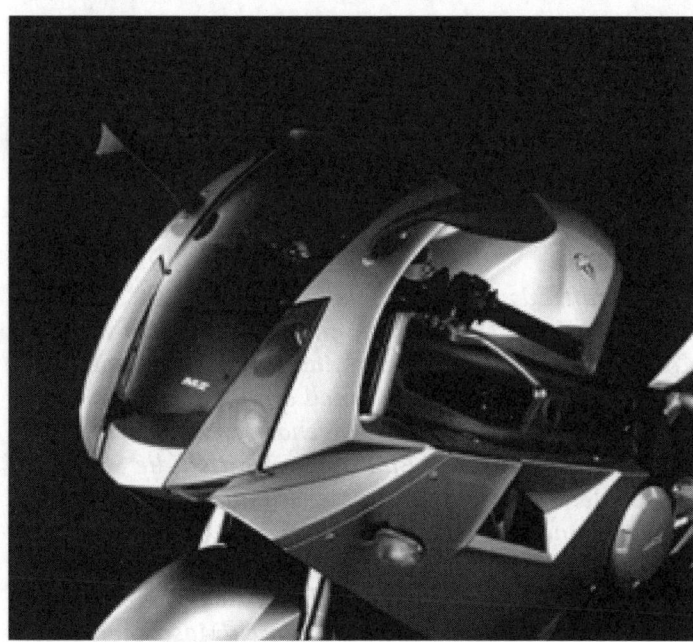

Motorrad-Kopf-
Detail der MZ
1000 S

immens wichtig. Genau hier kann der Designer sein wirkliches Können
unter Beweis stellen, ob er es schafft, seinen Entwurf durch das schwierige
Fahrwasser des Entwicklungsprozesses zu steuern. Nur so wird der Designer zum echten Problemlöser und nicht zum Störfaktor.

Konsequenz im Entwicklungsprozess

Bei der MZ 1000S wurden die ersten drei Designphasen von der Idee, über
den Entwurf und das Designmodell in Rekordzeit durchgeführt. Von diesen
ersten Schritten ist bis zum serienfertigen Fahrzeug nichts mehr in seiner
ursprünglichen Fassung geblieben. Jede Fläche, jedes Detail musste immer
wieder an neue Anforderungen angepasst oder ersetzt werden. Das Ergebnis ist das Resultat eines ausgesprochen positiven Entwicklungsprozesses.
    Wichtig ist, dass die MZ 1000S die ursprüngliche Designidee widerspie-
gelt und dennoch, in der über zwei Jahre andauernden Entstehung, ein im
Detail wesentlich ausgefeilteres und spannenderes Design bekommen hat.
Von den Instrumenten bis zu den Fußrasten, vom Motorblock bis zu den
Rückspiegeln, von den Scheinwerfern bis zu den Felgen wurden Designvorschläge gemacht und von den Ingenieuren mit viel Liebe zum Detail
umgesetzt. Die einvernehmliche Verwirklichung der Vorschläge führte zu
einem Ergebnis, an dem sich der Kunde heute begeistern kann.

Unvergesslich wird der Moment bleiben, als alle Beteiligten zum ersten Mal das Endergebnis vor sich stehen hatten. Die Begeisterung und der
Stolz, an diesem Projekt mitgearbeitet zu haben, waren unbeschreiblich.
Seit dieser Zeit haben die Ingenieure von MZ den Stellenwert des Designs
endgültig verinnerlicht und freuen sich über die positiven Reaktionen auf
ihre Arbeit. Ohne ihren großartigen Einsatz hätte der Designer keine rea-
listische Chance gehabt, seine Ideen in die Realität umzusetzen.

*Das erste Modell eines Kraftrads datiert aus den Jahren 1868/69. Für BMW
in München ist es das Jahr 1923. Die Sensation ist ein Motorrad mit zwei
querliegenden Zylindern vom Chefingenieur Max Fritz. Aus einem preis-
günstigen Beförderungsmittel wurde sehr schnell ein Freizeit- und Renn-
sportgerät sowie ein Luxusprodukt mit der dazugehörigen Zulieferindustrie
und Infrastruktur. Einen martialischen Eindruck vermittelt die Subkultur
heute, wenn Phantasien der Selbstfindung an Mensch und Technik Realität
werden und in sich verschmelzen. Es sind schmale Bandbreiten von sich
ständig weiterentwickelten Leitbildern, die ein Design mitbestimmen: Die
offene Darbietung der oberflächenveredelten Technik, die bizarren Viertel-
karossen, Halb- und Vollverkleidungen mit ihren Mensch/Maschinen-Acces-
soires in Form und Farbe. JR*

Das Sportgerät – mit High-Tech zum Erfolg

Klaus Lehnertz

Das Streben nach Höchstleistungen hat im Sport
viele Facetten. Für alle Sportarten gilt heute:
Spitzenleistungen sind nur mit Hilfe von
Spitzentechnologie zu erzielen.

Wer eine Sportart ausüben möchte, braucht dazu eine Mindestausstattung an Technik. Dabei ist zu unterscheiden zwischen Bewegungstechniken und Sachtechniken. So erfolgt von jeher der Zugang zu einer Sportart über das Erlernen grundlegender *Bewegungsmuster*, die sich an sportartspezifischen *Technikleitbildern* orientieren. Technikleitbilder sind abstrahierende Vorstellungen (Modelle) von in der Praxis bewährten und mitunter wissenschaftlich gestützten Bewegungsfolgen zur Lösung definierter Aufgaben in Sportsituationen. Solche Bewegungsfolgen werden durch umfangreiches und intensives Üben hoch automatisiert und können dann ohne bewusste Kontrolle ablaufen; in diesem Fall spricht man von *Bewegungsfertigkeiten*.

Bewegungsfertigkeiten sind gleichsam das biologische Werkzeug jeden Sportlers, ohne das er handlungsunfähig wäre. Zum Ausüben der meisten Sportarten reicht aber das biologische Werkzeug nicht aus: so werden zum Skilaufen Ski, zum Golf-, Tennis- oder Baseballspielen Bälle und Schläger benötigt. Solche Sportarten sind durch ihre Geräte definiert. Diese Geräte sind gewissermaßen das *artifizielle Werkzeug* des Sportlers. Somit zählen zum sporttechnischen Werkzeug sowohl die sportbezogenen Bewegungsfertigkeiten (biologische Technik) als auch die entsprechenden Sportgeräte (apparative Technik). Aus dieser Perspektive entstand der Begriff „*Der Athlet als sporttechnisches System*".

Zwischen Technik im Sport und Technik in anderen Bereichen lassen sich zahlreiche Analogien zeigen. So können vergleichbare Phänomene aus Sport- und Arbeitswelt unter Bezug auf naturwissenschaftliche Grundlagen erklärt werden und daraus nutzbringende Rückschlüsse für das biologische und das apparative Werkzeug der Sportler gezogen werden. Beispielsweise erklärt die Theorie des Kreisels sowohl die Wirkungsweise des Kreiselkompasses als auch die Flugbahn eines gut gelungenen Diskuswurfes. Kreisel selbst sind Drehkörper mit möglichst großem Trägheitsmoment; als Drehachse dient die Figurenachse. Um ein möglichst großes Trägheitsmoment zu erreichen, besteht der äußere Rand eines Diskus aus Metall, die innere Scheibe aus weniger dichtem Material wie Holz oder Kunststoff. Ein Diskus, dem beim Abwurf ein kräftiger Drehimpuls erteilt wird, behält seine

Lage im Raum bei, und durch die damit erzielte Tragflächenwirkung (sog. „Lifteffekt") erreicht er eine größere Wurfweite.

Wie die Flugbahn der Diskusscheibe ist auch die von Golfbällen keine Wurfparabel, sondern unterliegt ebenso aerodynamischen Gesetzen. Golfschläger sind so konstruiert, dass beim Schlagkontakt der Kraftstoß des Schlägerkopfes auf den Ball exzentrisch wirkt. Dadurch erhält der Golfball neben der senkrecht zur Schlagfläche gerichteten Abfluggeschwindigkeit einen Drehimpuls in Form eines Rückwärtsdralls, der in der Golfsprache als Backspin bezeichnet wird. Aufgrund der strukturierten Balloberfläche bewirkt dieser Rückwärtsdrall auch einen „Lifteffekt", der mit der Tragflächenwirkung beim Diskuswurf vergleichbar ist.

Am Beispiel eines Golfspielers und seines Drivers lässt sich der Begriff des **Sportlers als sporttechnisches System** definieren: Um große Schlagweiten zu erreichen, muss sowohl die Bewegungstechnik (biologischer Technikaspekt) als auch die Sachtechnik (apparativer Technikaspekt) optimiert und beide bestmöglich aufeinander abgestimmt werden. Wesentlich dabei ist die Abstimmung der Schaft-Flexibilität des Golfschlägers mit den Eigenschaften der Muskulatur des Golfspielers. Dabei gilt: Je schnellkräftiger die Muskulatur des Golfspielers, ein umso härterer Schaft ist für ihn geeignet. Der Grund dafür hängt wiederum mit dem Sachverhalt des *Trägheitsmoments* zusammen: Muskeln bilden nur solange Kraft, wie sie gegen Widerstand Spannung aufbauen können. Durch die stärkere Biegung weicher Schäfte verlängert sich die Zeit des Trägheitswiderstands; der Muskulatur verbleibt mehr Zeit für den adäquaten Spannungsaufbau. Vor allem Damen und Senioren – deren Muskulatur weniger schnelle Fasern hat – verwenden deshalb Golfschläger mit weichen Schäften.

Inzwischen ist die apparative Technik des Golfsports so weit entwickelt, dass ohne konstruktive Begrenzung von Golfschläger und -ball die Spielbahnen zu kurz werden. Deshalb wird versucht, Regeln festzulegen, die zu große Abfluggeschwindigkeiten und damit Schlagweiten verhindern sollen. Eine dieser Regeln begrenzt die Abfluggeschwindigkeiten für Golfbälle auf 76,2m/s. Schlagweitensteigerungen sind nunmehr nur noch zu erreichen, indem man die Flugeigenschaften der Bälle optimiert. Dazu gibt es zum einen die Möglichkeit, die Oberflächenstruktur zu verändern und zum anderen die Variante, das *Trägheitsmoment* des Golfballs zu vergrößern. Dies ist zu erreichen, indem für die äußere Schale des Balles dichteres Material verwendet wird und zum Ausgleich das Ballinnere leichter wird. Die Wirkung ist, dass solche Bälle länger den Rückwärtsdrall und somit den Lifteffekt halten und weiter fliegen. Und was für den Golfball gilt, gilt auch für andere Bälle. Der heute bei Welt- und Europameisterschaften gespielte Fußball war eine Auftragsentwicklung des Weltfußballverbandes; „bei harten Schüssen" wird er bis zu 130 km/h schnell. Dies sollte das Spiel rasanter machen.

„Schneller, höher, weiter" gilt für viele Sportarten. So machen z.B. „Bade-
anzüge" aus modernem Gewebe Schwimmer bei 7,5 Metern Gleitstrecke bis
zu 1,05 Sekunden schneller (dies ist der Stand vor einigen Jahren). Stabhochspringer überspringen inzwischen die 6 Meter; nicht zuletzt durch die
weitere Steigerung von Biegsamkeit und Elastizität der Sprungstäbe aus
Glasfaser und Harz. Den derzeitigen Stabhochspringern stehen High-Tech-
Sprungstäbe zur Verfügung, die auf die individuelle körperliche Konstituti-
on und Bewegungstechnik jeden Springers abgestimmt sind. Dies gilt auch
für andere Sportarten. Erfolgreiche Sportler trainierten nicht nur intensiv
und umfangreich, um ihre körperlichen Fähigkeiten zu verbessern, sondern
bemühten sich auch um die Abstimmung der Geräte auf ihre individuellen
Bedürfnisse als wesentliche Voraussetzung für erfolgreichen Sport.

Ein Formel-1-Rennwagen ist das exzessivste Ergebnis moderner Sport-
gerätekonstruktion und nicht nur wegen des Tempos Vorbild für andere
Speed-Sportarten. Gewicht, Größe und Material sind genau definiert. Für
die Gleitfähigkeit des Stahls der Kufen und Kanten bei Wintersportgeräten
ist es die Legierung, für die Torsionssteifigkeit und Taillierung „kurven-
freudiger" Ski sind es die Verbundstoffe. Im Windkanal experimentieren
Bahnradvierer, Bobmannschaften, Skispringer und Abfahrtsläufer. Weil im
Slalom sehr enge Kurven gefahren werden, hatten Slalomski bis 1994 die
stärkste Taillierung (kleiner Cutradius), Riesenslalomski hingegen hatten
– wegen der im Riesenslalom lang gezogenen Kurven – eine geringere Taillierung. Dieses Verhältnis entwickelte sich von 1994–1997 umgekehrt: die
Cutradien der Riesenslalomski wurden kleiner. Der Riesenslalomläufer
ist dann schnell, wenn er versucht die Kurven auf den Kanten zu schnei-
den. Dagegen erreichte der Slalomläufer gute Zeiten, wenn er direkt auf
die Kippstangen zufuhr und die Ski nur so viel wie nötig aus der Falllinie
drehte; stark taillierte Ski hätten zum „Überdrehen" geführt. Noch einmal
verändert haben sich die Auffassungen 1999. Durch verbesserte Materi-
aleigenschaften konnte die Torsionssteifigkeit der Ski deutlich gesteigert
werden. Auf dieser Basis wurden die Cutradien wesentlich verkleinert und
erheblich kürzere Slalomski eingesetzt. Durch diese Slalomcarver ist die
Slalomtechnik inzwischen der Technik im Riesenslalom angenähert: auch
im Slalom wird jetzt versucht, über die gesamte Kurve auf der Taillierung
zu fahren.

Als typischer Vertreter einer hoch technologisierten Sportart ist der
Radsport einzustufen. Für jede Form des Radfahrens gibt es heute einen
speziellen Fahrradtyp. So erfordert der Wettkampfsport je nach Disziplin
entweder ein Straßen-, Bahn- oder Kunstrad, ein Mountainbike oder ein
Rad für Radball. Auch für den Freizeitsport gibt es ein immer differen-
zierteres Angebot, sozusagen Räder für jede Gelegenheit. Darüber hinaus
existiert rund um das Fahrrad ein riesiger Verbrauchermarkt, angefangen
bei der Radsportbekleidungsindustrie bis hin zum Radsporttourismus mit

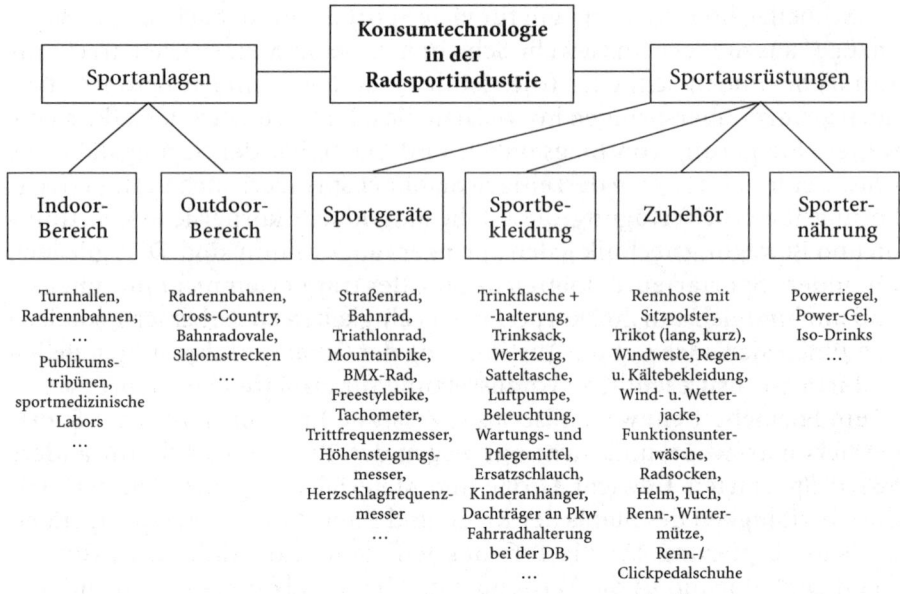

Strukturelemente der Konsumtechnologie im Radsport (nach Trillitzsch 2001)

seiner Infrastruktur. Den hohen Technologisierungsgrad des Konsumkomplexes „Radsport" verdeutlicht die Abbildung.

Während die Bewegungstechnik schon länger im Fokus der Sportwissenschaften steht, wird die Sachtechnik erst seit kurzem umfassender analysiert. Die Notwendigkeit der Bearbeitung ergibt sich aus der starken quantitativen Expansion des Sports zu einem kulturellen Massenphänomen. Die Wirtschaft erkennt den Sport als Markt und produziert immer neue Sportgeräte und Sportausrüstungen. Zugleich befördert die expansive Sportentwicklung die Herausbildung einer eigenen Industrie für Sportgeräte, Sportausrüstungen und Sportanlagen. Das heißt: „Die industrielle Entwicklung, der technologische Fortschritt erzeugt geradewegs neuen Sport, fördert seine Ausdifferenzierung durch immer neue Ausrüstungen und Geräte".

Nicht zuletzt die beachtliche Vermarktung von Produkten rund um den Sport ist ein Grund dafür, dass die eigentlichen Sportgeräte einen so hohen technischen Standard haben. Dabei dienen Erfolge im Spitzensport als nicht hoch genug einzuschätzende Werbebotschaften. Entscheidend ist der Einsatz ingenieurwissenschaftlicher Bemühungen zur Optimierung der Wettkampfgeräte; ästhetisches Design ist eine weitere Voraussetzung für eine erfolgreiche Vermarktung.

Design ist aber keine feste Konstante. Für die hier beschriebenen Sportarten gilt, dass Leistungen in festgelegte Normen und Regeln eingebunden werden. Die Form ist bedingt frei; nur diejenige zählt, die eine Leistungssteigerung erbringt. Die Ästhetik ist somit eine offene Ästhetik. Die Formgebung ist nicht ein Geben, sondern ein Finden, an dem der Sportler beteiligt ist. Es gibt keine vorgegebenen Stile oder Richtungsmerkmale. Strömungstechnische Gesichtspunkte und die Anpassung an den Sportler gelten nur solange, bis neue Erkenntnisse sie ablösen. Die Entwicklung vollzieht sich vom reinen Körpersport hin zum Gerätesport, das Bild des Sports verändert sich somit ständig. Dies gilt nicht nur für einen Bob, sondern auch für einen Rennrodel, ein Rennboot, einen Bogen oder eine Sportwaffe. Die Ergebnisse suggerieren puren Funktionalismus und eine Ästhetik voller versteckter Symbole. Letzteres kommt besonders in der technisch/revolutionierten Sportkleidung zum Tragen. Der Einfluss der Technik als synthetisches Produkt betrifft alle Sportarten. Ein besonderes Beispiel ist der Sportschuh. Sport und Kleidung sind untrennbar mit sozialen Veränderungen in der Gesellschaft verbunden.

Literatur

Lehnertz, K. (1991): Techniktraining. In: Rieder, H.; Lehnertz, K. (Hrsg.): Bewegungslernen und Techniktraining. Schorndorf: Hofmann. Studienbrief 21 der Trainerakademie Köln, S. 105–195

Maier, W. (2000): Slalom – Technik und Methodik. SnowSport (Ausgaben 04, 05, 06 und 07) S. 16–17 zit. n.: Rostock, J. (2001): Vom Gebrauchsgegenstand zum Sportgerät: Eine Darstellung technologischer Entwicklung am Beispiel des alpinen Skis. In: Hummel, A.; Rütten, A. (Hrsg.): Handbuch Technik und Sport. Schorndorf: Hofmann, S. 225–234

Rostock, J. (2001): Vom Gebrauchsgegenstand zum Sportgerät: Eine Darstellung technologischer Entwicklung am Beispiel des alpinen Skis. In: Hummel, A.; Rütten, A. (Hrsg.): Handbuch Technik und Sport. Schorndorf: Hofmann, S. 225–243

Sport und Design. Ausstellungskatalog zum 11. Olympischen Kongress Baden-Baden 1981. Hrsg.: Nationales Olympisches Komitee für Deutschland und Design-Center Stuttgart des Landesgewerbeamts Baden-Württemberg

Trillitzsch, M. (2001): Vom Laufrad zur Radsporttechnologie. In: Hummel, A.; Rütten, A. (Hrsg.): Handbuch Technik und Sport. Schorndorf: Hofmann, S. 199–223

Design von Besessenen für Besessene

Wolfgang Seehaus

Schon 1980 schrieb Hans Wichmann in dem Katalog zur Ausstellung in der Neuen Sammlung „Der Sport formt sein Gerät", von der Bedeutung der Technik für den Sport und wies auf die rasante Entwicklung auf diesem Gebiet hin. Er erwähnte aber auch, dass die Zusammenarbeit noch effizienter sein könnte, wenn man qualifizierte Designer mit in das Entwicklungsteam holen würde. An dieser Situation hat sich seit fast einem viertel Jahrhundert nichts geändert.

Ich selbst habe dies zu verschiedenen Zeiten und an verschiedenen Orten meines Designerlebens erfahren, am intensivsten beim Bobsport[1].

Wer einmal erlebt hat, wie sich zwei oder vier Athleten/innen explosionsartig mit höchster Konzentration und eben solchem Energieaufwand in Bewegung setzen, um sich dann in ihr Sportgerät zu schwingen und mit bis zu 4g und 130 km/h durch die Eisröhre zu rasen, den muss es einfach mitreißen. Wenn man das Ganze öfter erlebt, weil es einen gepackt hat, dann wird man besessen davon. So ungefähr ergeht es den Sportlerinnen und Sportlern, die für einen Abschnitt ihres Lebens mit dem Sportgerät – dem Bob – „verheiratet" sind. So ähnlich geht es aber auch den Besessenen drumherum, so wie mir. Es fing bei mir schon recht früh an, nämlich als ich Fotos von Ostler und Nieberl sah, die in Oslo bei der Olympiade 1952 gewonnen hatten. Fast 25 Jahre musste ich warten, bis ich zum Zuge kam.

Bis zu diesem Zeitpunkt hatte sich einiges getan in der Entwicklung des Bobsports. Man denke nur an die Holzkonstruktionen der zwanziger Jahre, über die noch offenen Stahlrohrkonstruktionen und die knapp verkleideten Geräte der fünfziger und sechziger Jahre. Auch im Bau der Bob- und

---

[1] So wie der Schlitten hat auch der Bob seine Wurzeln bei den kanadischen Indianern. Der erste Bob entstand 1888 aus zwei hintereinander liegenden Schlitten, die mit einer Stange verbunden waren und mit einer Lenkstange gesteuert wurden. Der eigentliche Name „Bobsleigh" stammt aus dem Englischen als Zusammenfassung von „Sleigh" (Schlitten) und „Bobben" (ruckartige Bewegung zur Erhöhung der Geschwindigkeit). Die erste Bobbahn der Welt entstand 1903 zwischen St. Moritz und Celerina, um die Nutzung öffentlicher Straßen zu vermeiden. Damals war der Skisport in den Alpen noch relativ unbekannt. Das Bobfahren fand unter begüterten Kurgästen seine ersten Freunde.

Rodelbahnen war man mittlerweile zu richtigen Hochgeschwindigkeitspisten gelangt. Ich selbst war inzwischen als Designer bei BMW fest angestellt. Zufällig lernte ich Stefan Gaisreiter, Weltmeister im Viererbob, kennen. Es dauerte nicht lange und wir waren uns einig – **„Wir packen es an!"** Schnell hatte sich ein Team Gleichgesinnter gefunden. Werner Rochhausen, Fachmann für Rennsporttechnik, Christian Bonné, Spezialist für Kunststoffverarbeitung und Rennsportdetails und Walter Maurer, verantwortlich für Oberflächen- und Rennsportlackierungen. Alle waren dem Motorsport eng verbunden und besessen.

Die aus Italien angekauften Fahrgestelle wurden in Bad Tölz umgebaut. Die Karosserie bekam eine neue Modellierung – ähnlich wie beim Auto – und wurde nach aerodynamischen Gesichtspunkten gestaltet. Nach Abnahme der Negativformen wurden daraus die Positive gefertigt. Zum Schluss erhielt der zusammengebaute Prototyp eine optimale Lackierung. Drei Prototypen entstanden, die nacheinander getestet wurden und mit Erfolg ihren Einsatz fanden. Jeder Schritt war ein Schritt mit Verbesserungen. Es fanden auch Testversuche im Hightech-Windkanal von Daimler-Benz statt, bis endlich ein optimales Gerät in den Windkanal geschoben werden konnte. So entstanden im Laufe der Zeit zwölf Zweierbobs. Die gesamte deutsche Spitze der Bobfahrer fuhren diesen Typ. Noch heute, nach rund zwanzig Jahren, ist dieser Zweierbob, wie er in der Pinakothek der Moderne in der Designabteilung steht, Basis für die Bobs der heutigen Generation.

All dies geschah in der Zeit, als in der ganzen Bobwelt getüftelt, entwickelt und neu gebaut wurde. Die UDSSR erschien mit der gefürchteten „Russenzigarre", in der DDR experimentierte man mit gefederten Kufenaufhängungen und die Schweizer waren auch nicht untätig, man feilte und schraubte wie in Amerika. In der Bundesrepublik entstand außerdem der legendäre und mit Innovationen vollgepackte Opel-Bob. Die Designabteilung der Adam Opel AG hatte sich auch vom Bob-Bazillus anstecken lassen und ihre ganze Fachkompetenz mit einer Gruppe von Ingenieuren und Konstrukteuren in das Projekt gesteckt. Vor allem organisatorische Mängel und Querelen auf Seiten des Verbandes ließen das Vorhaben scheitern.

Um dem wilden Entwickeln und dem damit verbundenen rasanten Ansteigen der Kosten einen Riegel vorzuschieben, wurde vom internationalen Verband ein strenges Regelwerk für die Geräte erarbeitet, nach dem sich alle Bobbauer zu richten haben.

Für mich hatte die besessene Arbeit zur Folge, dass ich eine Einladung an die bekannte Ohio State University in Columbus/USA bekam, um mit einer studentischen Projektgruppe unter der Leitung von Attila Bruckner einen Zweierbob für das USA-Team zu entwickeln. Mit großem Engagement hatten die Studentinnen und Studenten wochenlang präzise Vorarbeiten geleistet. Nach zwei Wochen interessanter Zusammenarbeit in den Studioräumen von Ritchardson und Smith musste ich leider wieder abreisen. Das

Projekt war noch lange nicht zu Ende. Was ich nicht für möglich gehalten hatte, geschah: termingerecht, am 23. September, stand der Zweierbob in Winterberg im Sauerland auf der Startrampe. Wie so oft, war auch hier menschliche Fehlleistung der Grund dafür, dass der große Erfolg bei Olympia ausblieb. Man hatte die richtigen Kufen in den Staaten vergessen.

Es ist schade, dass die Zusammenarbeit von Sport, Technik und Design sich nur so zaghaft abspielt, könnte sie doch für alle – Entwickler, Sportler und Hersteller – zu mehr Freude und Erfolg führen. Am Besten funktioniert dies im Fashion- und Foodwear-Bereich sowie im Motorsport. Leider laufen zu viele Versuche ins Leere. Man denke unter anderem nur an die Turngeräte-Arbeiten von Andreas Hauk, Phönix-Design in Sachen Turngeräte, oder die vielen Arbeiten von Absolventen deutschsprachiger Ausbildungsstätten. Was noch nicht ist, kann ja noch werden, dann sollte es aber in allen Bereichen professionell sein und nicht nur so wie bei den Besessenen.

Zweierbob von 1981

Mit 10 Bobs wurde im Winter 1901/02 das erste Bobrennen in Deutschland durchgeführt. Der erste Stahlbob wurde nach einer Zeichnung eines Kaufmanns angefertigt.

100 Jahre später heißt es über die Goldmacher des Sports in einem Artikel der „Zeit" vom 7. April 2004: „Wir Ingenieure aus dem Berliner Institut für Sportgeräte (FES) glauben fest daran, durch Messverfahren jeden neuen Bob noch schneller zu machen. Mit ingenieurwissenschaftlichen Methoden bringen wir die Sportler siegreich ins Ziel." Jedes Jahr werden neue Trainingsmethoden, Geräte und Materialien den Menschen zu Top-Leistungen hoch schrauben. Der Bob des Olympiasiegers André Lange 2002 hatte mit seiner neuen Außenhaut eine um drei Prozent bessere Aerodynamik. Das Fahrwerk mit mehr Federweg bedeutete weniger Eiszerstörung und somit mehr Geschwindigkeit. Die Kufen der Bobs werden den Bahnen angepasst.

Millionen Euro wurden in die Materialforschung für Bobkufen investiert. Zwei Systeme, Mensch und Material sollen optimal funktionieren. Biomechaniker berechnen, wie der Athlet mit dem neuen Gerät optimal arbeitet. Das unzuverlässige System ist der Mensch, aber ohne den Sportler ist das Gerät nichts wert. Beim letzten Viererbob wurde der Luftwiderstand so verringert, dass die vier Fahrer nicht mehr in den Bob passten. Ist das Ergebnis der Ingenieure Design?

Medizintechnik – zahnärztliche Patienten- und Behandlungsstühle

Klaus A. Stöckl

Was Wilhelm Pruss für die Siemens & Halske AG und Siemens-Schuckertwerke AG war, verkörperte Alexander von Sydow ab Dezember 1950 erst als freier Mitarbeiter und beratender Formgestalter sowie später als Leiter des Design-Ateliers der Siemens-Reiniger-Werke AG[1] für den medizinischen Bereich des Konzerns bis 1971. Beide Abteilungen bestanden bis zur Eingliederung in die Siemens AG bzw. der Designgruppe für medizinische Technik in die ZVW (Zentraler Vertrieb Werbung) zum 01.10.1970 in Erlangen nebeneinander.

Mit hoher Glaubwürdigkeit vertrat v. Sydow im Ingenieurumfeld den kulturellen Anspruch gut gestalteter Industrieerzeugnisse. Von Sydow war eine Institution bei Siemens-Reiniger und später Wernerwerk für Medizintechnik. Die Abteilung selbst als HFG (Hauptabteilung Formgebung) war der Röngtenkonstruktionsleitung unterstellt. Gestaltung fand allerdings nur dort statt, wo es gewünscht wurde, zum Beispiel bei Röntgen- und Dentalgeräten. Als absolute Vertrauensperson war die gestalterische Autorität von Seiten der Leitung gefragt. Somit war der Begriff Design recht früh in der Medizintechnik bekannt. Über die Jahre war zu beobachten, dass die Ingenieure, die mit neueren Technologien betraut waren, weniger Berührungsängste mit Design hatten. Die älteren Ingenieure sahen Design als nicht ganz notwendiges Beiwerk an. Hervorzuheben ist die konsequente Einführung von Bildzeichen für die Medizintechnik, die in Normenausschüssen international vertreten wurde – hier sei besonders auf die Korres-

---

[1] E. M. Reiniger gründete 1872 einen Gewerbebetrieb mit Werkstatt in Erlangen. Nach der Übernahme der Erlanger Elektromedizin-Firma „Reiniger, Gebber & Schall" im Jahre 1925 wurde die Firma 1932 zur „Siemens-Reiniger-Werke AG" und 1966 mit der Siemens Halske AG und Siemens-Schuckertwerke AG zur Siemens AG, Berlin und München, integriert. In den 60er Jahren Verlagerung aller Aktivitäten der Entwicklung und Fertigung von zahnmedizinischen Geräten des Geschäftsgebiets Zahnmedizin an den neuen Standort Bensheim. 1972 Integration der Aktivitäten der Firma Adam Schneider GmbH, Berlin. Ende der 90er Jahre Verkauf des Unternehmensbereichs Dental der Siemens AG als autarkes Unternehmen an einen Kapitalinvestor. Weiterführung des Unternehmens unter der Markenbezeichnung Sirona Dental Systems GmbH.

pondenz zwischen Henry Dreyfuss und von Sydow 1971 hingewiesen: „…
that your symbol efforts represent some of the best in the world." – Diese
Tätigkeit wurde als Dienstleistung bis Ende der 90er Jahre von der Designabteilung für alle Bereiche der AG wahrgenommen. Wenn unter der Regie v.
Sydows noch das Einzelprodukt im Vordergrund stand, arbeiteten jüngere
Mitarbeiter später mit mehr Systematik und ließen Gerätereihen im Sinne
einer CD-Richtlinie sichtbar werden.

Design wird heute als Bestandteil des Entwicklungsprozesses gesehen.
Auch wenn es seinerzeit nie als verkaufsfördernd eingeschätzt wurde, lässt
sich daraus schließen, dass Design wohl als Imagefaktor erkannt wurde,
im Marketing aber erst eine Rolle zu spielen begann, nachdem es in Teilen
messbar geworden war. Eine anspruchsvolle Klientel ließ Design in den
letzten 30 Jahren mehr und mehr in den Mittelpunkt aller Entwicklungs-
vorhaben treten. Dies führte zu engen Berührungspunkten zwischen Ingenieuren und Designern. Sehr persönliche Bindungen blieben dabei nicht
aus. So wie der Designer im Zusammenspiel mit dem Ingenieur konstruktiv denken lernte, machte auch der Ingenieur Design zu „seiner Sache", wie
es eindrucksvoll im Bereich Dental zum Ausdruck kam.

Konstruktion und Design

In dieses Umfeld von Siemens stießen die Entwickler der Firma Adam
Schneider 1970 mit ihren Erfahrungen auf dem Gebiet zahnärztlicher Pati-
enten- und Behandlungsstühle. Entstanden die Stühle vorher mehr aus
einem technisch-konstruktiven Verständnis heraus, kam jetzt die Anpassung an das Erscheinungsbild der Siemens AG dazu: ein Anspruch an Form,
Farbe und Oberfläche.

Schon zu dieser Zeit wurde ein besonderes Interesse der Zahnärzte an
der Gestaltung ihres Arbeitsplatzes festgestellt. Im Dialog zwischen dem

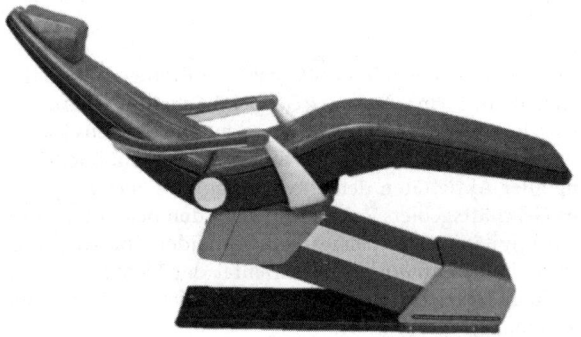

Dentalstuhl SL1 (Foto: Sirona
Systems GmbH)

Entwicklungsteam und einem Designer aus der Erlanger Zentrale entstand ein erfolgreicher Patientenstuhl, der mit verschiedenen Gerätevarianten über 10 Jahre produziert und vertrieben wurde.

Diese Erfahrung verstärkte den Wunsch zur Integration eines eigenen Designers in das Entwicklungsteam. Ende 1971 trat ein Absolvent der Darmstädter Fachhochschule für Gestaltung als Dentaldesigner in Bensheim an: auf sein gestalterisches Wissen konnte nun jederzeit bei der Umsetzung von Ideen zugegriffen werden. Die Dreieckskonstellation München, Erlangen, Bensheim in der Abstufung der Meinungsunterschiede stärkte das Entwicklungsteam. Wer wollte, konnte Forderungen an das Design stellen, was auch hieß, dass der eine oder andere Mitarbeiter Design nicht als absolut notwendig erachtete und sich auch anfänglich einen Sport daraus machte, dem Designer zu beweisen, dass seine Entwürfe nicht durchführbar sind.

Die Geräte, die unter diesen Gegebenheiten entstanden, waren nicht besonders bemerkenswert, weder was den wirtschaftlichen Erfolg, noch das Design betraf. Letzteres lag an vielerlei Umständen, wie den strikten Vorgaben bei den Fertigungstechnologien, geringe Werkzeugkosten und die Auslastung eigener Fertigungen. Eine Produktpalette für den hochpreisigen deutschen und mitteleuropäischen Markt entstand, aber nicht für die großen niedrigpreisigen Exportmärkte wie Amerika oder Asien. Diese Lücke wurde danach mit speziellen Exportmodellen geschlossen. Man schaute dabei auf die Staaten[2] und übernahm nicht nur einfache technische Lösungen, sondern auch das Design. Die Verwendung von Brauntönen und Holzdekorfolien wurde mit einem eigenem Braun und Orange überboten, an einen weißen Ton wagte man sich erst später heran. So entstanden einfache und billige Dentalgeräte und ein robuster Patientenstuhl aus einer jugoslawischen Fertigung. Diese Produkte wurden wider Erwarten nur in geringer Stückzahl über einige Jahre hinweg verkauft. Die Schuldfrage betraf weniger den Designer, sondern war der Dominanz der Vorgaben von Seiten der Entwicklung und Geschäftsleitung zuzuschreiben.

Kleinere Entwicklungsprojekte, die sowohl vom Vor-Ort-Designer als auch von Erlangen aus betreut wurden, unterlagen keiner festgelegten Aufgabenzuordnung, so dass sich jeder überall versuchen konnte. Dadurch entstand eine Konkurrenzsituation, die hin und wieder auch zu Eifersüchteleien führte, aber der Erfolg – zumindest an diesen Projekten – gab diesem Vorgehen recht.

---

[2] Hinweis zu allgemeinen medizinischen Produkten: Das Med-Design konnte sich im internationalen Vergleich behaupten, wenn man die Konkurrenz auf der jährlichen RSNA (Radiology Society North America) noch Ende der 80er Jahre in Chicago als Maßstab nahm, die sich eher in der Anmutungsqualität von gestalteten Straßenbaumaschinen gab. Philips gelang 1990 der Durchbruch im Design und brachte die Mitbewerber damit in Zugzwang. JR

Die Chance Design für den Entwickler

Für die Entwicklung eines Nachfolgeproduktes im oberen Marktsegment standen im Lastenheft für 1978/79 nur die Zielpreise und die Wunschstückzahlen, aber keine funktionalen Anforderungen, an denen man sich hätte orientieren können. Die Entwicklung nahm die Chance wahr, ein kleines kreatives Team aus den eigenen Reihen zu bilden und Entwürfe in dreidimensionale Modelle umzusetzen. Ein intensiver Wettstreit um das optimale Konzept begann. Nicht nur die richtige Form, sondern auch die richtige Funktion und die richtige Technologie galt es zu ermitteln. Gesprächsrunden, sog. „Focus Groups" mit Zahnärzten, führten zu wertvollen Erkenntnissen, die mit dem Aufkommen neuer Technologien Auslöser für einen höheren Komfort in der Bedienbarkeit sorgten. Unabhängige technische Komponenten schmolzen zu einer Einheit zusammen, hygienefreundliche Bedienoberflächen entstanden.

Aus jedem Entwickler im Team war ein Designer mit geschultem Kennerblick geworden, was sich bei einer Präsentation von Diplomarbeiten an der Fachhochschule Kassel zeigte, als es um die Beurteilung eines zahnärztlichen Arbeitsplatzentwurfes ging. Für das Team wurde eine kleine Idee zum Auslöser eines Technologiesprungs, der mit erneutem heftigem Ringen um die optimale Gestaltung – ohne Abstriche an Funktionalität und Ergonomie – endete. Ein kleiner Schönheitsfehler war, dass der Entwurf nicht von einem Designer stammte. Dies passierte ausgerechnet in einer Zeit, wo Hartmut Esslinger (Frogdesign) auf der größten internationalen Dentalmesse mit einem Behandlungsplatz reüssierte. 1983 nahmen wir den Platz von Frogdesign ein. Die Fachwelt sprach vom besten und schönsten Dentalarbeitsplatz auf der Dentalmesse[3].

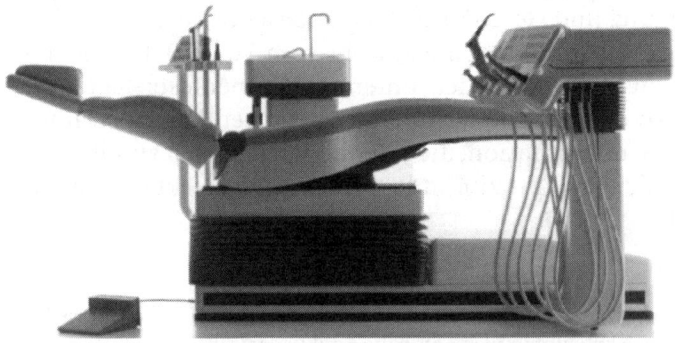

Preisgekrönter
Dentalstuhl M1
(Foto: Sirona Dental
Systems GmbH)

---

[3] Der M1 erhielt sämtliche Designauszeichnungen und wurde in die „Neue Sammlung" in München aufgenommen.

Über das Darmstädter Modell zur modernsten Dentaleinheit

Mit der Produktpalette M1 hatten wir zu jener Zeit den wohl deutlichsten Abstand im Design zu unserem Mitbewerbern, die mehr oder weniger gut nachzogen und den Vorsprung zwischen 1986 und 1989 reduzieren konnten. Bemerkenswert ist der Vorgang der Firma Emda. Dieses Unternehmen war bekannt für konservative, aber robuste Dentalgeräte. Man wollte dem allgemeinen Designtrend folgen und engagierte Colani für die Gestaltung eines neuen Behandlungsplatzes. Stuhl und Geräte waren bei Emda schon immer recht voluminös, doch mit Colanis Rundungen wirkten sie wie aufgeblasen. Man konnte damit keine neue Kundschaft gewinnen und verschreckte die alte. Kurze Zeit danach war dieses Unternehmen vom Markt verschwunden.

Im Marketing kam man zu dem Schluss, dass, wie überall am Markt, auch bei Dental die Produktzyklen immer kürzer werden würden und wir mit der Nachfolgeentwicklung für unseren, sich nach wie vor hervorragend verkaufenden M1, beginnen müssten. Es begann die Entwicklung des C1. Das Lastenheft war dürftig und zielte im Wesentlichen darauf ab, dass die Leistungen höher und die Kosten niedriger sein sollten als beim Vorgänger. Aufgrund des Erfolges vom M1 und der daraus abgeleiteten Exportmodelle hatte man großes Vertrauen in die Fähigkeiten der Entwicklung, auch mit schlankem Lastenheft den richtigen Weg in die Zukunft zu finden.

Keinem unserer Mitbewerber war es in der Zwischenzeit gelungen, an das formale und konzeptionelle Niveau unserer Produkte aufzuschließen. Unser Marktanteil lag im Inland bei 50% und der Exportanteil war deutlich gestiegen. Wir mussten also gegen uns selbst antreten, und das fiel uns schwerer, als wir damals vermuteten. Vom Design her schien es unproblematisch, den M1 zu übertreffen. So lag der Schwerpunkt unserer Aktivitäten denn auch auf der Suche nach einer besseren Funktionalität. Wieder wurde der Markt nach neuen Kundenwünschen abgeklopft. Die Großwetterlage wurde bestimmt durch eine Hygienehysterie, die durch das Aufkommen von Aids ausgelöst wurde und am Horizont zogen dunkle Wolken in Form von Gesundheitskosten-Senkungsmaßnahmen auf. Also waren mehr Hygiene und geringere Kosten gefragt. Auch die Ergonomie musste vorangetrieben werden. Hier bot sich das „Institut für Arbeitswissenschaft" in Darmstadt an, um den Stuhl auf Schwachstellen untersuchen zu lassen. Im Mittelpunkt stand die Frage, wie der Patient am besten gelagert werden kann, um dem Arzt ein optimales Arbeiten zu ermöglichen. Aus der Zusammenarbeit gingen anspruchsvolle und für das Projekt wertvolle Ergebnisse in Form von Semester- und Diplomarbeiten hervor. Ebenso konnte der Fachbereich Design an der FH Darmstadt eingebunden werden. Wir konnten unsere Entwürfe mit denen der Studenten vergleichen und gegebenenfalls erkennbare Trends berücksichtigen. Dazwischen gab es heftige Diskussionen, wie groß denn der Entwicklungsschritt, den wir tun wollten, sein sollte. Es gab die Partei der Vorsichtigen, die den immer noch gut laufenden M1 nur behutsam verändern wollte und auf der anderen Seite diejenigen, die einen möglichst großen Schritt nach vorn machen wollten. Man entschied sich für einen größeren Schritt, und wir machten uns weiter auf den Weg zur modernsten Dentaleinheit.

Die ersten Jahre der Entwicklung standen im Zeichen einer stark reduzierten Formensprache, die von München aus favorisiert wurde. In der zweiten Hälfte der Entwicklung wurde mehr und mehr das zeitgemäße Lebensgefühl berücksichtigt. Ein Richtungswechsel in der formalen Ausprägung wurde erforderlich, der viel Einfühlungsvermögen von Entwicklung und Design verlangte. Diese Mühe wurde belohnt, unter anderem durch die Auszeichnung „Best of the Best". Wirtschaftlich erfüllte der C1 nicht die Erwartungen. Er war zu anspruchsvoll für den Vertrieb, den Service und die Mehrzahl unserer Kundschaft – es zeichnete sich ein „Overengineering", ein „over-design" ab. Der C1 bildete jedoch die Plattform für eine neue, breit gefächerte Produktfamilie, die bis heute erfolgreich vermarktet wird.

Für ein mittelständisches Unternehmen ist die Frage nach dem richtigen Designpartner in diesem Produktfeld von existentieller Bedeutung. Mit der Ausgliederung aus der AG stellte sich die Frage nach einem neuen Designpartner. Von etwa 15 Designbüros bzw. Agenturen kamen vier in die

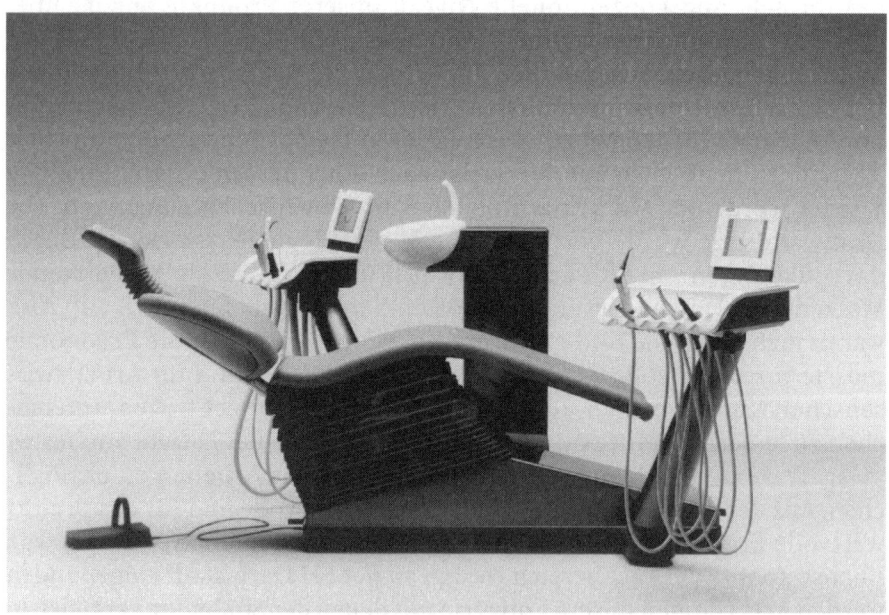

Dentalstuhl C1 (Foto: Sirona Systems GmbH)

engere Auswahl. Am Ende sprach alles für die Fortsetzung der bewährten Partnerschaft unter dem neuem Vorzeichen einer Design-Agentur.

Dass sich Design und Konstruktion heute im Wesentlichen auf CAD abspielen, ist inzwischen selbstverständlich. Die Möglichkeiten des Daten- und Informationsaustausches erfordert keine ständige Präsenz eines Designers vor Ort. Ein Problem für die Zusammenarbeit sind jedoch die rigiden Kostenvorgaben für Entwicklungsprojekte. Die bisherige eng verzahnte Zusammenarbeit zwischen Designer und Entwickler mit dem Hang zum Designperfektionismus ist zeit- und kostenintensiv. Die Devise kann nur lauten: optimales Design zu vertretbaren Kosten.

Designer bei Rodenstock

Gerd E. Wilsdorf

Der erste festangestellte Designer mit einer klassischen Ausbildung als Produktdesigner begann seine Tätigkeit in der Brillen-Entwicklungs-Abteilung der Optischen Werke G. Rodenstock[1] in München 1974. Das Design in diesem traditionsreichen Unternehmen war zu diesem Zeitpunkt Bestandteil der Brillenentwicklung sowie der technischen Direktion. Ausgebildete Brillenmacher – dies war früher ein Lehrberuf – bekleideten diese Funktionen. Zwei Welten standen sich somit gegenüber: die Pflege eines langjährigen Brillen-Know-hows vom damals größten Brillenhersteller in Europa und ein ungeduldiger junger Designer.

Erste Konfrontationen ergaben sich bei Themen wie Kunststoff-Spritzguss, dem Einsatz neuer Materialien und dem Sichtbarmachen von Technik und Funktion. Dagegen stand die Fertigungstradition eines Herstellers, der zum damaligen Zeitpunkt täglich etwa 10.000 Metall-Fassungen und ebenso viele Kunststoff-Modelle aus Acetatmaterial herstellte. In vielen aufwändigen Fräsvorgängen wurde aus Schichtmaterial die Form der Fassung gefräst. Der hohe Anteil an Handarbeit ergab perfekte, aber teure Produkte.

Eine Aufgabenstellung zur Probe stand an: Der Entwurf einer sog. „Kombi-Fassung". Dieser Brillentyp ist so ziemlich das konservativste, was man sich vorstellen kann. An einem Metall-Trägergestell sind zwei Kunststoffelemente montiert, welche die Gläser halten. Das Metall-Trägergestell war bei allen gängigen Mitbewerbern und auch beim hauseigenen Vorgänger in die beiden Kunststoffteile eingelassen, man hat es quasi versteckt. Nur in der Seitenansicht wurden die Metall-Bügel sichtbar.

---

[1] Die 1877 in Würzburg gegründeten „Optischen Werke G. Rodenstock" verlegten 1884 ihren Firmensitz nach München, wo sie zur Weltfirma für Brillen- und auch Foto-Optik aufstiegen. Mit Filialen in Köln und Berlin beschäftigte das Unternehmen bereits 1898 über 300 Mitarbeiter. Heute sind es weltweit ca. 5000. Die Produktentwicklung und Design – Brillen-Design – besteht aus 13 festen Mitarbeitern und 3 freien. Strukturveränderungen, wie die Einbindung eines Investors, sowie die Betreuung und Übernahme von Transfermarken bestimmen die heutige Designpolitik mit.

Der Entwurf des Jungdesigners, der seinen Vorschlag von der Skizze bis zum aufsetzbaren Muster eigenhändig an einem Goldschmiede-Arbeitsplatz erstellte, drehte das Konzept um. Er sah vor, das Metall-Trägergestell demonstrativ zu zeigen, also nicht zu verstecken, wie es bis dahin der Fall war. Die Kunststoff-Halteringe waren nun von hinten an das Metall-Gestell montiert. Das Metallteil in seiner Funktion als Trägerkonstruktion war somit voll sichtbar.

J 255 Brillenfassung von 1975 (Foto: Hilgering)

Die zweite Provokation war der Vorschlag, ein anderes Material als bisher zu verwenden. Edelstahl im Gesicht war bis dahin nicht probiert worden. Die Abkehr vom bewährten Brillen-Material Bronze oder Neusilber mit seinen guten Federeigenschaften war nicht leicht. Die Verwendung des korrosionsfesten Materials Edelstahl bei einer Fassung war leichter gesagt als getan. Die Leitung der Brillen-Konstruktion war für neue Ideen offen und aufgeschlossen und klärte inzwischen im Hintergrund in vielen Versuchsreihen die Schweiß- und Löt-Technik bei Edelstahl ab.

Mit Spannung wurde die in regelmäßigen Zeitabständen stattfindende Programm-Entscheidungs-Sitzung erwartet, die auch das Ende einer Probezeit bedeuten konnte. Nach anfänglichen Bedenken gab sich der Hauptentscheider – Prof. Rolf Rodenstock – einen Ruck und sprach: „…wieso nicht, eine Kombibrille kann auch mal anders gemacht sein. Dann machen wir eben eine Kombifassung für jüngere Leute. Eigentlich wollten wir doch sowieso eine junge Reihe platzieren …starten wir doch mit diesem neuartigen Kombi-Modell. …es braucht dann aber noch eine Ergänzung, vielleicht als Voll-Metallbrille?"

So kam es dann auch. Mit Hilfe von Edelstahl wurde eine neue Produktreihe ins Leben gerufen. Aus der Kombifassung wurde das Modell J 255 und die Ganzmetallversion erhielt den Namen J 156. Das "J" vor der Modell-Nr. stand für „Junge Linie". Edelstahl löste nun nicht schlagartig die bewährten anderen Brillenwerkstoffe ab, aber er ergänzte die Kollektion.

Der Jungdesigner hatte seine Probezeit bestanden.

J 156 Brillenfassung Volledelstahl von 1975 (Foto: Hilgering)

Knapp 30 Jahre nach den ersten „Gehversuchen" mit Edelstahl ist eine neues Material dabei, dem Allround-Werkstoff Edelstahl den Rang abzulaufen: Titan. Wegen seiner hohen Festigkeit bei geringem Gewicht, seiner ausgezeichneten Korrosionsbeständigkeit bei höchster Flexibilität und nicht zuletzt wegen seiner Hautverträglichkeit ist Titan ein ausgezeichneter Brillenwerkstoff. Von der ersten Edelstahl-Brille bis zu Ti-Lite war es ein langer Weg, den man der Brillenfassung nicht auf den ersten Blick ansieht.

Vom Stigma Brille zum modischen Accessoire

ELFRIEDE WEICHSELBAUM-BERNARD

„Ich brauche eine Brille." Wer früher mit dieser Tatsache konfrontiert war, hatte meist wenig Grund zur Freude. Die wenigen Modelle, die angeboten wurden, verhießen nicht gerade, sich auf ein neues und schickes Aussehen zu freuen, eher wurde gehänselt: „Brillenschlange". Sprüche wie „Mein letzter Wille – eine Frau mit Brille" trugen ihr Übriges dazu bei, dass das Tragen einer Brille als Stigma empfunden wurde.

Das hat sich mittlerweile gründlich geändert. Das Design hat einen völlig neuen Stellenwert erhalten. Kein Wunder, denn die Brille ist schließlich das einzige Produkt, das man im Gesicht trägt. Die Funktionalität einer Brille besteht darin, dass ich mit meiner Brille gut sehen kann, dass sie richtig sitzt, keine Druckstellen auf der Nase hinterlässt und die Bügel nicht drücken. Das versteht sich von selbst, aber dass ich mich damit richtig gut, schön und interessant fühle, nein, das war nicht immer ein Selbstverständnis.

Es ist beeindruckend, wie sich die Branche in den letzten drei Jahrzehnten gewandelt hat. So wie in der Mode viele Stilrichtungen parallel laufen, so gibt es eine Vielfalt an Fassungen, mit denen man seinen Typ unterstreichen kann. Zwischen dezent und mutig liegen viele Abstufungen. Bei dem heutigen riesigen Angebot an unterschiedlichen Fassungen kann jeder das für ihn Passende finden. Ich kann mir durch die Wahl der Brille einen intellektuellen Anstrich geben, ich kann etwas sehr Auffälliges wählen, womit ich meinem Typ eventuell eine völlig neue Note gebe. Ebenso habe ich die Möglichkeit, nur einen Hauch von Brille zu tragen, der kaum sichtbar ist. Man kann auch bunte Fröhlichkeit oder etwas Flippiges ausstrahlen, je nach Temperament, Selbstbewußtsein oder dem Anlass entsprechend. Es macht auch richtig Spaß, der momentanen Stimmung oder dem Anlass entsprechend, anders auszusehen. So wie man zu bestimmten Anlässen die Kleidung wechselt, tut man das mit der Brille.

Innovative Technologien ermöglichen neue Gestaltungsmöglichkeiten, was zu den unterschiedlichsten ästhetischen Aussagen führt. Ein Beispiel ist der Einsatz von Drähten mit einem Durchmesser von nur 0,5 mm. Damit lässt sich phantastisch so etwas wie ein Hauch, etwas kaum Vorhandenes, aber doch Sichtbares vermitteln und dies beim extrem formsensiblen Produkt Brille. Titan, das durch seine extreme Leichtigkeit großen Tragekomfort verschafft, lässt sich mittlerweile sehr zart verarbeiten. Kunststoffmaterialien dagegen sind farbig, changierend, z.B. mit Perlmuttwirkung. Fräsungen lassen wunderschöne Effekte zu. Und natürlich sind die Farben jeweils auf die Modefarben in der Oberbekleidung abgestimmt. So haben wir es mit verschiedenen Fassungstypen zu tun: Metall- oder Kunststoff-Vollrand, Nylon (das Glas wird in Teilabschnitten umrahmt von einer Kombination aus Metall- oder Kunststoffrahmen und Nylonfaden), randlose Fassung, Kombifassung aus Metall und Kunststoff oder weiterer Variationen bzw. Kombinationen aus den vorgenannten Möglichkeiten. Außenseiter-Materialien sind Büffelhorn oder Holz.

Die Spirale der Mode dreht sich. Waren vor 10 Jahren große, tiefausladende Scheibenformen en vogue, so ist man derzeit eher mit schmalen, flachen Fassungen auf der Höhe der Zeit. Die Brille wird nicht unbedingt nur vor den Augen getragen, sondern sieht auch im Haar schick aus, genau wie die Sonnenbrille – und dies natürlich auch am Abend. Preisgünstige, junge Fassungen bestehen neben Luxusfassungen mit echten Steinen, zarte Fassungen neben kräftigen Kunststoffgebilden. Sonnenbrillen nehmen ihren eigenen Platz ein, und seit einigen Jahren gewinnen auch Sportbrillen stark an Bedeutung im Brillenfassungsbereich.

Geschicktes Marketing ist schon lange nicht mehr aus der Branche wegzudenken. Die unterschiedlichsten Strategien können beobachtet werden. Es werden Wettbewerbe ausgeschrieben, bei denen sich Unternehmen mit Produkten profilieren können. Auch werden prominente Personen für Aktionen gewonnen. Stars agieren als Werbeträger. Sophia Loren trug beispielsweise jahrelang die Fassungen eines Herstellers und warb damit für eine bestimmte Zielgruppe. Heute bescheren sog. Superstars Nachfragen mit einer bestimmten Brillenform.

Bei den Optikern war anfangs eine Direktwerbung der Herstellerfirmen an die Adresse der Endverbraucher nicht so gern gesehen. Nur eine Firma hat sich schon früh darüber hinweggesetzt: mit dem Effekt, dass heute jeder ihren Namen kennt. So haben die einzelnen Hersteller die unterschiedlichsten Firmen- bzw. Produktphilosophien entwickelt. Ist es bei der einen Firma

Ti-Lite-Brillenfassung von Rodenstock: Das Leichtgewicht aus Titan – ohne Brillengläser nur 2,5 Gramm – bietet maximalen Tragekomfort für den anspruchsvollen Brillenträger (Foto: Rodenstock)

„so wenig Brille wie möglich", steht bei der anderen expressiver Anspruch und fröhliche Auffälligkeit im Vordergrund. Und während es Firmen gibt, die ihre Produkte unter diversen Labels anbieten, gibt es auch diejenigen, die darauf verzichten und mit authentischer Produktentwicklung kontinuierlich den roten Faden durch die Kollektionen laufen lassen. Dabei gibt es national und international differenzierte Vorlieben in der Wahl der Brille. Bevorzugen zum Beispiel Skandinavier pure, relativ schmucklose Fassungen, sieht es in mediterranen Ländern anders aus. In Fernost wird eine andere Auswahl getroffen als in den USA. Der deutsche Brillenmarkt ist seit Jahren der Progressivste weltweit.

Alles in allem ist die Gestaltung einer neuen Brillenkollektion jedes Mal wieder eine wunderbares Abenteuer. Ein Hoch auf dieses Produkt, das – nur wenige Gramm leicht – so wichtig ist.

Das Telefon – Wandlung eines Leitbildes

JENS PATTBERG

In der sog. Gründerzeit entstand um 1878 das elektrodynamische Telefon zum abwechselnden Hören und Sprechen. In weiteren Schritten entstanden bis 1912 Tischapparate in Holzgehäusen mit Kurbelinduktoren und später mit Gabelablagen. In den Jahren bis 1936 wechselte man vom Holzgehäuse auf tiefgezogene und schwarz lackierte Stahlblechgehäuse und danach zu schwarzer Phenolharz-Pressmasse für Gehäuse, Gabel und Handapparat. Ein Produktklassiker war geboren. Das Modell W 48 wurde von der Deutschen Reichspost als Einheitsfernsprecher übernommen und als Modell 36 bis 1960 gefertigt.

Das Telefon W 48 von 1936 als Leitbild und Symbol für das Telefonieren (Foto: Siemens)

Anfang der 50er Jahre wurde das erste Nachfolgermodell entwickelt. Das Modell 55 als Handapparat mit Längsauflage aus thermoplastischem Kunststoff wurde auf der 11. Triennale in Mailand mit einer Goldmedaille ausgezeichnet. Längsauflage oder Querauflage wurden zum Unterscheidungsmerkmal zwischen dem Posttelefon, der Siemensversion oder dem Exportmodell. Nach dem Modell H 70 von 1960 folgten 1975 die Reihen masterset 113 bzw. 1982 teamset 200.

Mit der Öffnung der Märkte und dem Beginn der Deregulierung fiel Mitte der 80er Jahre das Postmonopol. Die Produktentwicklung musste

schnellstens eine Antwort für den „freien Telefonmarkt" finden und sich
von der Welt der Hauptpostdirektion Darmstadt und deren Vorstellungen
vom Telefonieren – die Hauptpostdirektion war der Kunde mit all seinen
Problemen der postalischen Normen und den langwierigen Abstimmungs-
prozeduren – lösen. In kürzester Zeit entstanden von 1984 bis 1991 drei neue
Produktlinien – set 100, set 200 und set 300 –, deren Design die Entwickler
prägten und zum Erfolg führten. Das Produkt set 311, in moderner Snap-in-
Technik mit dem Anspruch eines Welttelefons, wurde zum Symbol für die
neue digitale Welt der ISDN-Hicom-Anlagen. Sie gehörten zu den ersten,
die den Weltstandard dieses Nachrichtennetzes erfüllten. Neue Gewohnhei-
ten im Telefonieren führten zu der Cordless-Reihe Gigaset. Ein ganz neues
Feld wurde mit den sog. Mobiltelefonen beschritten. Richtungsweisend war
das Design des Mobiltelefons für das C-Netz – Entwurf 1982 und Markteinführung 1985. Hieraus entwickelte sich in relativ kurzer Zeit die neue Ära
der „Handys" (deutsche Bezeichnung für Cellular-Telefone).

Die Entwicklungszeiten von bis zu 8 Jahren reduzierten sich kontinuierlich von der Idee bis zur Vermarktung auf 1 Jahr, der Designprozess selbst
auf wenige Monate. Die Telefone für den Hausgebrauch wurden Anfang
der 90er Jahre mit immer mehr Funktionen ausgestattet, wie z.B. Anrufbe-
antworter, Direktwahl, Wahlwiederholung. Ab Mitte der 90er Jahre wurde
der Run auf die digitalen Schnurlos-Telefone so stark, dass analoge und
schnurgebundene Telefone auf einen Marktanteil von unter 25% rutsch-
ten. Die Business-Telefone entwickelten sich von einem Sprachgerät hin zu
einem Informations- und Kommunikationsprodukt, bei dem die Leistung
nicht mehr im Gerät installiert, sondern in der Netzstruktur enthalten ist.
Mit den Handys begann eine neue Ära des Kommunizierens. In kürzester Zeit entwickelte sich das Handy vom Statussymbol zu einem allgemeinen Konsumerprodukt der 90er Jahre. Es ist das Symbol für Lifestyle und
uneingeschränkte Erreichbarkeit. Die Entwicklung neuer Netze (Satelliten-

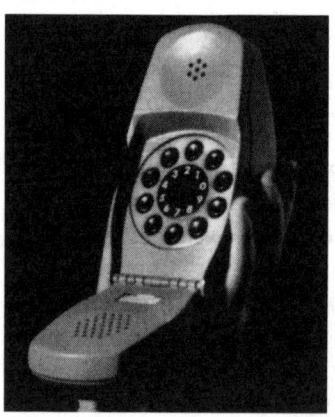

Die Designer Marco Zanuso und Richard Sapper entwickelten 1967 das Telefon „Grillo" für SIT Siemens als eine neue
Typologie des mobilen und später schnurlosen Telefonie-
rens (Foto: Triennale di Milano Collection)

phone, UMTS) lässt multifunktionale Produkte entstehen, die neben Sprache vor allem Bild- und Datenkommunikation ermöglichen. Machbarkeit, Konkurrenzdruck, Vielfalt und Beliebigkeit führten zum Marketing-Diktat. Entscheidungsprozesse über zeitgemäßes Design führen zu der Frage: Was ist „richtiges" Design. Die Suche nach einer Siemens-Authentizität lief kurzzeitig über ein Icon.

Die veränderte Verantwortung des Designers

Der Titel „Der Ingenieur und seine Designer" beschreibt in einer schönen Weise das Verhältnis und die Zusammenarbeit beider Arbeitsgruppen. In meinem Beitrag möchte ich aus meiner Sicht die heutige Situation des Designers zum Ingenieur und zum Marketing beschreiben. In einem Ausblick zeige ich auf, wie sich das Aufgabenfeld und die Verantwortung des Designers in der Zukunft entwickeln müssen.

Die ganzheitliche Betrachtungsweise und Steuerung verschiedener Prozessschritte in der Produktentstehung müssen vom Designer in seiner Funktion begleitet werden. Aus dieser Position hat das Design wieder die Möglichkeit, wertegetriebene Innovationen zu entwickeln.

„'Das Gesicht der Dinge' wird wesentlich durch die technische Funktion und durch die Gebrauchsfunktion bestimmt. Formmerkmale und übereinstimmende Zeichen weisen auf den Gebrauch, auf Sinn und Bedeutung eines Produktes hin, auf das ‚Was ist das?'", so das Credo des Chefdesigners Edwin A. Schricker (1960–1985).

Das bedeutet, Aufgabe und Inhalt des Designs war zu dieser Zeit die Auseinandersetzung mit dem Menschen. Die Ergebnisse der naturwissenschaftlichen Forschung (Ergonomie und Anthropologie) und der technischen Entwicklung wurden den funktionalen Bedürfnissen der Menschen angepasst. Die Konstruktion und produktionstechnische Faktoren beeinflussten die Form eines modernen Produktes. Wie so oft wurde der Designer vom Entwickler gerufen: „Wir müssen unseren Produkten noch ein modernes Aussehen verschaffen und das vielleicht mit Design". Radien und Farben waren die erwarteten Mittel, ein Produkt „designed" aussehen zu lassen. Mit Designlösungen, wie z.B. interessanten Gehäuseabwicklung oder Lösungen aus neuen Materialien, half der Designer oft sogar mit, die Kosten eines Produkts zu reduzieren. Der Folgeauftrag war für den Designer gesichert.

In dieser Form der Zusammenarbeit mit dem Abhängigkeitsverhältnis zu den Ingenieuren, die auch als Auftraggeber auftraten, wurden Innovationen sehr stark durch einen entwicklungsorientierten Prozess ausgelöst. Die Notwendigkeit für Innovationen stand somit im direkten Zusammenhang zur Realisierungsmöglichkeit in der Entwicklung. Die Innovation eines Produktes wurde mit der Anzahl von neuen „Features" gleichgestellt. Das hatte zu Folge, dass Produkte von Generation zu Generation immer mehr „konnten". Jedes nur mögliche „Feature" wurde in das Produktkonzept integriert, eine Integration, die für den Benutzer nicht sichtbar war und somit auch nicht genutzt werden konnte. Die Akzeptanz am Markt war somit geteilt und der Markterfolg eingeschränkt. Aus dieser Situation heraus entstand die Möglichkeit für das Marketing, den Designer zu seinem Werkzeug zu machen. Die Marktbeobachtung, eine klassische Aufgabe des Marketings, ist die Grundlage für den Designer; es ist sein „Briefing". Die Definition um das richtige Aussehen erfolgreicher Produkte liegt in der Verantwortung des Marketings. Das Wissen über den Markt und die notwendigen „Features" für ein Produkt führen über Marktumfragen zu den Bedürfnissen der Benutzer. Sie beinhalten dann die Gefahr eines zu kurzen Zeithorizonts, wenn nur das, was morgen am Markt ankommt, im Fokus steht und zu Vorgaben für das Design wird. Ein Beispiel dafür ist die Farbe Silber. „Die Farbe Silber ist überall am Markt zu erkennen! Sie kommt gut an und ist somit Bestandteil unserer nächsten Generation von Produkten."

- Innovationen aus diesem Prozess basierten auf einer Differenzierung gängiger Produkte – Produkte können ein wenig mehr als die Vorgänger und ein wenig mehr als die Konkurrenz. Diese Form der Umsetzung beinhaltete weniger die emotionalen Bedürfnisse. Bedürfnisse dieser Art visuell sichtbar zu machen, ist eine der zukünftigen Aufgaben des Designers. Die emotionalen Bedürfnisse zu erkennen, ist das Ergebnis einer intensiven Trendbeobachtung: Soziokulturelle Strömungen sind der Auslöser für neue Verhaltensweisen und somit auch für neue Produktkonzepte. Der zunehmende Anstieg einer Ästhetisierung von Gebrauchsgegenständen und sonstigen Alltagsgütern führt zu einer Demokratisierung des Designs, die Einfluss auf die Produktgestaltung nimmt.
- Über den Prozess „Trendmonitoring" (Marktbeobachtung und Marktforschung) zu Innovationen zu kommen, gehört zu der veränderten Verantwortung des Designers. Durch die Fähigkeit, visuelle Veränderungen zu erkennen, Trends aufzunehmen, sie in dreidimensionale Produkte umzusetzen und daraus Visionen für die Zukunft zu entwickeln, wird der Designer zum strategischen Berater.
- Der Designprozess bedeutet, durch systematische Erforschung des Käuferverhaltens und kontinuierliche Marktforschung, durch Analyse von Lifestyle und Designstyles, zu einer erhöhten Marktakzeptanz zu kommen, die dem Produktentwicklungsprozess die nötige Sicherheit gibt.
- Für die Anforderungen, wie die Orientierung an der Mode und Lifestyle-Trends, an Material- und Farb-Trends, an Consumer-Bedürfnissen und sozio-kulturellen Trends, wird ein Design- und Trendnetzwerk zu Part-

neragenturen aufgebaut und werden entsprechende Vorgehensweisen entwickelt.

– Um auf sekundäre Anforderungen, wie kurzer Lifecycle, Time-to-market-Anforderungen, Produktionsplanung oder Markt- und Kundenakzeptanz, reagieren zu können, sind Methoden erarbeitet worden, die gewährleisteten, dass die Formkonzepte, das mechanische Konzept sowie das Material- und Farbkonzept, zum geplanten Produktionsstart eingesetzt werden. Das Know-how über den gesamten Produktentwicklungsprozess und die zeitliche Einbindung verschiedener Aktivitäten hilft den Kunden, zum richtigen Zeitpunkt mit dem richtigen Design auf dem Markt zu erscheinen. Kundenbedürfnisse sind kein exakt feststellbarer Messwert, sondern eine sich verändernde Orientierungsgröße.

– Je zuverlässiger der Designer die Orientierungsgröße „Kundenerwartungen und Kaufverhalten" ermittelt, desto größer ist die Chance für das „richtige" (= erfolgreiche) Design. Der Designer muss Markt und Zielgruppen beobachten, Veränderungen im Kundenverhalten frühzeitig erkennen, schnell und richtig reagieren. Wie geschieht das? Der Designer muss alle Faktoren, die das Kaufverhalten des Kunden beeinflussen, ständig im Auge behalten, Veränderungen in allen Bereichen schon im Vorfeld registrieren und designbezogen interpretieren. Hier nutzt z.B. designafairs mit dem Partner cosight den Cutting Edges Detector, ein weltweites Markt- und Designforschungsinstrument, um solche Tendenzen zu ermitteln. Leading Consumer werden zu bestimmten Themen befragt. Damit bekommt der Designer Informationen über Avantgarde Lifestyle Trends, die 2 bis 3 Jahre später Trends für jedermann werden.

Die Veränderung von Lebensgefühlen in einer Spaßgesellschaft in Kombination mit „outdoor activity" lassen Symbole wie ein „X" zu einem über-

Das MC 60 – eine heutige Handyversion von Siemens (Foto: Studio Koller)

greifenden Formelement werden. Beispiele aus verschiedenen Branchen, wie der X5 von BMW, der Xtrail von Nissan oder das X auf dem Fun Phone von Siemens MC60, zeigen, wie gesellschaftliche Strömungen eine Designsprache prägen.

Der Designer muss in der Zukunft wertegetriebene Innovationen entwickeln, die für den Enduser Innovationen im Sinne eines Fortschrittes sind. Werte, wie Verantwortung, Nachhaltigkeit und Authentizität, müssen vor dem Hintergrund gesellschaftlicher Veränderungen gesehen werden. Um dieses bei designafairs zu erreichen, lassen wir uns durch unseren kulturellen Fundus inspirieren. In der ganzheitlichen Betrachtungsweise spielen die Verantwortung und die Arbeitsweise des Designers eine führende Rolle im gesamten Produktentwicklungsprozess. Durch die Deutungshoheit des Designs kann der Designer alle Faktoren wie Funktionalität, Nutzen, Technik, Ergonomie mit der Ästhetik verbinden. Die „neue Aufgabe" des Designers wird zusammen mit dem Ingenieur und dem Marketing geleistet und nicht als Teil einer einzelnen Profession.

Wo bleibt da der klassische Ingenieurberuf? Die Arbeitsweisen Engineering, Prototyping und knallharter Vertrieb bestimmen den Alltag. Der Designer betreibt Trend-Scouting. Das Produktleitbild verliert sich nur scheinbar in x-beliebigen Formvariationen. Siemens mobile ist „Designed for life".

Design für Haushaltsgeräte

Gerd E. Wilsdorf

Hausgeräte beflügelten sehr früh die Phantasie der Ingenieure, um mit Hilfe des elektrischen Stroms das Leben der Menschen in der häuslichen Umgebung so angenehm und komfortabel wie möglich zu gestalten. Was 1906 mit einem Staubsauger begann, konnte bis 1913 um Bügeleisen, Wasserkocher, Kochplatten, Kaffeemaschinen und Heizöfen erweitert werden und sich 1916 als elektrische Küche präsentieren. Zehn Jahre später kamen der Herd mit Backrohr, Heißwassergeräte, Waschmaschinen und Kühlschränke dazu. Parallel zu den Entwicklungen entstand der erste Rundfunkempfänger 1923, ein Produkt, das sich zur Unterhaltungselektronik mauserte. Das Leitbild eines Haartrockners entstand 1928, Bügler und Rasierapparat folgten. Danach ging es mit den Primärerfindungen etwas langsamer voran. Die ersten Gestalter beschäftigten sich wie die Ingenieure mit ständigen Produktverbesserungen, um mit Neuheiten und einem günstigeren Preis/Leistungsverhältnis auf den umkämpften Märkten besser bestehen zu können.

Was bis in die 50er Jahre noch Luxus war, nahm danach einen rapiden Aufschwung. Die Waschmaschine fand ihren Platz in der Etagenwohnung, wenige Jahre später kam der Geschirrspüler dazu. Massenfertigungen verlangten entsprechende Design-Anpassungen, damit die hohen Marktanteile gehalten werden konnten. Für Designideale à la Ulm blieb auch später wenig Platz. Saisonale Produktdifferenzierungen bestimmten zum Beispiel die „Braune Ware"; die „Weiße Ware" unterlag ähnlichen Herausforderungen.

Die Eroberung aller Lebensbereiche und Milieus erweiterte das Produktspektrum. Kooperationen und Zukäufe sowie eine gezielte Markenpolitik standen ab den 60er Jahren mehr und mehr im Mittelpunkt aller Design-Überlegungen. Die Konstellationen aus Vertrieb, Technik und Design führten in diesem komplexen Konglomerat der Interessen zu einer innovativen Unruhe. Den Utopien der Designer waren keine Grenzen gesetzt. Es entstanden Welten voller dienstbarer Geister als Lebensbegleiter, die in der totalen Kontrolle aller Bereiche des Lebens und Wohnens aufgehen sollten. Zwischen den Utopien und der harten Realität waren es jedoch die notwendigen Sekundärerfindungen, die für den Fortschritt sorgten und die tägliche Arbeit an Produktverfeinerungen teilweise überragten. Diese führten bei den großen Hausgeräten zu Einbauherd und Backwagen, zur integrierten Mikrowelle, zum kombinierten Waschtrockner und bei den Kleingeräten z.B. zu elektronischen Staubsaugern. Großen Einfluss auf die Produktentwicklung hatte auch das Bestreben, Energie, Wasser und Zeit zu sparen. Die Worte Ökologie und Nachhaltigkeit blieben keine Worthülsen. Die Möglichkeiten der Mikroelektronik eröffneten bei der Bedienung der Geräte neue Wege. Der Stellenwert des Designs im Unternehmen gewann im Laufe der Jahre den notwendigen Freiraum parallel zur Entwicklung.

Als Designer bei der Siemens Electrogeräte GmbH

Mit der Einstellung eines Gestalters für das Hausgerätewerk Sörnewitz begann 1936 die Design-Geschichte der Hausgeräte. Über eine Annonce wurde der Gestalter gesucht. Mit dem Neubeginn 1949 in Traunreut konnte das Privileg eines Werkdesigners bis 1968 beibehalten werden. 1957 bündelte Siemens seine Konsumgüter-Aktivitäten in der Siemens-Elektrogeräte AG (seit 1966 GmbH). 1967 ging deren Hausgeräte-Anteil im Gemeinschaftsunternehmen Bosch-Siemens-Hausgeräte GmbH (BSHG) auf. Die Verlagerung der Vertriebsleitung des Hausgeräte-Geschäfts von Erlangen nach München 1956 machte eine verstärkte Präsenz der Hauptwerbeabteilung (HWA) mit den Aktivitäten der Produktgestaltung an diesem Standort erforderlich. Ein herber Verlust 1976 war die Ausgliederung des Hausgeräte-Designs – der traditionellen Konsumgüter – an die Bosch-Siemens-Hausgeräte 1976. Fünf Designer wechselten in den Jahren 1977–81 befristet zur BSHG. Ein Direktionsassistent aus dem Hause Bosch übernahm als Ingenieur die Rolle des Koordinators und Designmanagers der zwei Designgruppen innerhalb der BSHG bis zum Jahr 1988. 1982 bestand die SE-Gruppe aus vier Designern, drei Modellbauern und zwei technischen Zeichnerinnen.

Das Design der Hausgeräte war, wie es sich aus der Sicht von heute darstellt, sehr traditionell und technikbetont – trotz diverser Schmuckelemente. Das Design stand aus der Tradition heraus unter dem Einfluss der Techniker, was sich z.B. bei Herden im Produktnamen „Meisterkoch" widerspiegelte. Die Konstrukteure und Techniker aus dem Entwicklungsbereich waren streng darauf bedacht, die Risiken neuer Konzepte klein und die Fertigungsqualität hoch zu halten. Damit war natürlich ein Interessenskonflikt gegeben, den das Design Schritt für Schritt dadurch entschärfen konnte, indem es auf die Probleme und Sachzwänge der Techniker einging und diese von den Ideen und Visionen der Designer überzeugte. Eine zusätzliche technische Ausbildung des Designers erleichterte die Zusammenarbeit. Man verstand die Sprache der Techniker und Entwickler und erkannte die Tücken, wenn z. B. der Designer „aufs Glatteis" geführt werden sollte. Mit technisch nachvollziehbaren Gegenvorschlägen gelang es, von den Entwicklern ernst genommen zu werden. In einem offenen und kreativen Prozess konnte das Vertrauen gewonnen und Einfluss auf die Produktentwicklung genommen werden.

Dies drückt sich z.B. in der Entwicklung der Küche aus. Von der „Frankfurter Küche" (6,5 qm) von Margarete Schütte-Lihotzky aus dem Jahr 1928, über die Maßvorgaben der AMK in den 60er Jahren, bis zur heutigen Einbauküche von siematic oder bulthaup war es ein weiter Weg. Deutsches Design manifestiert sich, wie es international konstatiert wird, im Automobilbau und in der Küche. Edelhölzer, Edelimitate, Edelstahl, Marmor und Granit, gepaart mit High-Tech, führten in den 90er Jahren zu einer Luxus-Küche mit der Tendenz zum Manierismus. In diesem Wettbewerb steht das Design der sog. „Weißen Ware" – der Küchentechnik – um Kreativität und Innovation stärker denn je. Parallel dazu stehen die Corporate-Design-Strategien – das „Marke-ting" – mit ihrer Segmentierung der Produktwelt.

„Die Frankfurter Küche" bündelte alle funktionalen Elemente fast zu einer Laborküche. Sie war damit über mehrere Jahrzehnte Leitbild für die Einbauküche weltweit. Inzwischen löst sich die strenge Geometrie der Einbauküche wieder auf. Oberschränke werden durch offene Regale ersetzt, ein Solitärkühlschrank tritt ins Rampenlicht der Küche. Siemens trug dem vor

Freistehendes Racksystem, siemens modul-line

etwa fünf Jahren mit der Einführung der Produktlinie siemens-modul-line, einem freistehenden Racksystem, Rechnung.

Es wurden Backöfen, Geschirrspüler oder Kochfelder in ein System integriert, mit dem der Kunde auch umziehen konnte. Bei Kleingeräten beschritt Siemens mit Produkten, deren Design vom Büro Porsche entwickelt wurde, neue Wege. PORSCHE DESIGN – the engineers of luxury – steht für „Design by F. A. Porsche" und signalisiert damit Exklusivität in der Qualität und Gestaltung. „Käfer" signalisierte für eine kurze Zeit den Anspruch an hohe Tisch- und Esskultur, der sich in der Produktform und -farbe widerspiegelte.

Da stellen sich die Aktivitäten Technik und Design in der Beschreibung bescheidener dar. Der rote Teppich für den Star-Designer, wenn er im Auftrag eines wichtigen Kunden auftritt, wird für den Inhouse-Designer nicht ausgelegt. Der angestellte Designer hat andere Möglichkeiten und Chancen. Ein Beispiel hierfür soll die Entstehung des Backwagens sein. 1970 wurde ein neues Türprinzip für Herde im Markt etabliert. Der Backwagen hatte einen Teleskopauszug, an dessen Stirnseite die Backbleche eingehängt waren. Man konnte also, ohne sich die Finger zu verbrennen, den Backwagen herausfahren, das Gargut prüfen und gegebenenfalls nochmals einschieben. Als nun die Umluftheizung im Herd ihren Siegeszug antrat, gab es Probleme. Man konnte jetzt auf drei Ebenen backen, der Zugang zur unteren Ebene war aber beim Backwagen dadurch erschwert, dass man zuerst die oberen Backbleche entfernen musste. Die Entwickler hatten für die Problemlösung keine Kapazitäten frei. Die Lösung lag somit in den Händen der Designer als Anwälte des Benutzers. Im Design-Modellbau wurde ein funktionsfähiger Prototyp mit je einem seitlich ausziehbaren Schiebersystem ohne Funktionsmangel erstellt und anlässlich eines „Produkt-Ausschusses" im Werk präsentiert. Das Entscheider-Gremium ließ sich von den funktionellen Vorteilen des neuen Backwagens überzeugen und beauftragte den Entwicklungsbereich mit der Durchkonstruktion und der Kostenermittlung. Das Modell wurde mit Erfolg am Markt eingeführt und ist seit ca. 10 Jahren im Einsatz. Dieses Beispiel zeigt recht gut, dass es für das Design enorm wichtig ist, aus der Rolle des „Dekorateurs" bzw. des „Produkt-Kosmetikers" herauszukommen. Das heißt, die Designer müssen bereits zu Beginn des Produktentstehungsprozesses dabeisein, um Einfluss nehmen zu können.

So ist es immer häufiger gelungen, Prozesse anzuschieben bzw. zu initiieren. Hier ist auf das Thema Aluminium bei Hausgeräten hinzuweisen. Die Branche kannte zum damaligen Zeitpunkt nur die Einbaugeräte-Farben weiß, braun und die noch junge Oberfläche Edelstahl. Die Vorteile von glasperlengestrahlten und dann eloxiertem Aluminium waren noch unbekannt. Die deutlich geringere Fingerprint-Empfindlichkeit sowie ein innovatives Aussehen waren wichtige Kriterien. Mit diversen positiven Tests in den

Versuchslabors an Herden, Spülern, Waschern, Kühlern und Kleingeräten trat das Design an die „firmeninterne Öffentlichkeit". Es bedurfte einiger Agitationsarbeit, die Produktbereichsleiter von den Vorteilen dieser für Hausgeräte neuartigen Metalloberfläche zu überzeugen, denn die Skepsis der Kollegen vom Versuch war beträchtlich. Es gelang. So konnte 1997 auf der Domotechnika in Köln eine imposante Kollektion präsentiert werden. Die Mitbewerber kündigten noch auf der Messe an, dass sie ebenfalls die neue Oberfläche anbieten wollen. Der Unterschied war nur, dass Siemens bereits liefern konnte. Dieses Beispiel belegt erneut, dass das Design am Anfang der Projektentwicklung sogar selbst die Anstöße geben muss.

Wir legen in unserer Designabteilung großen Wert auf eine solide technische Basisausbildung unserer Design-Mitarbeiter. Eine Lehre als Werkzeugmacher oder sogar ein zusätzliches Technik-Studium erleichtert die Kommunikation mit den Entwicklern enorm. Das Bündeln der Kräfte von Technik und Design kann den häufig zaudernden Marketing- bzw. Vertriebsverantwortlichen einen ernstzunehmenden Gegenpol liefern, besonders wenn es heißt, dass in vielen Fällen nur noch durch die Gestaltung differenziert werden kann. Die Technik im Hintergrund ist häufig gleichwertig und kann vom Kunden nicht mehr unterschieden werden.

Wer den Auftritt der Marke Siemens und deren Hausgeräte-Design über die Jahre verfolgt hat, wird feststellen, dass hier kontinuierlich viel geleistet wurde. Siemens hat sich von einer angepassten, mitschwimmenden Marke zu einer Profil zeigenden, Trends setzenden Hausgeräte-Marke gewandelt. Das Produkt-Design hat daran einen entscheidenden Anteil

1982 – Griffmuschel mit großem Lüftungsfilter-mechanische Anzeige

1993 – Profilgriff, verdecktes Lüftungsgitter, LED-Anzeige

2003 – Stangengriff mit Lüftungsschlitz – LCD Displays

20 Jahre Siemens Einbauherde

Design für Hewlett Packard

Helmut Jochum

Während des Designstudiums habe ich gelernt, dass gutes Design immer mit Innovationen einher geht, sei es im volkswirtschaftlichen, betriebswirtschaftlichen oder technischen Sinn. Ein guter Designer ist also jemand, der gestalten kann, ästhetisches Gespür besitzt und technisches, ökonomisches und ökologisches Wissen hat. Ein guter Designer ist eher Generalist als Spezialist.

In der Ausbildung wurde deshalb Wert auf die Vermittlung eines breit gefächerten Wissens gelegt, die Kreativität gefördert und der Ablauf von Entwurfs- und Entwicklungsprozessen geübt. Dazu gehörte die Suche nach möglichst genialen und cleveren Ideen für neue Produkte oder Dienstleistungen, deren Analyse und Bewertung sowie deren Realisierung als Studie.

Um Ideen und Konzepte schnell erfassbar darzustellen und damit für andere leicht und verständlich nachvollziehbar zu machen, braucht der Designer Handwerkzeug. Das ist z.B. die Darstellung in Form von Skizzen oder dreidimensionaler Modelle. Entscheidend dabei ist, dass es sich nicht nur um prinzipielle Darstellungen handelt, sondern dass auch die wahrnehmbaren ästhetischen Aspekte berücksichtigt werden.

So ausgebildet, trat ich 1985 meine erste Stelle im amerikanischen Unternehmen Hewlett Packard[1] in der Medizin Elektronik Division Böblingen an. Als ich mich für die Stelle bewarb, wusste ich, dass ich es mit einer sehr stark „Engineering driven" Firma zu tun hatte und das Design eher eine sekundäre Rolle spielt. Aber gerade das reizte mich. Ich hielt mich

---

[1] HP wurde 1939 im kalifornischen Palo Alto gegründet. Das erste Produkt, ein Tonoszillator für Toningenieure, wurde in einer Garage entwickelt. Im Laufe der Zeit kamen Produkte, wie z.B. elektronische Messinstrumente, Computer, elektronische Komponenten, Drucker, Taschenrechner und medizinische Überwachungsgeräte, hinzu. 1959 eröffnete HP in Deutschland die erste Produktionsstätte außerhalb Kaliforniens. Eines der ersten Produkte, die in Deutschland eigenständig entwickelt wurden, war ein Kardiotokograf zur elektronischen Geburtsüberwachung. Nach der Fusion mit Compaq 2002 ist Hewlett Packard heute ein internationaler Konzern mit einem Umsatz von ca. 4.100 Mio € und ca. 7.800 Mitarbeitern.

für einen engagierten gut ausgebildeten Designer, der sein Handwerkzeug beherrscht und wollte dem Management und den Ingenieuren beweisen, dass sie mit einem Designer bessere Ergebnisse in der Produktentwicklung erzielen können.

Mein erster Tag im Großraumbüro von Hewlett Packard, in dem etwa 200 Mitarbeiter aus den Bereichen Entwicklung, Marketing, Vertrieb und Management arbeiteten, war wesentlich geprägt durch die Zuteilung meines zukünftigen Arbeitsplatzes. Es handelte sich dabei um einen Arbeitsplatz inmitten der Hardware-Ingenieure. Mein Chef war Ingenieur und die meisten meiner Kollegen ebenfalls. Der Arbeitsplatz, der mir zugewiesen wurde, war ein typischer Hewlett-Packard-Ingenieur-Arbeitsplatz – ein hässlicher Labortisch, der neben Strom- auch Wasser- und Gasanschluss hatte. Außer einem Zeichenbrett (Computer als Entwurfstool waren noch nicht vorhanden) gab es absolut keine Gemeinsamkeiten mit Designer-Arbeitsplätzen, die ich von anderen Firmen oder aus Designbüros kannte.

Die Ingenieure erwarteten in den ersten Wochen und Monaten von mir, dass ich auf der Grundlage ihrer Ideen und Vorstellungen schöne Bilder zeichnen sollte, mit denen sie dann ihre jeweiligen Vorgesetzten überzeugen konnten. Das funktionierte sehr gut und in kurzer Zeit war mein Service von allen Hierarchieebenen geschätzt. Aber ich war mit meiner Aufgabe als „Ideenillustrator" ganz und gar nicht zufrieden. Ich wollte nicht nur „schöne Bildchen" malen, sondern Ideen für bessere, schönere, innovativere, besondere Produkte produzieren, die reißenden Absatz finden und bei Designerkollegen Respekt für die gestalterische Leistung auslösen sollten.

Aber wie ist das zu schaffen, wenn die Kollegen Ingenieure immer mehr Nachfrage nach Illustrationen entwickeln und keine Zeit für die wirklichen Ideen bleibt? Die Aufträge einfach ablehnen ging nicht, weil dadurch vielleicht ein wichtiger Partner und interessanter Kollege verprellt würde.

Abhilfe konnte ich nur schaffen, indem ich außerhalb meiner offiziellen Arbeitszeit Ideen entwickelte und diese in die Illustrationen einfließen ließ. Das führte in der Folge oft zu Diskussionen über Marketing- und Konstruktionsprinzipien mit meinen Kollegen und gelegentlich wurden meine Ideen aufgegriffen und verwirklicht. Mit der Zeit konnte ich mein Ansehen und meinen Bekanntheitsgrad in der Firma quer durch alle Gruppen und Hierarchieebenen enorm steigern. Ich wurde immer öfter zu strategisch wichtigen Meetings und Entscheidungsprozessen hinzugezogen und hatte im Entwicklungsprozess den gleichen Status wie ein Entwicklungsingenieur. Nach einer Weile durfte ich sogar Praktikanten und externe Designer einsetzen, an die ich viele Aufgaben, besonders die Illustrationen, delegieren konnte, um mehr Zeit für Ideenentwicklungen zu haben.

Im Laufe der Zeit gelang es mir auch, gemeinsam mit meinen Kollegen die Designer- Arbeitsplätze nach meinen Vorstellungen neu einzurichten. Plötzlich wollten viele Ingenieure auch andere Arbeitsplätze, weil sie feststellten, dass mit wenigen Mitteln viel verändert und optimiert werden kann, sowohl in Bezug auf Funktionalität als auch im Hinblick auf Ästhetik und die Wirkung auf das psychische Wohlbefinden. Das konnte aber nicht durchgesetzt werden, so dass die „Designerecke" etwas Besonderes blieb und schon allein durch den optischen Unterschied Aufmerksamkeit erregte.

Trotz allen Wohlwollens und Respekts, den uns die Ingenieure für unsere Ideen zollten, war es schwer sich in rein gestalterischen Fragen durchzusetzen. Jeder Ingenieur, jeder Marketingstratege und jeder Verkäufer, von denen viele ebenfalls eine Ingenieurausbildung hatten, wollte diesbezüglich mitmischen. So wie wir Designer den Ingenieuren ihr „Monopol" auf gute mechanische Lösungen streitig machten, machten sie uns unsere Gestaltungskompetenz streitig.

Als es darum ging, die endgültigen Formen, Proportionen und Farben festzulegen und zu definieren, welchen Stellenwert die Produktgestaltung für Marketing und Marke haben sollte, wurden unsere Vorschläge nicht selten nach dem Prinzip „Ober sticht Unter" aussortiert. Schließlich hatten die Ingenieure in der Firma das Sagen und waren zudem in der Überzahl. Immerhin waren sie es, die in der Vergangenheit für die Produkterfolge verantwortlich waren und die Firma mit aufgebaut hatten. Da half es auch nicht zu versuchen, anstelle von subjektiven Bewertungsverfahren objektivere einzuführen.

Damit hier kein falscher Eindruck entsteht: Es war nicht so, dass die Ingenieure und Designer nicht zusammenarbeiten konnten, ganz im Gegenteil. Es ging eher um die Tatsache, dass entscheidende Schlüsselpositionen von Ingenieuren besetzt waren, denen oft ein fundiertes Verständnis für das Thema Design, als Teil der Produktentwicklung, der Marketingstrategie und der Markenentwicklung, fehlte. Somit setzte sich die „klassische Ingenieursdenke" vor allem in den Fällen durch, in denen es unterschiedliche Meinungen zu einem Vorschlag gab.

Genau andersherum empfanden es Ingenieure, die in einer stärker von Designidealen dominierten Firma arbeiteten. So berichtete ein befreundeter Ingenieur, dass er bei der Firma Braun nicht die Möglichkeiten hatte, seine Ideen so zu verwirklichen, wie bei Hewlett Packard in der Sparte Messinstrumente. Und auch bei Mercedes klagten Ingenieure von dem zu großen Einfluss der Designer.

Der Ingenieur im strukturellen Wandel seines Umfeldes

Andreas Preussner

Wer nicht an Wunder glaubt,
ist kein Realist. Niels Bohr

In den 70er Jahren habe ich intensive Erfahrungen mit den zwei grundsätzlichen Ausrichtungen von Design und seiner Umsetzung an der amerikanischen Ost- und Westküste gesammelt: Design als integratives Element in der Produktentwicklung, wie wir es von Charles Eames, Henry Dreyfuss und Dieter Rams kennen bzw. Design als additives/kosmetisches Element, das noch bis heute überwiegend in der Industrie praktiziert wird.

Das Wesen des integrativen Designprozesses in der Produktentwicklung habe ich selbst mit Niels Diffrient für die Firma Knoll International und Dr. Land bei Polaroid erlebt. Diese Erfahrungen kamen mir beim Aufbau der ersten Inhouse-Design-Abteilung für Siemens-USA zugute.

In der Zeit meines Einstiegs in die Designwelt herrschte hauptsächlich noch die klassische Rollenverteilung zwischen Ingenieur und Designer, die mit dem Produktbeispiel „Haartrockner" verdeutlicht werden kann: „Engineering is responsible for making sure that the hairdryer works, design is responsible for making sure that someone can work the hairdryer". Diese Rollenverteilung wurde auch in der traditionellen Vorgehensweise der Produktentwicklung sichtbar. Häufig entwickelte der Ingenieur einen Prototyp ohne jedwede Einbindung des Designs. Das Ergebnis wurde dem Vorstand präsentiert und wenn dort das unattraktive Aussehen des Produkts bemängelt wurde, erhielt der Designer den Auftrag, dem Produkt ein attraktiveres Aussehen zu verschaffen, was meistens auf Kosmetik zur visuellen Schadensbegrenzung hinauslief. Design im Sinne eines von Grund auf durchgestalteten Produktes fand praktisch nicht statt, bzw. nur in absoluten Entwicklungsausnahmen, wenn die Designnotwendigkeit von der Leitung als unverzichtbar angesehen wurde. Das lag vor allem daran, dass die Entscheidung darüber, ob, wieviel und wann Design im Entwicklungsprozess eingesetzt wurde, in aller Regel beim mittleren Management lag. Diese Ingenieur-Ebene hatte aber für das Design erstens keinen Etat und zweitens keinen ausgeprägten Sinn. Erst auf den höheren hierarchischen Ebenen wurde Design als ernstzunehmende Größe erkannt und entsprechend behandelt; so unterstützte z.B. der Siemens-Logistics and Assembly Systems-Vorstand Dr. Peter Drexel das beruhigte Langzeit-Design bei Investitionsgütern. Der Ingenieur Peter Drexel – ehemals bei Bosch tätig – war, was die Integration

von Design anbelangt, durch die Zusammenarbeit mit dem Designer Erich
Slany geprägt. Sein Erfolg beruht u.a. auf dem Wandel vom Ingenieur zum
unternehmerisch denkenden Produktentwickler.

Investitionsgüterdesign: Produktionssysteme und Logistik

Von wenigen Ausnahmen abgesehen, galt die additive Design-Behandlung
in der Produktentwicklung auch für die deutsche Industrie. In der Regel
wurde im Entwicklungsprozess das Design nicht bedacht. Jeder Ingenieur arbeitete isoliert an Detailaufgaben und hatte selten den notwendigen
Überblick oder auch das Interesse für den Gesamtzusammenhang im Entwicklungsprozess.

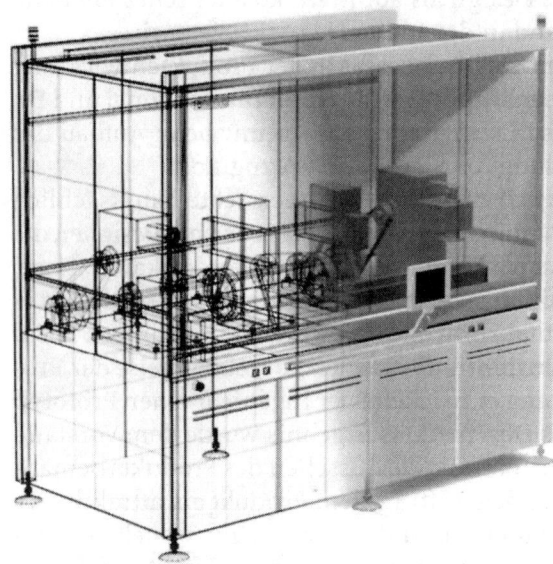

Montageanlagen; Von der Technik
zum Design

Die Gestaltung von Produkten im Industriebereich Produktionssysteme
und Logistik bei Siemens wurde bis in die 90er Jahre hinein weitgehend
von Ingenieuren bestimmt. Der Grund dafür lag in der Nutzung der Produkte in publikumsunwirksamen Werks- und Produktionshallen. Die ver-
kaufsfördernde Wirkung gut gestalteter Industrieprodukte wurde von den
Verantwortlichen nur dort gesehen, wo der mögliche Kunde unmittelbar
mit dem Produkt in Berührung kommt. Dies galt z.B. für Bestückauto-
maten in der Fertigungslinie solange, bis Design als Produktdifferenzie-
rungsmerkmal gegenüber der Konkurrenz erkannt wurde. Das heißt, seit
Mitte der 90er Jahre wurde der bewussten Gestaltung von Produkten, die

hauptsächlich technisch determiniert sind, mehr Rechnung getragen. Dies führte von der Verlagerung der Produktverantwortung an den Vertrieb bis hin zu einem stärker kundenorientierten Denken. Mit der Verschiebung der Aufgaben hat sich auch die Funktion des Designs innerhalb der Produktentwicklungskette verändert. Die Hauptaufgabe ist zunehmend das Formulieren und Moderieren eines Design-Prozesses geworden. Dennoch lässt sich die immer wieder gestellte Frage, was Design kosten darf und was es für das Unternehmen letztendlich bringt, nicht eindeutig – und vor allem nicht in Euro und Cent – beantworten (außer über den wichtigen Design-Faktor „added value").

Hoher Kostendruck, extrem verkürzte Entwicklungszeiten und eine hohe Personalfluktuation führen immer wieder dazu, dass das Design – auch aus einer Unkenntnis heraus – nicht in die Produktentwicklung eingebunden wird. Trotz jahrelanger Mitarbeit und Erfolge wird das Angebot Design nicht voll genutzt. Junge Ingenieure beziehen das Know-how selbstverständlicher in ihre Arbeit ein und ältere Ingenieure glauben noch immer, dass allein der Preis und die technische Leistung eines Produktes über die Marktchancen entscheiden. Das klassische Ingenieur-Denken steckt doch noch zu stark in den Köpfen.

Das Design-Bewusstsein

Der Entwicklungsingenieur war darauf konzentriert, eine möglichst einfache und preiswerte Lösung für das jeweilige Problem zu finden, wobei das Hauptkriterium war, dass sie technisch zufriedenstellend funktionieren musste. Alles andere war sekundär. Im Denken und Handeln des Entwicklungsingenieurs blieb der Designgedanke praktisch „außen vor" oder wurde nur halbherzig praktiziert. Allerdings kann zu seiner Entschuldigung angeführt werden, dass es nur in den seltensten Fällen einen eingeplanten Design-Etat gab. Wenn Design überhaupt eingesetzt wurde, mussten die Kosten vom Entwicklungsetat des Ingenieurs getragen werden. Diese Denk- und Arbeitsweise führte zu schwer korrigierbaren und für beide Seiten unbefriedigenden Lösungen. Wenn nicht der Ausnahmefall bestand, dass das Design „von oben" verordnet wurde, konnte der Designer nur durch Überzeugungsarbeit und sein persönliches Auftreten das Design in den Entwicklungsprozess einbringen. Dies bedeutete eine ständige Diskussion mit dem Ingenieur über die Wichtigkeit und Notwendigkeit des Designs und eine beinahe missionarische Tätigkeit. Gerade die Mandatsfrage bzw. die Positionierung des Designs in der Hierarchie war von entscheidender Bedeutung für den Erfolg des Designs. Die reportierende Ebene war das bestimmende Moment für den Erfolg und hatte man das Glück, dem Vorstand direkt zu berichten, war der Designer gleichsam erfolgreich. Das

Designmandat galt als Schlüssel zum Gleichgewicht im Kräfteverhältnis zwischen Entwicklung und Marketing. Und besonders sei angemerkt, dass nach der Erkenntnis „wo konstruiert wird, wird auch gestaltet", mit den ersten Ingenieur-Skizzen die Gestaltung des Produktes vorgeprägt wird. Daraus erwächst eine besondere gestalterische Verantwortung für den Ingenieur.

Ein Beispiel dafür ist SIPLACE. Das Design hatte die Vision, die Einzelprodukte aus dem Sondermaschinenbau mit einer gezielten Designstrategie zu einer Produktfamilie mit einem einheitlichen Erscheinungsbild zusammenzufassen. Diese Vision wurde Wirklichkeit. Die SMT-Bestücklinie SIPLACE ist die Bestückfamilie mit dem stärksten und durchgängigsten Erscheinungsbild auf dem Markt: eine gelungene Symbiose von technischer Innovation und sichtbar gemachter Leistung durch Design. Hier ist der Ingenieur mit seinem Designverständnis seiner Verantwortung gerecht geworden. Er hat die langjährigen Design-Integrationsbemühungen mit zum Erfolg geführt. Design wurde hier als ein Prozess verstanden und nicht als momentane Zukaufsleistung. Design wurde als wirkliches integratives Entwicklungstool eingesetzt.

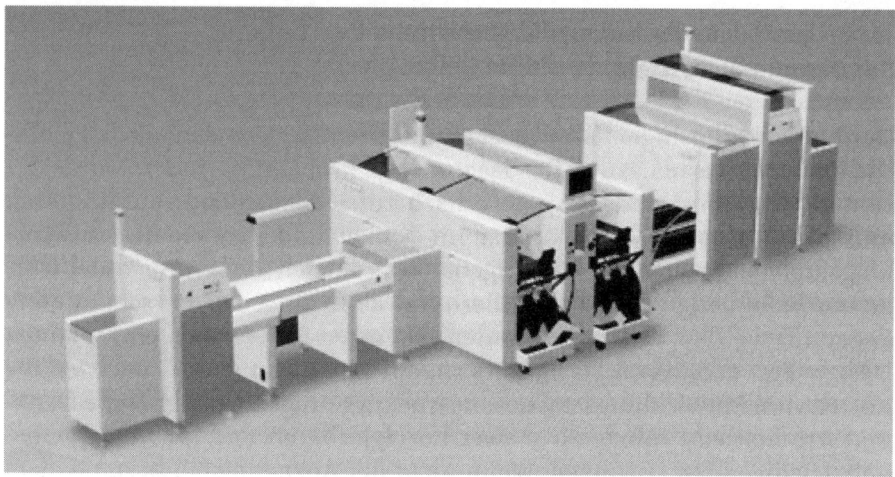

Siplace

Die Design-Integration

Im Zuge der Globalisierung der Märkte und dem damit verbundenen Konkurrenz- und Kostendruck sowie der Fixierung jeder Unternehmensführung auf den Shareholder Value und den nächsten Quartalsabschluss kam es infolge der Devise „schneller, mehr, billiger" zunächst noch zu einer stärkeren Eliminierung des Designs, weil dieses angeblich die Kosten erhöht und den Entwicklungsprozess behindert. Fast zu spät kam man dann in der Produktentwicklung zu der Einsicht, dass sich ein kurzfristiger wirtschaftlicher Erfolg nicht auszahlt, wenn er langfristig gesehen negative Auswirkungen auf das Erscheinungsbild der Produktpalette und damit auf das Unternehmensimage hat. Man erkannte, dass man mit dem linearen und segmentären Ingenieursdenken nicht weiterkommt, wenn man den Anforderungen der heutigen Zeit gerecht werden will. Das führte zu einem echten Bewusstseinswandel bei den Entwicklungsingenieuren. Statt Singleplayer und Selbstprofilierung waren jetzt Teamgeist, Motivationsfähigkeit, soziale Kompetenz und Wertschätzung auch der sog. Softfacts die neue Ausrichtung zum Erfolg.

Auf der einen Seite macht sich der Designer nicht nur Gedanken über das zu gestaltende Einzelprodukt, sondern denkt darüber hinaus an Produktfamilien und an das Gesamterscheinungsbild der Firma. Andererseits merkt auch der Ingenieur, dass über den Rahmen seines Tätigkeitsfeldes hinaus es sich doch rechnet, die Gesamtqualität des Produktes und Produktspektrums dadurch zu sichern, dass er eine schon erfolgreich designte Benutzeroberfläche aus einem anderen Produktbereich des Unternehmens nutzt und auf sein Produkt anwendet. So erhalten z.B. Bestücksysteme, Laserstrukturierung, Montageanlagen und Postsortieranlagen gleiche Monitore, Tastaturen, Schalt- und Bedienelemente sowie gleiche Software für die Störungssuche, so dass der Kunde sich an jeder Maschine leicht zurecht finden kann. Es werden durch verändertes Ingenieurverhalten Ansätze einer Designstrategie erkennbar.

Der unternehmerische Ingenieur und das marktfähige Produkt

Die CI-Bündelung ist identisch mit einer seinerzeit versuchten Zangenbewegung als umzusetzende Designstrategie: von unten kommend der Ingenieurwunsch nach mehr Anerkennung und von oben der Bedarf nach höherer Produktqualität und einheitlichem Erscheinungsbild, um die Innovations- und Entwicklungsleistung direkt sichtbar werden zu lassen und zwar anders als beim Mitbewerber. In diesem Spannungsfeld musste das Design nach beiden Richtungen Drahtseilakte an Überzeugungs- und Motivationsarbeit leisten, um die Produktqualität durch das Design so zu erhöhen, dass das Produkt am Markt erfolgreicher wurde und als zusätzlichen Kundennutzen erwünschte Designauszeichnungen erzielte. Durch den immer schwieriger zu erzielenden Erfolg am Markt begann sich die Kooperationsbereitschaft der Ingenieure zum Design allmählich zu wandeln. Ein neuer Ingenieurtyp, der unternehmerische Ingenieur, kristallisierte sich heraus. Der erfolgreiche Ingenieur musste sich umstellen, um das neue Bewusstsein stärker aktivieren zu können. Mit dem Blick auf das ganze Produkt konnte er eine Brücke zum Gesamterscheinungsbild aller Produkte in seinem Geschäftsgebiet bzw. Unternehmen schaffen und die Fähigkeiten von Marketing und Design binden. Die unterschiedlichen Formen der Zusammenarbeit von Designer und Ingenieur lassen sich an einigen Fallbeispielen beobachten.

Beispiel 1: Bestückautomat-Haubendetail
Wegen des hohen Kostendruckes und weil die Entwicklungsingenieure sich ausschließlich auf die technische Funktion konzentrierten, kam es zu einem Prototypen, der zwar funktionierte, aber in seinem Erscheinungsbild unbefriedigend war. So waren z.B. die Schrauben und Muttern für die Glashaube von außen sichtbar. Bei der Präsentation machte der Designer auf die nicht zufriedenstellende Designqualität aufmerksam, wurde aber von den Ingenieuren mit seiner gestalterischen Argumentation zunächst nicht ernst genommen. Durch designerische Überzeugungsarbeit wurden die Produktverantwortlichen so motiviert, dass auch dieses Produktdetail vom Design her überarbeitet und damit marktfähig wurde.

Beispiel 2: Chemisches Analysegerät
Bei der Entwicklung eines chemischen Analysegerätes hatte die Entwicklungsebene schon Kenntnis vom Design, dieses aber aus Budgetgründen außen vorgelassen. Es gab Entwicklungsbudgets und keine Designbudgets. Der Designauftrag speist sich aber aus dem Entwicklungsbudget.

Als Laborgerät sollte die technische Innovation den Arbeitsschutzrichtlinien entsprechen und so brauchte man noch ein Schutzgehäuse aus Stahlblech. Der Vorstand bat Design, aus Kostengründen nichts zu verändern, da alles bereits konstruiert sei, aber doch das Gerät ganz anders aussehen zu lassen. Das übliche Designwunder wurde gebraucht. Unter diesen schwierigen Vorgaben gelang es schließlich, die Vorstandserwartungen zu erfüllen. Der Einsatz wurde mit zwei internationalen Designpreisen belohnt.

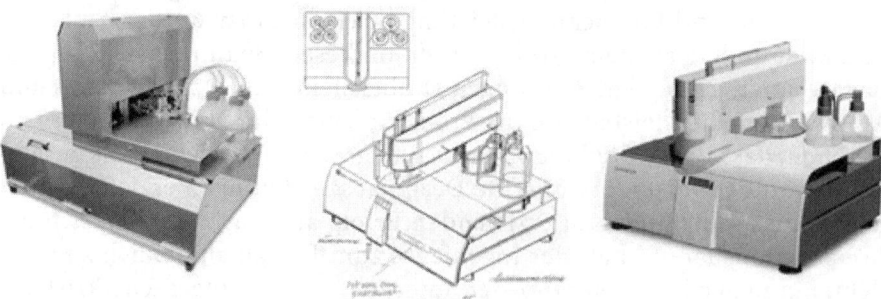

Chemisches Analysegerät

Beispiel 3: Schwerlastpaletten-Fördersystem

Auch am Beispiel „Schwerlastpaletten-Fördersysteme" lässt sich der Bewusstseinswandel, das Umdenken bzw. die neue Rolle des Ingenieurs beschreiben. Wozu braucht man Design bei technischen Förderbändern, die in großen Hallen meist anonym das Gepäck oder Lasten befördern? Erst nach vielen Ansätzen bei der verantwortlichen Entwicklungsebene vergab man eine kleine Designstudie mit geringem Etat und der Vorgabe: „Wenn Sie mir ein noch attraktiveres Förderband abliefern, haben Sie den Auftrag". Aus dem Versuchsballon wurde die CI-Grundlage der Fördersysteme in Italien, USA und Deutschland. Der Entwickler hatte die Zeichen der Zeit erkannt und entsprechend gehandelt: Er schaltete Design rechtzeitig ein und konnte dadurch seinem Produkt eine höhere Qualität geben. Außerdem hat er eine Crossover-CI-Grundlage für alle Fördersysteme von Siemens global hergestellt. Damit hat er unternehmerisches Denken bewiesen. Er hat die Bedeutung des Designs für den unternehmerischen Erfolg erkannt. Was lernen wir daraus? Dem unternehmerisch denkenden Ingenieur gehört die Zukunft. Nicht Risikominimierung um jeden Preis ist die Devise, sondern Chancenmaximierung durch Nutzung aller Möglichkeiten, besonders derer, die im Design liegen.

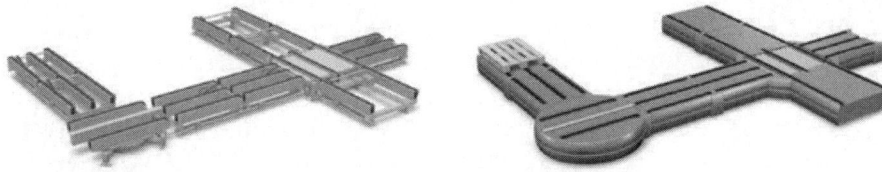

Schwerlastpaletten-Fördersystem

Design sichert Zukunft

In einer Mitteilung vom 7. September 2004 an den Corporate Communications Vorstand der Siemens AG wurde folgendes Schreiben als Anerkennung des Designprozesses formuliert: „Der Einsatz eines Designafairs Projektteams unter Leitung von Herrn Preussner hat mit dazu beigetragen, einen wichtigen Schritt zu tun, zur Sicherung der Zukunft des PA Standortes, indem das Team unter sehr sehr herausfordernden zeitlichen Rahmenbedingungen wichtige Design Lösungen zur Erstellung eines Angebotes für einen von der Deutschen Post ausgeschriebenen Großauftrag (rd. 300 Mio. Euro) zu unserer vollsten Zufriedenheit geleistet hat."

Design für ARRI – Oscars für Engineering und Design

Jupp Ostermann

Die Firma Arnold&Richter[1] in München gehört zu den vielen mittelständischen deutschen Unternehmen, die einer breiten Öffentlichkeit kaum bekannt sind, die aber heutzutage in sehr viel höherem Maße die Flagge des „Made in Germany" am Weltmarkt hochhalten als dies vielen deutschen Großunternehmen gelingt, weil sie in ihrem Bereich absolute Weltspitze sind.

ARRI baut seit 86 Jahren professionelles Filmequipment und Kameras. Dabei waren ursprünglich keine Produktreihen im heutigen Sinn geplant. In den Anfängen war jede Kamera gleichsam ein Monolith – ein Einzelprodukt –, gebaut als jeweils beste Lösung für die gestellte Aufgabe. Diese beste Lösung zu finden war ausschließlich Ingenieuren vorbehalten. Die dabei entstandenen „Designs" waren von einer solchen Prägnanz, dass viele der heutigen Merkmale, sei es die Gusstechnik, die robuste Feinmechanik oder die außen abgebildete Kreisform der Filmrollen, schon damals entstanden.

Revolutionär und bahnbrechend ist jedoch die Entwicklung der ersten Filmkamera mit einer Spiegelblende, ein Konstruktionsprinzip, das heute aus keiner modernen Filmkamera mehr wegzudenken ist. 1937 wurde sie vorgestellt – die legendäre ARRIFLEX 35. Zum ersten Mal in der Geschichte des bewegten Bildes konnte der Kameramann mit einer industriell gefer-

---

[1] Am 12. September 1917 beziehen August Arnold und Robert Richter in München einen kleinen Laden in der Türkenstraße. Der Firmenname ARRI setzt sich aus den jeweils beiden ersten Buchstaben der Nachnamen zusammen. 1924 entsteht die KINARRI 35, eine 35-mm-Kamera mit Handkurbelbetrieb. Die ARRIFLEX 35 von 1937 ist die erste 35-mm-Kamera nach dem Spiegelreflexprinzip, die ARRIFLEX 16 ST von 1952 ist die erste professionelle 16-mm-Universalkamera mit einem Spiegelblendenprinzip. Es folgt die ARRIFLEX 35 BL von 1972 als selbstgeblimpte und studioleise 35-mm-Kamera: Durch ihr geringes Eigengewicht (ca. 15 kg) ist sie auch als Schulterkamera einzusetzen. Die erste kompakte und leichte 65-mm-Produktionskamera für tonsynchrone Aufnahmen von 1989 ist die ARRIFLEX 765. ARRI und Moviecam, ein Mitglied der ARRI-Firmengruppe, entwickelten 2000 das fortschrittlichste Kamerasystem, das heute verfügbar ist: die ARRICAM Studio und die ARRICAM Lite mit richtungsweisenden Innovationen. Von 1967–2003 wurden 12 Oscars für ARRI-Kameras vergeben. Die Mitarbeit freier Designer begann 1987.

ARRIFLEX 35 von 1937, die erste industriell gefertigte
Spiegelreflex-Filmkamera der Welt

tigten Filmkamera während des Drehens den exakten Bildausschnitt ohne
Parallaxenfehler sehen und auch die Schärfe im Sucherbild beurteilen. Mit
den bis dahin verwendeten Sucherkameras oder mit Hilfskonstruktionen
zum Verschieben von Sucher und Film war dies unmöglich. Zwar gab es
zu diesem Zeitpunkt bereits eine Fülle von Patentanmeldungen zu einer
Spiegelreflex-Kamera, eine wirklich funktionierende Lösung für eine Filmkamera hatte jedoch noch niemand gefunden.

Erich Kästner, der zusammen mit August Arnold die ARRIFLEX 35 schuf,
meinte dazu: „Das Hauptproblem lag darin, dass man bei einer Filmkamera eine rotierende Blende hat und dass man nicht einfach 24mal in der
Sekunde den Spiegel zurückklappen kann, wie bei einer Stehbildkamera.
Wir stellten die Blende zusammen mit dem Spiegel schräg und kombinierten so beides. In der Branche war man mehr als skeptisch, ob das wirklich
funktionieren würde." Es funktionierte – Schauspieler und Regisseur Har-
ry Piel drehte 1938 bereits einige Szenen seines Films „Menschen, Tieren,
Sensationen" mit der damals brandneuen ARRIFLEX 35.

Der Rang, den ARRI heute in der Filmwelt einnimmt, wird vielleicht
am besten dadurch illustriert, dass in diesem Jahr vier der fünf für den
Oscar nominierten Filme in der Kategorie „Best Achievement in Cinema-
tography" mit ARRI-Kameras produziert wurden. Wie sich die Ingenieure
bei ARRI und professionelle Designer zusammengefunden haben, mag in
seiner Entstehung in gewisser Weise exemplarisch sein für das Verhältnis
von stark traditionsgebundenen, mittelständischen Unternehmen zum

Design. Es bedurfte eines Weckrufs. Im Unterschied zu „Consumer Mass Goods" wenden sich ARRI-Produkte zunächst an eine kleine, fast elitäre Gruppe professioneller Anwender. Es ist daher von elementarer Bedeutung, die Bedürfnisse und Befindlichkeiten dieser Gruppe zu erspüren oder zu kennen. Hierbei kommt dem Designer als „Trüffelschwein" eine entscheidende Rolle zu.

1986 hatte ARRI – von seinen Ingenieuren vorgedacht und forciert – eine Kameraentwicklung produktionsreif vorangetrieben, deren Konzept-Philosophie etwa so zu beschreiben ist: „Das Zeitalter der feinmechanischen Dominanz im Kamerabau (wir reden hier ausschließlich von professionellen Filmkameras im 16, 35 und 65 mm Format) ist Vergangenheit. Der Anteil und die Bedeutung der Elektronik werden in Zukunft einen zentralen Platz einnehmen. Die Kamera kann infolgedessen auch wie eine ‚Elektronik-Kiste' aussehen und in ihrem Leitbild einer TV-Studiokamera oder einer – damals noch seltenen – ¼"-Videokamera folgen."

Ein folgenschwerer Irrtum! Schon die ersten Befragungen von Leuten aus der „Industry" und Top-Kameraleuten gerieten zum Desaster. Die Kameraleute wollten auch in Zukunft eine Kamera benutzen, die in ihrem Design einzelne Funktionsgruppen, gleich ob mechanisch oder elektronisch, visuell und haptisch erfahrbar macht. Das Gerät sollte eine dynamische, aktive Ausstrahlung haben und nicht die passive einer TV-Studiokamera. Außerdem wollten Michael Ballhaus, Chris Menges oder andere Stars unter den Kameraleuten auf keinen Fall in einen wie auch immer gearteten Bezug zu den Kameraleuten des „Pantoffel-Kinos" gebracht werden, da sie schließlich Kunst produzieren.

Das Entstehen eines Spielfilms ist ein ungemein dynamischer Prozess. Diese Dynamik wollten die Kameraleute auch in ihrem „Werkzeug" Kamera sehen. Der Begriff „einen Film drehen" ist hier ein Schlüssel zum Verständnis, zeigt sich doch der mechanische Vorgang des Filmdurchlaufs durch die Kamera begrifflich transponiert. Das Kamera-Design muss diesen Aspekt zwingend aufnehmen und ihm Ausdruck verleihen. Nicht zuletzt diese Erkenntnis war für ARRI der Anlass, in eine Zusammenarbeit mit Designern einzutreten. Die Grundlage dafür war zu diesem Zeitpunkt also weniger die tiefere Einsicht, professionelles Design als unverzichtbaren Bestandteil des Entwicklungsprozesses zu sehen, als vielmehr die Erfahrung eines kolossalen Flops – sozusagen „Vorsprung durch Panik".

Der Punkt, an dem Ingenieur und Designer vielleicht am schnellsten zusammenfinden können, ist in einem Bekenntnis von Dieter Rams benannt: „Gutes Design ist so wenig Design wie möglich und nötig." So weit, so gut. Was aber bedeutet dies in der Praxis? Dazu noch einmal eine These von Dieter Rams: „Ich meine, dass ein guter Designer immer Avantgarde sein muss. Immer ein Stück voraus. Er muss fähig sein und das auch dürfen, alles in Frage zu stellen, was allgemein für selbstverständlich gehal-

ten wird." Nun könnte man sagen, dass das ja in gleicher Weise für den
guten Ingenieur gilt. Genau hier aber beginnen die Reibungsflächen. Der
Ingenieur wird immer auch – und durchaus zu Recht – auf Aspekte wie
bewährte Konstruktionsprinzipien, erprobte Materialien oder Kosten hinweisen und sich oft genug auf diese zurückziehen. Die Kunst diesen Konflikt aufzulösen ist eine große Herausforderung für beide Seiten.

So gestaltete sich 1987 die erste Zeit der Zusammenarbeit zwischen ARRI-
Ingenieuren und externen Designern auch durchaus problematisch und
konfliktbeladen. Die Entwicklungsingenieure waren keineswegs begeistert,
neben Marketing/Vertrieb plötzlich einen weiteren Mitspieler auf dem
Tableau zu sehen und dessen oft noch fremde Vorstellungen und Arbeitsweise in die eigenen Überlegungen mit einbeziehen zu müssen. Eingriffe
in die Konstruktion zu akzeptieren oder Geld aus dem Entwicklungsbudget z.B. für Modellbau abzweigen zu müssen, war den meisten nur schwer
einsichtig. Musterbau für einzelne Baugruppen war zwar gängige Praxis,
etwas anderes war es aber, eine komplette Kamera nur als Designmodell
auszubilden. Indessen reifte bald die Erkenntnis, dass hier ein Instrument

Die legendäre ARRIFLEX 535 – Elek-
tronik-Deckel

ARRIFLEX 435 von 1994. Eine Ergänzung und Weiterentwicklung der
ARRIFLEX 535

vorlag, mit dem man grobe Fehler vermeiden und damit am Ende sogar Geld sparen konnte. Im Laufe der Jahre hat sich aus dieser Zusammenarbeit eine wunderbare, von gegenseitigem Respekt und Verständnis geprägte Beziehung entwickelt, die bis heute andauert. Heute verstehen die Ingenieure, dass eine noch so geniale Einzellösung nicht ihre maximale Wirkung entfaltet, wenn sie nicht im Bezug zum Ganzen betrachtet wird. Nur wenn die Relation der Einzelteile ausgewogen ist, wenn die Design-Koordination passt, stimmt auch das Design des Ganzen.

ARRICAM LT von 2000, die derzeit kleinste und leichteste 35-mm-Filmkamera der Welt

Für Ingenieur und Designer gilt mehr denn je: Kreativität und kommerzielle Wirksamkeit sind Maßstab ihrer Arbeit. Eine klare Identität ist für jedes Unternehmen die Basis des Erfolgs. Diese Identität erfahrbar und sichtbar zu machen, ist der Auftrag an beide. Über Michael Ballhaus sagt Martin Scorcese: „Dieser Mann ist wie kein anderer in der Lage, Ideen, die nicht im Drehbuch stehen, und Visionen, die ein Regisseur im Kopf hat, sehr, sehr gut zu verstehen und auf eine direkte und schnelle Art in Film umzusetzen. Er erspürt den Rhythmus und die Bewegung eines Themas und nimmt sich ihrer liebevoll an." Wenn also Michael Ballhaus, dessen Arbeit wie das Scorcese-Zitat zeigt, in manchen Aspekten gar nicht so verschieden von der der Ingenieure und Designer ist, meint: „Für mich ist die ARRIFLEX 535 technisch und vom Design her die beste Kamera der Welt", haben offenkundig beide, Ingenieur und Designer, ihre Mission erfüllt.

Agfa und seine ersten Designer

Julian Schlagheck

Mit der Gründung der „Optischen Anstalt" durch den Feinmechaniker Alexander Heinrich Rietzschel 1896 in München und der späteren Fusionierung mit der Fotoabteilung der Farbenfabriken IG Bayer 1921, trat 1925 an die Stelle der Marke Rietzschel der Name „Agfa"[1] und seit der Fusion 1964 mit Gevaert der Name Agfa-Gevaert.

Die Produktpalette der Firma Agfa-Gevaert bezieht sich auf die Geschäftsbereiche grafische, medizinische und fototechnische Systeme und Anlagen. Wichtige Einflussgröße war vor allem die lange Zugehörigkeit zur Bayer AG, welche die Agfa sehr material- und chemieorientiert führte. Mit der Abnabelung von der Bayer AG bewältigte die Agfa-Gevaert den notwendigen Wandel: weg von der analogen, hin zur digitalen und somit zur chemiefreien Technik. Der Vormarsch der digitalen Fotografie bringt die Agfa-Gevert-Gruppe zur Zeit in Zugzwang. Mit neuen Produkten soll der Marktanteil gehalten werden.

Design spielt dabei auch eine Rolle als Profilierungsinstrument und Innovationsgeber. Das heißt, Design wird mehr denn je zum Wettbewerb der Innovationen und Identitäten. Ein Blick zurück verdeutlicht den damaligen Stellenwert des Designs in der Industrie.

Eine Ausstellung der HWA-Formgebung (Hauptwerbeabteilung) zur Produktgestaltung im Hause Siemens 1965 mit dem Titel „Technik Gestaltung Fortschritt", die als Wanderausstellung durch die Fertigungsstätten des Hauses konzipiert war, zog das Interesse der Münchener Industrie auf sich. Dies bezog sich auch auf die Firma Agfa, die zu der Zeit auf dem Gebiet der Medizintechnik mit der Siemens AG zusammenarbeitete. Die Agfa-Vorstände kamen nach dem Besuch der Ausstellung zu der Erkenntnis, dass es an der Zeit sei, Formgebung auch für die bis dato sehr ingenieurlastigen Agfa-Produkte anzuwenden. Man einigte sich in Absprachen

---

[1] Agfa wurde 1879 in Berlin als Trockenplattenfabrik errichtet. 1893 begann die Actien-Gesellschaft für Anilin-Fabrikation mit der Produktion von Trockenplatten. 1896 kamen Planfilme hinzu, im Jahr 1900 Rollfilme für die Tageslichtwechslung. Der etwas umständliche Name wurde erst populär, nachdem die Firma ihn als A.G.F.A. und später als Agfa abkürzte.

mit den Vorständen der Siemens & Halske AG, der Siemens-Schuckertwerke AG und der Siemens-Electrogeräte AG darauf, sich zwei Designer einmal pro Woche „ausleihen" zu dürfen.

Design wurde somit „von oben nach unten" per Dekret der Vorstände den Entwicklern oktroyiert. Das war gewiss keine leichte Ausgangssituation für die Ingenieure, die von nun an kein Produkt mehr entwickeln durften, ohne den Designer von Beginn an in den Entwicklungsprozess einbezogen zu haben. Design war damit zur Chefsache geworden. Für die 60er Jahre war dies eine ungewöhnliche Ausgangssituation, wenn man bedenkt, dass zu der Zeit Industrial Design in deutschen Unternehmen nicht selbstverständlich war. Es galt, das Credo einzulösen: „Der Produktgestalter von morgen wird – neben der Anpassung der Technik an den Menschen – immer mehr auch die Wünsche und die Träume der Menschen mitgestalten. Er wird teilnehmen an der Verwirklichung Ihrer Wünsche und an der Formung ihrer Phantasie aus der Kenntnis der neuen technischen Möglichkeiten."

Die Erweiterung der konstruktiven Gestaltung um die „ästhetische Komponente" und der damit verbundene „gebrauchsfunktionelle Nutzen" wurden von den Entwicklern nach anfänglichem Zögern akzeptiert und als ein gemeinsames Ergebnis verstanden. Ingenieure scheuten nicht die eigene Weiterbildung, um gegenüber den Gestaltern Kritikfähigkeit zu erlangen. Die anfänglichen Irritationen – wozu dieses gut und notwendig, warum jenes Detail schlecht oder jene Farbe besser sei – konnten mit einer vergleichenden Produktkritik abgebaut werden. Die Notwendigkeit einer interdisziplinären Zusammenarbeit wurde erkannt. „Geben und Nehmen" wurde zur Leitkultur des gemeinsamen Handelns.

Agfa optima sensor. Kamera mit Sensorknopf

Das hieß aber auch, dass bei großen Eingriffen in das vorhandene CI und damit das CD, die Entscheidungen nur über die Vorstände abzuklären waren. So gestaltete sich die Einführung des roten Sensor-Knopfes als Auslösetaste für alle Kameralinien zu einem langen und zähen Ringen zwischen Design und Entwicklung. Freigegeben wurde die Idee erst durch ein „Machtwort" der Vorstände.

Das heutige notwendige Wissenspotential eines Designers oder Ingenieurs lässt sich schwerlich mit der Zeit von vor ca. 50 Jahren vergleichen. Ständiges Anpassen an die Veränderungen – und dies auch im jeweiligen Entstehungsprozess – erzwingt eine ständige Weiterbildung. Die Unkenntnis von sog. „Designbeauftragten" in einigen mittelständischen Unternehmen erschwert allerdings auch heute noch den Dialog.

Die zwei Designer der ersten Stunde bei Agfa waren Norbert Schlagheck[2], Professor für Produktdesign an der FH München, und der spätere Chefdesigner der Siemens AG, Herbert H. Schultes. Professor Dipl.-Ing. Alfred Rott, der mit Norbert Schlagheck sehr eng zusammengearbeitet hat, schildert aus seiner Sicht das Verhältnis zwischen Designer und Konstrukteur.

---

[2] Norbert Schlagheck begann sein Studium 1948/49 in Essen an der Folkwang-Schule für Gestaltung in der Metallklasse mit sechs weiteren Studenten und ist somit einer der ersten ausgebildeten Nachkriegsdesigner. Prägend für ihn wurde sein Lehrer Werner Glasenapp. Dieser führte neben dem Naturstudium philosophische Diskussionen ein, ließ mathematische und abstrakte Formen untersuchen und dreidimensionale Formkataloge fertigen, um danach Modelle und Prototypen erstellen zu lassen, die zur Auseinandersetzung mit Fertigungsverfahren zwangen. In einer Folkwang-Schrift von 1950 heißt es: „Die Hinführung zum Wesen der harmonischen Gestaltform ist die wichtigste Aufgabe der Werkkunstschulen; sie ist nicht zu trennen von der Persönlichkeitsbildung der Studierenden; nur aus dem tieferen Erleben verantwortungsbewusster Persönlichkeiten können gute Formen neu geschaffen werden. Ausbildungsziel der Werkgruppen für industrielle und handwerkliche Formgebung ist der aufgeschlossene Handwerker mit formalem und technischem Können und der Industrieentwerfer, ein Techniker neuer Prägung, der die Fähigkeiten und Kenntnisse eines Konstrukteurs, künstlerischen Formgebers und Werkmeisters in einer Person vereinen soll." 1953 verließen die ersten angehenden Formgestalter die Folkwang-Schule und fanden Anstellungen u.a. bei Ford, Autounion und Siemens.

Designer und Konstrukteur

ALFRED ROTT

Als leidenschaftlicher Konstrukteur, der viele Jahre mit verschiedenen Designern zusammengearbeitet hat, kenne ich beide Seiten sehr gut und kann daher einiges über das Verhältnis zwischen Konstrukteur und Designer beitragen. Um den möglichen Konflikt zu verstehen, muss man auf die unterschiedlichen Denkweisen der Kontrahenten eingehen. Der Konstrukteur hat die Aufgabe, ein Produkt zu entwickeln, das bestimmte Funktionen zu erfüllen hat und kostengünstig gefertigt werden soll. Funktionsdenken und Kostendenken bestimmen die Arbeitsweise des Konstrukteurs. Eine Entwicklung kann Monate oder auch Jahre dauern, für Funktionsfähigkeit und Markttauglichkeit trägt der Konstrukteur meist die alleinige Verantwortung.

Der Designer ist gestaltorientiert, er denkt in Formen, Oberflächen und Farben. Die gewünschte Form kann für den Konstrukteur sehr störend sein, da eine aufwändige konstruktive Gestaltung und höhere Kosten davon abhängen. Kommt ein Produkt am Markt nicht an, so gibt es dafür viele Gründe; den Designer wird man meist nicht verantwortlich machen. Das hängt natürlich auch vom Produkt ab.

Um 1960 wurde allgemein die Wertanalyse in den Betrieben eingeführt. Für den gestandenen Konstrukteur eine neue Heimsuchung! Dabei unterstützt das Grundprinzip der Wertanalyse das Vorgehen bei der Entwicklung eines Produktes. Das Funktionsdenken und das Kostenbewusstsein wird systematisch unterstützt. Aber das war ja genau das, was der Konstrukteur schon immer gemacht hat! Doch da war eine weitere, bisher noch nicht benannte Funktion im System, die Geltungsfunktion! Für die Geltung war in erster Linie der Designer zuständig, und seine Mitarbeit bei der Produktentwicklung war damit offiziell verordnet! Nun begann eine Problematik: Wie viel Geltung braucht ein Produkt? Was darf die Geltung kosten? Wer qualifiziert diesen Effekt „Geltung"?

Das führt letztlich zu der Frage, was wichtiger ist, die Funktion oder die Formgestaltung. Für den Konstrukteur war der Designer nun ein lästiger Konkurrent! Die Begeisterung war entsprechend groß. Die Designer mussten ihre Geltung mühsam erkämpfen. Radien, Farbgebung, Oberflächen waren gerade noch geduldet. Sicher hat mancher Designer auch seine „Geltung" überzogen, was weiteren Zündstoff gab. Das gilt natürlich auch für die Gegenseite! Meines Erachtens ist dieser überzogene Geltungstrieb für viele Konflikte verantwortlich. Die Akzeptanz zwischen so unterschiedlichen Individuen kann nicht verordnet werden, sondern muss organisch wachsen. Beide Seiten müssen sich mit Toleranz, Achtung und Verständnis begegnen. Sehr wichtig ist daher, dass das gegenseitige Kennenlernen bereits während der Ausbildung eingeleitet wird.

Am „alten" Oskar-von-Miller-Polytechnikum wurde schon in den 60er Jahren eine Initiative in dieser Richtung ergriffen. Auf Anregung von Dipl.-Arch. Edwin A. Schricker richtete der damalige Direktor Dr. Karl Hammer in der Fachrichtung Feinmechanik und Optik ein Wahlfach Design ein. Auf Anregung von Dr. Hammer sollte ich diese Aufgabe übernehmen. Zu der Zeit war ich Konstruktionsleiter im Siemens-Apparatewerk in Freimann. Von höchster Stelle genehmigt, durfte ich ein Praktikum bei der Designabteilung der Fa. Siemens am Oskar-von-Miller-Ring in München antreten. Das war von mir Wunsch und Bedingung zugleich, denn vom Design hatte ich damals keine Ahnung. Mein Resümee nach ca. sechs Wochen war: Designer kann man nicht sein, Designer muss man werden! So blieb ich denn Konstrukteur. Den Lehrauftrag am O.v.M.-Polytechnikum übernahm, auf meine Anregung, Herbert H. Schultes, der auch Absolvent der Fachrichtung Feinmechanik und Optik war. Sein Nachfolger wurde der spätere Professor Udo M. Geißler, der den Lehrauftrag zielbewusst ausbaute. Aus dieser „Keimzelle" entstand die Studienrichtung Industriedesign an der Fachhochschule München – ein Verdienst des ersten Präsidenten Prof. Dr. Karl Hammer.

Während meiner langjährigen Tätigkeit als Professor für Konstruktionstechnik an der FH München im Fachbereich Feinwerktechnik-Physikalische Technik, gab es eine sehr gute Zusammenarbeit mit dem Design über einen Lehrauftrag als Pflichtfach und über gemeinsame Diplomarbeiten. Ich war immer bestrebt und auch offiziell dazu angehalten, Kontakte mit der Industrie zu pflegen, um auf dem Stand der Technik zu bleiben. Die Tätigkeit ergab, dass ich mit verschiedenen Designern zusammenzuarbeiten hatte. Dabei lernte man natürlich verschiedene Charaktere kennen. Grundsätzlich war es stets eine sehr kollegiale Zusammenarbeit, geprägt von gegenseitigem Respekt und Verständnis, und dem Ziel, ein optimales Produkt zu entwickeln.

Dieses Ziel muss stets im Zentrum der gemeinsamen Bemühungen stehen! Natürlich „menschelt" es auch unter den Designern, und es war oft nicht leicht, einen gemeinsamen Nenner zu finden. Konstrukteur und Designer müssen ein Team bilden und den Teamgeist pflegen mit der klaren Vorgabe, dass das Ergebnis als eine gemeinsame Leistung erbracht wird. Auch wenn es schwer fällt, muss persönlicher Ehrgeiz zurückstehen. Man muss allerdings dem Designer zugestehen, dass er zu seinem Entwurf steht und entsprechend Stellung bezieht. Dabei stellen sich verschiedene Charaktere heraus: der Designer, der auf seinen Formvorstellungen besteht, sich nicht davon abbringen lässt und kaum Interesse für die Kosten aufbringt. Oder es gibt den Designer, der in jeden seiner Entwürfe verliebt ist und sich nicht für einen als Besten entscheiden kann. Nur widerwillig geht er bei einer

schwierigen technischen Umsetzbarkeit Kompromisse ein. Für den Konstrukteur ist das wohl ein „normaler" Partner. Dabei ist das Erfolgsrezept
in der Zusammenarbeit – z.B. mit dem Designer Norbert Schlagheck – ganz
einfach: Ausgehend vom Grundkonzept des konstruktiven Entwurfs wird
die Formgebung in groben Zügen festgelegt. Der Konstrukteur übernimmt
diese Struktur. Die Verfeinerung erfolgt gemeinsam „step by step" während
der weiteren konstruktiven Entwicklung gemeinsam. Schlagheck war nie
starr auf eine Formgebung festgelegt, er zeigte sich stets offen nach allen
Richtungen. So war es viele Jahre möglich, bei einer idealen Zusammenarbeit optimale Produkte im Bereich der Leuchten zu entwickeln. Mehrere
iF-Preise sind ein lebendiger Beweis dafür, dass bei einer bestmöglichen
Zusammenarbeit zwischen Konstrukteur und Designer optimale Produkte
entstehen.

Eine häufig gestellte Frage ist: Wie viel „Konstrukteur" soll oder darf ein
Designer sein? Viele Ingenieure „hängen" ein Designstudium an. Umgekehrt wird das wohl selten vorkommen. Man muss davon ausgehen, dass
ein Jungingenieur erst nach 3–4 Jahren Tätigkeit in der Konstruktion als
selbstständiger Konstrukteur zu bezeichnen ist. Ein Ingenieurstudium
bringt zwar viel technisches Verständnis mit sich, aber erst die langjährige
Praxis und Zusammenarbeit mit verschiedenen Partnern bringt die Erfahrung. Da hat der „Ingenieur-Designer" Vorteile. Die konstruktiven Probleme liegen meist auf dem Gebiet der Fertigungstechnik. Einen Nachteil hat
die Tätigkeit des Designers: Die Formgebung ist oft „Geschmackssache",
so dass deren Wertigkeit schwer zu definieren ist. Eine gute Konstruktion
zeichnet sich durch optimale Funktionalität und geringen Preis aus. Da sich
beides konkret nachweisen lässt, kann diese Tatsache beim Konstrukteur
ein Überlegenheitsgefühl hervorrufen.

Design zwischen Kundenwünschen und unternehmerischen Zielen

Barbara Hosak-Robb

Die Tätigkeit eines Industrie- oder Produktdesigners scheint auf dem ersten Blick jedem vertraut zu sein. In Wirklichkeit zeigt sich, dass das Bild des Designers in Gesellschaft, Industrie und Wirtschaft völlig zu Unrecht verkommen ist zu einer rein stilistischen Interpretation einer von der Technik vorgegebenen Form. Design wird gemeinhin nur wahrgenommen als Dekoration, Bekleidung Verschönerung einer Maschine oder eines Geschmacksgutes.

In diesem Beitrag führe ich genauer aus, in welchem Spannungsfeld Designer heute wirken und wie verantwortungsvoll und komplex ihre Tätigkeit ist. Die Rolle und die Möglichkeiten einer zielgerichteten Gestaltung sind die wesentlichen Aufgaben eines Gestalters und können von einem professionellen Designer vorteilhaft, verantwortungsvoll und bewusst eingesetzt werden. Der Designer hat immer mindestens zwei Auftraggeber und bewegt sich somit zwischen den unternehmerischen Interessen auf der einen Seite und den Kundenwünschen auf der anderen Seite. Die Tätigkeit des Designers verfolgt das Ziel, ein erfolgreiches, nützliches und positiv anmutendes Produkt für den Kunden zu schaffen. Gelingt es uns Designern eine in die Kultur der Sache eingebettete Gestaltung zu finden, schafft das Produkt in seiner Wahrnehmung einen persönlichen Bezug zum Kunden, der dem Unternehmen nachhaltig hilft, Kunden langfristig an sich zu binden.

In fast allen Bereichen unserer Wirtschaft gibt es eine spürbare Unsicherheit über den erfolgreichen Weg in einen langfristig sicheren Unternehmenskurs. Die Gefahr des Verlustes von Arbeitsplätzen und von Überproduktionen überschatten häufig notwendige aktive Schritte, um die Zukunft der hier ansässigen Industrie zu sichern. Ein Mangel an mutigen Entscheidungen für Innovationen verstärkt den Unsicherheitsfaktor für die Zukunft. Produktentwicklung im Design ist immer ein Prozess, der mit den sich ständig ändernden Bedürfnissen der Kunden und der Gesellschaft Schritt halten bzw. diese rechtzeitig erkennen muss. Design ist und bleibt viel mehr, als nur eine Anregung für notwendige Aktivitäten der Produktentwicklung; es bietet unendlich viele Möglichkeiten zu neuen Wegen in neue Märkte.

Mit Hilfe von Design kommunizieren wir weit mehr als nur die Bedienbarkeit einer Technik. Mit starken, charaktervollen Produkten können Unternehmen ihre Position auf dem europäischen, wenn nicht sogar auf dem Weltmarkt, ausbauen. Mut zu Innovationen – sowohl in der Produktpalette und in den Produktionsabläufen – und das Bekenntnis zur eigenen Unternehmenskultur helfen, sich der ständig ändernden Wirtschaftslandschaft flexibel und erfolgreich zu stellen. Der Erfolg von Produkten liegt dort, wo der Nerv des Kunden getroffen wird. Da es ganz unterschiedlichen Produktbereiche gibt, die mit Hilfe von Design ihre Qualitäten nonverbal kommunizieren, erläutere ich den Umgang und Nutzen von Design an einem Beispiel, zu dem jeder einen persönlichen Bezug finden kann.

Rituale bestimmen unsere Umgebung

Unser Leben ist bestimmt von Ritualen. Tauchen in unseren rituellen Handlungen Gegenstände auf, werden aus einfachen Dingen Symbole. Zu diesen Symbolen haben wir Menschen einen unmittelbaren Bezug, denn wir identifizieren uns damit. Mit Hilfe der Gestaltung nutzen wir die Symbolik und schaffen eine unaufdringliche Beziehung vom Produkt zu seinem Kunden. Die Identifikationsmöglichkeit, die aus der Gestalt hervorgeht, ist bei erfolgreichen Produkten vielschichtig erlebbar. Die Beziehung, die entsteht, ist immer emotional geprägt. Genauso individuell wie der einzelne Kunde selbst oder wie die Sehnsüchte ganzer Gesellschaftsschichten, kann mit gezielten gestalterischen Mitteln eine langanhaltende Beziehung über das Produkt vom Kunden zum Unternehmen aufgebaut werden. Zahlreiche Untersuchungen, die über die Kaufentscheidung von Verbrauchern erstellt wurden, belegen, dass nicht der Preis allein für eine Kaufentscheidung verantwortlich ist, sondern dass die Identifikation mit dem Produkt und der Marke die Entscheidung maßgeblich beeinflussen. Emotionale und impulsive Entscheidungen für ein Produkt verlaufen schneller und die Freude daran bleibt nachhaltig bestehen. Das trifft meiner Erfahrung nach auf alle Produkte zu. Die Werbung nutzte schon immer diese emotionalen Bilder. Leider enttäuscht der Schein der Bildwelten in unterschiedlichen Medien oft die gestalterische Wirklichkeit. Schlechte Produktgestaltung versteckt sich leicht hinter lebendigen Bildern. Spätestens im realen Erleben der Produkte zeigt sich, ob diese Beziehung geschaffen wurde oder ob wie bei vielen angeblich professionell gestalteten Produkten in der Begegnung mit der Realität eine tiefe Enttäuschung folgt. Dann hat das Unternehmen zwar ein Produkt verkauft, aber keinen neuen Kunden gewonnen.

Aus der Sicht des Kunden ist eine Entscheidung für ein Produkt essenziell wichtig. Am Beispiel des Essens lassen sich solche Beziehungen verdeutlichen. Jeder hat Bezug zur Nahrungsaufnahme als unserer Lebensgrundlage. Essen ist ein Ritual in unserem Alltag. Zu diesem Ritual gehören viele Gegenstände wie Koch- und Tischutensilien. Essen als Ritual ist ein ganz persönlicher Ausdruck unserer Individualität, ebenso wie ein Schmuckstück. Besteck ist plötzlich viel mehr als ein nur ein Esswerkzeug. Bestecke gibt es viele Tausende in ähnlicher Gestalt: klassisch im Aufbau – Messer, Gabel, Löffel, deren Griffe in ihrer Gestaltung eine Familie bilden – sind viele Bestecke unterschiedlicher Hersteller einander ähnlich. Jeder europäische Besteck-Hersteller hat heute ein Muster in einer Variation des Augsburger Spaten, auch Augsburger Faden genannt, im Programm. So graben sich die Hersteller mit fast gleichen Produkten gegenseitig ihren Markt ab, anstatt eine eigene Marktnische mit Hilfe einer charaktervollen Gestaltung aufzutun.

Das Produkt EDO

Die Tätigkeiten, die wir mit den Esswerkzeugen ausüben, nämlich die Nahrungsaufnahme von verschiedenen Konsistenzen sowie das Zerteilen in mundgerechte Portionen, sind für jedes Besteckteil völlig unterschiedlich, genauso unterschiedlich wie die Handhabung von Hammer und Zange. Besteck kann eine Wertanlage sein, ein Sammlerobjekt, ein Kunstwerk oder aber ein Stilelement der Gesellschaftsebene, der man sich verbunden fühlt. Auf alle Fälle ist die Besteckwahl eine sehr persönliche Entscheidung. Bestecke werden als Esswerkzeug oder auch als Familienschmuck vererbt und dürfen zeitgeistige Gestaltungslimitationen durchaus überstehen. Was nicht heißt, dass nur antike Formen Klassiker sein können. Es gibt heute Bestecke, die schon zu ihrer Entstehungszeit als Klassiker galten. Die Besteckwahl geht mit einer Wertschätzung einher, die zuerst mit den Augen und den Händen, also optisch und taktil, erlebbar wird. Besteck muss „passen" wie ein Maßanzug oder ein Stück Haute Couture. Alle sinnlichen Wahrnehmungsformen entscheiden die Wahl.

Besteck entwickelte sich von einem Werkzeug zum Symbol eines gesellschaftlichen Rituals. Das Ritual geht heute so weit, dass sich bestimmte Kulturkreise in einer spezifischen Handhabe des Esswerkzeuges klar abheben von Gruppen bzw. Menschen aus anderen Kulturkreisen oder Gesellschaftsebenen. Mit profanen Esswerkzeugen und ihrem Gebrauch grenzen wir uns von anderen Gruppen ab oder grenzen andere aus. Dieser Gedanke der Durchbrechung von gesellschaftlichen Grenzen, der Überbrückung von multikulturellen Mauern und der Blick auf unterschiedliche Gebrauchsanforderungen der einzelnen Besteckteile, haben mich inspiriert, Mitte bis Ende der 8oer Jahre eine völlig neuartige Blickrichtung auf unser Besteck einzunehmen und entscheidende Konsequenzen zu ziehen. So entstand eine Reihe sehr ungewöhnlicher Esswerkzeuge, wie der Göffel oder das

Besteck EDO, ursprünglich als Gourmetwerkzeug für die Nouvelle Cuisine entwickelt, als eine Synthese aus einer ost-westlichen Esswerkzeugkiste. Jedes Teil wird so benutzt, wie ein Chirurg oder ein Handwerker sein Werkzeug aussucht, nämlich zur Lösung von spezifischen Aufgaben. Proportionen, Masse und Distanzen veränderten sich, dekorierte Griffteile entfielen, völlig neue Formen entstanden und damit änderte sich der Umgang mit den festgefahrenen Ritualen. Bestehende Essregeln ließen sich nicht mehr anwenden und führten zur Aufhebung bestehender kultureller Grenzen.

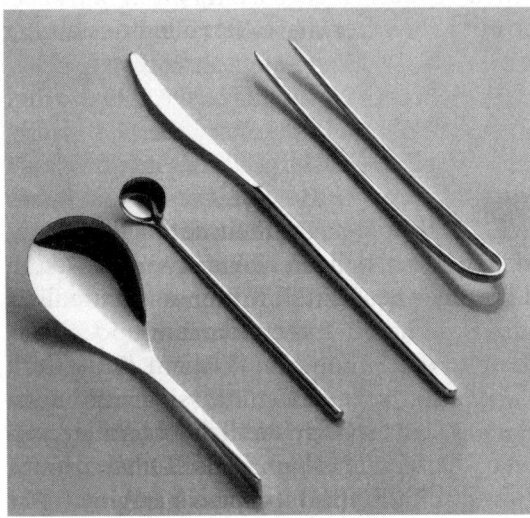

Besteck EDO. Design: Bibs Hosak-Robb 1984, Herstellung: Robbe & Berking

Dieses anlässlich eines Firmenjubiläums ursprünglich nur zu PR-Zwecken produzierte Besteck fand Einzug auf die Produktionsliste der Firma. Dass daraus ein Produkt der exklusivsten Preisebene wurde, das nach 20 Jahren noch Staunen auslöst und in nahezu allen großen Designsammlungen und Museen zu finden ist, liegt an der kompromisslosen Hinterfragung bestehender Parameter und der Entdeckung des spielerischen Umgangs im sinnlichen Erleben von Nahrung. Ganz nebenbei ist das Essen mit einem ungewöhnlichen Esswerkzeug durchaus ein lukullisches Erlebnis, weil jedes Gramm Nahrung mit der Aufmerksamkeit aller Sinne aufgenommen und durch die andere Form durchbrochen wird. Die eigenständige Form hat nachhaltig verhindert, dass sich Konkurrenten kopierend einbringen konnten.

Damit keine Missverständnisse entstehen, sei hier angemerkt, dass EDO als Studie geplant war und nicht als Serienprodukt. Nach Aussagen des Herstellers hat EDO hohe Werbekosten gespart, weil die Presse über einen längeren Zeitraum über die Firma in Zusammenhang mit EDO berichtet hat. Das Interesse an den traditionellen Bestecken der Firma hat danach signifikant zugenommen und Umsatzsteigerungen in zweistelliger Höhe eingebracht. EDO, seit 1985 auf dem Markt, wurde auf diese Weise zum erfolgreichen Design, das Kundenwünsche und unternehmerische Ziele erfüllte.

Produkte als Methapher

Bei genauer Betrachtung von Gegenständen des täglichen Lebens, seien es Schmuckstücke, Autos, Kleidung, Accessoires oder eine profane Spülbürste, aus den Bereichen des persönlichen und des beruflichen Umfeldes, kann man deutlich einen persönlichen Bezug seiner Benutzer oder Gebraucher zum Gegenstand feststellen. Diese Beziehung besteht von Anfang an. Die Gründe sind vielschichtig, haben aber eines gemeinsam: Die Wahl der Gegenstände, mit denen wir uns umgeben, wird auf unserer Emotionalebene gefällt, die mit wichtigen vernunftgesteuerten Argumentationen gerechtfertigt werden. Eine rein rationale Entscheidung für oder gegen ein Produkt gibt es nicht, selbst dann nicht, wenn der Preis Entscheidungskriterium ist. Es gibt immer eine Beziehung zwischen Mensch und Produkt. Die Form und seine Ausstrahlung, die ich als Seele bezeichne, sind die Anziehungskraft, die uns Menschen auf der Emotionalebene treffen.

Die Gegenstände, mit denen wir uns schmücken, dezent oder extrovertiert, unbedeutend oder bedeutend, sind Signale unseres Seins. Wie bewusst oder unbewusst der Mensch damit umgeht, ist abhängig von seiner Kultur und seiner Bildung. Diese Symbole oder Produkte sind Metapher unserer Identität, was nicht heißen muss, dass wir nur eine Identität haben können. Die Informationen sind bereits im Produkt vorhanden und drücken sich in der Gesamtheit seiner Gestalt aus. Treten wir in Beziehung zu diesem Gegenstand, indem wir ihn benutzen, tragen, kaufen oder intensiv betrachten, dann wird er Teil von uns und zeigt unsere momentane Identität. Die Bewertung bestimmter Eigenschaften unterliegt gesellschaftlichen Übereinkünften und Bewertungen. Viele multikulturelle Missverständnisse rühren daher, dass bestimmte Inhalte unterschiedliche Bewertung erfahren. Für uns Gestalter heißt das, dass wir ein intensives kulturelles Studium unserer Zielgruppen betreiben müssen, bevor wir dem Produkt eine Information geben, nämlich eine Gestalt.

Werteschöpfung bei Massenprodukten

Die Beziehung zwischen Kunden und Unternehmen hat sich in den letzten 100 Jahren sehr verändert. Wo früher der Handwerker mit dem Kunden im Gespräch direkt aufspürte, was er wünscht und sich leisten möchte, steht jetzt der Produzent unter technischen und betriebswirtschaftlichen Zwängen. Heute steht der Produzent vor der schwierigen Aufgabe, vorab ein Produkt zu erfinden, mit dem er in der Zukunft, bis das Produkt serienreif ist, eine heute noch virtuelle Kundengruppe heranziehen muss, die ihm langfristig Kundentreue sichert. Viele Fragen sind offen. Möglichst viele Kunden sollen es sein, also muss auch die Gestalt vielen Menschen zusagen. Die Gefahren, die eine Massenproduktion mit sich bringen, sind vielfältig. Tausendfach kopierte Stücke, entseelte Produkte, bedürfen einer Individualisierung, um vielseitigen Eingang in Zielgruppen zu finden. Die berühmten Toasterdekore oder Geschirrdekore, Waschmaschinenfrontenvarianten, verschiedenfarbige Autos mit Spoilern und Anbauten, all das sind Antworten auf unterschiedliche Ansprüche und Sehnsüchte von Kunden an Produkte, mit denen sie sich umgeben wollen.

Aber auch die eigentliche Produktqualität in der Vermassung der Industrieprodukte hat eine wertschöpfende Komponente, die formal gestalterisch beeinflussbar bleibt. Werkzeuge, Übergänge, Entformungsschrägen, Werkzeugtrennungslinien sind erstmals Widerstände für eine hohe qualitative Produktgestaltung. Meistens aus Kostengründen und zur Vereinfachung der Konstruktion entstehen Hürden auf dem Weg zur gewinnbringenden Gestaltung für Kunden und Unternehmer. Der Ingenieur sieht seine Aufgabe erfüllt, wenn er ein technisch funktionierendes Produkt entwickelt hat. Es passt zu ihm, er versteht es, er kann es bedienen – also ist es für andere auch gut, denkt er. Das allein nützt nichts. Der Kunde ist Mensch, jeder Mensch ist anders. Nicht jeder andere Mensch ist Ingenieur und hat eine technische Bildung. Der Maschine sieht man nicht ohne weiteres an, wie sie zu bedienen ist. Es ist nicht die einzige Maschine, die diese Firma baut. Woher wissen die Verbraucher, welche die richtigen Produkte für sie sind? Woher wissen sie, ob das Produkt eine gute Qualität hat? Wie und wodurch setzt es sich von der Konkurrenz ab? Wie gewinnt der Unternehmer die potenziellen Kunden für das neue Produkt? Welche Farbe kommt bei den meisten Menschen am besten an? Welche Farbe für wen?

Spätestens hier gewinnt unsere Gestaltungsarbeit an Bedeutung. Oberflächenqualität, Diversifizierung der Modelle, ergonomische Platzierung der Bedienelemente und Formgestaltung kommunizieren nonverbal die Inhalte und Qualitäten des Produktes und der Produzenten. Dieses erlebbar zu machen, sind Aufgaben, die im Design jahrelang erforscht wurden und im Studium Vermittlung finden. Gestaltung ist der entscheidende Beitrag in einer Produktentwicklung, die die Brücke baut von der Maschine zum Menschen und so gleichermaßen den Kundenwünschen und den unternehmerischen Zielen dient.

In der „postvermassten" Zeit entsteht ein Vakuum, das es zu füllen gilt. Das Vakuum ist spürbar, denn in der Masse liegt wenig Wert. Wird das

Sortiment demjenigen anderer Anbieter angepasst, verschärft sich die Vermassung und der Markt wird vorschnell gesättigt. Dem kann nur ein Wertewandel folgen, in dem der Gehalt, die Qualität und eine Individualität der Produkte und nicht Masse und Preis maßgeblich sind. Nicht der Geldbeutel entscheidet, ob ein Produkt angeschafft wird, sondern, ob der Kunde das Gefühl hat, dass er sich in diesem Produkt wiedererkennt. Es geht nicht mehr darum, wie viel das Stück kostet, sondern darum, wonach sich der Kunde sehnt. Was hebt seine Lebensqualität? Womit unterstützt das Produkt den Verbraucher? Kurz: qui bono(wem nützt es)? Im Design liegt die Aufgabe, das gewonnene Vertrauen, und damit die Erkennung der Kundenwünsche, nahtlos in eine konkrete Umsetzung, in gewinnbringende Produkte zu führen und diesen Prozess zu begleiten. Dazu ist eine konstruktive Kooperation mit den Spezialisten aus der Entwicklung, der Fertigung, dem Marketing und dem Vertrieb unbedingt einzuhalten. Denn gelingt es nicht, die Produktaussage inhaltlich kongruent in den verschiedenen Bereichen darzustellen, wirken alle Bemühungen aufgesetzt, und der Kunde wendet sich enttäuscht ab. Von den Unternehmern ist gefordert, dass Qualität sich durchsetzen wird. Diese Motivationsarbeit muss auch von den Mitarbeitern getragen werden, jedoch liegt die Verantwortlichkeit für Qualität letztendlich beim Unternehmer selbst. Die Produkte nur nach kaufmännischen Gesichtspunkten zu überprüfen ist ein schwerwiegender Fehler, der im Widerspruch steht zu Wertigkeit, Wertschätzung, Stolz, Leistung, Materialgüte, Qualität und Selbstausdruck eines Unternehmens. Der Kunde und die wirtschaftliche Situation sind nicht so schwer einschätzbar wie viele vermuten. Ein geschärfter Blick für die sich ständig ändernden Bedürfnisse und Werte helfen, Absatzmöglichkeiten zu entdecken. Es stellt sich die Frage, wie das Produkt trotz der Vermassung beseelt werden kann, damit sich der Kunde wieder verzaubert fühlt. Innovative und charaktervolle Produkte erringen die Aufmerksamkeit der Kunden. Einfallsreiche Messepräsentationen, Shopdisplays und aussagekräftige Designs wollen kommuniziert sein. Die Faszination für die Produkte muss geweckt werden, denn von allein werden neue Produkte und innovative Unternehmen nicht gefunden. Wer charaktervolle ausgereifte Produkte platziert, lässt sich nicht nachahmen und nutzt seinen Vorteil. Regelmäßig für Überraschungen zu sorgen, gehört ebenso dazu wie die permanente Verbesserung der Produkte und ihrer Wahrnehmung.

Der Weg von der Quantität hin zur Qualität kann mit unvergleichlich charaktervollen Produkten, die in Verbindung zu einer starken Marke stehen, gelingen. Thomas Jefferson sagte einmal in Bezug auf die Politik: „Ständige Wachsamkeit ist der Preis der Freiheit" – dies trifft auch auf andere Bereiche wie Wirtschaft und Industrie zu. Es bedeutet, dass wir stets neu einschätzen müssen, was wir tun, sonst machen uns die Gewohnheit und vergangene Weisheiten blind für neue Möglichkeiten. Es wäre sinnlos, eine Energiequelle zu ignorieren, weil sie missbraucht werden kann. Wasser kann gut wie schlecht sein, nützlich und gefährlich. Gegen die Gefahren gibt es jedoch ein Mittel: Schwimmen lernen. Im Designbereich bedeutet das soviel wie: Design gezielt nutzen lernen. Viele versuchen sich im Schwimmen und gehen dabei baden. Mit Hilfe umsichtiger Schwimmlehrer studiert sich auch schwieriges Gewässer gut. In der ständigen Kundengewinnung, der Wahrnehmung von Wünschen und Sehnsüchten liegt der Gewinn für ein Unternehmen. Erfolgreiche Gestaltung senkt Produktionskosten und bindet Kunden nachhaltig an ein Unternehmen. Design wird empfunden und erspürt und ist als Kaufentscheidung eines der wichtigsten Kriterien. Gute Arbeit kostet ihren Preis und ist gleichzeitig ein Garant für ihren Gewinn. Anspruchsvoll sein, sowohl in der Wahl der Mittel, des Materials, der Verarbeitung, der Kommunikation und der Designqualität zahlt sich für jedes herstellende Unternehmen aus. Das Produkt wird in voller Wertschätzung wahrgenommen. Unternehmerischer Mut und der Blick auf die Sehnsüchte und Bedürfnisse potenzieller Kunden bilden die Brücke zwischen unterschiedlichen Blickrichtungen. In schwierigen wirtschaftlichen Zeiten leiden die Menschen unter dieser berechnenden und funktionalen Lebensführung.

Jetzt wollen die Menschen wieder verzaubert werden und der Blick sehnt sich nach Freude. Positive Werte lenken von gefrusteten und von Existenzängsten geschüttelten Unternehmen und Konsumenten ab. Die Verbraucher sehnen sich nach Werten, die in persönlichem Bezug zu ihnen stehen. Das industriell gefertigte „Billig"-Produkt wurde diskreditiert oder – anders gesagt – entzaubert. Design ist eine der Möglichkeiten, um dem zu widerstehen.

Mit Hilfe des Designs lassen sich die individuellen Unternehmenskonturen einer breiten Kundschaft vermitteln. Ideen und ansprechendes Design sind aber nur die halbe Münze eines unternehmerischen Erfolges.

Unternehmerische Ziele kontra Kundenwünsche

Wie können die Kundenwünsche aufgenommen und dennoch mit dem divergierenden Unternehmerwünschen in Einklang gebracht werden? Stimmt die Firmenpräsentation mit den Qualitäten der Produkte und des Marketings überein? Diese Frage sollte sich jedes Unternehmen stellen, bevor es mit einem neuen Produkt auf den Markt drängt.

Professionelles Design vermittelt Kraft, Qualität, Vertrauen, Intelligenz, ja sogar eine erklärungsfreie Bedienung. Wichtige nonverbale Produktinformationen sind erlebbar, was bedeutet, dass es sich um ein sehr erfolgreiches Produktdesign handelt. Wenn es sich gut verkauft, zeigt sich, dass die Werbung, das Marketing und der Vertrieb gut mit Entwicklung und Design kommuniziert haben. Das honorieren die zufriedenen Kunden. Design ist vielmehr als nur eine leere Formgebung.

Höchste Maßstäbe an die eigenen Produkte, die Firmenkommunikation und eine zufriedene Klientel bleiben das Erfolgsrezept. Ein vollkommenes Produkt ist die Brücke zwischen Kundenwünschen und unternehmerischen Zielen. Design verleiht dem Produkt die Seele und das nachhaltige Strahlen, bleibt durch einen kontinuierlichen Prozess leuchtend und findet seinen Weg zum Endverbraucher. Die Qualität der interaktiven Zusammenarbeit zwischen Entwicklung, Produktion, Marketing, Vertrieb und Design spiegelt den Erfolg oder Misserfolg. Design erforscht nicht nur Kundenwünsche, sondern setzt sie um und ist maßgeblich an der Marktplatzierung beteiligt. Die Aufgabe des Designs ist es, die potenziellen Kundenwünsche aufzudecken, bevor sich die Kunden ihrer bewusst sind. Der Blick auf kurzfristige Umsatzsteigerungen entpuppt sich für ein Unternehmen oftmals als Schritt in Richtung Untergang. Nur zufriedene Kunden lassen sich langfristig an eine erfolgreiche Marke und Produktpalette binden. Sie sind die Messlatte für gutes Design, denn dem Erkennen von Produktwerten folgt ihre Wertschätzung. Bei manchen Unternehmen wäre eine solche Haltung zu ihrem Produkt als Edelstein wünschenswert. Die sinnliche Erfahrung eines Produktes ermöglicht eine emotionale Beziehung zu diesem Gegenstand. Ohne diese emotionale Wahrnehmung gäbe es keine Welt um uns. Leben heißt spüren. Der Ausdruck von Lebendigkeit wird durch unsere Wahrnehmung erspürt. Die Freude am Produkt spiegelt seine Wertschätzung als erfolgreiches, unternehmerisches Ergebnis wieder. Der Kunde gibt diese Freude an das Unternehmen zurück. Design ist kein Luxus, sondern die sinnliche Wahrnehmung einer innovativen, kraftvollen, charaktervollen Produktentwicklung.

Design verändert die Welt

Aus meiner Sicht ist das Design oder die Gestaltung der Brückenbau zwischen unternehmerischen Zielen, der Lösung technischer Probleme und den Bedürfnissen des Menschen. Letztere bestehen darin, sich mit Produkten zu umgeben, die Charakter haben und Klasse visualisieren. Gleichzeitig sollen die Sehnsucht nach Sicherheit, Vertrauen und Klarheit sowie die Vision von Leichtigkeit und Lust in unserem Leben erfüllt werden – sie sind so vielseitig wie die Menschen selbst.

Im gesellschaftlichen Umgang miteinander haben Designprodukte heute einen starken sozialen und situativen Bezug. Mit Designobjekten setzt man Erkennungszeichen als Produzent und als Verbraucher. Sie sind mehr als ein funktionierendes Produkt oder ein Kunstwerk, sondern ein soziales und ein emotionales Statement. Mit dem Signal über die Produktwelt gibt man sein Rollenverständnis und seinen Status preis. Das Design spiegelt das Leben, die Sehnsüchte, unser Bedürfnis nach Emotionen wider. Gleichzeitig vermittelt es technische Errungenschaften und verschafft dem Menschen somit Zugang zur Welt der Entwicklung und der Technologie. Design macht die Zukunft erlebbar. Die Designwelt ist sich ihrer Verantwortung bewusst. Design ist und bleibt ein wichtiges Werkzeug, um die Fähigkeiten aller Beteiligten ins rechte Licht zu rücken und erlebbar zu machen. Wenn wir in der Zusammenarbeit mit Technik, Produktion, Vertrieb und Marketing ein neues Produkt mit Charakter aus der Taufe heben, wobei unsere Anmutung von Klassik und Vertrauen, von Eleganz und Luxus, von Dynamik und Kraft, von Emotion und Leidenschaft auch für jeden Betrachter verständlich ist, dann erleben wir die Erfüllung unserer Aufgabe ganz im Sinne von Stanislaw Brzozowski: „Die Zukunft erkennt man nicht, man erschafft sie."

Literatur

Baun, Dorothea (2003): Impulsives Kaufverhalten am Point of Sale. Wiesbaden: Gabler

Gröppel-Klein, Andrea; Baun, Dorothea (2002): The more the better? – Arousing merchandising concepts and in-store buying behavior. Diskussionspapier Nr. 178, Februar 2002, Frankfurt (Oder): Europa-Universität Viadrina

Gröppel-Klein, Andrea; Baun, Dorothea (2002): The More The Better? Arousal and the Relation to Visual Merchandizing Concepts and Product Choice. In: Broniarczyk, Susan; Nakamoto, Kent (eds.): Advances in Consumer Research, Vol. XXIX, 2002

Reflexionen

Aus- und Weiterbildung von Ingenieuren im Design

Hartmut Seeger

Kurzer Rückblick auf die beruflichen Anfänge

Technische Produkte, wie z.B. Fahrzeuge, Uhren, Textilmaschinen, gab es lange bevor sich Ingenieure und Designer damit beschäftigten. Nach der heutigen Auffassung der Designgeschichte [1] repräsentierten die diesbezüglichen Prototypen der Technik nicht nur eine, sondern zwei Entwicklungslinien des Designs, nämlich einerseits ein funktionales, d.h. einfaches und schmuckloses Design, und daneben viele Ausführungen eines dekorativen Repräsentationsdesigns für die jeweilige gesellschaftliche Oberschicht, z.B. die Drehbank von Kaiser Maximilian I. oder die Entwürfe für seine Victorienwagen von A. Dürer. Für den letztgenannten Bedarf wurden im 17. Jahrhundert in Frankreich Ausbildungsstätten für die ersten Designer, die Dessinateure, eingerichtet. Demgegenüber lässt sich der Beruf und die Ausbildung von Ingenieuren erst 100 Jahre später im Gefolge der französischen Revolution mit der Gründung der Ecole Polytechnique 1795 in Paris orten. Interessanterweise bestanden grundlegende Auffassungsunterschiede seit der Geburtsstunde dieser beiden Berufe. Die Dessinateure betrieben eine Aufwandsästhetik von Luxusgütern und Repräsentationsobjekten, wie z.B. den Kutschen oder den Schiffen des französischen Königs. Sie arbeiteten – sozialkritisch gesehen – an einem Herrschaftsdesign. Demgegenüber waren die Ingenieure die Genietruppe einer neuen Staatsform mit den Maximen der Freiheit, der Gleichheit und der Brüderlichkeit. Ausdruck dieser neuen politischen Zielsetzung war die Geometrie und darauf aufbauend das „Dessin Industriel". Hieraus entstanden in Deutschland die Konstruktionslehre und in England das „Industrial Design".

Bekanntlich folgte auf die französische Revolution sehr schnell und sehr lang eine Phase der Restauration, die im 19. Jahrhundert im sog. Historismus ihren Ausdruck fand. Diesem „Zeitgeist" konnten sich auch der neue Maschinenbau und die Ingenieurausbildung nicht entziehen. An den Lehrbüchern des bekannten deutschen Konstruktionslehrers Franz Reuleaux (1829–1905) lässt sich belegen, dass bis zum Beginn des 20. Jahrhunderts das Zeichnen von architektonischen Formen und Tragwerken neben der Geometrie zum Ausbildungsprogramm der Ingenieure gehörte. Der Durchbruch des Funktionalismus, d.h. einer Gestaltung von einfachen und preiswerten Serienerzeugnissen für das Volk, zur offiziellen Gestaltungsauffassung erfolgte nach den beiden verlorenen Kriegen.

Diese soziale Zielsetzung der Produktgestaltung führte zwangsläufig zur Frage nach der Berücksichtigung und Behandlung des Menschen als Bediener, Fahrer, Steuermann, Pilot der neuen technischen Produkte. Diese Thematik war von Reuleaux wohl erkannt und diskutiert, aber zugunsten der rein technischen Funktion aus der Maschinenkonstruktionslehre bewusst ausgeklammert worden. Die Behandlung des Menschen in der Produktgestaltung verlagerte sich deshalb in zwei neue Disziplinen, nämlich die neue Arbeitsphysiologie und in die neue Formgestaltung an den künstlerischen Gestaltungsschulen.

Wichtige Ansätze hierzu wurden im frühen 20. Jahrhundert in Deutschland geschaffen: der Beginn der Arbeitsphysiologie mit der Gründung des Kaiser-Wilhelm-Instituts in Berlin 1914 und der Unterricht von Oskar Schlemmer am Bauhaus 1928 über den Menschen als „Kosmisches Wesen". Schon vor der Institutionalisierung der Arbeitsphysiologie prägte 1857 der polnische Wissenschaftler W. Jastrzebowski (1799–1882) den Begriff der Ergonomie, der sich aus dem griechischen „ergon" (= Arbeit, Leistung, Werte) und „nomos" (= Recht, Regel, Gesetz) ableitet, als „Lehre von der Arbeit, gestützt auf die aus der Naturgeschichte geschöpfte Wahrheit". Der moderne Ergonomie-Begriff setzte sich erst Mitte des 20. Jahrhunderts durch die Werke des Engländers Murell durch. Neben der Arbeitsmedizin handelt es sich bei der Ergonomie als dem naturwissenschaftlichen (und praktischeren) Teil der Arbeitswissenschaft um eine Disziplin, die sich die Gestaltung menschlicher Arbeit zur Aufgabe gemacht hat. Dabei geht es insbesondere um die Anpassung der Arbeit an die Eigenschaften, Fähigkeiten und Bedürfnisse des Menschen. Wichtige Hilfsmittel hierzu sind die sog. Körperumrissschablonen. Die erste bekannte wurde in der Steuerstandgestaltung des Luftschiffs Graf Zeppelin 1928 eingesetzt.

Aus einem richtigen Ansatz heraus – nämlich der Orientierung der Produktgestaltung am Menschen – an den künstlerischen Schulen wie Bauhaus, später auch Kunstakademien und Werkskunstschulen entstand leider ein falsches Bild, nämlich dass Design Kunst oder künstlerische Gestaltung sei, insbesondere, wenn man an das Design den gleichen Innovationsanspruch hat wie an die Kunst.

Die neue Hierarchie der Gestaltungskriterien wurde von dem jungen Münchner Ingenieur und späteren Professor Franz Kollmann (1906–1987) in dem Aufsatz „Die Gestaltung moderner Verkehrsmittel" 1927 klar und übersichtlich dargestellt (s. Bild).

Die „Schönheit der Technik" erweiterte und veränderte sich danach in den 20er Jahren grundsätzlich in Richtung Gebrauch oder – modern ausgedrückt – Usability. Aus dieser Fachgeschichte entwickelte sich bis zur

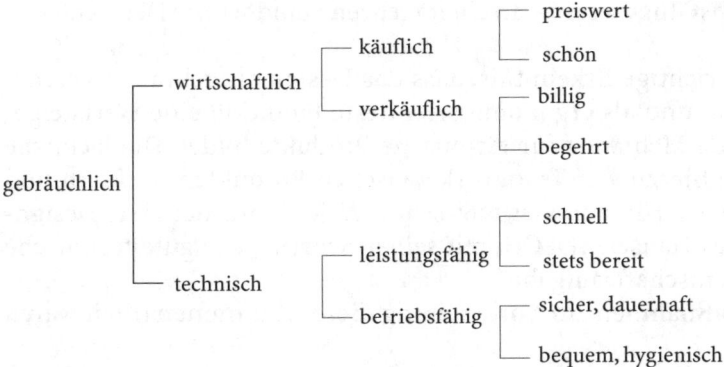

Neue Anforderungshierarchie für technische Produkte zur Erweiterung der „Schönheit der Technik" (nach F. Kollmann 1927)

Gegenwart eine Designauffassung, deren Hauptanteil zulasten formaler Ästhetik und Stilistik in der Ergonomie und Multisensorik liegt. Im neuen System der Mensch-Produkt-Beziehungen ist die ästhetische Wahrnehmung und Erkennung ein Sonderfall der gebrauchsorientierten Wahrnehmung und Erkennung. Die ästhetische Gestaltung ist danach – wie es Max Bense ausdrückte – eine Mitrealität der technischen Produkte. Die erste Integration der „Human Factors" in die Designerausbildung in Deutschland erfolgte vor 1960 durch T. Maldonado an der HfG Ulm.

Nicht unerwähnt soll bleiben, dass sich auch die klassische zweckfreie Ästhetik hin zu einer gebrauchsbezogenen Informationsästhetik weiterentwickelt hat. Das heißt, die Gestalt eines Produktes wird als visueller „Sender" oder „Sprache" über dessen Eigenschaften und Herkunft verstanden. Das „Design" ist somit ein wesentlicher Mehrwert oder eine Wertsteigerung zur technischen Funktion eines Produktes. Auf der Titelseite der italienischen Fachzeitschrift Stile Industrial (Nr. 4, Dez. 1995) wurde dies folgendermaßen beschrieben: „design as an added value and beauty as a gift".

Das Design ist damit nicht einfacher, sondern komplexer und schwieriger geworden und eine Herausforderung zur interdisziplinären Zusammenarbeit von Ingenieuren und Designern.

Einrichtungen und Veranstaltungen der Aus- und Weiterbildung

„Deutschland ist als Produktionsstandort teuer, aber innovativ. Unsere Produkte sind sozusagen patentreicher. Wir können ohne weiteres im Maschinenbau von einer weltweiten Technologieführerschaft für Deutschland sprechen, die sich insbesondere in der zweiten Hälfte der 90er Jahre noch verbessert hat. Allerdings müssen wir auch technischen Mehrwert bieten,

um wettbewerbsfähig zu sein – an einem teuren Standort wie Deutschland"
[3].

Es war eine richtige Erkenntnis, dass das Design als gebrauchsgerechte Konstruktion und als ergonomieorientierte Funktion eine Wertsteigerung oder einen Mehrwert für technische Produkte bildet. Die fachliche Voraussetzung hierzu war Teamwork zwischen Produktentwicklern und Produktgestaltern. Hierauf wies 1965 schon W. Rolli hin, der erste Designkoordinator des Hauses BOSCH, mit seiner Schrift „Die gute technische Form als Gemeinschaftsaufgabe".

Wichtige Maßnahmen zur Vorbereitung dieser Zusammenarbeit waren (s. Bild)
– die Einrichtung von Lehrveranstaltungen über Design in der Ingenieurausbildung,

Jahr	Hochschulen		VDI-Richtlinien u.a.
1990	'91	Uni Russe, Bulgarien / Universität Chemnitz	
			'86 VDI-R. 2221 Methodik zum Entwickeln und Konstruieren technischer Systeme und Produkte
			'83 VDI-R. 2242 Ergonomiegerechtes Konstruieren
	'82	Universite Compiegne	'82 VDI-R. 2424 Industrial Design für Produkte der Feinwerktechnik
1980	'73	Technische Akademie Esslingen	
	'75	TH Kopenhagen	'73 VDI-R. 2222 Konzipieren technischer Produkte / DFG-Schwerpunkt Konstruktion
	'72	TU Braunschweig	
1970			'69 VDI-R. 225 Technisch-wirtschaftliches Konstruieren
			'68 Braun-Preis für technisches Design
	'66	Uni Stuttgart	
	'61	TU Dresden	'60 VDI-R. 2224 Formgebung technischer Erzeugnisse
1960	'55	TU München	
	'54	TU Hannover	
		TU Delft	
	'51	Institut für neue technische Form, Darmstadt	
1950			

Wichtige Maßnahmen und Einrichtungen zur Design-Aus- und Weiterbildung von Ingenieuren in Deutschland und Europa

- die Herausgabe von Richtlinien des Vereins Deutscher Ingenieure (VDI) über Design,
- die Auslobung des Braun-Preises für Technisches Design seit 1968 sowie
- Forschungsprojekte zur Eingliederung des Designs in die Produktentwicklung.

In diesem Zusammenhang darf nicht unerwähnt bleiben, dass mit der gleichen Zielsetzung an den Designausbildungsstätten ein Konstruktionsunterricht für Industriedesigner, z.B. an der Kunstakademie Stuttgart und an der Fachhochschule Pforzheim, eingerichtet wurde.

Der Stand der Eingliederung des Industriedesigns in den Studiengang Maschinenbau an Universitäten und gleichgestellten Hochschulen in der Bundesrepublik Deutschland stellte sich 1992 folgendermaßen dar: Die Ständige Konferenz der Kultusminister der Länder in der Bundesrepublik Deutschland beschloss im November 1991 auf Vorschlag des VDI eine „Rahmenordnung für die Diplomprüfung im Studiengang Maschinenbau an Universitäten und gleichgestellten Hochschulen", die Anfang 1992 veröffentlicht wurde. Darin wird das Industriedesign als nichttechnisches Wahlpflichtfach im 2. Studienabschnitt empfohlen. Die Bedeutung dieser Empfehlung liegt darin, dass über diesbezügliche Lehrveranstaltungen die angehenden Produktentwickler und Konstrukteure schon in ihrem Studium über die Kriterien und Prinzipien des Industriedesigns informiert werden, die sie für ihre nachfolgende Arbeit und Verantwortung in Industrie und öffentlicher Verwaltung für eine erfolgreiche Mit- und Zusammenarbeit kennen müssen.

Ausgehend von der Einrichtung des späteren Instituts für Industrial Design im Jahr 1954 an der TU Hannover bieten heute 10 deutsche Universitäten und Technische Hochschulen, davon drei in den neuen Bundesländern, Lehrveranstaltungen in Industriedesign an. Diese reichen von einsemestrigen Seminaren bis hin zur Durchführung einer Studien-, Diplom- oder Doktorarbeit auf diesem Gebiet. Im Einzelnen sind dies die Hochschulen in

- Aachen,
- Berlin,
- Braunschweig,
- Dresden,
- Hannover,
- Ilmenau,
- Karlsruhe
- Magdeburg,
- München,

- Siegen,
- Stuttgart sowie
- die ETH Zürich.

Es kann behauptet werden, dass das Qualitätsniveau des deutschen Industriedesigns sich nicht zuletzt auf aufgeschlossene und kooperative Ingenieure, aus den obengenannten Ausbildungsstätten stützt und begründet,
die heute als Produktentwickler, Konstrukteure und Entwicklungsleiter
arbeiten.

Im europäischen Rahmen sind noch ca. 10 weitere Hochschulen mit ähnlichen Einrichtungen und Lehrveranstaltungen bekannt, wie z.B. die Technische Hochschule Dänemarks. Das heißt aber, dass die Bundesrepublik auf
diesem Gebiet eindeutig an der Spitze liegt, zumal hierzu noch Weiterbil-
dungsveranstaltungen gezählt werden müssen, wie z.B. das Aufbaustudium
Investitionsgüterdesign an der Staatlichen Akademie der Bildenden Künste
Stuttgart oder die Fortbildungslehrgänge Technisches Design an der Technischen Akademie Esslingen.

Technisches Design an der Universität Stuttgart

Exemplarisch soll für diese Einrichtungen und Veranstaltungen das For-
schungs- und Lehrgebiet Technisches Design an der Universität Stuttgart
dargestellt werden. Seit 1966 gibt es an der Universität Stuttgart das For-
schungs- und Lehrgebiet Technisches Design: Das Design technischer Produkte entsteht zu einem Großteil durch die Entscheidung von Ingenieuren
in der Projektierung, Vorentwicklung und Konzeption. Insbesondere die
verantwortlichen und leitenden Ingenieure in stark designorientierten
Industrien, wie die Fahrzeug- oder Konsumgüter-Industrie, benötigen
deshalb eine fundierte Designausbildung. Hierfür wurde das Forschungs-
und Lehrgebiet Technisches Design am Institut für Maschinenelemente
(IMA) mit der Unterstützung des Verbandes Deutscher Maschinen- und
Anlagenbau (VDMA) und des Bundesverbandes der Deutschen Industrie
(BDI), später durch die Deutsche Forschungsgemeinschaft (DFG, Schwerpunktprogramm Konstruktion) eingerichtet. Es wurde 1977 dem Institut
für Maschinenkonstruktion und Getriebebau (IMK) zugeordnet und durch
das Land Baden-Württemberg gefördert.

Aufgaben und Lehrkonzept

In Ergänzung zu den technisch-funktionalen, fertigungstechnischen und
wirtschaftlichen Grundlagen der Produktentwicklung und Maschinen-

konstruktion steht im Mittelpunkt der Designausbildung der Maschinen-baustudenten die Gebrauchsfähigkeit (Usability) eines Produktes durch den Menschen.

Hierzu werden folgende Grundlagen vermittelt:

- Beschreibung des Menschen über demografische und psychografische Merkmale,
- Definition ergonomischer Designanforderungen,
- Definition informations-ästhetischer Designanforderungen maßgeblich im visuellen und haptischen Wahrnehmungsbereich, wie z.B. die Sinn-fälligkeit oder die Blindbetätigung,
- konstruktive Lösung dieser Designanforderungen über die Benutzero-berflächen (Interfaces) und die Tragwerke,
- vollständige Lösung einer Produktgestalt über Form, Oberfläche, Farbe und Grafik und
- ihre Darstellung in Zeichnungen und Modellen.

Unter dem „Design" einer Produktgestalt wird derjenige Teilnutzwert ver-standen, der die Betätigung und Benutzung sowie die dazu notwendige Wahrnehmbarkeit und Erkennung durch den Benutzer beinhaltet. Die Ver-mittlung der Grundlagen erfolgt in Vorlesungen, Übungen, Seminaren und Praktika (Zeichentechniken und Modelliertechniken). Die Anwendung des Gelernten findet in praxisorientierten Studien- und Diplomarbeiten aus dem Maschinenbau mit Rechnereinsatz statt.[1]

Die Lehrveranstaltungen des Technischen Designs haben den höchsten Frauenanteil im Maschinenbau der Universität Stuttgart. Die Unterrichts-ergebnisse erzielen immer wieder bekannte Auszeichnungen, wie z.B. den FESTO-Innovationspreis. Eine wissenschaftliche Vertiefung ist die Promo-tionsmöglichkeit zum Dr.-Ing., die bislang zu sechs Dissertationen führte.

Eine Erhebung des internationalen Designverbandes (ICSID) von 1992 über „Design Initiation Courses offered in Engineering Programmes" belegt, dass die beschriebenen nationalen Aus- und Fortbildungsveranstal-tungen für Ingenieure sich auch rund um den Erdball bis nach Japan und China nachweisen lassen.

Die hier vertretene Auffassung von Design in einer „integrierten Pro-duktentwicklung" lässt sich im Folgenden zusammenfassen. Das „Design" eines neuen technischen Produktes ist derjenige Teilnutzwert, der dessen Betätigung und Benutzung (ergonomische Designkomponente) und des-

---

1 Weitere Informationen erhält man über die Webseite:
   http:www.imk.uni-stuttgart.de/arbbsp/design/index.htm
   einschließlich der Internet-Vorlesung HEXACT.

sen Wahrnehmbarkeit und Erkennung (informations-ästhetische Designkomponente) durch den Menschen beinhaltet. Dabei ist der Anteil der
ergonomischen Designanforderungen normalerweise größer als die informationsästhetischen Designanforderungen. Beide Anforderungsgruppen
des Designs zusammen können bei handbetätigten Produkten aber bis zu
einem Drittel der gesamten Produktanforderungen umfassen (s. Anforde-
rungsgewichtung bei der Stiftung Warentest).

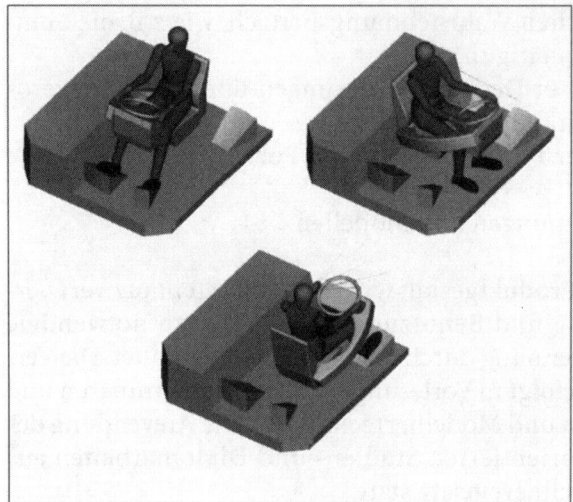

Ergonomische Grundlagen für
unterschiedliche Fahrerpositi-
onen eines neuen Schwerlast-
Trucks

Design eines neuen Schwerlast-
Trucks (MAFI, Tauberbischofs-
heim)

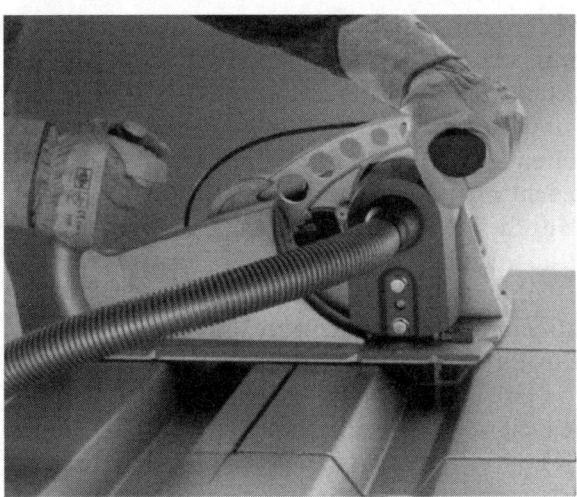

Arbeitsposition und Design eines neuen Panel-Cutters (TRUMPF, Grüsch)

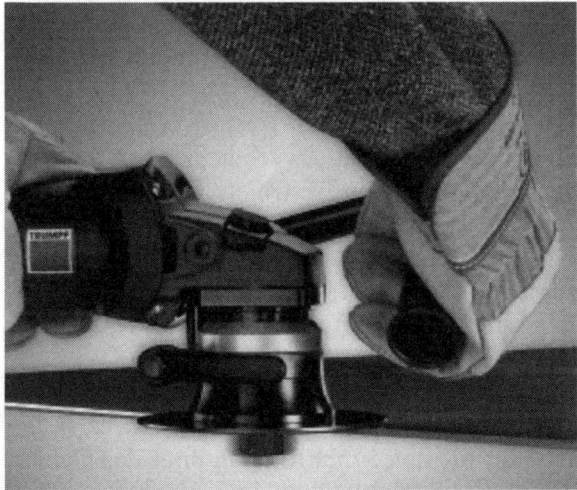

Arbeitsposition und Design eines neuen Nipplers (TRUMPF, Grüsch)

Der konstruktive Prozess einer Produktentwicklung ist dadurch gekenn-zeichnet, dass darin alle Anforderungen letztendlich in einer einzigen Produktgestalt optimal gelöst und erfüllt werden müssen. Die Lösung der ergonomischen Designanforderungen führt schwerpunktmäßig auf das Interface einer Produktgestalt (Art und Anzahl ihrer Anzeigen und Stell-teile sowie deren Anordnung).

Die Lösung der informations-ästhetischen Designanforderungen betrifft alle Elemente einer Produktgestalt (Funktionsbaugruppen, Tragwerk und Verkleidungen, Interface einschließlich deren Formgebung, Oberfläche,

Farbe und Grafik). Aus dem unterschiedlichen Umfang und Gewichtungs-
anteil der beiden Design-Anforderungsgruppen empfiehlt es sich, in der
Konzeptphase einer Produktentwicklung zuerst die ergonomischen Designanforderungen zu lösen und die informationsästhetischen Anforderungen erst danach in der „zweiten Runde" anzugehen.

Diese Reihenfolge entspricht nicht der Produkt-Rezeption (Wahrnehmung und Erkennung), in der die informations-ästhetischen Aspekte primär, spontan (emotional) und vorurteilsbildend wirken. Ein Vertauschen
dieser Rangfolge in der Produktentwicklung führt häufig sehr schnell zu
einem funktionsbeeinträchtigenden und konstruktiv unlösbaren Styling.

Entscheidend für die Designlösung ist eine möglichst vollständige
Gestaltkonzeption schon in der Planungsphase. Funktions- und detailfi-
xierte Ingenieure überlassen diese interessante Aufgabe häufig gern den
mutigeren „Designern". Wichtig ist aber, dass zu diesen Designideen die
Gebrauchsanalyse und -verbesserung fundamental dazugehört. Ein Beispiel ist die: Zuordnung von Patient und Chirurg für ein neues Operations-
mikroskop mit globalem Einsatz (Export!) in der Augenchirurgie. Dieser
Ansatz erfüllt die in § 90/91 des Betriebsverfassungsgesetzes geforderte
Berücksichtigung der „gesicherten arbeitswissenschaftlichen Erkenntnisse".

Der Verfasser und sein Team haben mit diesem Designverständnis mit
allen Arten von Produktentwicklern, vom Handwerker bis zum Wissenschaftler, beste Erfahrung bezüglich einer konfliktfreien Zusammenarbeit
mit erfolgreichen Arbeitsergebnissen gemacht (s. Bilder).

Zu dieser Erfahrung gehört auch, dass die Verantwortung der leitenden
Produktentwickler (Abteilungsleiter, Konstruktions- und Entwicklungsleiter, Technische Geschäftsführer und Vorstände) auch bezüglich des Designs
erkannt bzw. erwartet wird („Design ist Chefsache!").

Natürlich gibt es Positions- und Auffassungsunterschiede, die eine konstruktive Zusammenarbeit ins Abseits bringen können. So ist es sicher
sinnlos, mit einem Sachbearbeiter für den Synchronring über das Gehäu-
sedesign des betreffenden Getriebes oder gar über dessen Schaltkomfort
zu diskutieren. Demgegenüber sind z.B. die Verantwortlichen für den
„Gesamtentwurf" eines Autos die richtigen Gesprächs- und Entscheidungs-
partner.

Einige Bemerkungen zur praktischen Zusammenarbeit von Ingenieuren und Designern in der Produktentwicklung

Diese differenzierte Thematik lässt sich sicher nicht über die Schlichtung
des klassischen „Physiker-Lyriker-Streits" (besser: Physiker-Künstler-
Streits) lösen. Schon die Bezeichnung „Ingenieur" ist nicht in eine einheitli-

che Definition zu bringen. Seit dem 19. Jahrhundert wird im „Streit um die Technik" darüber diskutiert, ob dieser ein Erfinder (Homo ludens, Spieler, Spinner) oder ein Macher (Homo faber) ist. In der Biografie berühmter Ingenieure, wie J. Watt oder G. Daimler, lässt sich deren Auseinandersetzung über ihre Erfindungen mit den Kaufleuten verfolgen. („Der Ingenieur ist das Kamel, auf dem der Kaufmann durch die Wüste reitet!")

Mit der Differenzierung des Ingenieurberufes kamen neben den Konstrukteuren weitere Experten in das „Spiel" der Produktentwicklung:

- Wissenschaftler, z.B. Physiker, Thermodynamiker, Optiker, Strömungsmechaniker („Die Gelehrten in x,y,z !"),
- Versuchsingenieure („Erst der Versuch bringt ein Produkt zum Laufen!"),
- Fertigungsingenieure („Terribles Simplificateurs"),
- Wertgestalter (Erbsenzähler, Pfennigfuchser, Mini-Lopeze"),
- Elektroingenieure / Steuerungskonstrukteure, neben den mechanischen Konstrukteuren („Diplomierte Schlosser").

Bis heute wird das Interfacedesign durch die beiden letztgenannten Disziplinen maßgeblich geprägt.

Die industrielle Produktentwicklung ist geprägt durch eine Fülle von Experten. Der konfliktfreie Idealfall ist nur bei einer 1-Personen-Veranstaltung möglich oder durch strengste Geheimhaltung einer Neuentwicklung (Ausspruch des ehemaligen Konstruktionsleiters von Bizerba: „Bei uns entstehen neue Produkte unter dem Schreibtisch!"). Die Auseinandersetzung zwischen Konstrukteur / Konstruktionsleiter und Designer entspricht dem Normalfall der industriellen Praxis. Durch die Dominanz (anteils- uund gewichtigungsmäßig) der technischen Funktion sind dabei die Ingenieure die „fratres majores" und die Designer, insbesondere wenn sie nur ästhetische Ansprüche vertreten, die „fratres minores".

Eine Verbesserung dieser Position kann aber durch die Übernahme eines höheren Anforderungs- und Konstruktionsanteils, z.B. ergonomische Anforderungen und Interfacedesign bzw. Tragwerkskonstruktion, erfolgen. Die Auffassungsunterschiede können sich potenzieren, wenn konträre Einstellungstypen aufeinandertreffen. Ingenieure und Designer sind auch nur Menschen, d.h. sie repräsentieren unterschiedliche Einstellungstypen [2]. Wenn ein funktionsorientierter Sparer und ein prestigeorientierter Ästhet oder ein traditioneller Funktionalist und ein ästhetikorientierter Innovator zusammenkommen, kann es schon Funken schlagen. Allerdings gestalten weder Ingenieure noch Designer ihre eigenen Denkmale, sondern sind gemeinsam für Produkte eines bestimmten Herstellers mit einer eigenen Corporate Identy verantwortlich. Der Hersteller wiederum bedient Kunden mit bestimmten demografischen und psychografischen Merkmalen und darauf basierenden Ansprüchen. Die Definition der diesbezüglichen Anforderungen bereits im Pflichtenheft einer Produktentwicklung wird jeden Konflikt auf ein kreatives Maß entschärfen.

Ein besonders konfliktträchtiges Thema ist der Innovationsanspruch vieler Designer. Bei technischen Produkten wird dieser Anspruch nicht primär durch das Design begründet, sondern dieses visualisiert eine technische, technologische oder steuerungstechnische Innovation. Ohne diesen Zusammenhang entartet das Design zum Styling.

Die Innovationen unterliegen in neuen technischen Produkten zwei wichtigen Konstriktionen. So wird sich für einen traditionsorientierten Laien immer ein anderes Interface-Design ergeben als für einen innovationsorientierten Experten. Dies gilt auch für demografische Gruppen, wie Kinder, Senioren, oder Alphabeten und Analphabeten. Die zweite Konstriktion für Innovationen entsteht dadurch, dass die leitenden Produktentwickler dafür verantwortlich sind bzw. dafür haften, dass ein neues Produkt den Stand der Technik erfüllt. Dieser wird in den meisten Fällen durch bekannte Normen, Funktionskenngrößen oder Berechnungsverfahren repräsentiert. Also durch Maßstäbe von gestern! Diese Konstriktion für Innovationen ist für viele Innovatoren geradezu tragisch. Sie dient aber letztlich der Sicherheit und Zuverlässigkeit des Gebrauchs eines neuen Produktes durch den einzelnen Kunden sowie durch die Öffentlichkeit.

Trotz aller genannten und ungenannten Konstriktionen gilt für die Wechselwirkung der Arbeit von Ingenieuren und Designern weiterhin: **Design macht das Konstruieren erst schön!**

Literatur

[1] Seeger, H.: Allgemeine und internationale Entwicklungslinien des industriellen Designs. In: Pioniere des industriellen Designs am Bodensee. Ausstellungskatalog Zeppelin Museum Friedrichshafen 2003
[2] Breuer, N.: Einstellungstypen für die Marktsegmentierung. Köln 1986
[3] Leibinger, B.: Tagungsband Fertigungstechnisches Kolloquium, Stuttgart 2003

Aufgabendienlichkeit von Produkten zwischen Konstruktion und Design[1]

Winfried Hacker

Ingenieur versus Designer oder beide gemeinsam für den Nutzer?

Aus der Sicht eines Psychologen werden im Falle einer Zusammenarbeit von Ingenieuren und Designern Produkte zum Erfüllen von Aufgaben von Menschen als Nutzern entwickelt und gestaltet: Wären sie nicht für Menschen gedacht, so brauchten sie kein Design. Wären es Kunstgegenstände ohne Funktionen in zu erfüllenden Aufgaben, beispielsweise Vasen, so benötigten sie keinen Ingenieur.

Nutzer benötigen Produkte, welche ihre Aufgaben bestmöglich unterstützen, kurz aufgabendienliche Produkte. Diesbezügliche Forderungen sind in mehreren international gültigen Normen festgehalten; ein Beispiel sind die Normen für nutzerfreundliche Software.

Die Forderung nach dem Schaffen aufgabendienlicher Produkte richtet sich sowohl an den Ingenieur als auch an den Designer. Diese Forderung könnte prinzipiell als das verbindende gemeinsame Ziel die Arbeit beider verknüpfen, sofern und insoweit beide Seiten Aufgabendienlichkeit für den Nutzer ihrer Erzeugnisse als ihr Arbeitsziel verfolgen.

Wenn die zu ermittelnden Bedürfnisse der Nutzer der Gegenstand der Arbeit wären, ginge es nicht um die Vormacht von technischer Funktionalität und Fertigungsgerechtigkeit aus der Sicht des Konstrukteurs versus Ästhetik von Form, Farbe, Oberfläche (wohl auch Geräusch, Tasteindruck und Geruch) aus der Sicht des Designers, sondern um den eigentlichen Adressaten, nämlich den Nutzer, dessen Aufgaben unterstützt bzw. dessen Bedürfnisse erfüllt sein sollten.

Arbeitsteilung – eine notwendige Folge begrenzter Mentalkapazität und ihre Folgen für die Produktentwicklung

Das Konstruieren und das Gestalten („das Designen") sind aus psychologischer Sicht Erwerbstätigkeiten, bei denen Aufträge rationell erfüllt wer-

---

[1] Prof. Gerd Flohr, Hochschule für Wirtschaft und Technik, Dresden, zum 50. Geburtstag

den sollen. Das optimale Erfüllen von Aufträgen wird bekanntlich umso schwieriger und schließlich unwahrscheinlicher, je mehr unterschiedliche Ziele gleichzeitig in einem Kopf mit begrenzter Mentalkapazität zu berücksichtigen sind. Das ist eine der Ursachen von Arbeitsteilung als Ausweg aus dieser Schwierigkeit.

In der Arbeitsteilung zwischen Ingenieur und Designer sind verschiedenartige Auftragsaspekte als Ziele auf unterschiedliche Weise zu verfolgen. Als Voraussetzung einer wechselseitigen verständnisvollen und erfolgreichen Kooperation zum Nutzen eines Dritten, des Endnutzers, kann aus psychologischer Perspektive das systematische Klären dieser unterschiedlichen Auftragsaspekte von Konstrukteur und Designern als *Komponenten arbeitsteiliger Beiträge zu einer Gesamtlösung mit Aufgabendienlichkeit* – im Sinne eines „getrennt marschieren, um vereint zu siegen" – dienen. Woran könnte dabei zu denken sein?

1. Produkte die nicht existieren, können nicht gestaltet werden. Damit muss für technische Produkte die Konstruktion in Vorleistung gehen. Konstrukteure müssen für das Unterstützen von Aufgaben der Menschen das gesamte sozio-technische System, d. h. einerseits seine mechanischen, elektronischen, hydraulischen Komponenten sowie andererseits seine technischen und menschlichen Funktionen, entwerfen. Sie entwerfen Mensch-Technik-Systeme, genauer: Mensch-Maschine-Systeme.

   Dabei stehen zu erfüllende Funktionen im Mittelpunkt. Das Denken beim Konstruieren wechselt fortlaufend zwischen zu erfüllenden Funktionen und den zu realisierenden Strukturen des Produkts. Die zu erfüllende technische Funktion und die zu berücksichtigenden menschlichen Handlungsmöglichkeiten gehorchen zeitlosen physikalischen bzw. biologisch-psychologischen Naturgesetzen. Das Entwerfen ist – nicht zuletzt durch das Arbeiten mit CAX – ein rational-logischer, weil letztendlich alphanumerisch zu kodierender Prozess. Die prinzipiellen Funktionen technischer Systeme müssen in den frühen Phasen des konstruktiven Entwurfsprozesses (VDI 2221) festgelegt werden. Designer hingegen werden erst tätig, wenn technische Prinziplösungen gewählt sind. Es ist schlecht vorstellbar, dass Design als „Form-Farbe-Oberfläche"-Gestaltung (s. Reese in diesem Band) Prinziplösungen für die technische Funktionalität erbringt.

   Bei einigen Arten von Produkten bzw. Produktteilen – etwa der Form eines Transportmittels oder dem Kabinendesign – ist umgekehrt vorstellbar, dass Designer Vorgaben entwerfen, denen die Konstruktion des Fahrgestells oder der Fahrgastzelle, zu folgen hat. Für die Detailkonstruktion der Radaufhängung spielt das natürlich keine Rolle. Jedoch verweist diese Möglichkeit auf den Idealfall, dass nämlich Konstrukteure und Designer von der Konzeptphase des Entwerfens an gemeinsam, tatsächlich interaktiv, tätig werden. Auf die heikle Problematik einer derartigen Kooperation oder interdisziplinären Teamarbeit komme ich später zurück.

Im Unterschied zum Konstrukteur bearbeiten Designer – nach Maßgabe der in diesem Band vorliegenden Texte – nicht primär die Funktionalität und nicht komplette Mensch-Technik-Systeme, sondern „Formen, Farben, Oberflächen" (Reese in diesem Band) sowie Geräusche und Gerüche als Außenseiten bzw. psychologisch gesehen als Auslegung der wahrnehmbaren Teile der konstruktiv ganzheitlich zu schaffenden Systeme. Funktionalität ist in der Arbeit des Designers bestenfalls soweit betroffen, als sie wahrnehmbare Funktionalität ist: Designer gestalten keine Getriebedetails. Des Weiteren leiten sie dabei – wieder nach Maßgabe der vorliegenden Texte – nicht die zeitlosen und generell gültigen Naturgesetze einschließlich der des Funktionierens von Menschen, sondern – zumindest bei kurzlebigen Gütern – Vorstellungen „aus der Zeit heraus" (Reese), also Moden und ausgewählte Gesetzmäßigkeiten, beispielsweise solche aus der Ästhetik. Moden kommen und gehen rasch, weil sie gemacht, neudeutsch „gepusht" werden. Sie sind im Unterschied zu technischen Lösungen eigens zum Veralten geschaffen. Darin, dass sie machbar, einredbar, sogar oktroyierbar sind, unterscheiden sich Moden von den nicht einredbaren Gesetzmäßigkeiten aus Physik, Biologie oder Psychologie für das Funktionieren von Technik und handelnden Menschen. Designer und Konstrukteure dienen insofern unterschiedlichen Klassen von Gesetzmäßigkeiten. So ist aus naturwissenschaftlicher Sicht bezüglich der Farbwirkung psychophysiologisch zu berücksichtigen, was an Gesetzmäßigkeiten zu Farbmischung, Farbkontrast und zur Existenz von Farbenblindheit bekannt ist. Aus ästhetischer Sicht könnte als Leitlinie etwa die Farbsymbolik von Franz Marc oder beliebiger anderer Trendsetter als gültig gelten: „Blau ist das männliche Prinzip, herb und geistig. Gelb ist das weibliche Prinzip, sanft, heiter und sinnlich. Rot die Materie, brutal, schwer und stets die Farbe, die von den anderen bekämpft und überwunden werden muss" (Frans Marc, zitiert nach Schulz-Hoffmann 2004).

Schließlich erzeugen Designer im Gegensatz zu Konstrukteuren sogar Schein, gaukeln nicht Gegebenes im Interesse der Absetzbarkeit bei spezifischen Zielgruppen am Markt vor, etwa das artifizielle bullige Röhren harmloser Motoren mit dem Eindruck, dem Schein, mühsam gebändigter Kraft.

Damit wird deutlich, dass Designer im Unterschied zu Konstrukteuren stärker als diese nicht nur modebezogen, sondern auch zielgruppenbezogen, d. h. auf Teile von Populationen gerichtet, arbeiten. Konstrukteure beziehen sich in ihrer Arbeit vor allem auf allgemeingültige Gesetzmäßigkeiten.

2. Zum Konstruieren kompletter Mensch-Technik-Systeme gehören Festlegungen zur Art der Funktionsteilung (Allokation) in Bezug auf Mensch und Technik und zur Schnitt-, besser Nahtstellenkonzipierung zwischen Mensch und Technik.

Mehrere an Ingenieure gewandte Normen enthalten dazu Festlegungen. Hard- und Softwareentwickler realisieren zunehmend die Abhängigkeit der Ausnutzung der Funktionalität der technischen Systemkomponenten von der Art und Weise der Funktionenteilung und Nahtstellengestaltung nach psychologischen und biologischen Funktionsgesetzmäßigkeiten der Nutzer, Bediener oder Betreiber im Sinne der Aufgabendienlichkeit. Ergonomische bzw. kognitionsergonomische Ausbildung offeriert Voraussetzungen für das menschengerechte, d.h., leistungsfördernde, beanspruchungsgünstige und gesundheitsfördernde Auslegen von Produkten.

Im Unterschied dazu ist unseres Wissens noch ungeklärt, inwieweit ein künstlerisch beeinflusstes Auslegen nach ästhetischen Aspekten geeignet ist, biologische und psychologische Gesetzmäßigkeiten leistungs- und beanspruchungsoptimalen Handelns umzusetzen. Schönheit – was immer sie bedeuten mag – kann auch beeinträchtigen, kann wie ein zu enges Korsett behindern.

Damit könnte ein gebrochenes Verhältnis zwischen ästhetischem Design und naturwissenschaftlich fundierter Auslegung für optimales Handeln zur Aufgabenerfüllung mit oder an Produkten existieren, sofern sie zum Handeln – nicht lediglich zum schmückenden, erfreulichen Anblick bzw. Eindruck – benötigt werden. Sofern nicht als gesichert gelten kann, dass die schöne „Form, Farbe, Oberfläche" optimale Funktionen für jegliche Aufgabe des handelnden Nutzers garantiert, entstünde möglicherweise ein Konflikt zwischen vorstellbaren Lösungen des Designers und der Aufgabendienlichkeit. In diesem Falle würde der Ingenieur nolens volens als naturwissenschaftlich vorgehender Entwickler zum Anwalt des Nutzers und zum Kontrahenten des Designers. Die eingangs erwogene zielidentische Kooperation von Ingenieur und Designer zum Nutzen des Nutzers wäre nicht gegeben.

Es wird erkennbar: Hinter der Frage nach dem Verhältnis zwischen Konstruktion und Design bzw. Ingenieur und Designer verbergen sich die Fragen, wer welche Ziele mit wem und auf der Grundlage welcher Ausbildung zu verwirklichen bereit und in der Lage ist. Aufgabendienlichkeit von Produkten für handelnde Menschen sollte bei diesen Entscheidungen ein notwendiges Ziel sein.

Arbeitsteilige Kooperation – das Einfache, das gelegentlich unter Schwierigkeiten zu realisieren ist

Aus der Sicht des Psychologen, der weder konstruiert noch gestaltet, ist das Schaffen von Produkten für den menschlichen Gebrauch, die das Erfüllen von Aufgaben des Nutzers unterstützen, unter den Bedingungen der Arbeitsteilung nur möglich als Kooperation. Der Versuch, alle Fähigkeiten zur Realisierung komplexer Ziele in einer Person zu vereinen, dürfte nur ausnahmsweise gelingen. Die gesellschaftliche Arbeitsteilung hat in komplexen modernen Gesellschaften gute Gründe.

Kooperation von *heterogen* ausgebildeten Fachleuten mit unterschiedlichen Problemsichten ist hier, wie anderswo auch, beispielsweise zwischen Chirurgen und Werkstofffachleuten, unerlässlich. Bekanntlich gibt es allerdings viele Gründe dafür, dass Kooperationen heterogen vorgebildeter Fachleute zu unbefriedigenden Ergebnissen führen, und zwar umso deutlicher, je mehr „Köche" am „Brei" beteiligt sind. Ebenso bekannt und erprobt ist allerdings, dass durch eine wohlüberlegte Organisation dieser Kooperation die Zusammenarbeitsverluste vermieden und Zusammenarbeitsgewinne verwirklicht werden können. Die spezielle Organisation der Kooperation beim gemeinsamen interdisziplinären Problemlösen von Fachleuten zu zweit oder in Gruppen mit unterschiedlichen Ausbildungen und Sichtweisen des Problems ist in der Psychologie der Gruppenarbeit gut untersucht. Derzeit sind keine Gründe dafür bekannt, dass und warum dies bei einer Kooperation von Konstrukteuren und Designern nicht auch gelten sollte, wenn es sich für noch unterschiedlichere Expertisebereiche und Perspektiven gut bewährt hat.

Voraussetzung dafür ist neben der optimalen Organisation und erforderlichenfalls Moderation dieser Kooperation die objektive Existenz und das Übernehmen eines wohl definierten gemeinsam zu erfüllenden Auftrags. Das Schaffen eines für den Nutzer aufgabendienlichen Produktes ist eine abstrakte, im Einzelfall zunächst noch zu untersetzende Beschreibung eines solchen Auftrags. Weitere Präzisierungen sind in Abhängigkeit von den jeweiligen konkreten Aufträgen denkbar.

Der Kern der Problematik besteht darin, einen objektiven Widerspruch mit einer geeigneten Strategie zu lösen. Worin besteht dieser Widerspruch?

Einerseits treten in der Gruppenarbeit i.d.R. mindestens drei Arten von Verlusten, die Gruppenverluste, auf. Sie können dazu führen, dass das Gruppenergebnis nicht besser oder sogar schlechter als das beste Ergebnis bei individuellem Problemlösen ist. Diese Gruppenverluste in einer nicht bis ins Kleinste optimal organisierten Gruppenarbeit haben folgende Ursachen:

- Nach den Regeln der Kombinatorik steigt die Anzahl der möglichen Kommunikationsbeziehungen zwischen den Gruppenmitgliedern sehr viel schneller als die Mitgliederzahl. Bei zwei Mitgliedern besteht eine, bei vier bestehen bereits sechs, bei sechs Mitgliedern fünfzehn und bei acht Mitgliedern gar achtundzwanzig Kommunikationsmöglichkeiten zwischen den Mitgliedern. Das bedeutet, dass je größer eine Gruppe wird, desto weniger Chancen bestehen für den Austausch untereinander, sofern die Arbeitszeit nicht unbegrenzt mit Abstimmungsgesprächen vertan werden soll (sog. Ringelmann-Effekt).

– Kognitiv (geistig) sind in Gruppen Regelhaftigkeiten wirksam, die einer Lösungsfindung entgegenstehen. Das sind beispielsweise der sog. Mehrheitseffekt (Mehrheit ist auch bei demokratischer Abstimmung keineswegs identisch mit Wahrheit einer Diagnose oder Optimalität einer Lösung) oder der sog. „Hidden-Profile-Effekt".

– Auch von der Motivation her entstehen in Gruppen Wirkungen, die zu Effektivitätsverlusten führen. Ein Beispiel ist der Sachverhalt, dass der individuelle Beitrag zur Gesamtleistung in Gruppen mit zunehmender Gruppengröße weniger erkennbar wird, was demotivieren und zum sog. sozialen Trittbrettfahren verführen kann. Einzelheiten stellt die sozialpsychologische Fachliteratur dar.

Andererseits – zurückkommend auf den benannten Widerspruch – ist bei nur interdisziplinär bearbeitbaren Aufträgen, bei denen also Können aus unterschiedlichen Fachgebieten integriert werden muss, die Kooperation unerlässlich. Bei optimaler Organisation führt sie sogar zu Gruppengewinnen, d.h. zu Lösungen, die die besten Einzellösungen hinter sich lassen.

Also besteht die Aufgabe im Minimieren der Gruppenverluste und im Maximieren möglicher Gruppengewinne. Das gilt auch für die Kooperation von Konstrukteuren verschiedener Fachrichtungen mit Industriedesignern.

Die erforderlichen Regeln dieser Gruppenorganisation und der Moderation sind bekannt. Ihre Nutzung führt zu außerordentlichen wirtschaftlichen Gewinnen durch die optimale Integration von kreativen Ideen aus verschiedenen Fachgebieten. Die Darstellung dieser sog. hybriden Form kooperativen Arbeitens würde den Rahmen dieser Darlegungen sprengen (Näheres dazu z.B. in Wetzstein u. Hacker, 2003 und Wetzstein, Jahn u. Hacker, 2003).

Literatur

Schulz-Hoffmann, C. (2004): Augenblick. In: Süddeutsche Zeitung, Beilage 1-2004 „wohlfühlen", S. 6

Wetzstein, A.; Hacker, W. (2003): Vom Wissen zur Innovation – Techniken der Wissensintegration. In: Bergmann, B.; Pietrzyk, U. (Hrsg.): Kompetenzentwicklung und Flexibilität in der Arbeitswelt. Dresden: TU Dresden, S. 71–76

Wetzstein, A.; Jahn, F.; Hacker, W. (2003): Creating innovations in the work process through the exchange of heterogeneous knowledge: An overview of research on the task oriented information exchange (TIE). In: Avalone, F.; Sinangil H. K.; Caetano, A. (Eds.): Quaderni Di Psicologia del Lavora: 11. Identity and diversity in organizations. Milano, Italy: Edizione Angelo Guerni Associata SpA., S. 35–42

Der Ingenieur und seine Designer – oder der Ingenieur und seine Partner?

UDO LINDEMANN

Zu Beginn meines Beitrags möchte ich drei Hypothesen in den Raum stellen. Der wirtschaftliche Erfolg eines Unternehmens ist auf das Zusammenwirken von Individuen zurückzuführen, welches zwar von einzelnen Persönlichkeiten stark geprägt, aber nicht allein getragen werden kann. Die Welt der Technik in Verbindung mit den Märkten ist inzwischen so komplex geworden, dass niemals eine Einzelperson alle erforderlichen Facetten ausfüllen kann. Die Bedeutung der jeweils Beteiligten an den Leistungsprozessen kann nicht absolut objektiv und neutral geschildert werden, da jede Beschreibung aus einer bestimmten Perspektive erfolgt, nämlich der des jeweiligen Autors.

Daher werde ich zunächst versuchen, meine persönlichen Berührungspunkte mit dem Thema des Industrial Design zu schildern, um dann aus der Perspektive eines Ingenieurs Tätigkeitsprofile der Ingenieurarbeit und – spezifischer – die Rahmenbedingungen der ingenieurmäßigen Entwicklungsarbeit zu beschreiben. Es folgen einige Gesichtspunkte zur Arbeit eines Entwicklers/Konstrukteurs als Individuum wie auch in Teams und größeren Organisationen, um dann die Frage des Zusammenwirkens mit dem Industrial Design aufzugreifen. Abschließend werde ich meine Vision einer konstruktiven Kooperation von Designern und Ingenieuren vorstellen, die in dieser Form an einigen Stellen in der industriellen Praxis auch schon gelebt wird.

Persönliche Erfahrungen mit Industrial Design

Der Kunstunterricht hat mir viele positive Impulse gegeben und war neben Mathematik und Naturwissenschaften eines meiner Lieblingsfächer in der Schulzeit. Während des Maschinenbaustudiums gab es keine, neben dem Studium zeitbedingt nur wenige Bezüge zur Kunst in ihren verschiedenen Ausprägungen. Während der Zeit als wissenschaftlicher Assistent an der Technischen Universität München hatte ich für einige Semester die Betreuung der Vorlesung von Günter Fuchs zum Thema Design übernommen. Aus diesem Kontakt stammen viele interessante Eindrücke, aber auch Fragen zum Industrial Design und der von Herrn Fuchs vertretenen Sicht.

In den Folgejahren war ich in der Investitionsgüterindustrie tätig; hier sind zwei Kontakte mit Designern aus meiner Sicht wichtig gewesen. Im ersten Fall hatten wir ein Produkt technisch-wirtschaftlich optimiert, die Konstruktionsarbeiten waren weitgehend abgeschlossen. Nun wurde ein Designer eingeschaltet, „um noch einmal drüber zu schauen". Was sollte dieser „arme" Mensch denn noch tun? Wer hätte den neuerlichen Konstruktionsaufwand in Form eines erweiterten Budgets freigegeben und die verzögerte Markteinführung akzeptiert?

Im zweiten Fall wurde der Designer vor der Festlegung des Maschinenkonzepts eingebunden. Nach teilweise intensiven und heftigen Diskussionen wurde gemeinsam das Erscheinungsbild der Maschine mit den daraus resultierenden konzeptionellen Folgen festgelegt. Der spätere Messe- und Markterfolg hat diese gemeinsame Anstrengung als sinnvoll unterstrichen.

Meine Zeit als Hochschullehrer auf dem Gebiet der Produktentwicklung im Maschinenwesen an der Technischen Universität München ist neben der Ingenieurausrichtung durch intensive Kooperationen mit anderen Disziplinen wie Psychologie, Soziologie, Philosophie, Betriebwissenschaft, Medizin oder Sport geprägt. Mein Lehrstuhl betreut eine Vorlesung des Kollegen Hofmeister zum Industrial Design für Studierende des Maschinenwesens. Für die Mitarbeiter des Lehrstuhls werden regelmäßig Kurse zum Skizzieren von einem professionellen Designer durchgeführt, und von Zeit zu Zeit beschäftigen wir Studierende des Industrial Designs als Hilfskräfte am Lehrstuhl. In einigen wenigen Studentenprojekten ist auch eine Integration des Industrial Designs im Rahmen der Lehre gelungen, sei es durch die Mitwirkung von Designern aus der Industrie oder durch ein gemeinsames Projekt mit Studenten des Industrial Designs. Darüber hinaus habe ich an verschiedenen Stellen in Bayern bei strategisch geprägten Diskussionen zur Frage des Industrial Designs meine Sicht und mein Verständnis einbringen können.

Neben diesen aus Sicht eines Designers vielleicht geringen Ansätzen der Kooperation ist natürlich ein Bezug aus Konsumentensicht gegeben. So werden Produkte ganzheitlich erlebt und es gibt immer wieder die Erfahrung, dass gutes Design (wie immer es zu beschreiben ist), gute Ergonomie und gute technisch-wirtschaftliche Lösungen nicht in jedem Fall zueinander finden.

Der Ingenieur – wer ist das eigentlich?

Der Ingenieur in der industriellen Praxis – wen meinen wir damit eigentlich? Ingenieure planen und organisieren Produktion, sie sind im Service in schwierigen Fällen vor Ort beim Kunden und verkaufen technisch anspruchsvolle Produkte.

Diese sind in diesem Beitrag eher nicht gemeint, angesprochen werden die Ingenieure in Entwicklung und Konstruktion. Aber auch hier finden wir wieder eine große Bandbreite vor. Einige bemühen sich um technische Berechnungen, andere sind in Versuch und Prototypenerstellung tätig. Dann finden wir Ingenieure im Bereich der Optimierung im Detail, die eine bereits ausgereifte technische Lösung zum Beispiel einer Schraubverbindung in ihrer Funktion und den Herstellkosten noch weiter optimieren müssen. Ein Kontakt zu Fragen des Industrial Designs kommt selten vor. Allerdings können aus Festlegungen zum Design schwer zu erfüllende Anforderungen an die Detailkonstruktion folgen. Von den Ingenieurdisziplinen ist das Maschinenwesen (neben dem Bauwesen) dabei in besonderer Weise betroffen. Bei Nutzerschnittstellen spielen auch Elektronik und Software eine wichtige Rolle. Wenn Designanforderungen z.B. zu räumlich gekrümmten Leiterplatten führen, ist dies eine erhebliche Herausforderung für die betroffenen technischen Disziplinen.

Vor der Arbeit am Detail werden die Konzepte entwickelt. Wann immer es um für den Kunden beziehungsweise den Nutzer relevante Teile oder besondere Systeme geht, können Entwicklung, Design, Marketing/Vertrieb und oft auch das Top-Management aufeinander treffen. Es gibt Dinge wie die Farbe und die äußere Gestalt eines Produkts, bei denen viele unabhängig von den tatsächlichen Fähigkeiten mitsprechen und entscheiden wollen.

Ingenieure arbeiten als Sachbearbeiter im mittleren und im Top-Management. Ingenieure als individuelle Personen sind kreativ, arbeiten systematisch, sind gründlich und gewissenhaft, vorsichtig bei riskanten Neuerungen – oder aber auch nicht. Ingenieure können kommunikativ sein, aufgeschlossen gegenüber neuen und anderen Ideen – oder auch nicht.

Als Fazit soll hier festgehalten werden: „den" Ingenieur gibt es nicht. Bezüglich des Industrial Designs sind besonders Ingenieure in Entwicklung/Konstruktion angesprochen, die (auf welcher Führungsebene auch immer) bezüglich des Produkts Konzeptverantwortung tragen.

Rahmenbedingungen der Entwicklungsarbeit

Produkte müssen in immer kürzerer Zeit, unter hohem Kostendruck und mit steigender Funktionalität bei zunehmenden Qualitätsansprüchen entwickelt und realisiert werden. Dieses extreme Anforderungsbündel fordert geeignete und hoch qualifizierte Mitarbeiter sowie eine sehr gute Organisation der Leistungsprozesse und Verantwortlichkeiten. Zudem fordern „Störungen", wie neue Wettbewerbsprodukte, Fremdpatente oder geänderte Marktanforderungen, ein hohes Maß an Flexibilität und Reaktionsvermögen, sowohl bei den Mitarbeitern als auch in der Organisation.

Nicht zuletzt aus diesen Gründen gibt es immer wieder neue Strategien
oder Organisationsphilosophien, z.B. Simultaneous Engineering/Concurrent Engineering, die Fraktalen Unternehmen, das Total Quality Management, die Orientierung am Share Holder Value oder das Führen mit Balanced Score Cards.

Diese Strategien verfolgen als Ziele die Beschleunigung der Unternehmensprozesse, die Verbesserung der Produktqualität, die Senkung der Kosten und die Erhöhung der Flexibilität. Kunden und deren Versicherungen sowie Vorgaben aus verschiedenen Zertifizierungen verlangen zunehmend den Einsatz von in den genannten Strategien enthaltenen Vorgehensweisen. Diese beinhalten Ansätze hinsichtlich der Verbesserung der Prozesse, der Beeinflussung des Verhaltens aller Beteiligten, der klaren Ausrichtung aller Handlungen auf wesentliche Ziele sowie der Förderung ganzheitlichen Denkens.

Die zunehmende Internationalisierung unserer Geschäftsprozesse einerseits sowie die heutigen Möglichkeiten der Kommunikationsmedien und der Informationstechnik andererseits fordern und fördern die Verteilung von Leistungsprozessen. Daher erfolgt auch die Entwicklung von Produkten zunehmend im globalen Maßstab.

Neben der aus den Prozessen resultierenden Komplexität sehen wir uns auch einer zunehmenden Anzahl von Systemen und Objekten sowie auch Vernetzung in unseren Produkten gegenüber. Immer mehr Teilfunktionen sind zu realisieren, immer mehr Vorschriften sind zu beachten, der gesamte Produktlebenszyklus muss im Voraus gedacht werden.

Der Markt drängt uns zu immer mehr Produktvarianten bis hin zu kundenindividuellen Lösungen. Um die Komplexität der Vielfalt einerseits sowie die Anforderungen an Kosten, Geschwindigkeit und Qualität noch erfüllen zu können, arbeite man mit einer zunehmenden Zahl von komplexen Werkzeugen (CAD, PLM, ERP, FEM).

Komplexität spielt aber nicht nur bei den von uns zu entwickelnden technischen Systemen eine Rolle. Soziale und soziotechnische Systeme weisen zum Teil eine noch viel höhere Komplexität auf. Ihre Einbeziehung in die Entwicklung technischer Systeme ist von großer Bedeutung, da wir Gesichtspunkte der Fertiger, Monteure, Eigentümer, Juristen, Controller, Recycler, Kunden/Bediener, Instandsetzer und anderer berücksichtigen müssen. Das bedeutet, dass intensive Formen der Kooperation zwingend erforderlich sind.

Ziel der Entwicklungsbemühungen müssen erfolgreiche Produkte sein, da diese eine wichtige Voraussetzung für Geschäftserfolg und eine prosperierende Wirtschaft sind. Die ausreichende Nachfrage auf Kundenseite ist dabei so wichtig wie die wirtschaftliche Leistungserbringung der Anbieter.

Vom Individuum bis hin zur großen Projektorganisation

Ingenieure arbeiten überwiegend in Unternehmen und es werden Problemlösungen von ihnen erwartet. Dabei erfolgt ein Wechsel zwischen Individualarbeit, Mitwirkung in Teams/Gruppen sowie auch im Gesamtgefüge der Leistungserstellung.

Die Prozesse der Produktentwicklung werden von Menschen vorangetrieben, die einzeln und in Kooperation mit anderen möglichst effektiv und effizient auf ein gemeinsames Ziel hinarbeiten. Operativ gesehen müssen wir neue Produkte zielgerichtet entwickeln und Änderungen an vorhandenen Produkten durchführen. Aus strategischer Sicht müssen wir unsere Kompetenzen ausbauen und neue Formen der Zusammenarbeit schaffen.

Handlungen werden von uns entweder als Individuum oder in Teams ausgeführt. Wir bewegen uns dabei in der Organisationsstruktur eines Unternehmens oder eines ganzen Unternehmensverbunds. Dabei sind Individuen, Teams und die Organisation sowohl unmittelbar als auch indirekt über ihre Arbeitsergebnisse vielfältig untereinander vernetzt.

Im Bereich der Produktentwicklung sind möglichst umfassende Kenntnisse über das Produkt und die in Produkt und Prozess genutzten Technologien erforderlich. Des Weiteren ist der Produktlebenszyklus von der Produktentstehung über die Formen der Produktnutzung bis hin zum Recycling zu berücksichtigen. Wissen ist nicht nur für die Individualarbeit von Bedeutung, es muss auch in die gemeinsame Gruppen- und Teamarbeit eingebracht und so mit anderen Personen geteilt werden. Auch die Erfahrung spielt neben dem erlernten Wissen in diesem Zusammenhang eine wichtige Rolle.

Bei der Entwicklung eines Produkts muss uns klar sein, wie wir die Aufgabenstellung angehen müssen, um sie erfolgreich lösen zu können. Wir sprechen diesbezüglich von Handlungswissen, welches uns hilft, die richtigen Handlungen in der richtigen Abfolge zu veranlassen oder durchzuführen.

Da die Zusammenarbeit mit anderen Personen und Organisationen in jedem Fall zwingend erforderlich ist, müssen wir ein Mindestmaß an Sozialkompetenz aufweisen. Schulungen im Bereich der sozialen Qualifizierung müssen auf Verhaltensänderungen zielen, auch wenn diese nur langsam erreicht werden können. Führungskräfte übernehmen dabei eine wichtige Rolle als Vorbilder, Multiplikatoren und Promotoren der angestrebten Unternehmens- und Arbeitskultur.

Individuum im Entwicklungsprozess

Menschen als Individuen haben eigene Ziele. Der Entwickler möchte seine Ideen umsetzen und dabei keinen Fehler machen. Der Entwicklungsleiter will innovative Lösungen, aber ohne dabei ein Risiko einzugehen. Der Produktionsleiter möchte möglichst erprobte Fertigungsprozesse einsetzen und dennoch eine moderne Fertigung leiten. Angeborene und angeeignete Elemente, wie Wahrnehmung, Motivation, Emotion, Kreativität, Verhalten, Erfahrung, Wissen, Fähigkeiten und viele andere Dinge, unterscheiden uns voneinander. Darin liegen Herausforderungen und Chancen.

Wie können wir als Individuen ein gutes Produkt entwickeln oder zumindest unseren Anteil zu einem guten Ergebnis beitragen? Zunächst muss die Komplexität der zu entwickelnden Produkte und der dazu benötigten Prozesse von uns beherrscht werden. Allerdings besitzt das menschliche Gehirn nur eine begrenzte Kapazität und ist auch nur eingeschränkt fähig, vernetzte und komplexe Informationen zu verarbeiten.

Viele denkpsychologische Untersuchungen zum Umgang mit Komplexität zeigen besonders im Fall dynamischer Systeme unsere Begrenztheit. Hinzu kommt eine eingeschränkte Fähigkeit zur Extrapolation nichtlinearer Zusammenhänge und zum Erkennen von Fernwirkungen. Unsere „angeborenen" Grenzen führen daher immer wieder zu einem fehlerhaften Handeln, wie die Vernachlässigung der Analyse zu Beginn einer Entwicklung, die mangelnde Sensibilität hinsichtlich möglicher Zielkonflikte oder das Festhalten an starren Plänen ohne ausreichende Reflexion.

Diesem fehlerhaften Handeln können bestimmte Vorgehensweisen und Verhaltensmuster entgegenwirken, sofern sie ganzheitliche Ansätze unterstützen, Alternativen aufzeigen, einen Wechsel der Standpunkte fordern und kritisch hinterfragend geprägt sind. Auch die Arbeit im Team kann eventuell bei dieser Problematik helfen.

Beim Vorgang der Produktentwicklung können wir uns an verschiedenen Konkretisierungsebenen orientieren. Diese Ebenen werden schrittweise von abstrakten hin zu konkreteren Ausprägungen bearbeitet. Dabei wird in einer frühen Entwicklungsphase die Anforderungsliste erarbeitet, später folgt das Konzept als prinzipielle Lösung und darauf aufbauend nach weiteren Zwischenstufen die Ausarbeitung der Fertigungsunterlagen. Im realen Prozess kommt es dabei zwar zu zahlreichen Iterationen, dennoch lässt sich der Verlauf insgesamt als vom Abstrakten zum Konkreten bezeichnen.

Das für die Arbeit des Entwicklers erforderliche Wissen besteht aus seinen Erfahrungen, den erlernten Fakten und Vorgehensweisen mit den jeweiligen Zusammenhängen sowie den verfügbaren Informationen und Erkenntnissen bezüglich der aktuellen Situation. Zusätzliche ihm bekannte und nutzbare Informationsquellen (Bücher, Kollegen, Internet) können seine persönlichen Wissensumfänge ergänzen. Ein ausreichender Informations- und Wissensstand ist Voraussetzung für die Effizienz und die Effektivität der weiteren Entwicklungsschritte.

Jeder am Entwicklungsprozess Beteiligte bildet für sich eine individuelle und damit subjektiv geprägte Sicht auf das Problem. Der Grund dafür liegt darin, dass wir nicht für das eigentliche, objektiv vorhandene Problem Lösungen suchen, sondern immer für unsere individuelle Interpretation davon. Die intensive Analyse des Ziels ist für den Erfolg eines Produktentwicklungsprozesses entscheidend, da auf diesem Weg unser Bild von der Problemstellung maßgeblich geprägt wird.

In Form von Skizzen, Beschreibungen, Listen, Zeichnungen oder CAD-Modellen schaffen die Entwickler nun schrittweise eine zunehmend detailliertere Dokumentation des neuen Produkts und des Entwicklungs- und Herstellprozesses. Dabei spielt die vorausschauende Analyse der zukünftigen Funktionen und der Produkteigenschaften (Gewicht, Herstellkosten, Zuverlässigkeit, Bedienbarkeit) eine sehr große Rolle.

Das jeweils genutzte Wissen und das Problemverständnis haben einen starken Bezug zum Individuum Entwickler, während die Produktbeschreibung wie auch die Analysen eher objektiv erfasst werden können.

In der industriellen Praxis wird die Auseinandersetzung mit der Problemstellung sehr häufig zu wenig beachtet. Dies führt zu einem sehr schnellen Übergang von einer kurzen Aufgabenklärung hin zur Lösungsfindung. Da jeder Beteiligte seine persönliche Vorstellung von der Problemstellung entwickelt hat, sind Schwierigkeiten bei der Entwicklung und Herstellung des Produkts programmiert. Da die zu entwickelnden Produkte zunehmend multidisziplinär zu betrachten sind und der Zeitdruck auf die Entwicklung tendenziell stets zunimmt, muss eine Produktentwicklung auf viele Schultern verteilt werden. Dies erfordert eine intensive Kommunikation und Kooperation der Beteiligten, aber auch die ausreichende Übereinstimmung der Vorstellungen von den zu bearbeitenden und zu lösenden Problemen.

Teamarbeit als Form der Kooperation

Individuen arbeiten aus Gründen der Arbeitsteiligkeit, des Zugewinns weiterer Kompetenzen oder der Nutzung von Synergien in Teams zusammen.

Ein Team klärt bestimmte Probleme, erarbeitet Lösungsvorschläge oder löst Aufgaben. Teamarbeit wird wegen der zunehmenden Vernetzung unterschiedlicher Disziplinen sowie des hohen Leistungsdrucks als wichtig erachtet. Fähigkeiten zur Teamarbeit, nämlich gut und zielorientiert zusammenzuarbeiten, sind bei der Auswahl und Weiterentwicklung des Personals von immer größerem Interesse. Die Bildung eines Teams allein führt aber noch nicht zum Erfolg. Diverse Untersuchungen zeigen, dass die Leistung eines Teams auch deutlich unter der Summe der Einzelleistungen der Teammitglieder liegen kann. Daher kommt der Frage der Zusammensetzung sowie auch der Arbeitsweise des Teams eine herausragende Bedeutung zu.

Teamarbeit wird neben der Fach- und Methodenkompetenz stark durch die Persönlichkeit und die Sozialkompetenz der einzelnen Mitglieder geprägt. Beeinflusst durch ihre eigene Persönlichkeit sowie die aktuellen Randbedingungen, wie z.B. die anderen Teammitglieder, nehmen Mitarbeiter in Teams bestimmte Rollen ein. So wird eine „schüchterne" Persönlichkeit kaum die Rolle eines „Antreibers" übernehmen.

Als wesentliche Bedingung für erfolgreiche Teamarbeit wird der offene Informations- und Gedankenaustausch unter den Teammitgliedern betrachtet. Dabei muss jedem Beteiligten klar sein, dass nicht alles Gesagte vom Gegenüber auch so verstanden wird, wie es gemeint ist. Daher ist eine sensible, konzentrierte und intensive Kommunikation mit jeweiliger Rückmeldung als „Feedback" sehr wichtig, um Missverständnisse zu vermeiden.

Wo Menschen in Organisationen zusammenarbeiten, bleiben Konflikte nicht aus. Diese lassen sich in ihrer Entstehung am besten am Verhalten der einzelnen Teammitglieder und ihrem Umgang miteinander erkennen. Natürlich sollten wir persönlichen Konflikten überhaupt keine Möglichkeit zur Entstehung geben. Sie lassen sich durch eine geeignete Zusammensetzung des Teams, durch geeignete Rahmenbedingungen und eine gute Informationspolitik weitgehend vermeiden. In diesem Zusammenhang ist aber zu beachten, dass reine Harmonie auch durchaus eine leistungsmindernde Wirkung haben kann, da wegen fehlender innerer Anspannung keine hohen Leistungen von den Teammitgliedern gefordert werden. Sachkonflikte können für die Entwicklung guter und innovativer Lösungen durchaus förderlich sein. Dieser Sachkonflikt muss eventuell sogar provoziert werden. Generell sollte in die Lösung von Konflikten ausreichend Zeit investiert werden.

Junge Teams brauchen Zeit, um sich zu finden und zu organisieren, bis sie ihre bestmögliche Leistung erbringen können. Nach längerer Zusammenarbeit reduziert sich die Leistung eines Teams meist wieder, da durch die sich einstellende Routine zunehmend Fehlentscheidungen getroffen werden. Das kritische Hinterfragen im Sinne eines diskursiv geprägten Vorgehens geht zurück und unterbleibt irgendwann ganz. Spätestens zu diesem Zeitpunkt sind Veränderungen in der Teamzusammensetzung dringend notwendig. Die Arbeit der Individuen als auch der Teams wird in hohem Maße durch das Umfeld mitgeprägt. Dabei spielt die Unternehmenskultur eine herausragende Rolle.

Diese Verhaltensweisen (soft skills) müssen bereits früh und intensiv geschult und trainiert werden. Ein Beispiel hierfür ist das „Tutorensystem Garching" an der Technischen Universität München, welches alle angesprochenen Aspekte der Teamarbeit in den ersten zwei Studiensemestern anspricht und in praktischer Arbeit einübt.

Entwicklungsprojekt

Jedes Unternehmen wie auch jede Fachdisziplin oder Abteilung hat eine spezifische Kultur, die durch die Mitarbeiter, die Unternehmensführung, die historische Entwicklung und natürlich auch die Märkte im Sinne einer Werte- und Normengemeinschaft geprägt ist. Selbst Unternehmen mit vergleichbaren Produkten und in gleichen Märkten weisen häufig erhebliche Unterschiede in ihrer Unternehmenskultur auf. Aspekte der Unternehmenskultur betreffen z.B. die Führung, die Kooperation, den Umgang mit Fehlern, die Bereitschaft zu Veränderungen und das Arbeitsklima.

Ähnlich muss auch die Sprache betrachtet werden. Unterschiedliche Terminologien und Deutungen sind zu überwinden.

Die Prozesse eines Entwicklungsprojekts erstrecken sich über sprachliche und kulturelle „Inseln" hinweg und müssen daher Lösungen haben, um diese Unterschiede positiv nutzen zu können. Wichtig ist die Kompetenz zur Kooperation verbunden mit dem Willen zur effektiven Kommunikation.

Die Kooperationskultur spiegelt die Bereitschaft sowie die Form der Zusammenarbeit wieder: Wie stark ist das Abteilungsdenken gegenüber den Gesamtinteressen ausgeprägt? Ein wesentliches Element ist heute die Veränderungskultur. Sind Veränderungen positiv und werden sie als Chancen aufgefasst oder werden sie als unangenehm angesehen und als risikoreich abgetan?

Führungskräfte sind aufgefordert und verpflichtet, die Unternehmenskultur in ihrem Bereich als Abteilungs- und Projektkultur stets weiterzuentwickeln.

... und wo bleibt das Industrial Design?

Bei Ingenieuren in der Produktentwicklung wird Kreativität als Fähigkeit vorausgesetzt. Wie die Diskussion der unterschiedlichen Ausprägungen der Ingenieursarbeit gezeigt hat, gilt das in sehr unterschiedlicher Weise.

Der diskursive Anteil an der Problemlösung hat für Ingenieure eine sehr hohe Bedeutung; so ist die abstrakte Formulierung von Zielen neben der Analyse ein wichtiger Schritt vor und während der Lösungssuche. Diese Zielformulierungen entstehen aus der Analyse einer bestimmten Situation oder der Evaluation einer vorhandenen Lösungsalternative und geben den entscheidenden Impuls zur Lösungsfindung.

Designer sind keine Ingenieure, sie sind auch keine Künstler, auch wenn im Einzelfall die eine oder andere Kombination gegeben sein mag. Bezogen auf die Welt der Entwicklungsingenieure gibt es im Industrial Design andere Vorgehensweisen und eine andere Sicht auf die Problemstellung.

Das ist zunächst nicht verwunderlich, da Designer auch eine andere Aufgabe im Entwicklungsprozess wahrnehmen als die beteiligten Ingenieure. So wird an die erforderliche Kreativität eines Designers ein anderer Anspruch gestellt als bei einem Ingenieur. Am ehesten gibt es Überlappungen der Arbeitsgebiete der Designer und der Ingenieure bei Fragen der Ergonomie.

Wie wirken sich nun diese Unterschiede in der Praxis aus? Es gibt – etwas vereinfacht und holzschnittartig dargestellt – drei Ausprägungen der gemeinsamen Arbeit von Designern und Ingenieuren.

Bei der ersten Ausprägung dominiert die Technik. Das Produkt wird von Ingenieuren entwickelt, dokumentiert und erprobt. Wenn das Erreichen der gestellten Ziele weitgehend abgesichert ist, muss ein Designer sich noch um die äußere Erscheinungsform kümmern. Damit bleibt das Aktionsfeld auf Teile der Verkleidung und die Farbgebung begrenzt. Änderungswünsche bezüglich der Anordnung einzelner Teilsysteme, der Bedienelemente und viele andere Punkte werden mit den Argumenten „geht nicht", „dafür ist jetzt keine Zeit mehr" oder „das ist zu teuer" abgelehnt. Typischerweise ist der hier beteiligte Designer frustriert, das Produkt ist nicht optimal.

Bei der zweiten Ausprägung wird zunächst das Design erarbeitet, der Geschäftsführung vorgestellt und dann unverrückbar festgelegt. Der Entwicklungsingenieur muss nun seine Funktionalität, seine Bemühungen um Standardisierung und um die Einhaltung der Herstellkosten und viele andere Punkte dem Design unterordnen. Der Designer tritt als „Star" vor die Presse und präsentiert das neue Produkt als sein Werk. Vielleicht hat der Ingenieur im Rahmen der Entwicklung mit einigen neuen Patenten technisch Hervorragendes geleistet, bedingt durch Designvorgaben ist aber das Ziel der Herstellkosten verfehlt worden und die Servicefreundlichkeit ist nicht an jeder Stelle gegeben. Hier ist der Ingenieur frustriert, das Produkt ist nicht optimal.

Bei der dritten Ausprägung arbeiten Designer und Ingenieure gemeinsam an der Problemlösung, soweit beide Disziplinen betroffen sind. Der Mehraufwand in den frühen Entwicklungsphasen zahlt sich durch geringere Iterationen und Kompromisse bei der Ausarbeitung und Realisierung aus. Hier gibt es nur Gewinner, die Produkte liegen näher an einer optimalen Lösung.

Schlussfolgerungen – Kooperation von Designern und Ingenieuren

Designer und Ingenieure müssen unterschiedlich geprägt sein, sie müssen eine jeweils andere Ausbildung erfahren, um ihre spezifischen Aufgaben erfüllen zu können. So wie wir für unser gesamtes unternehmerisches Handeln auch Kaufleute oder Juristen brauchen und heute kein Mensch mehr alle erforderlichen Kenntnisse und Fähigkeiten auf sich vereinen kann, so sind die unterschiedlichen Ausprägungen des Designers wie auch des Ingenieurs erforderlich.

Bei der weitaus überwiegenden Zahl der Produkte sind die Fähigkeiten und Kenntnisse beider Disziplinen unbedingt erforderlich. Dazu müssen auch diese zwei Disziplinen zusammenarbeiten, sie müssen kooperieren und kommunizieren können. Das müssen alle am Prozess Beteiligten aber auch können und wollen.

Wichtig sind jeweils Grundkenntnisse der anderen Terminologie, der Vorgehensweisen und der Probleme. Bei vorhandener Aufgeschlossenheit ist dieser Punkt relativ leicht zu lösen.

Wichtig ist die positive Motivation zur Kooperation, die durch ein entsprechendes Arbeitsklima unterstützt werden kann. Das ist in erster Linie eine Frage der Führung und der Unternehmenskultur.

Wichtig ist ein hohes Maß an Sozialkompetenz, die zu gegenseitigem Respekt und einer wiederkehrenden Reflexion, bezogen auf die durchgeführten Handlungen, führen muss.

Wichtig ist der Wille, die Zusammenarbeit im Sinne der Zielerreichung stets zu verbessern, um so letztlich im Wettbewerb die Nase vorn zu haben.

Literatur

Lindemann, Udo: Methodische Entwicklung technischer Produkte. Berlin/Heidelberg/New York: Springer 2004

Zusammenfassung

Jens Reese

Wenn im Jahrhundert des Designs das Zusammenspiel Ingenieur/Designer betrachtet wird, stößt man immer wieder auf die Schnittstellen von Ratio und Magie, die sich nur mühsam zur Deckung bringen lassen. Der viel beschworene Teamgeist zwischen den unterschiedlichen Welten endete in gegenseitiger indirekter/direkter geistiger Vorherrschaft und hinterlässt auch heute noch unterschwellig Unbehagen, wenn von einer Randständigkeit der Ingenieure die Rede ist, die mit der verstärkten Bedeutung des Marketing in den 60er Jahre ihren Anfang nahm. Der selbstgestellte und gewollte Gestaltungsauftrag der Konstrukteure und Gestalter ging in den Gestaltungswillen von Marketing und Design über. Diese Verschiebung machte den Konstrukteur, wenn es um das äußere Erscheinungsbild ging, mehr und mehr zu einem ausführenden Organ. Der entstandene verschärfte Interessenkonflikt über das technisch/funktionale „Schöne" und gestalterisch/richtige „Schöne" wurde zu einer Auseinandersetzung, wie die zwischen „Angewandter Kunst" und „Bildender Kunst" sowie zwischen Naturwissenschaft und Geisteswissenschaft. Es sind unterschiedliche Geschwisterpaare, die sich durch ihre verschiedenen Denksysteme als unvereinbar geben.

Die vom Auftraggeber gewollte und später vom Designer eingeforderte Zusammenarbeit ignorierte diesen Fakt. Ständig versucht eine Seite, Dinge für sich zu monopolisieren, die ihr gar nicht gehören. Steht so der Techniker über dem Designer oder der Designer über dem Techniker?

In den 20er Jahren war zum Beispiel das Verhältnis von Architekt und Ingenieur, die Abgrenzung der Arbeitsgebiete dieser beiden Berufe, eine der brennendsten Tagesfragen in der Architektur. Erfahrungen aus der Praxis lehrten: Wer weiß, „…wie wichtig ein verständnisvolles Zusammenarbeiten von Architekt und Ingenieur ist, wird einsehen, dass Architekt und Ingenieur nicht gegeneinander arbeiten dürfen, und das Heil nicht ausschließlich bei diesen oder jenen liegt, sondern dass allein ein Zusammenwirken die Entwicklung zum Guten fördern kann", schrieben die Dipl.-Ing. Arch. Fritz Schupp und Martin Kremmer in ihrer Veröffentlichung „Architekt gegen oder und Ingenieur" (Verlag „Die Baugilde" W. & S. Loewenthal, Berlin 1929).

Walter Gropius und Hugo Junkers bemühten sich um die Umsetzung dieser gegenseitigen Erkenntnis. Max Bill und Tomás Maldonado scheiterten daran. „Der Versuch, das Bauhaus buchstäblich weiterzuführen, käme einem nur restaurativen Bemühen gleich." Für Max Bill blieb der Gestalter dem Ingenieur übergeordnet. Sein Kollege Hans Gugelot verstand sich dagegen als Ingenieur-Designer, der jegliche Stilausprägung in der Gestaltung von Produkten von sich wies und damit ungewollt den Grundstock für den Stil der Fa. Braun lieferte. Die intellektuelle Alleinstellung als Anspruch konnte allerdings nicht eingehalten werden. Die Dominanz, sowohl auf der einen, als auch auf der anderen Seite, bleibt eine Gratwanderung. Arnold Bode meint: „Lediglich vom Zweck bestimmte Ingenieuraufgaben führen bei sorgfältiger Entwicklung gelegentlich zu Lösungen vollendeter Zweckmäßigkeit. Freie Formgestaltung hat hier keine Aufgabe mehr. Derartige Lösungen überzeugen unmittelbar als schöpferische Leistung, die in Vollendung immer schön ist" (iF-Broschüre 1963). Das heißt, dass Technik ohne jeden ästhetischen Anspruch im Ergebnis fragwürdig sein kann, auch wenn sie auf umfassendem technologischem Spezialistentum fußt. Für Philip Rosenthal war Design nur bedingt eine Einzelleistung. „Es ist ein Hin und Her zwischen Designer, Techniker und Marketing-Mann", wie er sich u.a. zum Bundespreis „Gute Form" am 17. Januar 1978 im Deutschen Museum München zum Thema „Design-Verkaufsförderung oder Lebensqualität?" äußerte.

In diesem „Hin" und „Her" war der aufgeklärte Partner nur bedingt erwünscht. Wurde eine intellektuelle Auseinandersetzung wirklich ernsthaft angestrebt? Dies erklärt vielleicht Meinungen wie: „Design ist Chefsache" oder „Design macht man nur mit Freunden". Letzteres bezieht sich allerdings eher auf eine Autoritätsgläubigkeit und weniger auf gegenseitige Akzeptanz. Dabei ist es keine Frage, ob der Ingenieur sich der Sprache des Designers bedient, sondern der Designer soll möglichst auf die Sprache der Ingenieure eingehen. Sprache ändert das Bewusstsein, aber ändert die Sprache auch das festgelegte Denksystem? Und kann man in zwei Denksystemen überhaupt zu Hause sein? Es verdichtet sich die Tatsache, dass es nur in ganz wenigen Ausnahmefällen möglich ist, denn die Priorität bevorzugt meist die jeweilige vorherrschende Richtung. Auch wenn der Ingenieur mit dem heutigen technischen Equipment ebenfalls ein vergleichbarer Bilderzeuger geworden ist, verändert dies nicht das spezifische Denksystem. Verändert hat sich aber in der letzten Zeit das Rollenverständnis Ingenieur/Designer, wenn es heißt, die Ingenieure sollten die Rolle des „Mit"-Entscheiders wieder glaubhaft werden lassen. Die Aufforderung an die Ingenieurwissenschaften, sie müsse ihre Dialogfähigkeit wieder zurückgewinnen, ist allerdings nicht neu. Sie steht immer wieder zur Diskussion an, wenn es um das Verhältnis Nutzer, Designer und Ingenieur geht, denn die Schnittstelle des „Hin und Her" erzeugt nach wie vor in Entwicklungsbereichen zu hohe ökonomische Reibungsverluste, die eigentlich unnötig sind, wenn man weiß, dass ein gutes Produkt eine notwendige Voraussetzung ist, aber keine hinreichende mehr. Der komplizierte Sachverhalt wird erst gemildert, wenn das Design von der Führungsebene gewollt und auch getragen wird. Den Kausalitäten des „Hin und Her" wurde in den Betrachtungen nachgegangen und in den Beiträgen zum „Ingenieure und seine Designer" aufgezeichnet.

Problemlösungskonsequenz

Es bieten sich mehrere Problemlösungskonsequenzen an, wenn es um die multiplikative Verknüpfung zweier Komponenten zur Optimierung der Arbeitstätigkeit geht. Eine Problemlösung bedeutet, die Schnittstelle als schöpferische Reibungsfläche zweier Denksysteme zu verstehen. Hartmut Seeger, Forschungs- und Lehrgebiet Technisches Design an der Universität Stuttgart, spricht von einer Konstriktion, die für viele Innovatoren geradezu tragisch ist. Aber wollen und können sich Ingenieure und Designer verstehen, wenn jeder sein Selbstbild höher einschätzt als das des anderen? Erklärt sich hieraus das Kompensieren einer zum Teil überzogenen Selbstdarstellung des Designs? Hier stehen sich „hard skills" und „soft skills" mit ihren besonderen Fähigkeiten gegenüber. Es sind die jeweils spezifischen Begabungen, Talente und Fertigkeiten mit besonderen Eigenschaften der Sachkenntnisse, die für den Ingenieur messbare Größen darstellen und für den Designer weniger messbare. Die Grundzüge der Interessenlagen sind, wie neuere Forschungen belegen, für jeden genetisch determiniert. Dies beinhaltet nach Winfried Hacker, Lehrstuhl für Psychologie an der TU München, eine begrenzte Mentalkapazität, wenn es um das Beherrschen beider Disziplinen geht.

Resultiert daraus, dass der Designer als „soft skill" eher die Möglichkeit hat, in die Welt des logischen Denkens der Ingenieure einzudringen, als umgekehrt der Ingenieur als „hard skill" in die weniger messbare Welt der Designer? Das daraus entstehende Ungleichgewicht des gegenseitigen Verstehen-Wollens und -Könnens erfordert erweiterte Verhaltensmuster.

In vielen Bereichen der Industrie versucht man in gezielten Weiterbildungsseminaren die Kluft zwischen „hard skills" und „soft skills" durch das Training zur Teamfähigkeit in den Griff zu bekommen und in ein „Mitarbeiterorientiertes Handeln" umzuwandeln. Eine glaubhafte Umsetzung bietet die Chance einer „Co-Evolution" zwischen Ingenieuren und Designern mit dem Wissen um die kausalen Zusammenhänge verschiedener Denksysteme. Welche Konsequenz ergibt sich daraus für die Sicht der Ingenieure? Vielleicht erhalten sie mehr Basiswissen über Gestaltung und kommen weg von vorgefassten stereotypen Wahrnehmungen? Auf alle Fälle geht es um persönliche Einstellungen. Und es ist zweierlei, ob man konstruiert oder sich nur mit Konstruktion beschäftigt, ob man Design macht oder sich nur mit Design beschäftigt. Es ist wie Theorie und Praxis, Aktiv und Passiv bis zu dem Punkt, wo zunehmend Theorie zur Alltagspraxis wird und dadurch zu einem Paradoxon führt oder, anders gesagt, wenn Theorie Praxis ist, führt es zu paradoxen Situationen durch verschiedene Realitäten, eben zu einer ersten und zweiten Realität.

Sozialkompetenz wird heute den Naturwissenschaftlern abverlangt, wenn sie in die Wirtschaft gehen. Tagesanforderungen an sozialer Kompetenz machen bis zu 50 % der Tätigkeit aus: Wie verhält es sich mit den Kenntnissen über das jeweilige Milieuverhalten oder die „ästhetische Erziehung/Bildung"?* Es sind offene Fragen zum gegenseitigen Rollenverständnis mit neuen Anforderungen an beide Berufsgruppen. Der Ingenieur-Designer als Mediator? Jürgen Habermas meint: „Jeder kompetente Sprecher hat gelernt, wie er das System der Personalpronomina verwenden muss; zugleich hat er damit die Kompetenz erworben, im Gespräch die Perspektiven der ersten und der zweiten Person auszutauschen". Jedermann, so findet Habermas, sei schon aus grammatikalischen Gründen in der Lage, sich in die Schuhe des anderen zu versetzen. Darin gründe „die kooperative Erzeugung eines gemeinsamen Deutungshorizontes". Wo dieser vorhanden ist, wird man sich auch verständigen können.

Eine **innovative Erkenntnis** ist daraus zu ziehen: Der heutige Wissensstand erklärt die Konstriktionen zwischen den beiden unterschiedlichen Partnern. Dieses Wissen sollte in der Auseinandersetzung zu einem anderen gegenseitigen Sprachverständnis und zu einer gegenseitig zuerkannten Kompetenz führen.

Eines bleibt im Kern: beide Disziplinen erfinden und entwickeln im innovativen/kreativen Prozess Produkte. Der Ingenieur konstruiert und ermöglicht Formen. Der Designer konzipiert und entwirft zeitgemäße Formen. Design und Engineering wachsen proportional mit dem Kaufentscheid für das gestalterisch richtige Produkt durch höhere Qualität zu geringen Kosten. Die Multiplikation schmälert angeblich Leistung und Wert der Ingenieurarbeit und ermöglicht zugleich den Erfolg des Designs. Letzterer gehört beiden Disziplinen, da sie in einer Abhängigkeit zueinander stehen.

---

* Vortrag von K.H. Spinner: Ästhetische Bildung im interdisziplinären Kontext. Kolleg Universität Paderborn, Juni 2004.

Der heutige Weiterbildungs- und Theoriedruck

Der erforderliche Wissenserwerb, z.B. über Grundkenntnisse der Ästhetik, über eine ästhetische Erziehung, heißt:

- Basiskenntnisse in der Kunstgeschichte und praktische Minimalkompetenz im Fach Gestaltung sollten in etwa der gymnasialen Oberstufe entsprechen.
- Studierende der Ingenieurwissenschaften und des Industrial Design, die nicht über entsprechende Kenntnisse verfügen, sollten diese vor Aufnahme ihres Studiums erwerben.

Das Ziel sollte sein:
- Die Fähigkeiten des Erkennens wesentlicher ästhetischer Prozesse und Strategien im kulturellen Kontext und historischen Hintergrund sollten gegeben sein.
- Die Bereitschaft, Wissen und Können situationsangemessen und verantwortungsbewusst in Übereinstimmung mit berufsethischen Grundsätzen einzusetzen, ist der richtig reflektierte Umgang, um zuerkanntes Wissen akzeptieren zu können.
- Den Ingenieuren und Designern ist durch Vermittlung dieser Kompetenz ein geeignetes Instrumentarium zur Bewertung an die Hand gegeben: Das Erzielen eines Konsenses über ästhetische Wertvorstellungen durch Kommunikation, denn allgemeiner Geschmack nivelliert. Erst die Einstellung bestimmt das Verhältnis zur Wirklichkeit: ein individuelles oder kollektives Verhalten.
- Das Basismodul im Kerncurriculum zeichnet sich durch eine „ästhetische Erziehung und Praxis" aus: Es ist die Förderung formalästhetischer Wahrnehmungsweisen. Wenige identische Parameter in Grundsatzfragen der Gestaltung erleichtern die Bewertung eines Produktes.

Das Problem ist ein fundamentales – besonders dann, wenn es komplett an ästhetischem Urteilsvermögen fehlt. Hier mag eine Erkenntnis des deutschen Physikers und Schriftstellers Georg Christoph Lichtenberg (1742–1799) helfen: „Ich kann es freilich nicht sagen, ob es besser werden wird, wenn es anders werden wird, aber soviel kann ich sagen: Es muss anders werden, wenn es gut werden soll". Mit den Worten von Kurt Tucholsky (1890–1935) gesagt: „Lass Dir von keinem Fachmann imponieren, der Dir erzählt: ‚Lieber Freund, das mache ich schon 20 Jahre so!' Man kann eine Sache auch 20 Jahre lang falsch machen".

Anhang

Die Autoren

Grosse, Hatto, geb. 1956 in München, absolvierte zu Beginn seiner beruflichen Entwicklung eine Lehre als Werkzeugmacher in der Industrie und studierte danach Industriedesign in Schwäbisch Gmünd und arbeitete danach im Rahmen eines Stipendiums im Designbüro Richardson/Smith in Columbus/Ohio. Anschließend erhielt er eine Anstellung bei Siemens Design in München. Inhalt und Schwerpunkte bei seiner Entwurfstätigkeit bildeten u.a. Projekte für die Unternehmensbereiche Medizintechnik, Automobiltechnik, Bürokommunikation, Verkehrstechnik und Lichttechnik, verbunden mit der Verantwortung als Designmanager für den Gesamtprozess bis zur Realisierung. Hinzu kamen weitere Projekte, die mit renommierten Partnern umgesetzt wurden: Anta, Hamburg (Leuchten), Chinon, Japan (Drucker/Faxgeräte), Daimler-Benz, Stuttgart (Motordesign), Duewag, Düsseldorf (Straßenbahnzüge), Gammasonics, Chicago/USA (Röntgengeräte), Kodak, Dayton Ohio/USA (Drucker), Knoll International, New York/USA (Stühle), Leitner, Stuttgart (modulare Messestände), Krauss-Maffei, München (Lokomotiven), Mannesmann Tally, Ulm (Drucker), Mannesmann Kienzle, Villingen-Schwenningen (Drucker), Siteco, Traunreut (Leuchten). Die Entwürfe wurden teilweise mit internationalen Designpreisen ausgezeichnet. Anmeldung mehrerer Patente. Im Dezember 2002 erfolgte die Berufung zum Professor an die Köln International School of Design.

Hacker, Winfried, geb. 1934 in Dresden. Studium der Psychologie (Diplom-Psychologe), Promotion, Habilitation (Dr. rer. nat. habil.). Assistententätigkeit und Dozentur. Arbeit in der Wirtschaft. Professur für Psychologie (Arbeits- und Organisationspsychologie; später Allgemeine Psychologie) an der TU Dresden 1968–2000. Derzeit kommissarischer Leiter der Professur für Psychologie an der TU München, Hauptarbeitsgebiete an der Nahtstelle von Arbeits- und Organisations- sowie Kognitionspsychologie, z.B. Unterstützungssysteme für Entwurfsprozesse und Diagnoseprozesse.

Haslacher, Thomas, geb. 1947 in Stuttgart, aufgewachsen in Brasilien. 1968 Beginn des Studiums Industriedesign an der ESDI in Rio de Janeiro, danach an der Folkwangschule für Gestaltung in Essen mit dem Abschluss Dipl.-Designer an der GH Essen. 1976 freier Mitarbeiter im Studio Seiffert in Mailand und bühnenbildnerische und grafische Tätigkeiten an den Städtischen Bühnen Freiburg. 1979 freie Mitarbeit bei Prof. Seiffert, München, im Bereich Personal-care-Produkte für den japanischen Markt. 1985 eigenes Büro in Starnberg mit dem Schwerpunkt Elektrogeräte. 1987 Lehraufträge an der FH Pforzheim. Seit 1990 Gestaltungsbüro Haslacher in München mit drei freien Mitarbeitern. Schwerpunkt der Leistungen ist die Gestaltung von Schienenfahrzeugen und deren Innenausstattungen, z.B. den spanischen Hochgeschwindigkeitszug AVE S-102, die Hochleistungslok „TAURUS", Doppelstock-Steuerwagenköpfe. Kunden sind u.a. die DB AG, Alstom/LHB, Krauss-Maffei, Siemens, Bombardier, Talgo. Projektarbeit an der FH Graz.

Hosak-Robb, Barbara, genannt Bibs, geb. 1955 in Neu-Ulm. Studium Industrial Design an der FH München. 1979 Abschluss als Dipl.-Designerin. 1980–1981 verantwortliche Designerin für Kleine Hausgeräte und „Braune Ware" der Bosch-Siemens-Hausgeräte GmbH. 1981 Beginn der freiberuflichen Tätigkeit, Bibs Design London. Studium am Royal College of Art, London, in freier und angewandter Kunst mit dem Schwerpunkt experimentelle Produktgestaltung. 1982/83 Stipendium des Deutschen Akademischen Austauschdienstes für London. 1983 Scholarship of the Stewart Wrighton Charity Trust. 1984 Master of Arts (RCA), Titel des Royal College of Art, London. Danach freie Mitarbeiterin im Designbüro Schlagheck-Schultes. 1987–1988 Esskonzept und Interior Design der Kunstdisco Seoul; offizieller kultureller Beitrag der BRD an den Olympischen Sommerspielen in Seoul 1988. Von 1990–1994 Tätigkeit als Gastprofessorin an der Hochschule der Künste, Berlin, für Entwurf/Produktgestaltung im Fachbereich Design. Seit 1992 Bibs Industrial Design Consulting. Mitbegründerin des Europäischen Designerinnen Forums 1992 und von 1997–1998 Vorstandsfrau des EDF. Seit 1999 Tätigkeit als Gutachterin für Industrie-Design und Publizistin. Diverse Vorträge, Veröffentlichungen, Ausstellungen und Auszeichnungen sowie Arbeiten in Museen und Sammlungen. Lebt und arbeitet seit 1984 in München und London.

Jochum, Helmut, geb. 1955 in Merschweiler. Nach dem Studium Industrial Design in Darmstadt und Manchester Arbeit als Möbeldesigner in der Schweiz. Danach für 3 Jahre Wechsel in die Produktentwicklung von Hewlett Packard, wo er während des Studiums schon als Praktikant und Diplomand tätig war. 1988 Eintritt bei Mercedes Benz in die neu gegründete Abteilung Corporate Design, in der er als Teamleiter und stellvertretender Abteilungsleiter für Mercedes Zubehör- und Accessoires mitverantwortlich war. 1990 wurde er von Siemens abgeworben und begleitete dort verschiedene leitende Positionen, davon 5 Jahre in den USA. In der folgenden Zeit Leiter des Geschäftsfeldes Digitale Medien bei der Siemens Design und Messe GmbH, später designafairs, und anschließende Arbeit als Creative Director in einer Internetagentur. Seit 2002 selbstständige Tätigkeit als Designer und Design Consultant in München.

Körner, Arno, geb. 1953 in Würzburg. Lehre als technischer Zeichner, Studium des Maschinenbaus an der FH Würzburg-Schweinfurt sowie an der FH München im Fach Industrie-Design. Abschluss als Dipl.-Designer. 1980 Gründung der ID DESIGN AGENTUR, die seitdem mit 16 Designern den internationalen Kundenstamm betreut. Die Kunden, die in über 30 verschiedenen Branchen zu finden sind, profitieren vom Full-Service. 2000 Gründungen von Niederlassungen in North Carolina, ID Design/LLC, USA, und Izmir, Türkei. Tätigkeitsfelder im Produktdesign, 3D-Konstruktion, Modellbau, Grafikdesign, Webdesign, Multimedia, Fotodesign. Auszeichnungen: Gute Industrieform (iF) Hannover, Design-Auswahl des Design Center Stuttgart, Die Neue Sammlung, München, Design Innovation (roter Punkt) Design Zentrum Nordrhein-Westfalen, Worldstar Award Packaging Design, Chicago.

Kraus, Wolfgang, geb. 1950 in Lichtenfels. Dipl.-Designer (FH). Ausbildung an der Fachhochschule Schwäbisch Gmünd. Bildhauerei und plastisches Gestalten bei Prof. Nuss. Ausbildung zum Sicherheits-Ingenieur/REFA. Als Designer tätig bei Moll Design, der Klöckner Humboldt Deutz AG und bei der Neoplan/Auwärter, Stuttgart. Danach bei der MAN Nutzfahrzeuge AG, München. Chef-Designer für die Produkte der MAN Nutzfahrzeuge AG. Ernennung zum Professor an die HAW Hamburg, Fachbereich Fahrzeugtechnik und Flugzeugbau mit dem Lehrgebiet Fahrzeugkonzepte, Fahrzeug-Design. Designberater der MAN Nutzfahrzeuge AG und freiberufliche Designentwicklungen für die Fahrzeug- und

Zulieferindustrie. Forschungs- und Entwicklungstätigkeit zu den Themen Fahrzeugdesign, -konzepte und -ergonomie. Designpreise des Design Zentrum Nordrhein Westfalen – red dot award 1993 (Auszeichnung für Höchste Designqualität, Stadtlastwagen 2000) sowie den iF product design award, Hannover 2001, für die neue LKW-Baureihe TG-A. Vorsitzender des Programmausschusses der VDI Karosseriebautagung. Zahlreiche Veröffentlichungen in Fachpublikationen, Vortragstätigkeit bei Seminaren und fachwissenschaftlichen Veranstaltungen.

Kupetz, Andrej, (36) ist seit 1999 Geschäftsführer und Fachlicher Leiter des Rates für Formgebung/German Design Council, Frankfurt am Main. Der Rat für Formgebung ist die auf Bundesebene verankerte Institution der Designförderung in Deutschland. Neben der internationalen Design Promotion bilden Zukunftsfragen der Gestaltung im wirtschaftlichen und kulturellen Kontext den Mittelpunkt der institutionellen Arbeit. Andrej Kupetz studierte Industriedesign, Philosophie und Produktmarketing in Berlin, London und Paris. Nach selbstständiger Tätigkeit als Design Manager war er Bereichsleiter am Design Transfer Institut der Universität der Künste Berlin und wechselte 1997 zur Deutschen Bahn AG. Dort war er für die Markenführung im Konzern sowie für die Implementierung verschiedener Corporate Design Prozesse verantwortlich. Kupetz ist Mitglied im Fachbeirat des Design Management Institute Boston und im Aufsichtsrat der Hochschule der Künste Braunschweig. Er lehrt als Gastprofessor an der Universität der Künste Berlin und veröffentlicht regelmäßig zu aktuellen Designthemen in den Zeitschriften Design Report, Form und Horizont.

Lehnertz, Klaus, geb. 1938, Diplomsportlehrer, staatl. gepr. Skilehrer, Universitätsprofessor i.R. In der aktiven Zeit Professur für Sportwissenschaft an der Universität Kassel mit dem Arbeitsschwerpunkt Bewegungs- und Trainingslehre. Zahlreiche Veröffentlichungen, u.a. Mitautor des Handbuchs der Trainingslehre. Im Hochleistungsalter Stabhochspringer (Bronzemedaille 1964 in Tokio).

Lindemann, Udo, geb. 1948. Maschinenbaustudium an der Universität Hannover, Promotion auf dem Gebiet der Konstruktionstechnik an der TU München. 1980–1995 Tätigkeiten in verschiedenen Funktionen in der Industrie, u.a. Renk AG in Augsburg: Konstruktionstechnik, CAD, Aufbau und Leitung eines Produktbereichs im Sondermaschinenbau; MAN Miller Druckmaschinen GmbH in Geisenheim: Vorsitz der Geschäftsführung und Restrukturierung des Unternehmens. Seit 1995 Ordinarius an der TU München, Lehrstuhl für Produktentwicklung mit den Schwerpunkten Methoden, Prozesse und Tools sowie Innovation, Konzeptfindung, Wissensmanagement, Nachhaltigkeit und Kostenmanagement. Mitglied im Board of Management der Design Society, in der WGMK (Wissenschaftliche Gesellschaft für Maschinenelemente, Konstruktion und Produktentwicklung) und im Berliner Kreis.

Naumann, Peter, geb. 1961 in München. Studium an der Hochschule für Gestaltung in Offenbach und am renommierten Royal College of Art in London. Seit 1991 selbstständig mit dem Büro naumann-design in München. Die Symbiose, Fahrzeug- und Industriedesign anbieten zu können, begründet den wirtschaftlichen Erfolg. Mittlerweile zählen Kunden aus aller Welt zu den Auftraggebern von naumann-design. Seit 15 Jahren beschäftigt sich Peter Naumann intensiv mit dem Design von Motorrädern. 1992–1994 als freier Designer für den Motorradbereich von BMW tätig. Danach folgten Projekte für Honda, Yamaha, Kymco, MZ und Touratech. Die MZ 1000S, die 2003 auf den Markt kam, wurde für ihr Design mehrfach ausgezeichnet. Seit 2003 Lehrbeauftragter im Fach Industrie Design an der FH München.

Neumeister, Alexander, geb. 1941. Absolvent der Hochschule für Gestaltung in Ulm sowie Stipendiat der Tokyo University of Arts, Department Industrial Design. 1970 gründete er Neumeister Design – ein Büro, das sich auf die Gestaltung technisch komplexer Produkte spezialisiert hat. Lange Jahre arbeitete er als externer De-signer für die Bereiche Neue Verkehrssysteme, Kybernetik, Raumfahrt und Medizintechnik von MBB. Später kamen weitere deutsche Großunternehmen wie die Deutsche Bahn, Thyssen Henschel, BMW, Siemens, Loewe und Grundig hinzu. Seit 1990 ist er Designberater für Hitachi, Japan. Seine bekanntesten Arbeiten sind die Gestaltung der Hochgeschwindigkeitszüge ICE (ICE-V und ICE 3/ ICE-T), das Design für die Magnetschwebebahnen Transrapid – dessen Design 1999 mit einer speziellen Briefmarke gewürdigt wurde – oder das Design des schnellsten Reisezugs der Welt, des Shinkansen Nozomi 500, für den er als erster Ausländer, zusammen mit Hitachi und JR-W, 1998 den kaiserlichen Erfinderpreis in Japan erhielt. Gleichzeitig betreute er im Vorstand und als Vice President des ICSID (International Council of Societies of Industrial Design) 1983–1987 das Portfolio „Design and Developing Countries". Seit 1990 arbeitet er schwerpunktmäßig in Deutschland, Japan und Brasilien. 2000 wird aus Neumeister Design: Neumeister und Partner, Industrial Design.

Ostermann, Jupp, geb. 1944 in Freiburg/Brsg. 1964–1968 Studium der Zahnmedizin und 1968–1978 Designstudium an der Werkkunstschule (später Fachhochschule) Köln. Von 1973–1978 Designer bei Schlagheck Schultes Design, München, und seit 1978 selbstständig arbeitender Designer u.a. für Agfa Gevaert, BASF, Montblanc, Mizuno, Siemens. 1985–1992 Ostermann Segers & Partner mit Reinhard Segers und Karla Tilemann und ab 1992 Ostermann & Partner mit Prof. James Orrom und Katharina Glaser. Seit 1987 als externes Designbüro für ARRI tätig. Zahlreiche Design-Auszeichnungen, u.a. red dot award „best of the best" 2000 für das ARRICAM-Kamerasystem.

Ott, Gunter, geb. 1963. Studium an der Fachhochschule Darmstadt. Nach dem Diplom kam er 1989 zur Design-Abteilung der Siemens AG und arbeitete dort an der Gestaltung von Investitionsgütern mit dem Schwerpunkt Automatisierungstechnik. 1991 wechselte er vom Studio Erlangen nach München und hat dort an verschiedenen Projekten aus den Bereichen Industrie, Kommunikationstechnik und Medizintechnik gearbeitet. Daneben war er für die Einführung elektronischer Entwurfsmedien in den Designprozess mitverantwortlich. 1995 wechselte er zurück nach Erlangen, um dort als Key Account Manager für verschiedene geschäftsführende Bereiche der Siemens AG im Arbeitsgebiet „Industrie" tätig zu werden. Seit 2002 ist er als Leiter Design Management im Bereich Automation & Drives für die Themen Corporate Industrial Design, Design-Strategie, Produkt-Design, Software-Design, User-Interface-Design und Packaging Design verantwortlich. Zu seinen Aufgaben gehört auch die Entwicklung der Markenstrategie des Bereichs, basierend auf der übergeordneten Strategie des Konzerns Siemens.

Pattberg, Jens, geb. 1963 in Gummersbach. Studium an der Fachhochschule Darmstadt, Bereich Industrie Design mit Abschluss Dipl.-Industriedesigner. 1989/90 Stipendiat bei Landor Assiociation in San Franscisco. Seit 1990 Designer und Designmanager für die verschiedensten Bereiche (Investitions- und Konsumgüter) der Siemens AG. Er entwickelte für den Bereich Medizintechnik Röntgengeräte, Computer- und Kernspintomographen sowie mobile Kleingeräte; für den Bereich Gebäudetechnik Installationsgeräte, Steuerungseinheiten und Lichtschalter, für den Bereich Information und Communication Computer, Server und Nootebooks sowie Elektrogeräte für den Bereich Bosch Siemens Hausgeräte. Seit 1991 Partner von Creative Developments, Strategic Design Consultants in München. 1995 Mitbegründer einer Initiative der Sichert Objektmöbel GmbH (Clinicon-Krankenhaus-Konzepte). Seit

1999 verantwortlich als Designmanager für die Designstrategie der Siemens Mobile Phons. 2003 übernahm er als Unit Leiter bei designafairs den Bereich Designstrategie und das Color & Material Lab. Seit 2004 ist er Vice President in der Geschäftsleitung bei designafairs verantwortlich für den Bereich Strategie und Business Development.

Preussner, Andreas, geb. 1948 in Bielefeld, aufgewachsen in Berlin. Berufsausbildung als Messe- und Schaufenstergestalter mit erfolgreichem Lehrabschluss, Fachoberschule Maschinenbau und Designpraktikum in Mailand beim Rosenthal-Designer Ambrogio Pozzi (Service Duo). Studium mit Abschluss Dipl.-Designer in Dortmund, Krefeld und Essen. 1975 dreimonatige Design-Exkursions-Tour durch die USA in 50 Designbüros. 1976 Designer der Inhouse-Design-Abteilung des J.C. Penny Konzerns und Human Factor Industrial Design New York. Vier Jahre tätig im renommierten U.S. Designbüro Henry Dreyfuss, New York City, für Polaroid, John Deere, AT&T Telefon, American Airlines, Singer-Nähmaschinen und Knoll International. 1. Internationaler Braunpreis 1977 in USA zum Thema „Humanisierung des Arbeitsplatzes". Anschließend 4 Jahre in San Francisco tätig für den medizinischen Gerätehersteller Cordis Dow, California: Aufbau der 1. Inhouse Designabteilung für diese Firma. Danach 4 weitere Jahre Siemens-USA, Iselin, New Jersey. 1982 Aufbau der Designabteilung Siemens USA. Seit 1998 Leitung des Anlagen- und Investionsgüterdesigns Siemens Logistics and Assembly Systems (SMT-Bestücksysteme, Laserstrukturierung, Waferhandling, Postautomatisierung, Sorter- und Fördersysteme, Analysegeräte). Diverse internationale Designauszeichnungen (iF, red dot, Baden Württemberg, Braun Prize) und Veröffentlichungen in den USA und Deutschland.

Reese, Jens, geb. 1935 in Flensburg. Studium der Metalltechnik und Metallgestaltung in Solingen. 1959 Praktikum in einem Grafik- und Formgebungsbüro in Düsseldorf. Ab 1960 Automobil-Design für die Ford-Werke AG, Köln, und die Daimler-Benz AG, Sindelfingen. 1965 Industrie-Designer der Siemens AG, München: verantwortlich für den Bereich Konsumgüter „Weiße Ware" und den Bereich Bürokommunikation. Leiter der Abteilung Investitionsgüter-Design für Industrie- und medizinische Produkte in Erlangen. Verantwortliche Referate: Grundlagen/Richtlinien Design, Response Manager Corporate Design und Bildungsbeauftragter. In den 80er und 90er Jahren Lehrbeauftragter der FH München. Prägende Begegnung mit Sir Eduardo Paolozzi (Royal College of Art 1981). Projektarbeiten zum Thema Gestaltung an inländischen und ausländischen Hochschulen sowie Veröffentlichungen in internationalen Fachjournalen. Berater des Design Zentrums München zur Durchführung der Aspen Conferenc 1996. Mitglied der Expertenkommission zum Evaluationsverfahren an den niedersächsischen Hochschulen in den Fachbereichen Industrial Design 1998/99. Diverse iF- und Bundespreise, Designteam des Jahres 1995. Seit 2000 Durchführung von Kreativ-Workshops an der Universität Paderborn und der Universität zu Köln.

Rott, Alfred, geb. 1934 im Egerland. Nach einer Lehre als Werkzeugmacher Studium der Feinmechanik und Optik am Oskar-von-Miller-Polytechnikum in München und anschließend Studium des Allgemeinen Maschinenbaus an der RWTH Aachen und an der Technischen Hochschule in München. Die ersten konstruktiven Erfahrungen gewann er bei der Siemens AG auf dem Gebiet der Fernschreibtechnik und bei der Firma Bölkow, Fachgebiet Hubschrauberentwicklung (Navigationsgeräte). Danach Konstruktionsleiter bei der Siemens AG, Apparatewerk München. Hier war er für Entwicklung, Marketing und Vertrieb von Regelungs- und Steuergeräten unternehmerisch verantwortlich. Ab 1970 Professor für Konstruktionstechnik an der Fachhochschule München im Fachbereich Feinwerktechnik-Physikalische Technik mit dem Schwerpunkt: Methodisches Konstruieren und Konstruktionssystematik. Neben dieser Lehrtätigkeit hielt er ständigen Kontakt mit der Industrie zur Erweiterung und Pflege der praktischen Erfahrung. Zu erwähnen sind: Produktentwicklungen für die Firmen Agfa, Osram und Labotron im Bereich von optischen- und medizinischen Geräten und Leuchten. Seit 1984 Schwerpunkt der Entwicklungsarbeiten im Leuchtenbereich für die Firma LTS-Licht und Leuchten in Tettnang. Alfred Rott lebt in Starnberg und pflegt weiterhin das konstruktive Gedankengut als Prof. i.R.

Schlagheck, Julian, geb. 1962 in München. 1984 Abitur am musischen Gymnasium Freising, Facharbeit Industrial Design. Studium des Industrial Design an der FH München. Während des Studiums absolvierte er ein Design-Praktikum bei Siemens, USA, sowie bei BMW ein Industrie-Praktikum im Forschungs- und Ingenieur-Entwicklungszentrum. 1992 Abschluss als Dipl.-Designer (FH) und Eintritt in die Schlagheck Design GmbH; seit 1996 Geschäftsführer der GmbH. 1998 Gründung der Schlagheck Design LLC, NY. Diverse iF- und red dot-Auszeichnungen.

Seeger, Hartmut, Jahrgang 1936. Studium des Maschinenbaus an der TH Stuttgart und Zweitstudium an der HfG Ulm. Praxis als angestellter und freiberuflicher Ingenieur und Designer. Seit Ende 1966 wissenschaftlicher Mitarbeiter mit Lehrauftrag für das Technische Design an der TH Stuttgart. 1975–1980 Dozent für Designwissenschaften und Abteilungsleiter des Industrie-Designs an der FHG Pforzheim. 1980 Berufung als Hochschullehrer an die Universität Stuttgart und Leitung des Forschungs- und Lehrgebietes Technisches Design. Viele Publikationen, Vorträge und Forschungsarbeiten. Gastprofessor an der ETH Zürich und an der Universität Karlsruhe. Viele erfolgreiche Industrieprojekte, darunter vier Schiffsprojekte für den Bodensee.

Seehaus, Wolfgang, geb. 1936 in Gummersbach. Studierte nach einer Maschinen-schlosserlehre an der Werkkunstschule Wiesbaden. Arbeitete anfänglich im Bereich freier Kunst, ab 1960 als Modelleur bei Ford, Köln, und seit 1966 als Designer bei BMW, München (dort vorübergehend Betreuung der Motorsportabteilung). Entwarf zusätzlich Sportgeräte oder war an ihrer formalen Entwicklung beteiligt (u.a. Rennbob und Segelflugzeugkabinen). Lehrbeauftragter an der Fachhochschule München, Studiengang Gestaltung, sowie an der Fachhochschule Coburg, Studiengang Industriedesign/Innenarchitektur. Projektarbeit an der Hochschule für Gestaltung Linz, Österreich, Lehraufträge an der TU Stuttgart und Projektarbeit an der Ohio State University USA. Lebt in Karlsfeld bei München als Industrie-Designer und Dozent i.R.

Stöckl, Klaus A., geb. 1947 in Hohenfurch, Landkreis Schongau. Lehre zum Feinmechaniker und Studium an der Technischen Fachhochschule Gauß in Berlin. Ab 1970 Konstrukteur bei der Adam Schneider GmbH, Berlin, später Gruppen-, Projekt- und Abteilungsleiter im Entwicklungsbereich Dental des Unternehmensbereichs Medizintechnik der Siemens AG, heute Sirona Dental Systems GmbH in Bensheim. Alle – seit 1980 konzipierten und mitgestalteten – Produkte erhielten den iF-Preis und andere internationale Auszeichnungen. 1996 gab es den Bundespreis für den Dentalstuhl C1.

Thallemer, Axel, geb.1959 in München-Schwabing. 1994 Gründung und Leitung bis 2004 von Festo Corporate Design. Danach selbstständig mit „innovation input by team Airena". Studierte Wissenschaftstheorie, Logik und theoretische Linguistik an der Ludwig-Maximilians-Universität München, erlangte an der Akademie der Bildenden Künste München den Grad Dipl.-Ing. Postgraduiertenstipendium in Business, Public Relations und Psychologie für den unternehmerischen Designer an der NYSID in Manhattan. Seit

2003 Professur für Technisches Design an der Hochschule für bildende Künste, Hamburg. Seit 2004 Leitung des Studiengangs Industrial Design an der Universität für industrielle und künstlerische Gestaltung in Linz. Erstes Engagement in einer Hamburger Marken- und Identity-Agentur, anschließend 5 Jahre als Design-Ingenieur im Styling Studio der Porsche AG am Forschungs- und Entwicklungszentrum in Weissach tätig. Dort initiierte er u.a. die Einführung des Computer Styling Prozesses. Globale Teilnahme an zahlreichen Gruppenausstellungen; seine Designarbeiten sind weltweit in acht Museen vertreten. Nationale und internationale Auszeichnungen und Preise, u.a. mehrfach der Designpreis der Bundesrepublik Deutschland. 2002 Ruf in die 1754 gegründete Royal Society of Arts, London.

Velten, Marc S., geb. 1968 in Konstanz. Absolvierte das Studium Industrie Design an der Fachhochschule Darmstadt. In dieser Zeit u.a. Studienprojekte mit der Deutschen Bahn AG und der Lufthansa AG. 1998 Eintritt als Designer bei der Daimler-Benz AG, wo er ab 1999 bei FT2/KL aircraft concepts für das Segment Design verantwortlich war. Mit der Gründung der EADS 2001 Übertritt zum Corporate Research Center der EADS als Manager Advanced Design. Mit seinem Team beschäftigt er sich vorrangig mit der Entwicklung und Integration innovativer Konzepte und Designstudien für aircraft-cabins, integrierte Designprozesse und Investigationen im Passagierkomfort/human factors. Daneben betreut er die von ihm 1999 initiierte Hochschulkooperationsprojekt- und Ausstellungsreihe „Industry meets University – Lufträume gestalten".

Weichselbaum-Bernard, Elfriede, Immenstadt. Von 1971 bis 1975 Studium des Fachs Industrie-Design an der FH München bei Prof. Udo M. Geißler und Prof. Norbert Schlagheck. Abschluss als Dipl.-Designerin (FH). 1974 Durchführung eines 5-monatigen Praktikums (praktisches Studiensemester) bei der Siemens AG, München. Ab 1975 für ein Jahr Entwurfstätigkeiten für Romika-Schuhe und danach Aufnahme eines Pädagogikstudiums. Daneben tätig als Schmuckentwerferin. Von 1978–80 fest angestellt als Brillendesignerin bei der Firma Metzler und ab 1981 selbstständig als Designerin und damit freiberuflich tätig für verschiedene Branchen. Schwerpunkte: Brillenfassungen (Flair, Aigner, Menrad), Glas/Porzellan (WMF, Porzellanfabrik Schirnding). 1987 Preis für Glasdesign der Stadt Bad Dürkheim für originäres Trinkglas, Sport-Spiel-Freizeitprodukte (ESKIMO, Tyczka).

Wilsdorf, Gerd E., geb.1947 in Zschopau/Sa. Lehre als Elektromechaniker bei der Deutschen Bundesbahn in Kornwestheim. Studium und Examen als Dipl.-Ing. für Feinwerktechnik an der FH Heilbronn (1972). Danach Examen als Dipl.-Industrie-Designer an der FH Pforzheim bei Prof. Jablonski (1974). 1974–1982 Design-Koordinator in der Brillen-Entwicklungsabteilung der Optischen Werke G. Rodenstock in München. 1982 Wechsel zur Bosch Siemens Hausgeräte GmbH (BSHG). Ab 1986 Chefdesigner der Siemens Electrogeräte GmbH, München. Diverse Designpreise für Brillen und Hausgeräte (if, red dot, DC Stuttgart, design-preis Schweiz). Seit 5 Jahren in Folge: 1. Platz beim ranking:design in der Sparte „Haushalt, Küche, Bad".